AF810428

G. I. BRAGINSKIJ · E. N. TIMOFEEV

Technologie der Magnetbandherstellung

G. I. BRAGINSKIJ · E. N. TIMOFEEV

Technologie der Magnetbandherstellung

Autorisierte Übersetzung

In deutscher Sprache herausgegeben
von K. Stopperka

Mit 140 Abbildungen und 35 Tabellen

THEORIA CUM PRAXI

AKADEMIE-VERLAG · BERLIN
1981

Г. И Брагинский, Е. Н. Тимофеев
Технология магнитных лент
Под редакцией З. К. Авербуха

Gesamtredaktion der bearbeiteten deutschsprachigen Ausgabe:

Prof. Dr. K. Stopperka, VEB Magnetbandfabrik Dessau

Übersetzung aus dem Russischen:

Dipl.-Ing. K. Hampel, Dessau
Dr. P. Plaul, Dessau

Fachliche Bearbeitung:

Ing. M. Engel
Dipl.-Ing. G. Henkel
Dipl.-Phys. W. Kant
Dipl.-Chem. H.-J. Koppe
Dipl.-Chem. H. Rein
Dipl.-Chem. Chr. Schneider
Ing. I. Stoll
Dipl.-Phys. H. Strachauer

Erschienen im Akademie-Verlag, DDR - 1080 Berlin, Leipziger Straße 3–4
Lektor. Renate Trautmann

Lizenznummer: 202 · 100/426/81
Gesamtherstellung. VEB Druckhaus „Maxim Gorki“, 7400 Altenburg
Einbandgestaltung: Hartwig Hoeftmann
Bestellnummer: 761 8190 (6098) · LSV 3534
Printed in GDR
DDR 48,– M

Geleitwort

Die Bedeutung des Gebietes der magnetischen Signalspeicherung wächst ständig. Dieser Prozeß vollzieht sich merklich beschleunigt, seit zur magnetischen Schallaufzeichnung u. a. die magnetische Bildaufzeichnung (Videoband) und die magnetische Datenspeicherung (Computerband) hinzukamen. Während eine Vielzahl von Monographien existiert, die sich aus theoretischer und anwendungstechnischer Sicht mit der Magnetbandtechnik befassen, sind Arbeiten, in denen die Herstellungstechnologie von magnetischen Aufzeichnungsmaterialien als Untersuchungsgegenstand gewählt worden ist, nur im geringen Maße international verbreitet.

Es ist notwendig, einen zusehends größer werdenden Personenkreis mit den Grundlagen der Herstellungstechnologie derartiger Materialien vertraut zu machen.

Die Verfügbarkeit des vorliegenden Werkes in deutscher Sprache wird somit nicht nur Bedeutung für die Lehre und Ausbildung, sondern gleichermaßen für die Erwachsenenqualifizierung im einschlägigen Industriezweig erlangen.

Die Herausgabe des 1974 im Verlag Chemie, UdSSR, erschienenen Buches durch den Akademie-Verlag, Berlin, in übersetzter und durchgehend aktualisierter Form ist des weiteren als wirkungsvoller Beitrag unserer Forschungskollektive auf dem Magnetbandgebiet im Rahmen der wissenschaftlichen Integration von ASSOFOTO zu werten. Dem Buch ist eine freundliche Aufnahme zu wünschen.

Dr. B. Jaeger
Generaldirektor des Fotochemischen
Kombinates Wolfen

Vorwort des sowjetischen Herausgebers zur deutschsprachigen Ausgabe

Das von G. I. Braginskij und E. N. Timofeev verfaßte Buch „Technologie der Magnetbänder“ hat in der UdSSR ein großes Interesse gefunden und war innerhalb kürzester Frist vergriffen. Wir freuen uns, daß dieses rege Interesse auch von den Spezialisten der DDR geteilt wird, und begrüßen daher das Vorhaben, unser Buch in der DDR zu übersetzen sowie in erweiterter und aktualisierter Form im Akademie-Verlag herauszugeben.

Wir glauben, damit im Rahmen unserer Internationalen Ökonomischen Organisation ASSOFOTO auf dem Magnetbandgebiet einen wertvollen Beitrag für unsere gemeinsame Arbeit zu leisten.

S. I. Averbuch
Sojuschimfoto

Vorwort zur deutschsprachigen Ausgabe

Übersetzer, Autorenkollektiv und Verlag hoffen, mit der überarbeiteten deutschsprachigen Fassung des Buches „Technologie der Magnetbänder" von G. I. BRAGINSKIJ und E. N. TIMOFEEV der Wissensvermittlung auf dem sich schnell fortentwickelnden Gebiet der Magnetbandtechnik einen Dienst erwiesen zu haben.

Seit dem Erscheinen der ersten Auflage in russischer Sprache im Jahre 1974 vollzog sich in der Magnetbandtechnik eine weitgehende Neuorientierung in den Anwendungsbereichen, was nicht ohne Rückwirkung auf die Technologie der Magnetbandherstellung bleiben konnte. Inhalt und Darstellung mußten deshalb aus Aktualitätsgründen teilweise überarbeitet werden.

Die Übertragung eines derartigen Werkes in die deutsche Sprache hat sich als ein nicht einfaches Unterfangen erwiesen, zumal ein Kollektiv von Fachleuten zusammengestellt und koordiniert werden mußte. Die Grundübersetzung wurde von P. PLAUL und K. HAMPEL vorgenommen. Das Kapitel 1 — als Einführung in die Gesamtproblematik gedacht — wurde von K. STOPPERKA und CHR. SCHNEIDER neu gestaltet.

Die im Kapitel 2 dargelegten Grundbegriffe des Magnetismus sowie der magnetischen Aufzeichnung wurden durch H. STRACHAUER in die vorliegende Fassung gebracht. Für die sinngerechte Übertragung und Überarbeitung der Kapitel 3, 4 und 5 mit den Sachgebieten der Unterlagenherstellung, der Produktion magnetischer Pigmente sowie der Herstellung magnetischer Pigmentsuspensionen zeichnen I. STOLL, H. REIN und H.-J. KOPPE verantwortlich.

Eine weitestgehende Neubearbeitung des Kapitels 6 mit dem Problemkreis der Beschichtung wurde unter der Federführung von G. HENKEL durchgeführt, wobei O. RÜHL und H. LIEBCHEN für förderliche Diskussionen zu danken ist. Die Kapitel 7 und 8, d. h. die Aufarbeitung sowie die physikalisch-mechanischen Eigenschaften von Magnetbändern, haben durch M. ENGEL und W. KANT eine eingehende Überarbeitung erfahren.

Die im Kapitel 9 dargelegten Erfahrungen zum Reinraumregime wurden durch G. HENKEL redigiert.

Abschließend sei H. BÖHME für die Anfertigung der Zeichnungen und K.-D. GÜNTHER für die kritische Gesamtdurchsicht gedankt.

Das Bearbeiterkollektiv der deutschsprachigen Ausgabe hat sich des weiteren der schwierigen Aufgabe gestellt, das Buch im Einverständnis mit den Verfassern auf die neuen, auch in der DDR gesetzlich vorgeschriebenen SI-Einheiten umzustellen.

Um den Gesamtumfang des Buches in vertretbaren Grenzen zu halten, mußte die Diskussion des theoretischen Hintergrundes der einzelnen Sachgebiete auf ein Minimum beschränkt bleiben.

Es darf erwartet werden, daß das Erscheinen des ersten deutschsprachigen Buches zur Technologie der Magnetbandherstellung von der Fachwelt begrüßt wird. Selbstverständlich kann auch die vorliegende Fassung eines sachlich sehr schwierigen Gebietes keinen Anspruch auf Vollständigkeit erheben; Anregungen, Hinweise und Kritiken werden deshalb gern entgegengenommen.

K. Stopperka

Aus dem Vorwort zur russischsprachigen Originalausgabe

Magnetbänder haben unter den Trägern von magnetischen Aufzeichnungen elektrischer Signale die größte Verbreitung. Sie werden bei der Ton- und Bildaufzeichnung, beim Einsatz von Elektronenrechnern, für die Aufzeichnung von Meßergebnissen und Steuersignalen sowie in vielen anderen Gebieten von Wissenschaft, Technik und Kultur benutzt.

In den letzten Jahren wurde eine erhebliche Anzahl von Monographien veröffentlicht, in denen ausführlich die physikalischen Grundlagen der magnetischen Aufzeichnung dargelegt sind. Es existieren viele Veröffentlichungen, die Fragen der Untersuchung des magnetischen Aufzeichnungssystems sowie die Wechselwirkung zwischen Aufzeichnungsträger und -apparatur betreffen. Ausreichend sind auch die physikalisch-mechanischen und Arbeitscharakteristiken der Magnetbänder diskutiert. In der Weltliteratur gibt es jedoch bis jetzt noch kein Buch, das der Magnetbandchemie und -technologie gewidmet wäre.

Der Bedarf an einem solchen Buch ist aber offensichtlich. Es wird für die Vorbereitung von ingenieur-technischem Personal benötigt und soll nicht nur von Technologen benutzt werden, welche Magnetbänder herstellen, sondern auch von einer immer größer werdenden Anzahl von Spezialisten, die Bänder in den verschiedensten Sektoren der Volkswirtschaft anwenden.

In diesem Buch ist der Versuch unternommen worden, die vorhandenen Informationen zum Herstellungsprozeß der Magnetbänder zu systematisieren und sie in Form eines einheitlichen Ganzen darzustellen. Wir waren der Meinung, daß das Hauptaugenmerk Fragen gewidmet sein sollte, die die Herstellung der Magnetpulversuspension in Bindemittellösungen sowie den Suspensionsantrag auf die Polymerunterlage betreffen, da gerade diese Fragen in der einschlägigen Literatur am geringsten dargestellt und in der Praxis am wenigsten untersucht sind.

Ausführlich werden die physikalisch-mechanischen Eigenschaften der Magnetbänder und deren Messung beschrieben. Probleme hinsichtlich der Messung der magnetischen Eigenschaften und der Arbeitscharakteristik der Magnetbänder werden nicht berührt, ebenfalls verzichtet wird auf einen Vergleich der großen Anzahl unterschiedlicher Bänder, die im In- und Ausland hergestellt werden. Das wäre Gegenstand der Theorie und Technik der magnetischen Aufzeichnung und würde den Rahmen dieses Buches sprengen.

Das Buch wäre unvollständig ohne eine kurze Beschreibung der Magnetbandkonfektionierung und der Reinraumbedingungen, unter denen die Magnetbänder hergestellt werden. Das ist in dem Umfang geschehen, der durch den begrenzten Rahmen dieses Buches vertretbar ist.

Einen besonderen Platz nimmt der Abschnitt ein, in dem die physikalischen Grundlagen der magnetischen Aufzeichnung sowie die magnetischen und Arbeitscharakteristiken der Magnetbänder beschrieben sind. Obwohl diese Probleme für die Technologie nur Hilfsprobleme sind, haben wir es als nützlich angesehen, sie im für einen Chemieingenieur notwendigen und verständlichen Umfang zu diskutieren. Der Abschnitt *Grundlegende Bemerkungen zum Ferromagnetismus und zur magnetischen Aufzeichnung* ist am Buchanfang plaziert worden, damit der Leser beim Durcharbeiten der Kapitel, die der Technologie und ihren theoretischen Grundlagen gewidmet sind, auf die fachspezifische Terminologie vorbereitet ist, ohne die die Beschreibung des Wesens der technologischen Herstellungsprozesse von Magnetbändern unmöglich wäre. Die umfangreiche Arbeit bei der Abfassung dieses Abschnittes nahm Dozent Z. V. Cirulina auf sich.

Das Buch ist für Leser bestimmt, die mit den Grundlagen der Polymerenwissenschaft, mit der Rheologie polymerer Lösungen und Schmelzen sowie mit modernen Ansichten zur Struktur der Materie vertraut sind. Einige theoretische Probleme, die unmittelbar einzelne Stadien der Magnetbandtechnologie tangieren, werden in den entsprechenden Kapiteln abgehandelt. Ohne sie wäre es unmöglich, das Wesen der Prozesse bei der Unterlage- und Magnetschichtformierung zu verstehen.

Wir danken N. G. Ušomirskij für die aufmerksame Durchsicht des Manuskriptes und für eine Reihe wesentlicher Hinweise.

Das Buch hätte nicht geschrieben werden können ohne die umfangreiche Hilfe der Mitarbeiter des *Chemiekombinates Šostka*, der Šostkaer Filiale des *Gosnijchimfotoprojekt*, des *Pereslavler Chemiewerkes* und des *Leningrader Institutes für Kinoingenieure*, denen die Autoren außerordentlich verbunden sind.

In einer so vielschichtigen Arbeit, die erstmals ausgeführt wurde, gibt es zweifelsohne noch einzelne Lücken. Hinweise darauf werden mit Dankbarkeit entgegengenommen.

G. I. Braginskij, E. N. Timofeev

Inhaltsverzeichnis

1. Einführung

1.1. Kurzer historischer Abriß

Die Technologie der mehrschichtigen Magnetbänder wurde auf der Grundlage der Kinefilm- und Lackfarbenproduktion entwickelt, die auf eine langjährige Geschichte zurückblicken können und heute mit modernen Anlagen ausgestattet sind. Die Magnetbandproduktion entwickelte sich in den Betrieben, die auch Kinefilme herstellten, wobei heute viele dieser Betriebe Magnetbänder für die verschiedensten Einsatzerfordernisse produzieren. Dies läßt sich u. a. dadurch erklären, daß einer der ersten Anwender der Bänder für die magnetische Aufzeichnung die Kinematographie selber war. Außerdem ist die Technologie zur Herstellung mehrschichtiger Magnetbänder ihrem Charakter nach sehr eng mit der Technologie der Filmproduktion verbunden, deren Entwicklung Ende des vergangenen Jahrhunderts begann.

Obwohl die Grunderfindung der magnetischen Aufzeichnung bereits im Jahre 1898 durch Poulsen [1] mit seinem magnetischen Draht gemacht wurde, ist die breite industrielle Nutzung erst 1935 in Angriff genommen worden. Eine große Bedeutung für die Entwicklung der Audioaufzeichnung hatten auf diesem Wege die Vorschläge von Krejčman [2] und Pfleumer [3], die erstmals das neue Prinzip des Auftragens einer Schicht aus ferromagnetischem Material auf eine biegsame Unterlage realisierten.

Die weitere Bilanz der Vergangenheit ist beeindruckend:

- 1935 erste Magnetbänder und -geräte.
- 1940 Erfindung der HF-Vormagnetisierung und damit Erreichung einer relativ hohen Qualität.
- Um 1950 erste Anwendung als Heimtonverfahren für den Konsumenten.
- ca. 1952 Anwendung für die digitale Datenspeicherung.
- 1956 erste kommerziell verwendbare Studiovideoanlage.
- 1963 Einführung der Kompaktkassette.
- 1965 Beginn der Heimbildtechnik mit Magnetband.
- 1972 Videokassetten kommen zum Einsatz.

Dabei sind hier nur einige Eckdaten aufgeführt, da die Aufzeichnung sonst zu lang und unübersichtlich geriete.

1.2. Zum gegenwärtigen Stand

Gegenwärtig sind die magnetischen Aufzeichnungsmaterialien allgemein dadurch gekennzeichnet, daß

- der Produktionswert in der ganzen Welt die Grenze von 2 Mrd. M/a überschritten hat,

— ein breites Sortiment gemäß den spezifischen Anforderungen gefertigt wird und
— deutlich sichtbare Fortschritte mehr und mehr als Systemfortschritte, d. h. in der gegenseitigen optimalen Abstimmung von Material und Gerät, konzipiert und realisiert werden.

Bei Magnetbändern zur *Schallspeicherung* (*Audiobänder*) werden heute angeboten:

— Bänder für professionelle Anwendung (in Studios der Rundfunkanstalten und bei Schallplattenherstellern) mit besonderen Kennzeichen wie
  • hoher Aussteuerbarkeit bei tiefen und hohen Frequenzen,
  • niedrigem Rauschen,
  • geringem Kopiereffekt,
  • hoher Gleichmäßigkeit und
  • guter Wickelfähigkeit;
— Bänder auf Spulen für Amateure und in semiprofessioneller Anwendung mit besonderen Kennzeichen wie
  • hoher Dynamik (Rauschen und Aussteuerung) sowie
  • hohem Pegel und guter Aussteuerbarkeit bei geringen Wellenlängen;
— Bänder in Kassetten mit besonderen Kennzeichen wie
  • guten elektroakustischen Eigenschaften bei geringen Wellenlängen hinsichtlich Pegel und Aussteuerung,
  • guten Laufeigenschaften (kein Schwingen!),
  • geringer Gesamtstärke (9 µm bei 120 min Spieldauer) und
  • magnetisierbaren Schichten, die Fe_2O_3, CrO_2, Fe_2O_3/CrO_2, Metallpigment und aufgedampfte Ganzmetallschichten enthalten;
— Magnetfilme (z. B. zur lippensynchronen Aufnahme und Bearbeitung) in den gängigen Kinefilmformaten mit Qualitätsanforderungen, wie sie — abgesehen von der größeren Unterlagenstärke — auch für die Studiobänder vorstehend aufgeführt worden sind.

Für die *Datenerfassung und -verarbeitung* werden gegenwärtig produziert:

— Computerbänder mit nutzbaren Speicherdichten bis zu 6250 bpi (physikalisch ca. 9042 bpi) für digitale Aufzeichnung,
— Analogspeicherbänder (*instrumentation tapes*) für die Speicherung und Auswertung analoger Signale mit Frequenzen bis 2 MHz,
— Magnetplatten (einzeln oder als Stapel) für große Datenmengen bei geringen Zugriffszeiten (< 1 s) für die digitale Speicherung und
— Bandkassetten (meist abgeleitet von der Kompakt-Kassette) für digitale Signale (Erfassung und Verarbeitung, z. B. in Kleinrechnern) mit Speicherdichten von 68 FW/mm sowie weitere spezielle Kassetten in miniaturisierter Form für Bandgeschwindigkeiten von 2,4 und 1,2 cm/s.

Für die *Videoaufzeichnung* werden heute angeboten:

— Bänder für professionelle Anwendung (Studiovideobänder) mit Querausrichtung für das 4-Kopf-Querspurverfahren und Kennzeichen wie
  • hohe Abriebfestigkeit,
  • extrem glatte Oberfläche;

- Bänder für semiprofessionelle und Amateuranwendung auf Spulen und in verschiedenen, untereinander nicht kompatiblen Kassetten mit Längsausrichtung für die Aufzeichnung und Wiedergabe nach dem Helicalscan-Prinzip mit Fe_2O_3- und CrO_2-Schichten sowie Abmischungen beider Pigmente im Schichtverband und
- Magnetplatten mit Metallbeschichtung für Spezialgeräte, u. a. zur Zeitlupen- und Standbilddarstellung in den Fernsehstudios.

Schließlich gibt es noch eine Reihe von Spezialprodukten für spezifische Anwendungen, so z. B. magnetbespurte Kinefilme, Magnetkontokarten u. a. m.

Hinsichtlich der *Herstellungstechnologie* der vorstehend erwähnten Magnetbänder läßt sich der gegenwärtige Stand in der Welt nicht exakt einschätzen. Soviel kann aber gesagt werden, daß für die wichtigsten Herstellungsstufen, z. B. Lackherstellung, Beschichtung, Oberflächenvergütung usw. Verfahren entwickelt wurden, die bei exakter Einhaltung eine hohe, gleichmäßige Qualität gewährleisten und zu einem erheblichen Teil auch automatisierbar sind, wobei sich der Automatisierungsgrad nach der dabei zu erreichenden Ökonomie richtet, keinesfalls aber verselbständigt.

Für die *Prüf- und Meßverfahren* sowie die Kriterien zur Qualitätsbeurteilung gilt, daß die entscheidenden Aussagen überwiegend erst am fertigen Band getroffen werden und die Integration der Prüfung in den Produktionsprozeß noch ungenügend ist. Dies ist nicht so sehr durch Probleme der technischen Durchführbarkeit bedingt, sondern muß zu einem erheblichen Teil auf die historische Entwicklung zurückgeführt werden. Ein weiteres, im Weltmaßstab nicht gelöstes Problem ist die fehlende Vereinheitlichung für Prüfgeräte und -verfahren, so daß Herstellerangaben meist nicht oder nur sehr schwer nachprüfbar sind.

Bei den *Aufzeichnungsverfahren* dominiert noch weitgehend die klassische Technik, d. h.,

- für Audio die direkte Aufzeichnung mit HF-Vormagnetisierung,
- für Datenspeicherung die digitale Aufzeichnung mit positiver bzw. negativer Sättigung des magnetischen Pigmentes, allerdings schon mit sehr differenzierten Codierungsverfahren, und
- für Videoaufzeichnung die Frequenzmodulation.

Insgesamt könnte man aus dieser knappen und pauschalen Abschätzung den Eindruck gewinnen, als seien alle Probleme grundsätzlich gelöst, da für alle Anwendungszwecke im Weltmaßstab magnetische Aufzeichnungsmaterialien guter Qualität zur Verfügung gestellt werden können. Warum, so könnte gefragt werden, wird überhaupt noch Magnetbandentwicklung betrieben, was sind die Probleme, Aufgaben und Ziele? Es soll versucht werden, nachstehend einige Antworten darauf zu finden.

1.3. Weitere Entwicklungstendenzen und daraus abgeleitete Problemstellungen

Ausgangspunkt für alle weiteren Entwicklungen ist das Wachsen der Bedürfnisse sowie des Bedarfes in allen Bereichen des gesellschaftlichen Lebens. Dabei ist zu beachten, daß der Entwicklungsprozeß selber intensiviert wird, daß aber auch für die in die Produktion neu einzuführenden Verfahren und Produkte der Gesichtspunkt der Intensivierung der Produktion Vorrang besitzt.

Tabelle 1.1. Entwicklungsrichtungen der magnetischen Aufzeichnung

Verringerung der Speicherfläche durch	Verringerung des Speichervolumens durch	Verbesserung der Zuverlässigkeit durch	Verbesserung der mechanischen Beständigkeit durch	Verbesserung der speichertechnischen Eigenschaften durch
— Erhöhung der linearen Speicherdichte	— Erhöhung der linearen Speicherdichte	— Weiterentwicklung der Herstellungstechnologie für magnetische Aufzeichnungsträger	— Weiterentwicklung der Schichtzusammensetzungen	— Einsatz verbesserter ferromagnetischer Materialien
— Verringerung des Spurabstandes	— Verringerung der Spurabstandes	— Einsatz neuer Aufzeichnungs- und Wiedergabeverfahren	— Verbesserung der Oberflächengleichmäßigkeit	— Einsatz neuer Aufzeichnungs- und Wiedergabeverfahren
— Verringerung der Spurhöhe	— Verringerung der Schichtstärke		— Kassettenkonfektionierung	
— neue Aufzeichnungs- und Wiedergabeverfahren	— Verringerung der Unterlagenstärke			
	— neue Aufzeichnungs- und Wiedergabeverfahren			

1.3.1. Allgemeiner Überblick

Bei den herkömmlichen Magnetbändern zeichnet sich der Trend zur Kassettierung und Miniaturisierung zwecks einfacher und sicherer Handhabung sowie zur Verringerung von Speicherfläche und Speichervolumen ab. Daneben sind Tendenzen zum Verlassen der Bandform zugunsten von Platten, Karten u. a., vorwiegend aus Gründen der Zugriffszeit, deutlich erkennbar. Schließlich sind bei Gerätesystemen mit bewegten magnetischen Aufzeichnungsträgern Bestrebungen nach Vereinfachung der Mechanik zu sehen, wobei eine kompliziertere Elektronik in Kauf genommen wird, soweit sie mit Hilfe moderner Technologien entsprechend ökonomisch herstellbar ist. Bei den nichtbandförmigen bewegten Aufzeichnungsträgern ist die Entwicklung zu höheren Speicherdichten nicht deutlicher als beim Magnetband, zumal hier von noch eindeutigeren geometrischen Verhältnissen ausgegangen werden kann. Schließlich gibt es Tendenzen zur Entwicklung von Aufzeichnungsträgern, die selber nicht mehr bewegt werden, sondern nur noch deren Informationsinhalt.

Tabelle 1.2. Zielgrößen der magnetischen Aufzeichnung und ihre Realisierungsmöglichkeiten

Ziel	Ableitbare Realisierungsmöglichkeiten
Erhöhung der linearen Speicherdichte	– Einsatz von Pigmenten hoher magnetischer Energie (H_c, Magnetisierung) – Einsatz kompakter Metallschichten – bessere Ausnutzung des magnetischen Streuflusses (neue Wandlerprinzipien) – Senkrechtaufzeichnung
Verringerung des Spurabstandes	– Einsatz von Pigmenten hoher magnetischer Energie – Neue Aufzeichnungs- und Wiedergabeverfahren (z. B. Betamax, SVR, VHS, V 2000 u. a.) – Verbesserung der mechanischen und elektrischen Präzision der Geräte – Bessere Ausnutzung des magnetischen Streuflusses
Verringerung der Schichtstärke	– Einsatz von Pigmenten hoher magnetischer Energie – Entwicklung von Antragsverfahren für geringe Schichtstärken ($\leqq 2\,\mu$m) – Veränderung des Aufzeichnungsverfahrens (Digitalisierung)
Verringerung der Unterlagenstärke	– Herstellung dünnerer PETP-Folien (Technologien und deren Verarbeitung zu Magnetbändern) – Verminderung der Zugbeanspruchung des Trägermaterials im Gerät
Einsatz neuer Aufzeichnungs- und Wiedergabeverfahren	– Verschlüsselung analoger Signale nach verschiedenen Verfahren (FM, PCM, Digitalisierung) – Einsatz von Verfahren hoher Redundanz
Einsatz „Weicher" Pigmente	– Metallpigmente einschließlich dafür geeigneter Dispergierverfahren
Weiterentwicklung der Herstellungstechnologie für Materialien	– Antrag dünner Schichten – Verarbeitung von Metallpigmenten – Entwicklung neuer Trocknungsmethoden – Entwicklung neuer Schichtzusammensetzungen – Weiterentwicklung der Schneidtechnologie – Verbesserung der Oberflächenvergütung

Faßt man den groben Überblick zusammen, der nur einige Schwerpunkte der weiteren Entwicklung umreißt, so ergeben sich viele Ansatzpunkte für Probleme, die eine weitere Magnetbandentwicklung unmittelbar betreffen (Tab. 1.1.). Bei all dem ist zu berücksichtigen, daß es auch auf dem Gebiet der magnetischen Aufzeichnungsmaterialien keinen „Sprung" geben wird und das Magnetband in seiner heutigen eventuell verbesserten Form noch lange Zeit das Produktionsprofil bestimmt.

Nachfolgend sind einige Probleme dargestellt, mit denen sich die Magnetbandentwicklung zukünftig auseinandersetzen muß. Dabei werden zuerst einige grobe Zielgrößen betrachtet, und anschließend wird zu ermitteln versucht, was zur Erreichung dieser Zielgröße getan werden kann (Tab. 1.2.).

1.3.2. Einzeldarstellung der Probleme

1.3.2.1. Weitere Entwicklung der Herstellungstechnologie

Der allgemeine Gang der Herstellung des Magnetbandes besteht darin, daß das magnetisierbare Pigment mit Bindemittel, Zusätzen und Lösungsmitteln vermischt und in geeigneten Apparaturen einer intensiven Scherbeanspruchung unterworfen wird, um einen bis zu den Primärteilchen homogenen Lack zu erhalten, der nach der notwendigen Überkornabscheidung auf die PETP-Unterlage aufgetragen wird. Nach dem Schichtauftrag werden die Teilchen in der jeweiligen Aufzeichnungsrichtung orientiert, und der Lack wird getrocknet. Die Trockenschichtdicke kann ca. 2 bis 20 µm betragen. Vor dem Auftrennen in die benötigten Breiten wird die Schicht noch verdichtet und ihre Oberfläche geglättet. Schließlich wird konfektioniert und geprüft — letzteres bei Computerband *on line* als technologische Stufe, für die anderen Produkte als Stichprobenprüfung *off line.*

Für die Dispergierung dürften bei der Magnetbandforschung sowohl Fragen der Effektivität als auch der Qualität des Produktes im Vordergrund stehen. In diesem Zusammenhang sind insbesondere Fragen der Verbesserung der Oberfläche der Pigmente, des Einsatzes neuer hochviskoser Schichtzusammensetzungen und der wissenschaftlichen Durchdringung des Dispergierprozesses von Interesse. Davon lassen sich dann konkrete verfahrenstechnische Entwicklungsrichtungen ableiten. In der Literatur ist zu dieser Verfahrensstufe sehr wenig enthalten. Man weiß lediglich, daß fast alle in der Lack- und Farbenindustrie angewandten Dispergierverfahren auch für die Magnetbandherstellung verwendet oder erprobt werden.

Die Beschichtung stellt hohe Anforderungen sowohl hinsichtlich Präzision als auch hinsichtlich Effektivität. Maschine und Antragssystem müssen in der Lage sein, Schichten von z. B. 3 bis 4 µm Stärke mit einer Abweichung von weniger als 10% auf eine Kunststoff-Folie aufzutragen, die ihrerseits gewisse Dimensionsschwankungen aufweist. Zukünftige Aufgabe ist es, bei noch geringeren Schichtdicken die gleiche bzw. noch höhere Präzision zu erreichen und dabei nach Möglichkeit Lösungen zu finden, die auch bei sehr hohen Geschwindigkeiten praktikabel sind. Aus der Literatur ist bekannt, daß man bei Geschwindigkeiten von 300 bis 400 m/min eine Art Extrusionsgießer einsetzt. Aus mechanischen Gründen wird dabei die Erhöhung der Produktivität der Beschichtung hauptsächlich in Richtung der Geschwindigkeit, nicht in Richtung der Breite der zu beschichtenden Bahn gehen. Höhere Geschwindigkeiten erfordern auch effektive Trocknungsmethoden, um die Ausmaße der Anlagen und den Energieaufwand in ökonomisch vertretbaren Grenzen zu halten. Nach neueren Patenten wird dafür statt der herkömmlichen Konvektionstrocknung IR- bzw. Mikrowellenstrahlung vorgeschlagen. Natürlich ist es nicht sinnvoll, die Beschichtungsgeschwindigkeit allzu sehr zu erhöhen, ohne zu berücksichtigen, daß die Unterlage in endlichen Längen auf Rollen eingesetzt wird und ausreichend Zeit für die Wechselvorgänge zur Verfügung stehen muß.

Das Schneiden wird heute allgemein mit rotierenden mechanischen Messersystemen unterschiedlicher Konstruktion ausgeführt. Hier bestehen im wesentlichen Optimierungsprobleme. In der Literatur gibt es aber bereits Vorschläge zu „nicht-mechanischen" Schneidsystemen, z. B. mit Laserstrahlen, um die Probleme, die bei der Verwendung mechanischer Messer bestehen, zu vermeiden.

Für die Prüfung steht generell die Aufgabe, aussagekräftigere und besser in die Produktion integrierte Methoden zu erarbeiten. Für die Konfektionierung kommt es darauf an, sich auf die neuen Kassettensysteme einzustellen.

Für die Verbesserungen in der Technologie sind auch Arbeiten zur Schichtzusammensetzung erforderlich. Wenn man bedenkt, daß z. B. die Lösungsmittel nur temporär als Hilfsmittel in der Schicht vorhanden sind und mit großem Aufwand und Energieeinsatz wieder herausgetrocknet und zurückgewonnen werden müssen, so bieten sich geradezu Arbeiten zur Verminderung des Lösungsmittelgehaltes an, wie sie z. B. in der Lackindustrie unter dem Begriff *high solids* durchgeführt werden. Bei all dem muß natürlich die zur Verfügung stehende Rohstoffpalette beachtet werden.

1.3.2.2. Probleme der Schichtzusammensetzung

Die mechanische Beanspruchbarkeit des Magnetbandes hängt stark von der Schichtzusammensetzung ab. Bindemittelkombinationen, die zusätzlich noch bestimmte Zusätze, z. B. für Gleit- und Schmierwirkung enthalten, sorgen für eine hohe Abriebfestigkeit bei ausreichender Elastizität. Bei Videobändern wird z. B. gefordert, daß mehr als 50000 Durchläufe ohne größeren Qualitätsverlust möglich sind. Bei der Standbildabtastung von *helical-scan*-Videobändern wird ein fast punktförmiger Magnetkopf (ca. 50 μm vorstehend) über das Band geführt und tastet die gleiche Spur bei einer Geschwindigkeit von mindestens 8 m/s, d. h. 1500mal in der Minute, ab. Neben der augenblicklichen mechanischen Beständigkeit wird vor allem das Langzeitverhalten des Magnetbandes durch die Schichtzusammensetzung bestimmt.

Analog sind die Verhältnisse bei den Computerbändern. Da das Computerband auch in den nächsten 15 bis 20 Jahren seine Bedeutung, vor allem als Archivspeicher, nicht verlieren wird, werden zunehmend die das Langzeitverhalten der Bänder betreffenden Eigenschaften besonders interessant. Nicht benutzte Computerbänder unterliegen ebenfalls mit und ohne Aufzeichnung während der Lagerung enormen mechanischen Belastungen und temperaturbedingten Spannungen, die unvermeidbar sind. Außerdem ist die Schicht im Laufe der Zeit gewissen thermischen, oxydativen und hydrolytischen Zersetzungen unterworfen, denen das Band ohne Datenverlust widerstehen muß. Alle Bandhersteller arbeiten daher an polymeren Schichtsystemen, in deren Ergebnis Oxidschichten hoher Beständigkeit, Haftfestigkeit und Flexibilität entstehen. Die Schichten sollen überdies eine gute Oberfläche, keinen Abrieb sowie geringen Verschleiß der Magnetköpfe zeigen. In der Literatur gibt es auch schon Hinweise darauf, daß versucht wird, in die Bindemittel funktionelle Gruppen einzubauen, die Effekte wie

Leitfähigkeit, Gleitvermögen usw. bringen und so den Zusatz spezieller Stoffe mit all ihren Problemen vermeiden.

Die Anforderungen an zukünftige Schichteigenschaften für Audioband stehen nicht weit hinter denen für Video- oder Computerband zurück. In der Analogtechnik arbeitet man heute mit aufgezeichneten Wellenlängen bis hinunter zu 2 μm. Das bedeutet, daß auf einer Bandlänge von einem Millimeter bis zu 500 Schwingungen aufgezeichnet werden müssen.

Abschließend muß zu diesem Komplex betont werden, daß Aufzeichnungs- und Wiedergabequalität immer an eine optimale Gestaltung des Systems Schicht—Kopf gebunden sind. Das heißt, die zu erzielenden Schichteigenschaften werden maßgeblich durch das Magnetkopfmaterial sowie die Struktur von Kopfspiegel und -spalt mit geprägt. Generell haben zukünftige Schichten eine Verbesserung der Gebrauchswerteigenschaften hinsichtlich

- der Lager- und Klimabeständigkeit,
- der Verschleißfestigkeit und
- des geringeren Abriebes

zu gewährleisten.

1.3.2.3. *Probleme des magnetisierbaren Pigmentes*

Für die Magnetbandherstellung werden heute fast ausschließlich γ-Eisenoxide (z. T. mit Co-Modifizierung) und CrO_2 in Nadelform eingesetzt. Bestimmend für ihre Eignung im Magnetband sind die magnetischen Parameter, vor allem Koerzitivfeldstärke und Magnetisierung. Die nachfolgende Tabelle 1.3 enthält einige wichtige magnetische Zahlenwerte für die genannten Pigmente. Die Probleme bei der weiteren Entwicklung der oxidischen Pulver betreffen hauptsächlich die Einengung des Kornspektrums sowie einen gleichmäßigen Bau innerhalb der Kristalle, um solche Eigenschaften wie Koerzitivfeldstärke, Kopierdämpfung u. a. weiter zu verbessern.

Tabelle 1.3. Charakteristische Parameter magnetischer Pigmente (ausgewählte Beispiele)

I/ϱ gemessen bei $H_{max} = 6000$ A cm^{-1}
I^{H_c} gemessen bei $H_{max} = 3700$ A cm^{-1}

Packungsdichte der Proben 23 bis 24%

Pigment	Koerzitivfeldstärke H_c	spezifische Sättigungspolarisation I_s/ϱ
	A · cm^{-1}	10^{-7} Wb · g^{-1}
γ-Fe_2O_3	290	830—860
CrO_2	440	940
Fe_3O_4	330	930
$Co_xFe_{2-x}O_3$*	450	855
$Co_xFe_{3-x}O_4$*	600	930
metallische Pigmente	630	1350

* $x = 0,04$

Grundlegende Arbeiten zur Auffindung neuer und besserer oxidischer Materialien scheinen — zumindest bei Betrachtung der Ferrite — nicht aussichtsreich zu sein.

Einen wesentlichen Schritt in Richtung der Erhöhung der magnetischen Energie kann man entsprechend der Literatur nur vollziehen, wenn man Metalle und ihre Legierungen mit in die Betrachtungen einschließt. Des weiteren sei bemerkt, daß sich mit der Zusammensetzung und Struktur der metallischen Pulver die erforderlichen Eigenschaften in viel weiteren Grenzen variieren lassen, als dies bei oxidischen Materialien möglich ist. Metallpigmente haben noch einen weiteren Vorteil: Sie besitzen eine weit geringere mineralogische Härte als γFe_2O_3 oder gar CrO_2, so daß zu erwarten ist, daß sie die Magnetköpfe weniger abschleifend beanspruchen.

Eine weitere Verbesserung der Eigenschaften magnetischer Aufzeichnungsträger wurde für den Einsatz kompakter Metallschichten vorausgesagt. Berücksichtigt man, daß mit Pulverschichten nur eine Volumenerfüllung von maximal 45 bis 50% möglich ist — den Rest bilden Bindemittel und Hohlräume —, so ist allein dadurch für kompakte Schichten eine Schichtdickenverringerung um den Faktor 2 gegeben. Es kommt hinzu, daß bei der Aufbringung der Metallschicht bestimmte Strukturen gebildet werden können, die zur Herausbildung gezielter Aufzeichnungseigenschaften führen.

Die Metallschichten können durch Aufdampfung, Elektrolyse, stromlose chemische Abscheidung oder auch Katodenzerstäubung auf die Unterlage aufgebracht werden. Eine erste Anwendung von kompakten Metallschichten in kommerziell gefertigten Magnetbändern scheint durch das Mikrokassettensystem Ångrom [5] eine Lösung für alle bisherigen wissenschaftlich-technischen und ökonomischen Probleme auf diesem Gebiet anzudeuten.

1.3.2.4. Zur Magnetbandunterlage

Gegenwärtig werden Magnetbänder mit einer Unterlagenstärke bis herunter zu 5 µm kommerziell hergestellt. Zum Beispiel beträgt bei der Kompaktkassette C 120 die Gesamtstärke 9 µm, davon sind 3 µm magnetisierbare Schicht. Für andere Zwecke (z. B. Elektroindustrie) werden PETP-Folien bereits bis auf 2 µm Stärke verstreckt. Die Einführung solcher geringer Stärken für die Magnetbandaufzeichnung scheitert bisher an der nicht ausreichenden Sicherheit der Anwendung in den gegenwärtigen Kassetten- und Gerätesystemen. Hier sind weitere Entwicklungen mit erheblichen Konsequenzen für den Magnetbandhersteller zu erwarten. Eine wirkliche Alternative zum PETP als Unterlagenmaterial für Magnetband gibt es bisher nicht. Lediglich vereinzelt werden Spezialfolien (z. B. Polyimid für extreme thermische Beanspruchung) verwendet.

1.3.2.5. Aufzeichnung und Wiedergabeverfahren

Das klassische Prinzip der Aufzeichnung und Wiedergabe ist auch heute noch gültig, jedoch ist es in seiner Leistungsfähigkeit begrenzt

- durch den unumgänglichen Abstand zwischen Band und Kopf, der z. B. durch Oberflächenrauhigkeiten beider Partner hervorgerufen wird, z. T. auch durch Luftpolster oder unmagnetische Deckschichten auf dem Magnetkopf (Abstandsdämpfung), und

— durch die jeweils angewandten Aufzeichnungs- und Wiedergabeverfahren. So muß z. B. in der Datenaufzeichnung bei NRZ-Kodierung jeder Magnetisierungswechsel einwandfrei erkannt werden. Ein Amplitudenverlust von 60 bis 70% führt bereits zu einem Signalausfall. In der Tonaufzeichnung befindet sich die Information sowohl in der Frequenz als auch in der Amplitude. Das bedeutet, daß — im Gegensatz zu einer geeigneteren Kodierung — immer eine relativ dicke Schicht zur Verfügung stehen muß, um eine ausreichende Dynamik garantieren zu können. Beim Videoband ist die jetzt vereinbarte Schichtdicke von 4—5 µm nur durch die Notwendigkeiten der Tonaufzeichnung zu erklären.

Es hat daher nicht an Versuchen gefehlt, durch Veränderung der Aufzeichnungs- oder Wiedergabeverfahren zu erhöhter Sicherheit, verbesserter Qualität und höherer Speicherdichte zu gelangen. Typische Beispiele dafür sind

— die Frequenzmodulation bei der Videoaufzeichnung (Vorteile: größerer Amplitudenverlust annehmbar ohne Informationsverlust),

— die Anwendung der Schrägspuraufzeichnung für Datenaufzeichnung in der IBM-Bibliothekseinheit,

— die Anwendung des *Pulsecodemodulationsystems* für die professionelle Tonaufzeichnung (Vorteile: Eliminierung der Gleichlaufschwankungen, Verbesserung der Dynamik usw.) und

— die Digitalisierung der Videosignale in experimentellen Aufbauten für den Studiobetrieb.

Man wird daher in weiterer Zukunft wahrscheinlich nicht immer so eindeutig von Video-, Audio- und Datenbändern sprechen können, sondern mehr von Bändern für bestimmte Aufzeichnungsverfahren und bestimmte mechanische Beanspruchungen.

1.4. Ausblick

Der Einsatz von Magnetbändern als Informationsspeichermaterial auf den verschiedenen Gebieten der Anwendung wird in entscheidendem Maße durch die Wechselbeziehung zwischen ihren physikalisch-mechanischen Eigenschaften und den speichertechnischen Kenngrößen und Kennfunktionen bestimmt. Die entscheidende Konsequenz ist aber, daß die weiteren Entwicklungen komplex im System Gerät—Aufzeichnungsmaterial gesehen werden müssen. Durch die gegenseitige Abhängigkeit ergibt sich, daß jeder Entwicklungsschritt zwischen Geräte- und Bandentwickler abgestimmt wird. Mehr und mehr spielen Entwicklungen auf elektronischem Gebiet eine entscheidende Rolle. So sei z. B. darauf hingewiesen, daß erst die elektronischen Rauschunterdrückungssysteme wie Dolby u. a. zur HiFi-Salonfähigkeit der Audiokassette geführt haben. Auf dem Videogebiet ist Ähnliches zu beobachten.

Der Wettlauf auf dem Gebiet der Amateurvideosysteme bringt Anwendungsvorteile nicht nur durch Einführung spezieller Modulationssysteme, sondern auch durch Spurbreiteverringerungen und Wegfall des „Rasens“. In Tabelle 1.4 sind einige Kassettensysteme dargestellt. Rückkoppelnd erwachsen aus dem Entwicklungstrend wieder höhere Anforderungen an das Bandmaterial.

Tabelle 1.4. Wichtige Daten von Kassettensystemen [4]

Systeme	SVR	VCR-LP	Betamax	VHS	V 2000	
Kassettenfläche	126 · 145	126 · 145	146 · 96	198 · 104	183 · 110,5	mm · mm
Kassettendicke	41	41	25	25	25,8	mm
Magnetbandbreite	12,7	12,7	12,7	12,7	12,7	mm
Maximale Spieldauer	240	180	180	180	2 · 240	min
dafür Bandlänge	570	590	210	370	350	m
dafür Banddicke	16	13	17	20	13	μm
Bandtransportgeschwindigkeit	3,95	6,5588	1,87	2,339	2,44	cm/s
Registriergeschwindigkeit	8,18	8,18	5,83	4,84	5,08	m/s
Spurbreite	51	85	32,0	49	22,6	μm
Spaltazimut	± 15°	± 15°	± 7°	± 6°	± 15°	
Bandbreite	3 MHz	3 MHz	300 Zeilen	290 Zeilen	3 MHz	
Luminanz	(−6 dB)	(−18 dB)	(−15 dB)	(−6 dB)		
Störabstand	47	45	> 42	> 40	> 40	dB bewertet

Systementwicklungen unter Berücksichtigung aller Möglichkeiten moderner Elektronik können deshalb zum Hauptkettenglied zukünftiger Entwicklungen werden und gewährleisten dem Magnetband noch ein langes Leben. Dies wurde bei Prognosen früherer Jahre oft übersehen.

Mit diesen wenigen Fakten soll im Rahmen der Einführung die Betrachtung der technisch-wissenschaftlichen Probleme der Magnetbandentwicklung umrissen sein, ohne auf die Bemerkung zu verzichten, daß die nichtbandförmigen Aufzeichnungsträger, für die die gleichen prinzipiellen Probleme gelten, in Zukunft gleichfalls an Bedeutung zunehmen werden.

2. Grundlegende Bemerkungen zum Ferromagnetismus und zur magnetischen Aufzeichnung

2.1. Grundlagen des Magnetismus

2.1.1. Magnetische Grundbegriffe

Als Ursache magnetischer Eigenschaften eines Stoffes gilt die Bewegung der inneratomaren elektrischen Ladungen, insbesondere die Bahnbewegung der Elektronen und deren Drehungen um die eigene Achse (Elektronenspin). Jedes dieser sich bewegenden geladenen Elementarteilchen besitzt ein magnetisches Moment, und ein Atom eines beliebigen Stoffes stellt auf diese Weise ein kompliziertes magnetisches System dar.

Das magnetische Moment eines Atoms wird durch die Vektorsumme der magnetischen Momente der einzelnen elektrisch geladenen Elementarteilchen des Atoms bestimmt. Da die magnetischen Momente der Protonen und Neutronen um drei Größenordnungen kleiner sind als diejenigen der Elektronen, lassen sich die magnetischen Eigenschaften der Atome im wesentlichen mit Hilfe der Bahn- und Spinmomente der Atomhüllen erklären.

Die natürliche Einheit des magnetischen Bahnmomentes wird als BOHRsches Magneton bezeichnet und ergibt sich folgendermaßen:

$$\mu_B = \frac{e \cdot h}{4\pi mc} \approx 9{,}27 \cdot 10^{-21}\,\mathrm{G \cdot cm^3} \quad \text{bzw.} \quad 1{,}1653 \cdot 10^{-29}\,\mathrm{Wb \cdot m}, \tag{2.1}$$

e – Elementarladung, h – PLANCKsches Wirkungsquantum, m – Elektronenmasse, c – Lichtgeschwindigkeit.

Die Lage der Momente zueinander ist für Atome verschiedener Stoffe unterschiedlich, woraus sich unterschiedliche magnetische Eigenschaften ergeben. Die Atome aller Stoffe sind jedoch in bestimmter Weise durch ein äußeres magnetisches Feld beeinflußbar. In den folgenden Abschnitten wird darauf näher eingegangen.

Ein stromführender gerader Leiter ist von einem magnetischen Feld in Form konzentrischer Feldlinien, also Linien gleicher Feldstärke H, umgeben. Die magnetische Feldstärke resultiert aus:

$$H = \frac{i}{2\pi r}, \tag{2.2}$$

wenn r der Abstand vom Leiter und i die Stromstärke sind. Die Maßeinheit der magnetischen Feldstärke $\mathrm{A \cdot m^{-1}}$ wird hier besonders anschaulich.

Nicht nur stromführende Leiter bauen in ihrer Umgebung ein magnetisches Feld auf, sondern auch magnetisierte Festkörper, insbesondere die sogenannten Ferromagnetika.

Ein stromführender Leiter in Form eines Ringes bzw. einer flachen Induktionsspule (Erdinduktor) sei um eine in seiner Ebene liegende Achse in einem Magnetfeld, z. B. dem Erdfeld, frei drehbar angebracht. Ohne äußere Einwirkung stellt sich dieser Leiter so ein, daß auf seiner Ebene die magnetischen Feldlinien senkrecht stehen. Für eine Drehung um z. B. 90° muß eine Arbeit geleistet werden, die der Induktion B des Magnetfeldes und dem magnetischen Moment p des Leiters proportional ist. In vektorieller Schreibweise ergibt sich

$$\boldsymbol{B} = \mu_0 \boldsymbol{H} \tag{2.3}$$

und

$$\boldsymbol{p} = i\boldsymbol{F}. \tag{2.4}$$

Die Induktionskonstante hat den Wert

$$\mu_0 = 1{,}256 \cdot 10^{-6}\,\mathrm{Wb} \cdot \mathrm{A}^{-1} \cdot \mathrm{m}^{-1}.$$

$\boldsymbol{F}$ ist ein Vektor, der senkrecht auf der vom Ringstrom i umrandeten Fläche steht und mit demselben eine Rechtsschraube bildet. Die Richtungen von $\boldsymbol{p}$ und $\boldsymbol{F}$ fallen zusammen.

Bei Betrachtung des Erdinduktors zeige die Spulenebene zunächst in Richtung des magnetischen Meridians. Eine Drehung um 90° läßt den magnetischen Fluß $\boldsymbol{\Phi}$, der die Spule durchsetzt und als Gesamtheit aller eine Fläche senkrecht durchsetzender Feldlinien veranschaulicht werden kann, auf den maximalen Wert anwachsen. Dadurch wird in einem an die Enden der Spule angeschlossenen ballistischen Galvanometer der Stromstoß

$$\int i\,\mathrm{d}t = \frac{w\Phi}{R} \tag{2.5}$$

induziert, wenn

$$\Phi = BF \tag{2.6}$$

ist. Dabei bedeuten w die Windungszahl der Spule und R den Gesamtwiderstand des Galvanometerkreises. Daraus erhält man B bzw. H und in diesem Fall die Horizontalkomponente des Erdfeldes.

Zwei Ringe bzw. Ringspulen stellen sich im Magnetfeld so ein, daß ihre magnetischen Momente gegeneinander gerichtet sind, sich also aufheben und das System nach außen unmagnetisch erscheinen lassen. Dieser Zustand ist stabil, d. h., ihm entspricht eine minimale innere Energie des Systems. Unter Aufwendung von Arbeit kann einer der Ringe so gedreht werden, daß die magnetischen Momente gleichgerichtet sind. In diesem Zustand besitzt das System nach außen ein resultierendes magnetisches Moment, das von Null verschieden ist.

In der Magnetik gibt es, im Gegensatz zur Elektrostatik, keine wahren Ladungen, die als Ursprung der auftretenden Kraftwirkungen angesehen werden könnten. Man arbeitet statt dessen mit den Bildern von Doppelquelle und Ringstrom, indem man durch Grenzübergang den magnetischen Dipol gewinnt. Der magnetische Dipol besitzt ein magnetisches Moment p, und seine Eigenschaften bilden die Grundlagen der magnetischen Meßtechnik.

Das im Aufpunkt (x, y, z) meßbare magnetische Feld H, das vom Dipol ausgeht, kann mit Hilfe eines Potentials

$$\varphi_m = \frac{p \cos \vartheta}{r^2} \tag{2.7}$$

bzw. in vektorieller Schreibweise

$$\varphi_m = \frac{(\boldsymbol{p}\boldsymbol{r})}{r^3} \tag{2.8}$$

beschrieben werden. Komponentenzerlegung führt zu den Gleichungen

$$H_r = \frac{2p \cos \vartheta}{r^3} \tag{2.9}$$

und

$$H_\vartheta = \frac{p \sin \vartheta}{r^3}. \tag{2.10}$$

r ist dabei die Entfernung Dipol—Aufpunkt bzw. der entsprechende Vektor, p das Dipolmoment und ϑ der Winkel, den die Vektoren $\boldsymbol{r}$ und $\boldsymbol{p}$ einschließen. Im inhomogenen magnetischen Feld wirkt auf den Dipol eine translatorische Kraft

$$K_x = p_x \frac{\partial H_x}{\partial x} + p_y \frac{\partial H_y}{\partial y} + p_z \frac{\partial H_z}{\partial z} \tag{2.11}$$

bzw.

$$\boldsymbol{K} = (\boldsymbol{p} \operatorname{grad}) \boldsymbol{H}. \tag{2.12}$$

Im homogenen magnetischen Feld tritt ein Drehmoment auf:

$$D = pH \sin \alpha \tag{2.13}$$

bzw.

$$\boldsymbol{D} = [\boldsymbol{pH}]. \tag{2.14}$$

α ist der Winkel zwischen $\boldsymbol{p}$ und $\boldsymbol{H}$.

Von den genannten Eigenschaften leiten sich verschiedene Verfahren zur Messung der magnetischen Feldstärke sowie die Bestimmung des magnetischen Moments mit dem Prinzip der magnetischen Waage und der Torsionsmethode ab. Dazu muß natürlich der Dipol als mathematische Fiktion gesehen werden. Der Übergang zum endlich ausgedehnten magnetisierbaren Stoff ergibt sich mittels

$$\boldsymbol{p} = \boldsymbol{I} \, \mathrm{d}V, \tag{2.15}$$

wobei $\mathrm{d}V$ ein Volumenelement und $\boldsymbol{I}$ den Vektor der Magnetisierung bzw. Polarisation darstellen. Mit Hilfe der sogenannten Verknüpfungsgleichung erhält man die Induktion als

$$B = \mu_0 H + I = \mu_0 (H + M). \tag{2.16}$$

I und B werden in der SI-Einheit Tesla (T) angegeben, M in $\mathrm{A \cdot m^{-1}}$. I wird in der älteren Literatur als Magnetisierung, in der neueren als Polarisation bezeichnet (M ist dann entsprechend die Magnetisierung).

Die Einheit $\mathrm{T = V \cdot s \cdot m^{-2}}$ kann mittels der Methode der Induktionsmessung plausibel gemacht werden, bei der in einer Induktionsspule, deren Drahtwindungen eine bestimmte Fläche umfassen, ein Spannungsstoß induziert wird, der das Zeitintegral der Spannung darstellt. Diese Induktionswirkung kann z. B. durch Einbringen eines ferromagnetischen oder sonstigen Stoffes in eine Induktionsspule erreicht werden. Das Verhalten des Stoffes wird dabei durch die relative Permeabilität μ_r beschrieben, eine dimensionslose Größe, die das Verhältnis der Induktionen von gefüllter und leerer Induktionsspule angibt. Man erhält in diesem Fall den Ausdruck

$$\boldsymbol{B} = \mu_r\mu_0\boldsymbol{H}. \tag{2.17}$$

Für das Vakuum gilt $\mu_r = 1$. Aus Gleichung (2.16) ist

$$I = \mu_0(\mu_r - 1)\,H \tag{2.18}$$

ableitbar.

$$\varkappa = \mu_r - 1 \tag{2.19}$$

wird als magnetische Suszeptibilität bezeichnet.

2.1.2. Magnetische Eigenschaften der Stoffe

Die magnetischen Eigenschaften eines Stoffes hängen von der Größe des magnetischen Moments freier Atome oder Moleküle und der auftretenden thermischen Energie ab. Im Festkörper kommen die komplizierten Wechselwirkungen zwischen den Ionen im Kristallverband hinzu. Die verschiedenen magnetischen Verhaltensweisen werden mit Hilfe folgender Begriffe klassifiziert: Dia-, Para-, Ferro-, Antiferro-, Ferri-, Superpara- und Metamagnetismus.

2.1.2.1. Diamagnetismus

Das magnetische Atommoment des diamagnetischen Stoffes ist Null, da sich alle Bahn- und Spinmomente bei Atomen mit abgeschlossenen Elektronenschalen kompensieren: Derartige Stoffe sind also pauschal unmagnetisch und sollten auch in einem äußeren Magnetfeld keine Reaktion erwarten lassen. Dies ist aber nicht der Fall. Es tritt die sogenannte Larmor-Präzession auf, eine Kreiselbewegung der Elektronen um die Richtung des äußeren Magnetfeldes mit der Winkelgeschwindigkeit

$$\omega_{\mathrm{L}} = \frac{e}{2mc}\,H, \tag{2.20}$$

bei der ein dem Feld entgegengerichtetes resultierendes Präzessionsmoment induziert wird. Dadurch erfährt ein diamagnetischer Körper im inhomogenen Magnetfeld eine Kraft, die ihn aus dem Feld herauszudrücken versucht.

Das Diamagnetikum besitzt eine negative relative Suszeptibilität $\varkappa_r$ und eine relative Permeabilität $\mu_r < 1$. Die Suszeptibilitätswerte der Diamagnetika Cu, Au, Hg, H_2O und H_2 liegen zwischen $-0{,}2 \cdot 10^{-8}$ und $-1{,}0 \cdot 10^{-5}$. Sie veranschaulichen den äußerst schwachen magnetischen Effekt, der bei jedem Stoff grundsätzlich vorhanden ist, jedoch von andersartigen Effekten überdeckt werden kann.

2.1.2.2. Paramagnetismus

Das magnetische Atommoment paramagnetischer Stoffe ist ungleich Null, da sich die Bahn- und Spinmomente nicht mehr kompensieren. Unter dem Einfluß eines äußeren Feldes kommt deshalb zur Präzessionsbewegung der Spinachsen eine Orientierung der Atommomente in Feldrichtung hinzu. Dabei ist für jeden Elementarmagneten eine potentielle Energie $-H\mu \cos \Theta$ aufzubringen (μ — magnetisches Moment, Θ — Winkel mit der Feldrichtung). Das heißt, die potentielle Energie des Systems nimmt unter dem Einfluß des äußeren Feldes ab. Begrenzt wird dieser Prozeß durch die kinetische Wärmeenergie bzw. die statistische Wärmebewegung der Elementarteilchen.

Es stellt sich folglich ein Gleichgewicht ein. Das resultierende magnetische Moment ist eine Funktion des äußeren Feldes sowie der Temperatur. Die quantitative Erfassung gelang mittels der LANGVIN-Funktion

$$\frac{I_r}{I_\infty} = L(\alpha) = c \tan h\alpha - \frac{1}{\alpha}, \tag{2.21}$$

$$\alpha = f(H, T) = \mu H/kT, \tag{2.22}$$

I_r — magnetische Polarisation bei der Temperatur T, I_∞ — magnetische Polarisation bei der Temperatur $T = 0$, $L(\alpha)$ — LANGVIN-Funktion, k — BOLTZMANN-Konstante, μ — magnetisches Atommoment. $\varkappa_R$ setzt sich demgemäß aus einem temperaturabhängigen und einem diamagnetischen Anteil zusammen und liegt im Bereich $+2{,}2 \cdot 10^{-5}$ bis $+36 \cdot 10^{-8}$ für die paramagnetischen Stoffe Al, Mn, Pt, W und Luft. Alle Übergangselemente sind paramagnetisch. Ein Paramagnetikum erfährt im inhomogenen Feld eine Kraft, die es in das Feld hineinzuziehen versucht.

2.1.2.3. Ferromagnetismus

Ferromagnetisches Verhalten bei Zimmertemperatur, als besonders starke magnetische Kraftwirkungen in relativ schwachen äußeren Feldern charakterisierbar, zeigt eine verhältnismäßig kleine Gruppe von Stoffen, zu der die Elemente Eisen, Cobalt und Nickel sowie Legierungen und Oxide, die diese Elemente enthalten, gehören. Sogenannte nichtferromagnetische Elemente können sich bei tieferen Temperaturen ferromagnetisch verhalten. In allen Fällen werden ferromagnetische Stoffe bei Temperaturerhöhung jenseits des sogenannten CURIE-Punktes paramagnetisch. Die durch die Kristallstruktur bedingte Austauschwechselwirkung benachbarter Atommomente bzw. deren Parallelstellung ohne Einwirkung eines äußeren magnetischen Feldes innerhalb bestimmter Bereiche wird dadurch aufgehoben. Aus energetischen Gründen sind die resultierenden magnetischen Momente dieser Bereiche, ferromagnetischen Domänen oder WEISSschen Bezirke, statistisch über das Volumen des Ferromagnetikums verteilt, so daß trotz Vorhandensein einer Vielzahl dieser bis zur Sättigung aufmagnetisierten Elementarbereiche dasselbe makroskopisch unmagnetisch erscheint. Erst unter dem Einfluß eines äußeren magnetischen Feldes wird diese statistische Verteilung gestört, die Poldichte auf der Oberfläche des Ferromagnetikums erhöht und somit ein magnetisches Streufeld aufgebaut, was gleichbedeutend mit dem Aufbau einer energetisch aufwendigeren Domänenkonfiguration ist.

Zu den bemerkenswertesten Charakteristiken ferromagnetischer Stoffe gehört die in bezug auf die Einheit sehr große relative Suszeptibilität (Werte bis zu $\mu_r = 3{,}8 \cdot 10^{-6}$ sind beobachtet worden). Es gilt demgemäß $\mu_r \approx \varkappa_r$. Beachtlich ist ebenfalls – bezogen auf Paramagnetika – die erreichbare Sättigung in magnetischen Feldern, die um den Faktor 10^4 niedriger sind.

2.1.2.4. *Antiferro- und Ferrimagnetismus*

Eine notwendige, aber nicht hinreichende Bedingung für ferromagnetisches Verhalten ist die Existenz nicht abgeschlossener innerer Elektronenschalen in den Atomen, wodurch die nichtkompensierten Atommomente der Übergangsmetalle bedingt sind. Diese Struktur der Elektronenenergie führt im Kristallverband zu starken Ausrichtekräften zwischen den Atommomenten benachbarter Atome, die mit dem Begriff der Austauschenergie quantitativ beschrieben werden können. Diese Austauschenergie ist eine Funktion der Raumerfüllung im Kristall.

Nun besitzen einige Ionenkristalle, z. B. Oxide, Halogenide oder Sulfide der ferromagnetischen Elemente, eine negative Austauschenergie, d. h., eine antiparallele Einstellung des Elektronenspins benachbarter Metallionen ist der energetisch günstigere Zustand.

Das Modell von Néel [1] für antiferromagnetisches Verhalten setzt die Existenz von zwei Untergittern gleicher Ionen und jeweils parallel ausgerichteter Spinkonfigurationen voraus. Durch die antiparallele Ausrichtung beider Spinsysteme verschwindet das resultierende magnetische Moment über ein endliches Volumen. Zwischen Suszeptibilität und Temperatur besteht in diesem Fall eine Abhängigkeit, die eine scharf ausgeprägte Diskontinuität am sogenannten Néel-Punkt aufweist. Unterhalb dieser Temperatur tritt antiferromagnetisches, oberhalb paramagnetisches Verhalten auf; wobei antiferromagnetisches Verhalten als quasiparamagnetisch charakterisiert werden kann, da unter dem Einfluß eines äußeren Feldes die Elektronenspins reversibel gegen die Austauschenergie gedreht werden.

Als besonderer Fall kann der Ferrimagnetismus betrachtet werden: Die magnetischen Momente beider Untergitter heben sich nicht mehr auf, und ein resultierendes Moment bleibt als spontane Magnetisierung erhalten. Die Magnetisierung der Untergitter ist dabei eine Funktion der Größen- und Abstandsverhältnisse im Ionenkristall. Beispiele für antiferromagnetische Substanzen sind Mangan und Chrom, für ferrimagnetische Fe_3O_4 ($\varkappa_r = 100$), γ-Fe_2O_3 sowie die Ferrite ($\varkappa_r = 5000$). Es handelt sich hier um Stoffe von großer technischer Bedeutung. Nicht unerwähnt soll der von E. Vogt [2] genannte Metamagnetismus bleiben, bei dem ferro- oder antiferromagnetisches Verhalten als Funktion des äußeren magnetischen Feldes und der Temperatur auftritt.

2.1.2.5. *Superparamagnetismus*

Die Austauschwechselwirkung zwischen benachbarten Spins eines Ferromagnetikums ist so stark, daß auch nach dem Abschalten eines äußeren magnetischen Feldes, das zum Ausrichten der Atommomente gedient hat, letztere ihre Richtungen im wesentlichen beibehalten. Die desorientierende Wirkung der Wärmeenergie ist vernachlässigbar klein.

Ferromagnetische kleine Teilchen zeigen dagegen oftmals ein Verhalten, das demjenigen eines paramagnetischen Gases ähnelt, und zwar dann, wenn das Volumen des

Teilchens so klein wird, daß die Wärmebewegung der Atome die Spinkopplung aufzuheben vermag bzw. die dem Volumen proportionale magnetische Energie $HI_sV = KV$ kleiner als die Wärmeenergie kT wird (k ist die BOLTZMANN-Konstante, I_s die Sättigungspolarisation und K eine Anisotropiekonstante). Das Ferromagnetikum zeigt ein solches Verhalten normalerweise erst jenseits der CURIE-Temperatur.

Die Magnetisierungskurve derartiger Teilchen weist keine Hysterese auf; Remanenz und Koerzitivfeldstärke werden also Null. Das heißt, die Einstellung des Gleichgewichtszustandes zwischen den genannten Energieteilen läuft so schnell ab, daß jeder Feldstärke ein ganz bestimmter Polarisationszustand entspricht. Charakteristisch für auftretenden Superparamagnetismus ist dabei die Abhängigkeit $I = f(H/T)$; die verschiedenen I,H-Kurven mit T als Parameter können dementsprechend überlagert werden. Mit der Erhöhung von Teilchenvolumina, -anisotropie sowie Austauschwechselwirkung vergrößert sich die Zeit der Gleichgewichtseinstellung und damit der Meßbarkeit einer superparamagnetischen $I(H)$- bzw. $I(H/T)$-Kurve. BEAN et al. [3] nahmen derartige Kurven z. B. an Eisenpartikeln mit einem Durchmesser von 4,4 nm auf.

2.1.2.6. Magnetische Anisotropie

Es ist naheliegend, daß die magnetischen Größen von der Richtung im Kristall abhängen, wie dies auch für andere physikalische Größen zutrifft. So ist also mit leichten und schweren Achsen oder Vorzugsrichtungen zu rechnen. Darüber hinaus wird ein ferromagnetischer Festkörper derartige Vorzugsrichtungen in Abhängigkeit von seiner äußeren Form als Meßgegenstand aufweisen. Elastische Verformungen introduzieren ebenfalls Richtungsabhängigkeiten. Man unterscheidet folgende Effekte magnetischer Anisotropie: Kristall-, Form-, Spannungs-, Austausch-, Oberflächen-, Diffusions- und Verformungsanisotropie. Nur die wichtigsten seien kurz charakterisiert.

2.1.2.6.1. Anisotropieformen

a) Kristallanisotropie

Die zur Ummagnetisierung eines ferromagnetischen Einkristalls aufzuwendende Magnetisierungsarbeit ist

$$W = V \int_{I=0}^{I_s} H \, \mathrm{d}I. \tag{2.23}$$

Für die Richtung der leichten Achse des Kristalls, in der der Vektor der spontanen Magnetisierung liegt, erreicht W ein Minimum.

Die rein phänomenologische Beschreibung der Kristallenergie erhält man durch eine Potenzreihenentwicklung der Richtungskosinus; für kubische Kristalle ist der Ausdruck für die Kristallenergiedichte

$$E_K = K_0 + K_1(\alpha_1^2\alpha_2^2 + \alpha_2^2\alpha_3^2 + \alpha_3^2\alpha_1^2) + K_2\alpha_1^2\alpha_2^2\alpha_3^2 + \cdots \tag{2.24}$$

(K_0 interessiert in diesem Zusammenhang nicht, da es hier nur um die Unterschiede der E_K in verschiedenen Kristallrichtungen geht). Darin bedeuten die K_i nicht voneinander unabhängige Anisotropiekonstanten und die α_i die Richtungskosinus für die Winke zwischen den Komponenten des Magnetisierungsvektors und den Würfelkanten.

Im allgemeinen tragen die Vorzugsrichtungen niedrige MILLERsche Indizes; und die Ursache der Anisotropie ist in einer Wechselwirkung zwischen Spin- und Bahnmoment zu suchen.

Für hexagonale Kristalle gilt dementsprechend

$$E_K = K_1 \sin^2 \varphi + K_2 \sin^4 \varphi. \tag{2.25}$$

φ ist der Winkel zwischen Magnetisierungsvektor und hexagonaler Achse [0001]. Letztere ist Vorzugsrichtung, wenn $K_1 + K_2 > 0$. Die leichte Achse liegt in der Basisebene bei $K_1 + K_2 < 0$. Für den kubischen Kristall erhält man entsprechend die [100]-Richtung bei $K_1 > 0$ und die [111]-Richtung bei $K_1 < 0$. Die Konstante K_2 macht sich normalerweise wenig bemerkbar.

Mit wachsender Temperatur nimmt der Betrag der Konstanten ab und verschwindet in der Nähe des CURIE-Punktes.

Grundsätzlich ist es ein Hinweis auf Kristallanisotropie auch in polykristallinem Material, wenn die Koerzitivfeldstärke wie K_1/I_s von der Temperatur abhängt. Die in der Magnetspeichertechnik verwendeten kleinen Teilchen sind im allgemeinen formanisotrop; dadurch ergibt sich als Bedingung für Kristallanisotropie $K_0/I_s^2 \gg 1$.

b) Formanisotropie

Diese Art der Richtungsabhängigkeit magnetischer Eigenschaften ist, im Gegensatz zum lokalen Volumeneffekt der Kristallanisotropie, als magnetostatischer Effekt aufzufassen, d. h., die Berechnungen erfolgen über die Formel für die Energie im Außenraum eines Ferromagneten

$$W = \frac{1}{8\pi} \int H^2 \, \mathrm{d}V \tag{2.26}$$

sowie den Ausdruck für die magnetostatische Energiedichte in einem homogen magnetisierten Ellipsoid

$$E_F = \frac{1}{2} I_s^2 (N_a \alpha_a^2 + N_b \alpha_b^2 + N_c \alpha_c^2), \tag{2.27}$$

a, b, c sind die Hauptachsen des Ellipsoids; die α_i stellen die Richtungskosinus dar, und die N_i sind die entsprechenden Entmagnetisierungsfaktoren.

Im Falle des Rotationsellipsoids $b = c$ gilt

$$E_F = \frac{1}{2} I_s^2 (N_a \cos^2 \varphi + N_b \sin^2 \varphi). \tag{2.28}$$

φ ist der Winkel zwischen Magnetisierungsvektor und leichter Achse $VA = a$. Durch Umformung erhält man bis auf eine Konstante

$$E_F = \frac{1}{2} I_s^2 (N_b - N_a) \sin^2 \varphi = K_F \sin^2 \varphi. \tag{2.29}$$

Für einachsige Anisotropie können $a > b = c$ und $N_a < N_b = N_c$ bzw. $N_a \approx 0$ gesetzt werden. Die Anisotropiekonstante ist also in diesem Fall

$$K_F = \frac{1}{2} I_s^2 (N_b - N_a). \tag{2.30}$$

Es läßt sich zeigen, daß K_F schon bei geringen Abweichungen von der Kugelgestalt hohe Werte annimmt. Diese Beziehungen gelten nur, wenn das Volumen des Ferromagnetikums so groß ist, daß die Austauschwechselwirkung eine homogene Magnetisierung aufrechterhalten kann.

Eine wie $I_s(T)$ von der Temperatur abhängende Koerzitivfeldstärke deutet immer auf Formanisotropie hin. Bei gleichzeitigem Vorhandensein von Kristallanisotropie in kleinen Teilchen ergibt sich die Forderung $K_F/I_s^2 \ll 1$.

c) Sonstige Anisotropieeffekte

Mechanische Spannungen im Kristall können sich stark auf Energieprodukt und Entmagnetisierungskurve auswirken. Ist λ die Konstante der Magnetostriktion und Φ der Winkel zwischen Magnetisierung und Spannungsrichtung, so ergibt sich die Energiedichte der *Spannungsanisotropie* als

$$E_\sigma = \frac{3}{2} \lambda\sigma \sin^2 \Phi = K \sin^2 \Phi, \tag{2.31}$$

σ — homogene Zugspannung. Eine derartige Anisotropie kann in Kristallen kubischer Struktur auftreten und wurde an Fe—Co-Mischoxiden und Ni-Teilchen untersucht. Ein Kriterium für ihr Auftreten ist

$$H_c = \lambda E/I_s(T). \tag{2.32}$$

Austauschanisotropie kann z. B. an oberflächlich oxidierten Cobaltteilchen auftreten und hat ihre Ursache in der Austauschwechselwirkung zweier Spinsysteme längs einer Oberfläche. Die Kopplung kann an antiferro-ferro-, antiferro-ferri- sowie ferri-ferromagnetischen Systemen beobachtet werden. Polykristalline Proben zeigen in einem bestimmten Feldbereich charakteristische unsymmetrische und längs der H-Achse verschobene Hystereseschleifen. Auf die umfangreichen Untersuchungen mittels Drehmomentenkurven, die in der Literatur beschrieben sind, kann nicht eingegangen werden. Es handelt sich hier um einen ausgesprochenen Oberflächeneffekt, der nicht beobachtbar ist, wenn die Dicke der Schicht einer Phase nicht hinreichend klein bleibt und damit die Überdeckung durch andere Anisotropieeffekte, z. B. Kristallanisotropie, nicht vermieden werden kann.

Streng zu unterscheiden ist davon die *Oberflächenanisotropie* nach NÉEL [4, 5], die in kleinen Kristallen mit relativ großer Oberfläche auftritt und ihre Ursache in der unterschiedlichen Symmetrie der Umgebung von Atomen im Inneren bzw. an der Oberfläche eines kleinen Teilchens hat. Nach NÉEL wird sie in 10^{-2} µm großen Teilchen mit der Form- bzw. Kristallanisotropie vergleichbar.

Für *Wechselwirkungsanisotropie* bei kettenförmig angeordneten sphärischen und isotropen Einbereichsteilchen parallel zur Kettenachse läßt sich im einfachsten Fall von zwei Teilchen die Beziehung

$$E = (V^2 I_s^2/r^3)(\sin \Phi_1 \sin \Phi_2 - 2 \cos \Phi_1 \cos \Phi_2) - VHI_s(\cos \Phi_1 + \cos \Phi_2) \tag{2.33}$$

angeben; V ist das Volumen eines Teilchens, r ist der Abstand zwischen den Mittelpunkten der Teilchen, Φ_i der Winkel der Magnetisierungsvektoren mit der Kettenachse. Das System ist im Gleichgewicht bei $\Phi_1 = \Phi_2 = 0$ und wird instabil bei

$$H_c = -VI_s/r^3. \tag{2.34}$$

Für sich berührende Teilchen gilt

$$H_c = -\frac{\pi}{6} I_s. \tag{2.35}$$

Abschließend sei noch auf die Möglichkeit einer Überlagerung mehrerer Anisotropien hingewiesen. Zum Beispiel läßt sich die Überlagerung zweier einachsiger Anisotropien (meist Form- mit Kristall- oder Spannungsanisotropie) durch die Beziehung

$$E = K_1 \sin^2 \varphi + K_2 \sin^2 (\beta - \varphi) + \eta\big(K_1 K_2 \sin^2 \beta \sin^2 \varphi \sin^2 (\beta - \varphi)\big)^{1/2} \tag{2.36}$$

ausdrücken. φ ist darin der Winkel zwischen Magnetisierung und einer Vorzugsachse, β derselbe zwischen beiden Vorzugsachsen. Die K_i stellen entsprechende Anisotropiekonstanten dar. Größe η ist nur experimentell bestimmbar und nimmt in den verschiedenen Fällen folgende Werte an: $\eta = 0$ — Überlagerung zweier Formanisotropien (zweiachsige Formanisotropie), $\eta = 1$ — Überlagerung zweier einachsiger Kristallanisotropien, $0 < \eta < 1$ — Überlagerung von einachsiger Kristall- und Formanisotropie. Tonge et al. [6] berechnen die Energiedichte bei Überlagerung von miteinander nicht wechselwirkender einachsiger Form- und kubischer Kristallanisotropie nach

$$E = K_K(\alpha^2\beta^2 + \beta^2\gamma^2 + \gamma^2\alpha^2) - K_F(\alpha l + \beta m + \gamma n)^2. \tag{2.37}$$

Dabei bezeichnen die griechischen Buchstaben die Richtungskosinus für die Magnetisierung, die lateinischen diejenigen der leichten Achse der Formanisotropie in bezug auf die kubischen Achsen.

2.1.2.6.2. Anisotropiemessungen

Die magnetische Anisotropie kann experimentell aus Magnetisierungs-, Remanenz- und Drehmomentenkurven sowie mittels der ferromagnetischen Resonanz bestimmt werden; außerdem existiert noch eine Methode, bei der Drehschwingungen der frei in einem homogenen Magnetfeld aufgehängten Probenscheibe um die Vorzugslage ausgewertet werden.

Als plausibelste Methode bietet sich die Auswertung von Magnetisierungskurven an, die durch Aufmagnetisierung einer Einkristallprobe in verschiedenen kristallographischen Richtungen und bis zu hohen Feldern gewonnen wurden. Schneidet man z. B. ein scheibenförmiges Rotationsellipsoid aus einem kubischen Kristall heraus, kann man es so einrichten, daß die drei Hauptrichtungen in der Scheibenebene liegen. In diesen Richtungen ([100], [110] und [111]) kann dann gemessen werden.

Nach Berücksichtigung der Entmagnetisierung ergibt die Fläche zwischen Ordinate und Magnetisierungskurve die reversible Magnetisierungsarbeit

$$A_{\alpha_i} = \int_0^{I_s} H \, \mathrm{d}I, \tag{2.38}$$

die in der Vorzugsachse gleich Null ist, wenn nur Feld- und Kristallenergie vorhanden sind. Die Anisotropiekonstanten ergeben sich dann als

$$K_1 = 4(A_{110} - A_{100}) \tag{2.39}$$

bzw.

$$K_2 = 27(A_{111} - A_{100}) - 36(A_{110} - A_{100}), \tag{2.40}$$

was sich leicht aus Formel (2.24) unter Verwendung der entsprechenden Wertetripel der α_i ableiten läßt. Die K_i besitzen die Dimension einer Energiedichte und können + - oder — - Vorzeichen tragen. Als Beispiel für die Zweckmäßigkeit der Anwendung von Anisotropiemessungen sei im folgenden die Bestimmung der magnetischen Schichtdicke an Speicherschichten [7] dargestellt. Benutzt wird die Drehmomentenmethode, die nach dem Meßprinzip arbeitet, daß eine rotationssymmetrische ferromagnetisch anisotrope Probe in einem homogenen Magnetfeld ein Drehmoment erfährt, dessen Größe proportional der Änderung der Anisotropieenergie mit dem Drehwinkel φ des Feldes gegenüber einer Vorzugsachse der Probe ist [8] (Abb. 2.1).

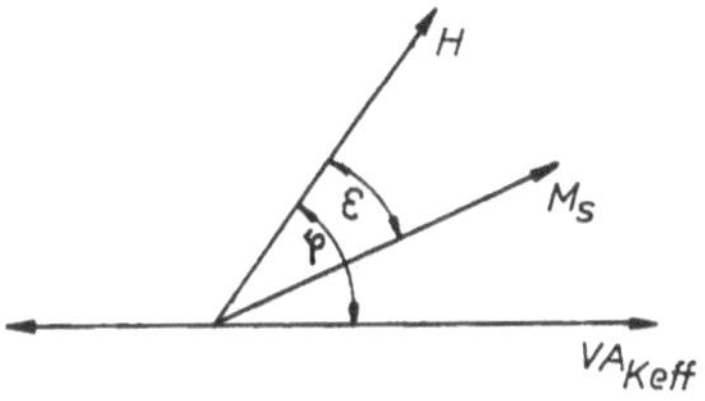

Abb. 2.1. Winkelbeziehungen bei der Drehmomentenmethode
H — äußeres Feld, M_s — spontane Magnetisierung, $VA_{K_{eff}}$ — Vorzugsachse der Probenscheibe

Die magnetische Schichtdicke d_m wird nun aus den Drehmomenten bestimmt, die in einem Feld nahezu senkrecht zur Schichtnormalen bei verschiedenen Feldstärken auf die senkrecht hängende kreisförmige Probe ausgeübt werden. Die winkelabhängige Energie der Probe setzt sich dabei aus einem anisotropen Anteil E_A und der Feldenergie E_H zusammen:

$$\frac{1}{V} E = -M_s H \cos \varepsilon + K_{eff} \sin^2 (\varphi - \varepsilon); \tag{2.41}$$

E — Gesamtenergie, K_{eff} — effektive Anisotropiekonstante, V — Probenvolumen. Im Gleichgewicht gilt

$$\frac{1}{V} \frac{\partial E}{\partial \varepsilon} = 0 = M_s H \sin \varepsilon_m - K_{eff} \sin 2(\varphi - \varepsilon_m). \tag{2.42}$$

Daraus ergibt sich für $\varphi \ll 1$ und $\varepsilon \ll 1$

$$M_s H \varepsilon_m - K_{eff} 2(\varphi - \varepsilon_m) = 0, \tag{2.43}$$

$$\varepsilon_m = \frac{2K_{eff}}{2K_{eff} + M_s H} \varphi = a\varphi, \tag{2.44}$$

$$\frac{1}{V} E = -M_s H \left(1 - \frac{a^2 \varphi^2}{2}\right) + K_{eff} \varphi^2 (1 - a^2). \tag{2.45}$$

Daraus läßt sich das benötigte Drehmoment wie folgt ableiten:

$$\frac{1}{V} D = -\frac{1}{V} \frac{\partial E}{\partial \varphi} = -M_s H^2 a\varphi - 2K_{eff}(1 - a^2) \varphi$$
$$= -\frac{2K_{eff} M_s H}{2K_{eff} + M_s H} \varphi \text{ für } \varphi \ll 1. \tag{2.46}$$

Zur Bestimmung des magnetischen Volumens bzw. der magnetischen Schichtdicke gelangt man über

$$\frac{1}{V}\frac{\partial D}{\partial \varphi} = -\frac{2K_{\text{eff}}M_sH}{2K_{\text{eff}} + M_sH}, \tag{2.47}$$

$$-\frac{V}{\left(\frac{\partial D}{\partial \varphi}\right)_{\varphi=0}} = \frac{1}{M_sH} + \frac{1}{2K_{\text{eff}}}, \tag{2.48}$$

$$\frac{-\mathrm{d}\,\dfrac{1}{\dfrac{\partial D}{\partial \varphi}}}{\mathrm{d}\,\dfrac{1}{H}} = \frac{1}{VM_s} = \frac{1}{Fd_mM_s}, \tag{2.49}$$

woraus sich d_m berechnen läßt. F ist die Probenoberfläche. Es ist zu erkennen, daß der Meßmethode die Geradengleichung

$$-\frac{\partial \varphi}{\partial D} = \frac{1}{VM_s}\cdot\frac{1}{H} + \frac{1}{2VK_{\text{eff}}} \tag{2.50}$$

zugrunde liegt. $\frac{1}{H}$ ist die unabhängige, $\frac{\partial \varphi}{\partial D}$ die abhängige Variable. Von Interesse ist in diesem Zusammenhang die Steigung $\frac{1}{VM_s}$.

Voraussetzung für die Gültigkeit der Gleichung ist die Messung bei kleinen Winkeln, also um den Nulldurchgang, auf dem einer Geraden anzunähernden Teil der Drehmomentenkurve mit der sin 2φ-Periodizität. Außerdem ist die Methode an das Vorhandensein einer hinreichend großen Anisotropie gebunden. Der Magnetisierungsvektor darf praktisch auch bei starken Feldern nur wenig aus der Vorzugslage ausgelenkt werden. Die in der Schichtebene liegende Anisotropie ist zu gering; es wird deshalb senkrecht dazu gemessen und eine in dieser Richtung vorhandene Anisotropie K_{eff} benutzt, die sehr viel größer ist und deren Ursache nicht bekannt zu sein braucht. Es muß also eine Anisotropiefeldstärke H_K zur Verfügung stehen, die in der Größenordnung der angelegten äußeren Felder liegt:

$$H_K = \frac{2K_{\text{eff}}}{M_s}. \tag{2.51}$$

Die effektive Anisotropiekonstante kann durch

$$K_{\text{eff}} = 2\pi M_s^2 - K_\perp \tag{2.52}$$

ausgedrückt werden. $K_\perp$ ist dabei die Konstante einer möglichen einachsigen Anisotropie mit der Vorzugsachse senkrecht zur Schichtebene und kann unter Umständen eine Spannungsanisotropie K_σ sein. Die Gleichung

$$-\frac{V}{\left(\frac{\partial D}{\partial \varphi}\right)_{\varphi=0}} = \frac{1}{MH} + \frac{1}{2K_{\text{eff}}} \tag{2.53}$$

ist für $M = M_s = \text{const}$ eine lineare Funktion von $\frac{1}{H}$, deren Parameter durch M_s und $K_\perp$ bestimmt sind.

Für Felder oberhalb der Sättigungsfeldstärke bleibt M praktisch konstant. M_s und $K_\perp$ können deshalb aus der Steigung bzw. dem Ordinatenschnittpunkt bei $H = \infty$ entnommen werden. Wird

$-\frac{V}{\left(\frac{\partial D}{\partial \varphi}\right)_{\varphi=0}}$ (in $10^7\ \text{J}^{-1} \cdot \text{cm}^3$) gegen $\frac{1}{H}$ (in $\text{A}^{-1} \cdot \text{cm}$) aufgetragen, so resultiert eine Gerade mit der Steigung arctan $\frac{1}{M_s}$ und deren Ordinatenschnittpunkt $\frac{1}{2K_{\text{eff}}}$, wenn außer K_{eff} keine weitere Anisotropie mit merklichem Einfluß vorhanden ist. Auf einfache Weise erhält man außerdem noch den effektiven Entmagnetisierungsfaktor der Probe.

Anisotropiemessungen an Speicherschichten können also die verschiedensten Resultate liefern. An Magnetbandschichten läßt sich auf diese Weise auch die Lage der Vorzugsrichtung des orientierten Teilchenensembles bezüglich der Gießrichtung und der Bandebene bestimmen. Die Aufnahme von Drehmomentenkurven in verschiedenen Drehrichtungen liefert sogenannte Rotationshysteresen, deren Flächenintegrale Aufschluß über die Art der Ummagnetisierung eines Teilchenensembles geben können.

2.1.3. Die Magnetisierung eines Ferromagnetikums

2.1.3.1. Zur Struktur des Ferromagnetikums

Unter 2.1.2.3. ist dargestellt worden, daß ein ferromagnetischer Stoff infolge seiner energetischen Bilanz aus Weissschen Bezirken aufgebaut ist bzw. Domänenkonfiguration n mit möglichst geringem äußerem Streufeld bildet. Diese Domänen haben Ausmaße von 10 bis 100 μm und sind durch Bloch-Wände getrennt, die eine Dicke von etwa 0,1 μm besitzen. In diesen Bloch-Wänden dreht sich der Vektor der spontanen Magnetisierung bzw. die Spinrichtung um z. B. 180° aus der Richtung der spontanen Magnetisierung der einen Domäne in diejenige des Nachbarbezirks, d. h., im mittleren Teil der Bloch-Wand liegen die Elektronenspins in der Wand bzw. stehen senkrecht zur Oberfläche des Ferromagnetikums (Abb. 2.2).

Dabei kommt es zu Polbelegungen an den Schnittlinien von Bloch-Wänden mit der Oberfläche des Ferromagnetikums. Diese Schnittlinien können an gut polierten Oberflächen im Auflichtmikroskop mit Hilfe einer Flüssigkeit, in der sich ein fein verteiltes ferromagnetisches Pulver befindet, sichtbar gemacht werden. Die Pulverteilchen sammeln sich an den magnetischen Polen und zeichnen ein Linienmuster (s. Abb. 2.3), das beim Anlegen eines äußeren Magnetfeldes Verschiebungen zeigt: Man sieht, wie einzelne Linien bzw. Bloch-Wände reversibel und irreversibel mit Hilfe eines magnetischen Feldes verschoben werden können, d. h., die Domänenkonfiguration

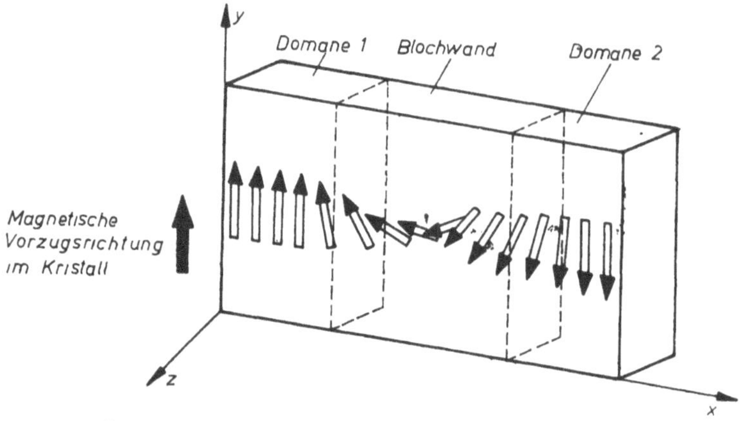

Abb. 2.2. Übergang von magnetischen Momenten zwischen zwei Domänen

wird auf diese Weise verändert. Bei fehlendem äußerem Feld ist das Ferromagnetikum pauschal unmagnetisch, da die Domänen so angeordnet sind, daß ein geschlossenes magnetisches System vorliegt; es fehlen also Polbelegungen und Streufelder.

Das Vorhandensein von WEISSschen Bezirken erklärt die Fähigkeit ferromagnetischer Stoffe, sich unter dem Einfluß äußerer Felder stark zu polarisieren und eine remanente Polarisation nach dem Abschalten des polarisierenden Feldes beizubehalten.

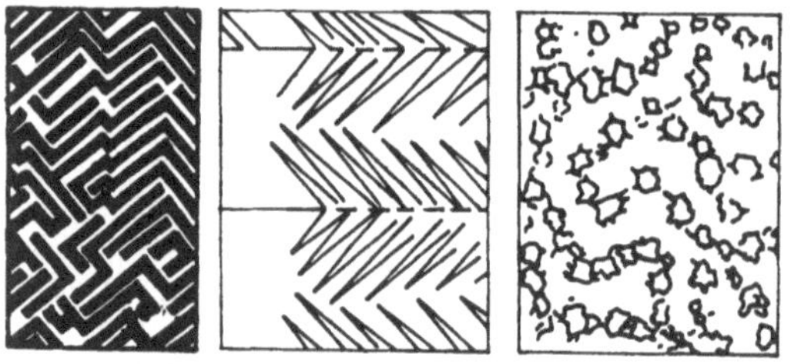

Abb. 2.3. Bitter-Technik: Pulverfiguren aus Eisen (a)), Eisensilizid (b)) und Cobalt (c)) auf der Oberfläche eines ferromagnetischen Stoffes

2.1.3.2. Die Magnetisierungskurve

Es sei hier unter Magnetisierungskurve die in Abbildung 2.4 dargestellte Kurve der Erstmagnetisierung des äußerlich unmagnetischen Ferromagnetikums verstanden; auch als jungfräuliche oder Neukurve bezeichnet. Dabei wird die Abhängigkeit der Polarisation von der magnetischen Feldstärke $I = f(H)$ wiedergegeben. Der physikalische Hintergrund ist im wesentlichen durch zwei Prozesse charakterisierbar: reversible und irreversible Wandverschiebungen bzw. Translation der BLOCH-Wände und Drehungen des Magnetisierungsvektors in die Feldrichtung. Im einzelnen soll dies anhand der mit römischen Ziffern gekennzeichneten Abschnitte der Kurve aus Abbildung 2.4 illustriert werden:

- Das Quadrat oberhalb der Kurve stellt das pauschal unmagnetische Ferromagnetikum dar. Es enthält vier Domänen, die durch 45°-BLOCH-Wände getrennt sind. Die Magnetisierungsvektoren liegen so, daß das System geschlossen ist.

- In schwachen Feldern (Gebiet I) finden elastische, reversible Translationen statt.
- Etwas stärkere Felder führen im Gebiet II zu irreversiblen Translationen und damit zu einer remanenten Polarisation nach dem Abschalten des Feldes. Die Translationen laufen so ab, daß Domänen, deren spontane Magnetisierungen mit dem äußeren Feld einen stumpfen oder spitzen Winkel bilden, auf Kosten anderer wachsen.
- Im Gebiet III, dem geraden Teil der Kurve, wird der Translationsprozeß zu Ende geführt: Das gesamte Ferromagnetikum stellt jetzt praktisch einen WEISSschen Bereich dar, dessen Magnetisierung einen stumpfen Winkel mit der Feldrichtung bildet.
- Der Einlauf in die Sättigung ist das Gebiet IV der Rotationen in die Feldrichtung.

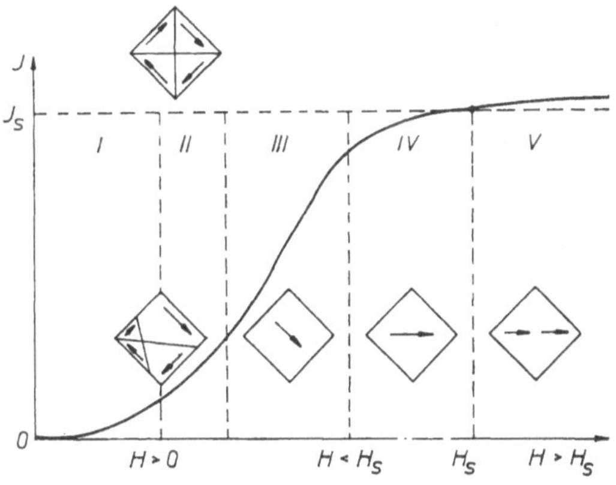

Abb. 2.4. Kurve der Erstmagnetisierung
J – magnetische Polarisation, J_s – magnetische Sättigungspolarisation, H – magnetische Feldstärke, H_s – magnetische Sättigungsfeldstärke

Diese Drehungen des Magnetisierungsvektors sind reversibel.

- Im letzten Teil der Kurve steigt die Polarisation nur noch sehr wenig an. Hier ist das Material praktisch magnetisch gesättigt. Durch den sogenannten Paraprozeß wächst die ursprüngliche spontane Magnetisierung der Domänen noch etwas durch Orientierung bisher nicht erfaßter Spinmomente unter dem Einfluß des Feldes an.

Grundsätzlich ist davon auszugehen, daß die $I(H)$-Kurve bei einer Sättigungsfeldstärke H_s ihre Sättigung erreicht.

2.1.3.3. *Die Hystereseschleife*

Wird, wie im vorigen Abschnitt beschrieben, ein Ferromagnetikum einem magnetischen Feld, das von 0 auf H_s und darüber hinaus anwächst, ausgesetzt und die Neukurve aufgenommen – das kann z. B. mittels einer geeigneten Spulenanordnung geschehen –, so erhält man beim allmählichen Vermindern der Feldstärke bis auf Null und dem darauffolgenden Anwachsen derselben von 0 bis $-H_s$ den einen Kurvenast der Hystereseschleife, genauer ausgedrückt, der Grenzhysterese. Diese Kurve ist in Abbildung 2.5 für ein Magnetband dargestellt. Der Schnittpunkt mit der Ordinate gibt die remante Polarisation I_{RS} wieder, der mit der Abszisse die Koerzitivfeldstärke $_IH_c$. Diese ist ein Maß für den Widerstand, den das Material einer Ummagnetisierung ent-

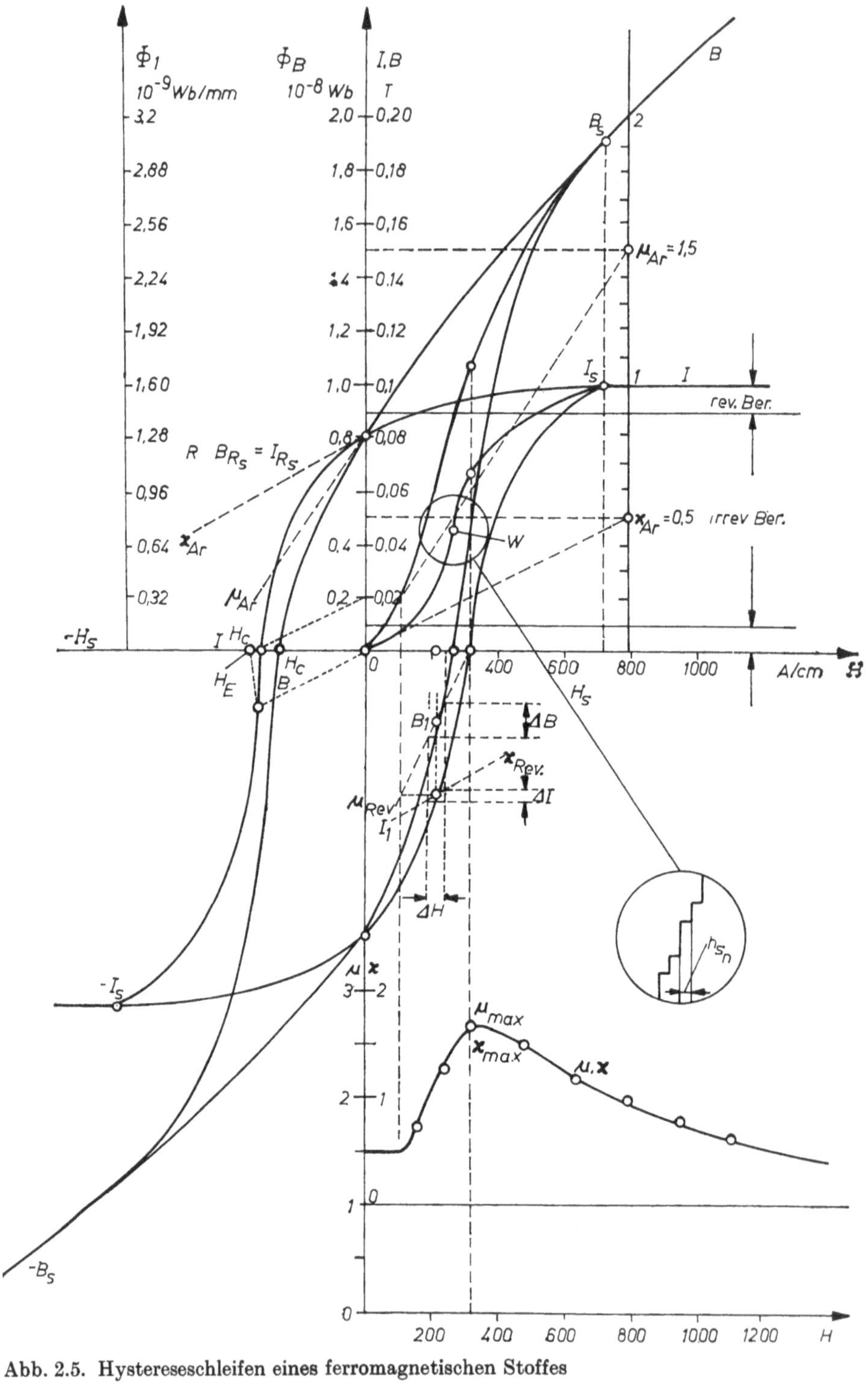

Abb. 2.5. Hystereseschleifen eines ferromagnetischen Stoffes

gegengesetzt. H_E ist die Entmagnetisierungsfeldstärke, die notwendig ist, um die Remanenz vollständig zu beseitigen, was durch Anwendung der $_IH_c$ noch nicht möglich ist. Der Flächeninhalt der Hystereseschleife ist die JOULEsche Wärme, die bei der Ummagnetisierung des Materials frei wird.

Die Abbildung 2.5 zeigt eine vergrößerte Darstellung des Kurvenzuges der Neukurve im Wendepunkt W: Die Kurve setzt sich aus sprunghaften Erhöhungen der Polarisation zusammen, den BARKHAUSEN-Sprüngen, in denen die einzelnen Domänen ummagnetisieren. h_{s_n} ist die Sprungfeldstärke. In diesem Beispiel sind die einzelnen Domänen kleine ferromagnetische Teilchen in der Arbeitsschicht eines Magnetbandes; deshalb stellt h_{s_n} praktisch die Koerzitivfeldstärke $_IH_c$ bzw. die Anisotropiefeldstärke H_K eines kleinen Teilchens dar.

Die Abbildung 2.5. zeigt nochmals die reversiblen und irreversiblen Bereiche der Neukurve.

In dieser Abbildung ist eine zweite Hystereseschleife, die sogenannte $B(H)$-Kurve, dargestellt. Aus der Verknüpfungsgleichung (2.16) wird ihre Gestalt verständlich: Die Kurve geht bei H_s in eine ansteigende Gerade über, B_{RS} und I_{RS} fallen zusammen, und es gilt $_BH_c < {_IH_c}$. Das Diagramm zeigt ferner die graphische Ermittlung von Permeabilität und Suszeptibilität aus den Steigungen im Remanenzpunkt für die Anfangswerte bzw. aus der Bildung von $\Delta I/\Delta H$ oder $\Delta B/\Delta H$. Es ist eine Besonderheit ferromagnetischer Stoffe, eine ausgeprägte $\varkappa(H)$-Abhängigkeit zu besitzen, deren Maximum bei der Koerzitivfeldstärke liegt. Die Ordinatenachse der Abbildung ist außer mit den beiden Größen I und B noch mit Φ_1, dem auf 1 mm Bandbreite bezogenen magnetischen Fluß, und mit Φ_B, dem Bandfluß des Magnetbandes in seiner vollen Breite, versehen. Meßtechnisch gesehen, stellt die I-Kurve die Ummagnetisierung einer ferromagnetischen Probe dar; die B-Kurve hingegen enthält zwei Anteile der Flußdichte, denjenigen der Probe selbst und den Leeranteil der Magnetisierungsspule, in der die Probe gemessen wird:

$$\Phi_{ges} = \Phi_0 + {_I\Phi}. \tag{2.54}$$

Hinzuzufügen wäre noch die Tatsache, daß bei Aussteuerungsfeldstärken $H < H_s$ Hystereseschleifen aufgenommen werden, die innerhalb der Grenzhysterese liegen und bei kleinen Feldern lanzettenförmige Gestalt besitzen.

Bezüglich der Koerzitivfeldstärke unterscheidet man hart- und weichmagnetische Stoffe. In der Magnetbandtechnik finden erstere Anwendung, da die $_IH_c$ auch ein Maß für den Widerstand ist, den eine Speicherschicht einer äußeren Löschfeldstärke entgegensetzt. Herkömmliche Magnetbänder besitzen $_IH_c$-Werte von 200 bis 600 $A \cdot cm^{-1}$ und relative Permeabilitäten von 2 bis 4.

2.1.3.4. *Magnetische Kenngrößen von Magnetbändern*

Von Interesse sind in diesem Zusammenhang nur $I(H)$-Kurven, da die Eigenschaften der Probe selbst, unabhängig vom jeweiligen Meßverfahren, ermittelt werden sollen. Grundsätzlich versteht man darunter außerdem die pauschalen magnetischen Eigenschaften, da es nicht ohne weiteres möglich ist, am einzelnen Teilchen zu messen.

Bezeichnet man mit I^* bzw. $I_s^*(T)$ die Magnetisierung in Feldrichtung bzw. die spontane Magnetisierung oder Polarisation eines Einzelteilchens bei der Temperatur T und mit I bzw. $I_s(T)$ die entsprechenden mittleren Werte z. B. einer Magnetbandschicht, d. h. der Teilchen plus Bindemittel, gelten die Beziehungen

$$I_s = \frac{I_s^*}{V_{\text{ges}}} \sum V_i = pI_s^*, \tag{2.55}$$

$$I = \frac{I_s^*}{V_{\text{ges}}} \sum V_i \cos \Theta_i pI_s^* \overline{\cos \Theta}. \tag{2.56}$$

V_i ist das mittlere Volumen eines Teilchens, Θ_i der Winkel zwischen der Richtung des äußeren Feldes und der Magnetierungsrichtung des Teilchens, V_{ges} ist das Gesamtvolumen der Probe, und

$$p = \frac{\sum V_i}{V_{\text{ges}}} \tag{2.57}$$

wird als Packungsdichte bezeichnet.

Magnetische Messungen an Magnetbändern liefern die ${}_I\Phi(H)$-Abhängigkeit mit den markanten Kenngrößen ${}_IH_c$, ${}_I\Phi_{RS}$ und ${}_I\Phi_s$, die aus der Kurve ablesbar sind. Mit Hilfe von Schichtdicke d_s und Bandbreite b ist es dann möglich, auf die entsprechenden I_s- und I_{RS}-Werte umzurechnen:

$$I = \frac{{}_I\Phi}{b\,d_s}. \tag{2.58}$$

Ist die Packungsdichte p bekannt, können die I^*-Werte ermittelt werden. Von Wichtigkeit ist außerdem noch der Quotient

$$R = \frac{I_{RS}}{I_s} \tag{2.59}$$

für die Beurteilung der Scherung der Hystereseschleife. Damit steht der Ausrichtungsquotient q in Zusammenhang, der sich aus dem Verhältnis der remanenten Sättigungsbandflüsse, in Längsrichtung des Bandes und quer dazu gemessen, ergibt.

Die Messung und Definition der magnetischen Kenngrößen für Eisenoxid- und Chromdioxidbänder und -pulver sind in der DDR standardisiert [10, 11]. Von den Bandherstellern werden zur Messung sogenannte FÖRSTER-Ferrographen oder Probenvibrationsmagnetometer eingesetzt.

2.1.3.5. *Zur Entmagnetisierung*

Die Form der Hystereseschleife einer Probe wird stark vom sogenannten entmagnetisierenden Feld derselben bestimmt. Die Polarisation der Probe in einem äußeren Feld H (s. Abb. 2.6) führt zur Bildung von magnetischen Polen an den Stirnflächen des Probenkörpers, die damit Ausgangspunkte eines entmagnetisierenden, dem Feld H

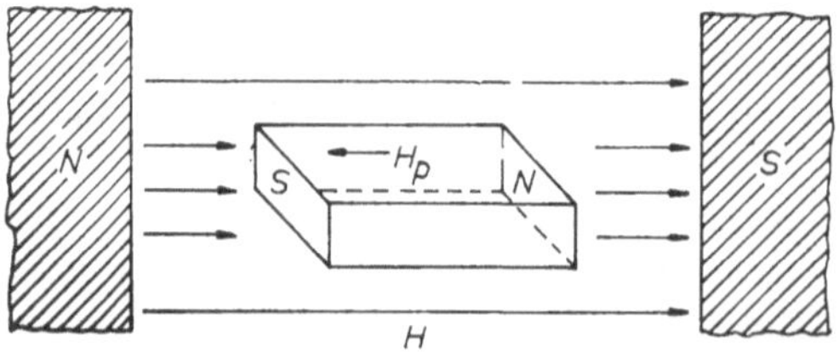

Abb. 2.6. Schema der Selbstentmagnetisierung
H – Feldstärke, H_p – entmagnetisierendes Feld, N, S – Nord- bzw. Südpol

entgegengerichteten Feldes H_p werden. H_p ist direkt proportional der Polarisation:

$$H_p = -NI. \tag{2.60}$$

Das effektive Feld H_{eff} ergibt sich demnach

$$H_{eff} = H - NI. \tag{2.61}$$

N wird als Entmagnetisierungskoeffizient bezeichnet und hängt von der geometrischen Form des Probenkörpers ab. Er läßt sich bequem für Grenzfälle, z. B. die Platte oder den langen Zylinder, berechnen und ist eindeutig für Rotationsellipsoide bestimmt. Nur diese werden in einem äußeren Feld homogen polarisiert. Strenggenommen, müssen für alle Körperformen mit Ausnahme der Rotationsellipsoide die Entmagnetisierungskoeffizienten bestimmt werden, da das entmagnetisierende Feld im allgemeinen eine homogene Polarisation verhindert und N damit eine Funktion der sich lokal ändernden Polarisation wird. Mit zunehmender Entmagnetisierung nimmt R ab, und die Magnetisierungskurve verläuft flacher. Um die von der Probenform unabhängige Kurve zu erhalten, ist mit Hilfe von N die Kurve zu scheren.

In den Messungen am Magnetband tritt normalerweise bei Benutzung von Spulenanordnungen nach dem Förster-Prinzip keine äußere Entmagnetisierung der Probe auf; wesentlichen Einfluß auf die charakteristischen Eigenschaften der Bänder hat jedoch die innere Entmagnetisierung, die von Gestalt und Abmessung der einzelnen Teilchen, der Packungsdichte und der Homogenität ihrer Verteilung in der Schicht abhängt. Allgemein verringert das entmagnetisierende Feld jedes Teilchens dessen magnetische und damit speichertechnische Wirksamkeit; man kann deshalb auch von innerer Selbstentmagnetisierung der Bandschicht sprechen.

2.1.4. Magnetische Eigenschaften kleiner Teilchen

2.1.4.1. Begriff des kleinen Teilchens

Unter kleinen Teilchen im Zusammenhang mit der Magnetbandtechnik versteht man Kristallite ferro- bzw. ferimagnetischer Stoffe, deren Abmessungen von 10^{-3} bis 10^{0} μm reichen und die formisotrop oder -anisotrop sein können. Sie werden als Teilchenensemble in eine dia- oder paramagnetische Matrix, voneinander separiert, eingebettet und geometrisch fixiert. Die magnetischen Vorzugsachsen der Teilchen werden meist in einem äußeren Magnetfeld vor der Fixierung ausgerichtet. Experimente deuten darauf hin, daß die magnetischen Eigenschaften $I_s(T)$ und die Kristallenergie K bei Abmessungen bis herunter zu $2 \cdot 10^{-3}$ μm nicht anders sind als für das kompakte Material.

Der wesentliche Unterschied zum Kompaktmaterial ergibt sich aus der Tatsache, daß die hier betrachteten kleinen Teilchen sogenannte ESD-Partikeln sind (ESD — *elongated single domain*), d. h. in ihrer Mehrzahl Einbereichsteilchen. Ihre Abmessungen sind so gehalten, daß sie in die Dicke einer Bloch-Wand fallen, eine solche sich also aus energetischen Gründen nicht ausbilden kann. Dadurch vermeidet man Wandverschiebungen bei der Ummagnetisierung der Teilchen. Die Ummagnetisierung erfolgt in diesem Fall durch Rotation bzw. Umklappen des Magnetisierungsvektors um jeweils 180°, da dieser in der Teilchenachse liegt. Damit ist das Einzelteilchen ein ideales Speicherelement mit den beiden Zuständen 0 und L geworden. Außerdem ist diese Art der Ummagneti-

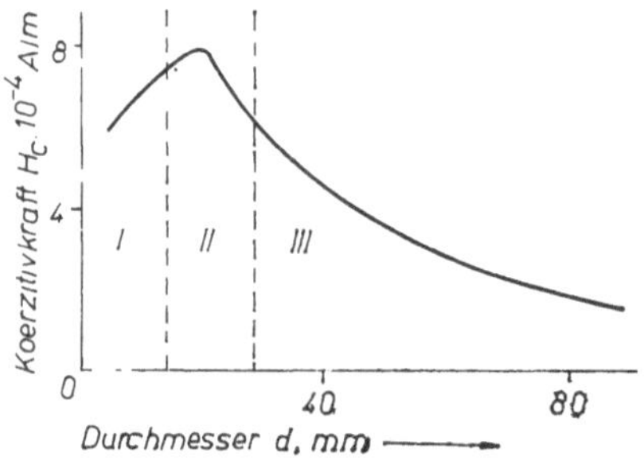

Abb. 2.7. Abhängigkeit der Koerzitivfeldstärke H_c vom Durchmesser eines Teilchens aus α-Eisenpulver
I – Gebiet der superparamagnetischen Teilchen, II – Gebiet der Eindomänenteilchen, III – Gebiet der Mehrdomänenteilchen

sierung energetisch aufwendiger, d. h., die Koerzitivfeldstärke erhöht sich gegenüber dem kompakten Material. Ihre Größe ist dabei von der Teilchengröße abhängig, wie aus Abbildung 2.7 ablesbar ist. Jedes reale Teilchenensemble besitzt ungefähr eine derartige Form-, Größen- bzw. H_c-Verteilung und umfaßt demnach zumindest auch den Bereich der superparamagnetischen Teilchen, bei denen die Anisotropieenergie KV in die Größenordnung von kT gelangt, wodurch die Hysterese verschwindet.

2.1.4.2. *Ummagnetisierung des Einzelteilchens*

Auch die Ummagnetisierung des Einbereichsteilchens ist mit einem Begriff wie Rotation in keiner Weise beschrieben. Tatsächlich ist die Drehung der Magnetisierungsvektoren ein komplizierter Vorgang, der folgende Modi umfassen kann:

- *Homogene Rotation:* Alle Spins werden parallel zueinander gedreht und bilden mit der Teilchenachse immer den gleichen Winkel.
- *Buckling:* In jeder Ebene senkrecht zur Teilchenachse liegt wiederum Parallelität der Spins vor, jedoch der Winkel zur Achse ändert sich (schwankt) periodisch.
- *Curling:* Den Magnetisierungsverlauf beschreibt ein Bündel zunächst paralleler und dann tordierter Drähte.

Hinzu kommen *Kugelkettenmodell* und *Fanning.*

In die Beschreibung der Magnetisierungskurve des anisotropen Einbereichsteilchens geht natürlich die Winkelabhängigkeit (Teilchenachse – äußeres Feld) ein. Fällt die Richtung des Feldes mit der Magnetisierungsrichtung zusammen, ändert sich die Magnetisierung nicht. Die $I(H)$-Funktion hat die Form einer zur H-Achse parallelen Geraden. Sind Feld und Magnetisierung genau einander entgegengerichtet, findet bei

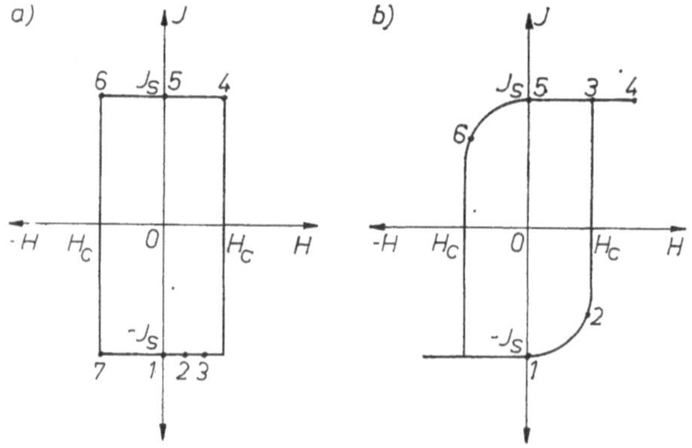

Abb. 2.8. Hystereseschleifen eines ESD-Partikels
a) äußeres Feld und Polarisation fallen zusammen, b) äußeres Feld und Polarisation bilden einen Winkel von $90° < \alpha < 180°$

einem diskreten Wert von H die Ummagnetisierung statt. In Abbildung 2.8 sind Hystereseschleifen des Einzelteilchens dargestellt. Die Koerzitivfeldstärke nadelförmiger Teilchen wird nach [12, 13] durch folgenden Ausdruck bestimmt:

$$H_c = K(N_d - N_L)\, I_s. \tag{2.62}$$

N_L und N_d sind die Entmagnetisierungskoeffizienten in Richtung der Teilchenachse und senkrecht dazu. K ist ein Koeffizient, der vom Winkel α zwischen der langen Achse und der Feldrichtung abhängt. Bei $\alpha = 0$ ist $K = 1$. In Abbildung 2.9 sind Hystereseschleifen eines ESD-Teilchens für verschiedene Werte des Winkels zwischen Feldrichtung und Teilchenachse dargestellt [14].

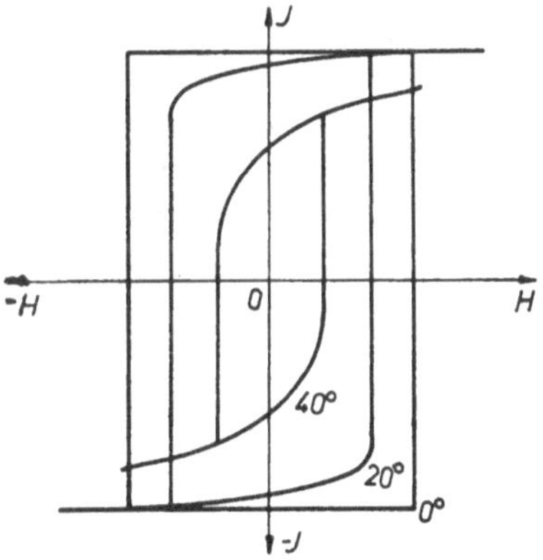

Abb. 2.9. **Hystereseschleifen eines nadelförmigen Teilchens bei verschiedenen Richtungen des magnetisierenden Feldes. Die mit der Richtung des Feldes zusammenfallende Komponente des Magnetisierungsvektors ist auf der Ordinate dargestellt**

2.1.4.3. *Ummagnetisierung des Teilchenensembles*

Die magnetischen Eigenschaften eines Teilchenensembles sind als Summierung derjenigen der Einzelteilchen aufzufassen. Dabei weicht die Grenzkurve des Ensembles bei statistischer Verteilung schon in der Form stark von der Rechtwinkligkeit der Hysterese des einzelnen Teilchens ab. Außerdem wird die Koerzitivfeldstärke kleiner sein. Es gilt die Beziehung

$$H_c \approx 0{,}479(N_d - N_l)\, I_s. \tag{2.63}$$

Trotzdem versucht man bei der Herstellung von Pigmentpulver und Magnetband Rechteckigkeit anzustreben. Dazu müssen alle Einzelteilchen möglichst die gleiche Form und Größe haben. Darüber hinaus sind die Teilchen möglichst gut auszurichten. Abbildung 2.10 zeigt den Effekt der Ausrichtung anhand der Formveränderung der Hystereseschleife.

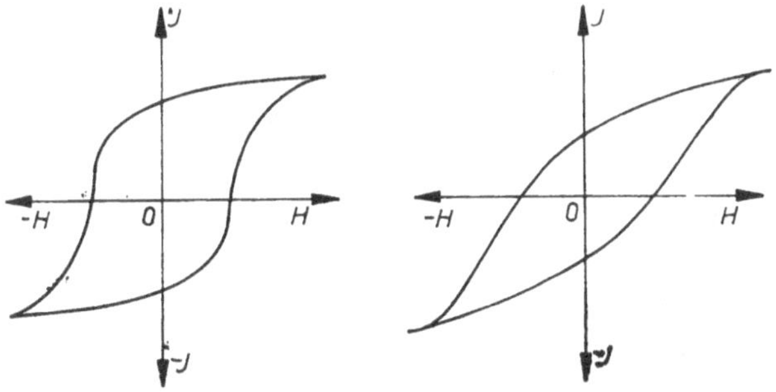

Abb. 2.10. Hystereseschleifen eines pulverförmigen Ferromagnetikums mit (links) orientierten und (rechts) nichtorientierten Teilchen

2.2. Die magnetische Signalaufzeichnung

2.2.1. Das Prinzip der Signalaufzeichnung

2.2.1.1. Begriff der Signalaufzeichnung

Die technische Informationsspeicherung im weiteren Sinne erfolgt durch Umwandlung Information tragender (zumeist elektrischer) Signale in eine räumlich angeordnete Veränderung von Zustand oder Form eines physikalischen Körpers mit dem Ziel der Speicherung sowie der Möglichkeit einer Wiedergabe der Information. In einem magnetischen Aufzeichnungssystem wird eine Veränderung des magnetischen Zustandes des Speichermediums synchron mit eingehenden elektrischen Signalen, die eine Information tragen, vollzogen. Dazu müssen diese Signale zunächst in Änderungen eines magnetischen Feldes umgesetzt werden. Der magnetischen Signalaufzeichnung liegen demnach die Veränderungen zugrunde, die man mit Hilfe eines äußeren Magnetfeldes in einem ferro- oder ferrimagnetischen Speichermedium veranlassen kann und die sich auf die Änderung der remanenten Sättigungspolarisation nach Größe und Richtung in Abhängigkeit vom Ort beziehen.

2.2.1.2. Schema des Aufzeichnungs- und Wiedergabeprozesses

Bei der magnetischen Aufzeichnung eines elektrischen Signals wird dieses zunächst in einem Magnetkopf in zeitliche Änderungen eines magnetischen Feldes umgesetzt. Der Magnetkopf besteht aus einem ferromagnetischen Ringkern, in dessen Wicklung der Strom des Aufzeichnungssignals fließt. Im Luftspalt des Kernes baut sich ein magnetisches Feld auf, dessen zeitliche Änderungen denen des Aufzeichnungssignals entsprechen und die einem ferromagnetischen Speichermedium in Band- oder Drahtform, das mit konstanter Geschwindigkeit am Magnetkopf im Bereich des Luftspaltes vorbeibewegt wird, aufgeprägt werden (s. Abb. 2.11).

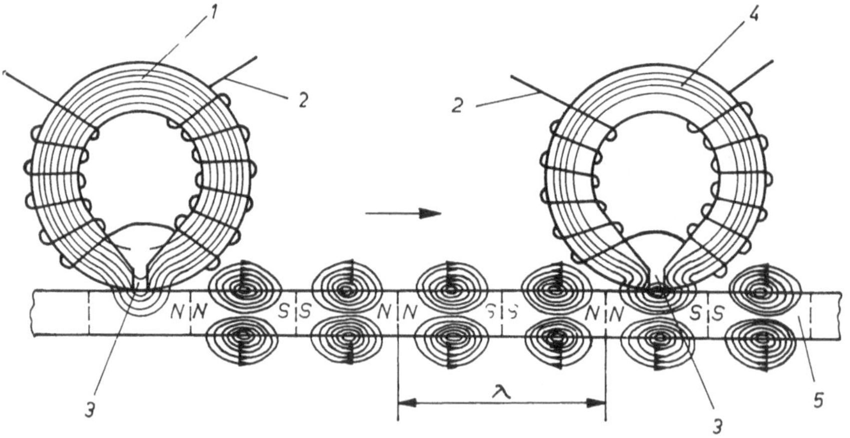

Abb. 2.11. Schema der magnetischen Signalaufzeichnung und Wiedergabe
1 – Kern des Aufzeichnungskopfes, 2 – Wicklung, 3 – Kopfspalte, 4 – Kern des Wiedergabekopfes, 5 – Magnetband, λ – aufgezeichnete Wellenlänge

Die Dimensionierung des Luftspaltes muß eine Konzentrierung des magnetischen Streufeldes gewährleisten, so daß möglichst auch kleine Wellenlängen bzw. hohe Frequenzen des Signals aufgezeichnet werden können. Bei der Aufzeichnung wirkt in besonderem Maße der abfallende Teil dieses Feldes über die sogenannte abspielende Kante; die Spaltbreite besitzt hierbei eine geringere Bedeutung als bei der Wiedergabe des Signals.

Bei der Aufzeichnung eines periodischen Signals ändert das Kopffeld zweimal die Richtung, d. h., auf dem Aufzeichnungsträger bilden sich über die Länge einer Schwingungswelle zwei Abschnitte, die in entgegengesetzten Richtungen magnetisiert sind. Die magnetische Aufzeichnung bietet demnach das Bild einer Kette kleiner Magnete, die jeweils gleichnamige Pole gegeneinanderrichten. Diese Pole sind die Ausgangspunkte von Feldlinien eines magnetischen Streufeldes, das die anschließende Wiedergabe des aufgezeichneten Signals ermöglicht, d. h. die Gewinnung eines elektrischen Signals, das sich in der Zeit analog dem aufgezeichneten Signal ändert.

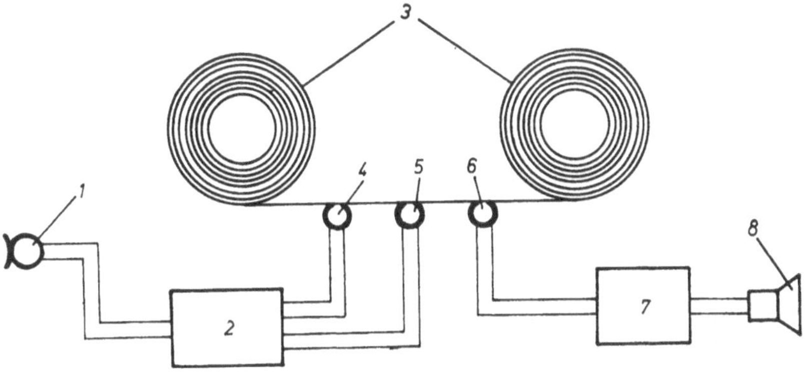

Abb. 2.12. Schema der Aufzeichnung und Wiedergabe von Signalen im Tonfrequenzbereich
1 – Mikrophon, 2, 7 – Verstärker, 3 – Magnetband, 4 – Löschkopf, 5 – Aufzeichnungskopf, 6 – Wiedergabekopf, 8 – Lautsprecher

Für die Wiedergabe ist die gleiche konstante Relativgeschwindigkeit zwischen dem Träger der Aufzeichnung und dem Magnetkopf wie bei der Aufzeichnung erforderlich. Beim Vorbeilauf des Trägers am Kopfspalt treten die Feldlinien des erwähnten Streufeldes bzw. äußeren Bandflusses in den Kern des Kopfes ein (s. Abb. 2.11), durchlaufen diesen und schließen sich wieder in der magnetischen Schicht des bandförmigen Trägers. Der magnetische Fluß des Kopfkernes ändert sich entsprechend den Änderungen des Bandflusses; dadurch wird in der Kopfwicklung eine Spannung induziert, die von der Flußänderung, der Windungszahl der Wicklung und den Materialeigenschaften des Magnetkopfes abhängt.

Im folgenden wird als Beispiel das Funktionsschema der magnetischen Signalaufzeichnung im Bereich der Tonfrequenz betrachtet (Abb. 2.12). Dazu ist noch ein dritter Magnetkopf erforderlich, der mit Hilfe eines Wechselfeldes den Aufzeichnungsträger zu entmagnetisieren und damit die Aufzeichnung zu löschen vermag. Der Aufzeichnungsträger kann also mehrfach verwendet werden.

2.2.1.3. Charakteristik des aufgezeichneten Signals

Die magnetische Aufzeichnung kann mit Hilfe des remanenten Bandflusses und seiner Änderung entlang der Bewegungsrichtung des Aufzeichnungsträgers bzw. Magnetbandes beschrieben werden. Unter der Bedingung linearer Abhängigkeit zwischen remanentem Bandfluß in der Arbeitsschicht des Bandes und dem einwirkenden Kopffeld bestimmt sich derselbe folgendermaßen:

$$i = i_0 \sin \omega t. \tag{2.64}$$

i sei der sich zeitlich ändernde elektrische Strom in der Wicklung des Magnetkopfes, $\omega = 2\pi f$. f stellt die Frequenz des Signals dar. Das magnetische Feld in der Nähe des Luftspaltes ändert sich in erster Näherung nach dem gleichen Gesetz:

$$H = H_0 \sin \omega t. \tag{2.65}$$

Dieses Feld magnetisiert die Arbeitsschicht des Magnetbandes, wobei es zur Zeit t auf die magnetisierbare Schicht am Ort $x = vt$ einwirkt; v ist dabei die Relativgeschwindigkeit zwischen Band und Magnetkopf. Die Restmagnetisierung des Bandes bzw. seine remanente Polarisation ist dann entsprechend

$$I_r = I_{r0} \sin \frac{2\pi x}{\lambda}, \tag{2.66}$$

wobei die Wellenlänge der Sinusschwingung

$$\lambda = \frac{v}{f} \tag{2.67}$$

ist. Das heißt, die zeitlichen Änderungen des Aufzeichnungsstromes werden in vom Ort abhängige Änderungen der remanenten Polarisation bzw. des remanenten Bandflusses umgesetzt:

$$\Phi_r = d_s b \mu_0 I_{r0} \sin \frac{2\pi x}{\lambda}. \tag{2.68}$$

Der reziproke Wert von λ gibt die Aufzeichnungs- oder Speicherdichte in Bandlängsrichtung an. Darunter versteht man die Anzahl der vollen Schwingungen, die in der Längeneinheit aufgezeichnet werden.

Mit ihrer Vergrößerung bei vorgegebener Frequenz verringert sich die aufgezeichnete Wellenlänge und damit auch die wiedergegebene Signalamplitude; d. h., die eine zuverlässige Signalübertragung gewährleistende Wellenlänge bzw. Aufzeichnungsdichte ist begrenzt. Deshalb ist es notwendig, für die Aufzeichnung hochfrequenter Signale hohe Relativgeschwindigkeiten v anzuwenden. Darüber hinaus wird die Aufzeichnungsdichte in bedeutendem Maße durch die geometrischen und magnetischen Parameter des Magnetbandes bestimmt.

In den ersten Jahren der Anwendung der magnetischen Aufzeichnung erreichte man an Drähten aus kohlenstoffhaltigem Stahl Aufzeichnungsdichten von $\frac{1}{\lambda} = 2$ bis $3\ \mathrm{mm}^{-1}$. Dazu waren für Frequenzen von 4 bis 5 kHz Relativgeschwindigkeiten von $v = 1{,}5$ bis $2\ \mathrm{m \cdot s^{-1}}$ anzuwenden. In den fünfziger Jahren entsprach dem Frequenzbereich von

8 bis 10 kHz eine Relativgeschwindigkeit von 762 mm · s^{-1} bei $\lambda_{\min} = 76{,}2\ \mu\text{m}$ und $\eta_{\max} = \dfrac{1}{\lambda_{\min}} = 13{,}1\ \text{mm}^{-1}$. Durch Verbesserungen an den Magnetköpfen, hauptsächlich aber durch Qualitätsverbesserung der Magnetbänder, erreichte man später Aufzeichnungsdichten von 200 bis 300 mm^{-1} ($\lambda_{\min} \approx 3$ bis 5 μm). Dies führte zu einer Herabsetzung der Bandgeschwindigkeit bis auf 95,3 mm · s^{-1} bzw. für Aufzeichnungsfrequenzen um 15 kHz sogar auf 47,6 mm · s^{-1}.

2.2.1.4. Charakteristik des Wiedergabesignals

In der Beschreibung des Wiedergabeprozesses kann man vor der Proportionalität der in der Wicklung des Wiedergabekopfes durch den äußeren remanenten Bandfluß induzierten Spannung und der Änderung dieses Flusses mit der Zeit beim Vorbeilauf des Bandes am Kopf ausgehen.

Es gilt grundsätzlich zunächst die Induktionsgleichung

$$e = -nA\,\frac{\mathrm{d}\Phi_H}{\mathrm{d}t}. \tag{2.69}$$

n ist die Windungszahl der Kopfwicklung, A eine Materialkonstante und Φ_H der magnetische Fluß im Kern des Kopfes. Bei sinoidalem Verlauf kann man

$$\Phi_H = \Phi_r = \Phi_{r0} \sin (2\pi f t) \tag{2.70}$$

setzen. Die Differentiation ergibt demnach

$$e = -nA(2\pi f)\,\Phi_{r0} \cos (2\pi f t) \quad \text{bzw.} \tag{2.71}$$

$$e = -nA\left(2\pi\,\frac{v}{\lambda}\right)\Phi_{r0} \cos\left(2\pi\,\frac{vt}{\lambda}\right). \tag{2.72}$$

Den remanenten Bandfluß kann man nun noch durch $d_s b \mu_0 I_{r0}$ ersetzen und erhält damit die lineare Abhängigkeit der Wiedergabespannung von Schichtdicke, Bandbreite (exakter Spurbreite in diesem Fall), remanenter Polarisation, Frequenz und Bandgeschwindigkeit. Bei den letzten beiden Größen muß natürlich jeweils die eine konstant gehalten werden, wenn man die Abhängigkeiten erkennen will.

In bezug auf die Frequenz wird der lineare Spannungsverlauf durch Selbstentmagnetisierungs-, Kopfspalt- und Wirbelstromeffekte gestört, und es kommt zu einem Abfall mit steigender Frequenz.

Grundsätzlich gilt jedoch, daß sich das Wiedergabesignal nach dem gleichen Gesetz wie das aufgezeichnete Signal verändert; denn die Oberflächeninduktion, d. h. die Flußdichte an der Bandoberfläche, läßt sich folgendermaßen aufschreiben:

$$B_0 = \frac{\mathrm{d}\Phi_r}{\mathrm{d}x} = \frac{2\pi f}{v}\,\Phi_{r0} \cos (2\pi f t). \tag{2.73}$$

Da das Wiedergabesignal nach Möglichkeit groß sein soll, ergeben sich aus obiger Gleichung konkrete Forderungen an den Aufzeichnungsträger. Zu beachten ist, daß die Schichtdickenerhöhung nur bei großen Werten von λ, wenn also d_s/λ gegen Null strebt, eine Erhöhung des Wiedergabesignals zur Folge hat. Die Wiedergabespannung am Ausgang des Wiedergabekopfes moderner Anlagen liegt in der Größenordnung einiger Millivolt.

2.2.1.5. *Anforderungen an magnetische Signalaufzeichnungssysteme*

Systeme der magnetischen Aufzeichnung und Wiedergabe müssen eine unverzerrte Übertragung des Signals gewährleisten, d. h., das elektrische Signal am Ausgang der Wiedergabeeinrichtung muß das Analogon des aufgezeichneten sein. Streng genommen, wäre dies nur der Fall bei linearen Abhängigkeiten zwischen Aufzeichnungsstrom und Feldstärke am Aufzeichnungskopf sowie zwischen dieser Feldstärke und der remanenten Polarisation des Bandes. In Wirklichkeit wurden diese Bedingungen der Linearität bei der Signalspeicherung nur in gewissen Grenzen erfüllt, und das Wiedergabesignal ist gegenüber dem aufgezeichneten verzerrt.

Ein beliebiges periodisches Signal bzw. eine akustische Schwingung oder ein Ton kann als Summe seiner sinusförmigen Komponenten mittels einer sogenannten Fourier-Zerlegung dargestellt werden. Dieses Amplitudenfrequenzspektrum gibt Auskunft über die Frequenz der einzelnen Amplituden sowie das Verhältnis der verschiedenen Amplituden zueinander. Der Frequenzbereich, in dem die Komponenten eines Signalspektrums liegen, kann natürlich unterschiedlich sein, z. B. liegt dasjenige der menschlichen Rede im Bereich von 80 Hz bis 8 kHz; dasjenige der Musik umfaßt 30 Hz bis 17 kHz. Das Videosignal reicht von 0 bis 6 MHz.

Eine Schallschwingung sinusförmigen Verlaufs, in der Form

$$a = A \sin (2\pi f t) \tag{2.74}$$

(A — Amplitude, f — Frequenz, t — Zeit) darstellbar, wird als reiner Ton bezeichnet Ein normalerweise in der Musik verwendeter bzw. von einem klassischen Musikinstrument erzeugter Ton ist jedoch keine reine Sinusschwingung, sondern besteht aus einem Grundton und Obertönen, als Harmonische bezeichnet, wenn ihre Frequenz mit derjenigen der Grundschwingung im Verhältnis kleiner ganzer Zahlen steht. Die Obertöne bestimmen die Klangfarbe. Das Frequenzverhältnis 1:2 wird als Oktave bezeichnet, und die Grundtöne der Musik umfassen dementsprechend acht Oktaven, die im Frequenzbereich von 16,5 Hz bis 4,224 kHz liegen. Um auch Klangfarben wiedergeben zu können, muß die Tonaufzeichnung und -übertragung diesen Frequenzbereich wesentlich erweitern: Die Obertöne haben Schwingungszahlen bis zu 16 kHz.

Bei der Tonübertragung kommt es außerdem auf die adäquate Wiedergabe der Amplituden aller Frequenzkomponenten an; zum mindesten muß das Verhältnis der Amplituden weitgehend unverändert bleiben.

Nichtlineare Verzerrungen treten zum einen dadurch auf, daß z. B. die Amplituden der Obertöne abweichend vom Original wiedergegeben werden, zum anderen bilden sich neue Obertöne mit den sich ergebenden Kombinations- und Differenztönen.

2.2.1.5.1. Frequenzcharakteristik

In die Frequenzcharakteristik bzw. den Frequenzgang einer Übertragungskette gehen also Frequenzverzerrungen ein, die ihre Ursache in der ungleichartigen Übertragung der einzelnen Frequenzkomponenten haben, d. h., die Amplituden dieser Komponenten werden nicht in ihrem richtigen Verhältnis zueinander wiedergegeben. Grundsätzlich können sowohl die Übertragungskette als Ganzes wie auch ihre einzelnen Elemente mit Hilfe einer Frequenzcharakteristik beurteilt werden. Dieselbe stellt die Abhängigkeit der Amplitude eines sinusförmigen Signals von der Frequenz am Ausgang eines Elementes bzw. Gerätes dar, wenn das Signal am Eingang für alle Frequenzen mit konstanter Amplitude anliegt. Das Gerät erzeugt keine Verzerrungen, wenn seine Frequenzcharakteristik die Form einer Geraden besitzt, die parallel zur Abszisse verläuft, auf der die Frequenzen (in meist logarithmischem Maßstab) aufgetragen sind. Die Amplitude eines Ausgangssignals mit bestimmter Frequenz, z. B. 315 Hz, wird als Bezugspegel angenommen. Die Veränderung des Signals bezüglich dieses Pegels kann in Dezibel (dB) ausgedrückt werden:

$$m = 20 \lg \frac{A_f}{A_{215}}. \tag{2.75}$$

A_f ist die Amplitude eines Ausgangssignals der Frequenz f, A_{315} diejenige bei der Frequenz 315 Hz. Die Amplitude des Eingangssignals wird dabei als konstant angenommen.

In Abbildung 2.13 ist der Frequenzgang eines Magnetbandgerätes dargestellt. Die Kurve wird folgendermaßen erhalten: Ein Generator gibt an den Eingang des Aufnahmeverstärkers Signale konstanter Amplitude und sich ändernder Frequenz. Die

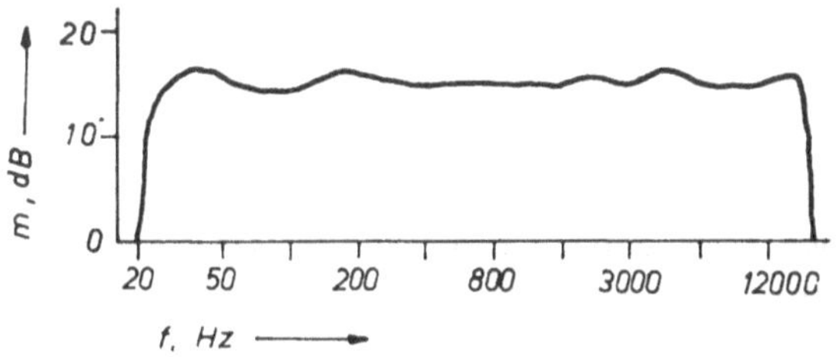

Abb. 2.13. Frequenzgang eines Magnetbandgerätes für eine Bandgeschwindigkeit von 9,5 cm/s

Signale werden aufgezeichnet. Bei der Widergabe wird am Wiedergabeverstärker von jeder aufgezeichneten Frequenz die Ausgangsspannung gemessen und der Relativwert als Funktion der Frequenz aufgetragen. Die Abbildung zeigt, daß im erfaßten Frequenzbereich von ca. 30 Hz bis 15 kHz die Abweichung von der idealen Frequenzcharakteristik ± 1 dB nicht übersteigt.

2.2.1.5.2. Nichtlineare Verzerrungen

Im Falle des Vorhandenseins einer nichtlinearen Abhängigkeit zwischen Eingangs- und Ausgangssignal können, wie schon festgestellt, neue Frequenzkomponenten im Signalspektrum auftreten. Die Abhängigkeit zwischen Eingangssignal x und Ausgangssignal y werde mittels der nichtlinearen Funktion

$$y = a + bx + cx^2 \tag{2.76}$$

ausgedrückt. Das Eingangssignal ändere sich sinoidal:

$$x = x_0 \sin \omega t. \tag{2.77}$$

Dann erhält man den Ausdruck

$$y = a + bx_0 \sin \omega t + cx_0^2 \sin^2 \omega t. \tag{2.78}$$

Durch Einsetzen von

$$\sin^2 \omega t = \frac{1}{2} - \frac{1}{2} \cos 2\omega t \tag{2.79}$$

ergibt sich

$$y = a + \frac{cx_0^2}{2} + bx_0 \sin \omega t - \frac{cx_0^2}{2} \cos 2\omega t. \tag{2.80}$$

Der letzte Term ist Ausdruck für das Auftreten einer neuen Frequenzkomponente mit der doppelten Frequenz 2ω des Eingangssignals. Es handelt sich um die sogenannte zweite Oberwelle oder Harmonische, die sich in quadratischen Verzerrungen mit quadratischem Klirrfaktor bemerkbar macht.

Der Klirrfaktor wird definiert als Verhältnis der Effektivwerte aller auftretenden Harmonischen zum Effektivwert der am Ausgang erhältlichen Summe A_{ges} aus Grundton A_1 plus sämtlichen Obertönen $A_2, A_3, A_4, \ldots$:

$$k = \sqrt{\frac{A_2^2 + A_3^2 + A_4^2 + \cdots}{A_1^2 + A_2^2 + A_3^2 + \cdots}} = \frac{\sqrt{A_2^2 + A_3^2 + A_4^2 + \cdots}}{A_{ges}}. \tag{2.81}$$

Von Wichtigkeit sind im wesentlichen die zweite und dritte Harmonische bzw. der quadratische und kubische Klirrfaktor:

$$k_2 = \frac{A_2}{A_{ges}} \quad \text{bzw.} \quad k_3 = \frac{A_3}{A_{ges}}. \tag{2.82, 2.83}$$

Durch Multiplikation mit 100 erhält man die Angabe in Prozent. Die in der DDR zulässigen Klirrfaktoren sind standardisiert [11].

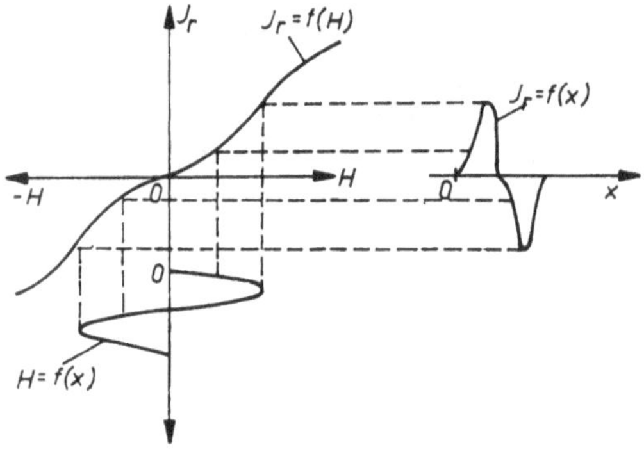

Abb. 2.14. Graphische Darstellung des Auftretens von nichtlinearen Verzerrungen
I_r — remanente Polarisation, x — Ortskoordinate in Bandlängsrichtung

Oft beschränkt man sich auf die Messung der charakteristischsten Oberwelle, die im Ausgangssignal auftritt, für die magnetische Aufzeichnung ist dies die dritte Harmonische.

Die nichtlinearen Verzerrungen treten bei der magnetischen Aufzeichnung auf Grund der nichtlinearen Abhängigkeit zwischen remanenter Polarisation des Magnetbandes und Feldstärke auf. Dieser Zusammenhang kann experimentell bestimmt und graphisch dargestellt werden (s. Abb. 2.14). Die erhaltene Kurve wird als Remanenzkurve bezeichnet und ähnelt in der Form der Neukurve, d. h., sie besitzt wie diese einen mittleren linearen Teil und geht bei höheren Feldstärken in eine zur Abszisse parallele Sättigungsgerade über. An diesem linearen Teil der Remanenzkurve kann man sich nun im Falle der magnetischen Aufzeichnung das Kopffeld $H = f(x)$ gespiegelt denken und erhält damit $I_r = f(x)$. Genauer dargestellt: auf die Länge x eines Magnetbandes wirkt ein magnetisches Feld $H = f(x)$ ein, das sich sinoidal ändert (unterer Teil in Abb. 2.14). Für jeden x-Wert existiert auf Grund dieses Zusammenhanges also ein Wert H, für den seinerseits aus der funktionalen Abhängigkeit $I_r = f(H)$ jeweils ein bestimmter I_r-Wert entnommen werden kann und auf diese Weise jenem x zugeordnet wird (rechter Teil der Abb. 2.14). In dieser Abhängigkeit $I_r = f(x)$ kommen nun wiederum die Nichtlinearitäten von $I_r = f(H)$ zur Wirkung, d. h., man erhält mehrere sinusförmige Frequenzkomponenten, die dann auch wiederum in der Wiedergabe auftreten.

Die Größe der nichtlinearen Verzerrung wächst in der Regel mit der Amplitude des aufzuzeichnenden Signals, die dadurch begrenzt wird.

2.2.1.5.3. Rauschspannung

In der Wiedergabe wird der maximale Signalpegel durch den Klirrfaktor, der minimale jedoch durch das Rauschsignal begrenzt. Das Verhältnis der Größe des Rauschsignals zum maximal zulässigen Wiedergabesignal bei vorgegebener Größe der zulässigen nichtlinearen Verzerrung wird als relativer Rauschpegel in Dezibel angegeben.

Der relative Rauschpegel des Aufzeichnungs-Wiedergabe-Kanals bestimmt den Bereich der Signalpegel, die ohne Verzerrung wiedergegeben werden können. Er ist durch den Ausdruck $20 \lg \frac{U_{max}}{U_{min}}$ bestimmt, in den das Verhältnis von maximaler und minimaler Amplitude des Wiedergabesignals eingeht.

Systeme der magnetischen Signalaufzeichnung müssen also die Übertragung eines möglichst breiten Pegelbereichs bei minimalen nichtlinearen Verzerrungen und einwandfreier Frequenzcharakteristik gewährleisten. Die Erfüllung dieser Forderungen hängt in entscheidendem Maße vom Aufzeichnungsträger, in diesem Falle dem Magnetband, ab. Die Wahl der Parameter des Magnetbandes bei der Ausarbeitung seiner Herstellungstechnologie wird in der Hauptsache durch die aufgezeigten Bedingungen bestimmt; das geschieht natürlich in Abhängigkeit von der Charakteristik der zu speichernden Signale, für die der jeweilige Träger bestimmt ist.

2.2.2. Die magnetische Tonaufzeichnung

2.2.2.1. Allgemeines

Der vom menschlichen Ohr wahrgenommene Frequenzbereich liegt zwischen 16 Hz und 20 kHz; der Pegelbereich reicht bis zu 130 dB. Der letzte Wert bedeutet, daß das Verhältnis zwischen maximaler Amplitude und der Amplitude gerade noch hörbarer akustischer Schwingungen $10^{130/20} = 3\,162\,277{,}66$ beträgt. Unter einer unverzerrten Übertragung eines Tonsignals versteht man in der Praxis eine gleichmäßige Übertragung im Bereich von 30 Hz bis 16 kHz in einem Pegelbereich von 60 bis 65 dB bei Klirrfaktoren, die nicht größer als 1 bis 2% sind. Dies gilt insbesondere für den Übertragungskanal Aufzeichnung—Wiedergabe.

Auf Grund der Nichtlinearität der $I_r = f(H)$-Kurve des Aufzeichnungsträgers treten große nichtlineare Verzerrungen auf, z. B. liegt der kubische Klirrfaktor bei $k_3 = 15$ bis 20%. Zur Verringerung dieser Verzerrungen wendet man seit 1940 das durch Braunmühl und Weber eingeführte Verfahren der Hochfrequenzvormagnetisierung an, mit dem man außerdem eine Steigerung der Dynamik erzielt, da die Rauschspannung des Bandes gegenüber einer Vormagnetisierung mittels Gleichstrom wesentlich geringer gehalten werden kann. Bei der HF-Vormagnetisierung fließt mit dem tonfrequenten Strom gleichzeitig ein hochfrequenter Strom durch die Wicklung des Aufnahmekopfes. Dieser HF-Strom liegt in der Frequenz 5 bis 10mal höher als die obere Signalfrequenz und besitzt eine konstante Amplitude, die um 5 bis 8mal größer als diejenige des Signalstromes ist. Zur Erklärung der Gründe für eine Verringerung nichtlinearer Verzerrungen durch diese Aufzeichnungsmethode wird im folgenden die Magnetisierung der Arbeitsschicht des Magnetbandes im Feld des Magnetkopfes genauer betrachtet.

2.2.2.2. *Kopffeld und Bandmagnetisierung*

Schickt man durch die Wicklung eines Magnetkopfes einen konstanten Strom, so erhält man ein magnetisches Gleichfeld der in Abbildung 2.15 dargestellten Form. Die Feldlinien über dem Spalt der Breite Δ sind Linien gleicher Feldstärke. Man sieht, daß der Vektor derselben in eine Längs- und eine Querkomponente zerlegt werden könnte. Beide Feldkomponenten sind ortsabhängig. Die Längskomponente, die in der Magnet-

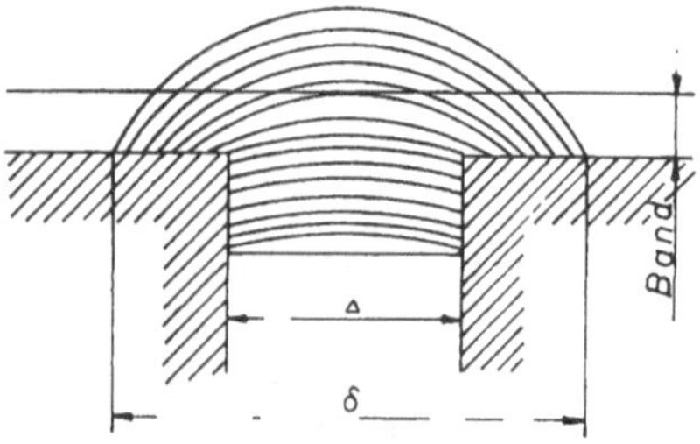

Abb. 2.15. Statisches Feld am Luftspalt eines ringförmigen Magnetkopfes
Δ — Spaltbreite, δ — Reichweite des Kopffeldes

aufzeichnung benutzt wird, erreicht ihren maximalen Wert unmittelbar über dem Kopfspalt und geht über der Spaltkante rasch auf Null zurück. Nach der Spaltkante wirkt praktisch nur noch die senkrecht auf dem Band stehende Querkomponente, die nur langsam, im Gegensatz zur Längskomponente, abklingt (s. Abb. 2.16).

Wird nun die aufgezeichnete Wellenlänge mit der Abklingstrecke des Querfeldes vergleichbar, tritt eine Löschwirkung auf. Hier liegt also kopfseitig eine Begrenzung der Aufzeichnungsdichte vor, die bandseitig durch Koerzitivfeldstärke und Schichtdicke gegeben ist. Der Löschwirkung des Querfeldes wird mit Hilfe einer starken Bandanisotropie mit Vorzugsrichtung parallel zur Längskomponente des Kopffeldes entgegengewirkt.

In Abbildung 2.17 ist die Verteilung der Längskomponente eines Gleichfeldes über dem Spalt dargestellt. x ist die Bandlaufrichtung längs des Kopfspiegels und y der senkrechte Abstand von demselben. y ist in Teilen der Spaltbreite aufgetragen.

Im Beispiel des Gleichfeldes wirkt auf alle Elemente eines am Kopfspalt vorbeibewegten Bandes ein bestimmtes magnetisches Feld ein, und zwar das maximale Längsfeld über der Mitte des Spaltes; damit werden alle Elemente des Bandes in gleicher Weise polarisiert. Nun bewirkt aber die örtliche Änderung des Spaltfeldes senkrecht zum Kopfspiegel unterschiedliche Polarisationen und damit auch remanente Polarisationen innerhalb der Arbeitsschicht in Abhängigkeit von der Schichtdicke

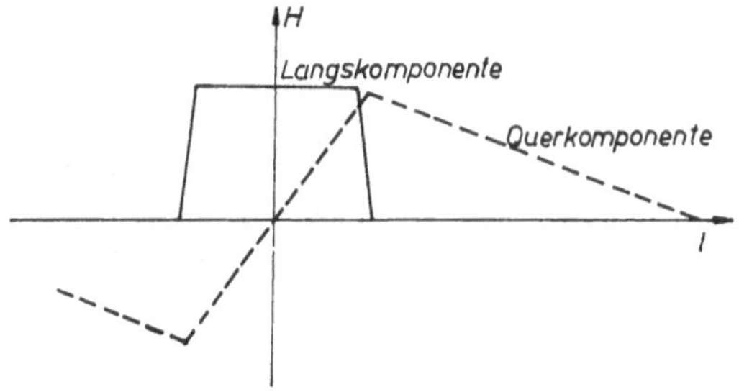

Abb. 2.16. Komponenten des Kopffeldes

bzw. -tiefe. Dies ergibt eine schräg zur Bandoberfläche verlaufende sogenannte Niederlegungsfront. Bei der Wiedergabe ist eine Integration notwendig; daraus resultiert eine störende Verbreiterung des Signals als Funktion der Schichtdicke.

Bei der Konstruktion von Magnetköpfen wird angestrebt, die Ausdehnung des Feldes im Raum möglichst klein zu halten, z. B. durch Verminderung der Spaltbreite. Damit wird dann auch das Zeitintervall der Kopfpassage eines Bandelementes, als δ/v bestimmbar (δ — Reichweite des Kopffeldes, v — Bandgeschwindigkeit), entsprechend verkleinert, und zwar auch bezüglich der Periodendauer des Aufzeichnungsstromes bei der Tonaufzeichnung, womit die remanente Polarisation jedes Bandelementes durch einen diskreten Wert des Kopffeldes über der Spaltmitte bestimmt wird.

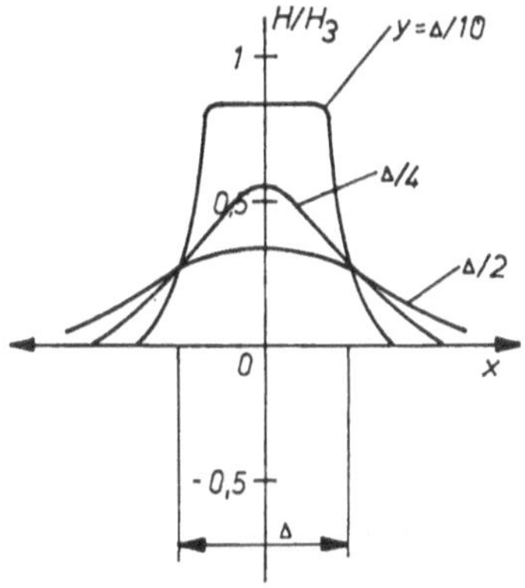

Abb. 2.17. Verteilungskurven der horizontalen Komponente der Spannung des statischen Kopffeldes
Δ – Spaltbreite

2.2.2.3. *Anhysteretische Ummagnetisierung*

Um den Prozeß der Aufzeichnung mittels HF-Vormagnetisierung zu verstehen, kann man sehr gut das Modell der Anhysterese oder idealen Magnetisierungskurve heranziehen, bei dem ein äußeres Feld auf die ferromagnetische Probe einwirkt, das eine konstante und eine veränderliche Komponente enthält. Die Wechselfeldkomponente klingt jeweils auf Null ab und bewirkt so eine Entmagnetisierung des Ferromagnetikums, d. h., der Ausgangszustand wird jeweils wieder hergestellt und damit der Einfluß der magnetischen Vorgeschichte des Materials auf den Speichervorgang beseitigt. Die Anhysteresekurve besitzt demnach keine Hysterese und stellt eine ideale Magnetisierungskurve dar.

In Abbildung 2.18 ist der zyklische Prozeß der Ummagnetisierung eines Ferromagnetikums dargestellt, auf das ein Feld genannter Art einwirkt: Es existiert eine Gleich- und eine Wechselfeldkomponente, und sowohl das resultierende Feld wie auch die beiden Komponenten verringern sich stetig und werden Null. Daraus resultiert eine remanente Polarisation I_r, die wesentlich größer ist als diejenige, die man mit dem Gleichfeld allein erhalten würde.

Die dargestellte anhysteretische Ummagnetisierung erfährt nun bei Kopfpassage jedes Element der Arbeitsschicht eines Magnetbandes. Der Unterschied zum geschilderten Prozeß besteht nur darin, daß sich das Feld zunächst vergrößert, sein Maximum erreicht, wenn sich das Bandelement über der Spaltmitte befindet und anschließend,

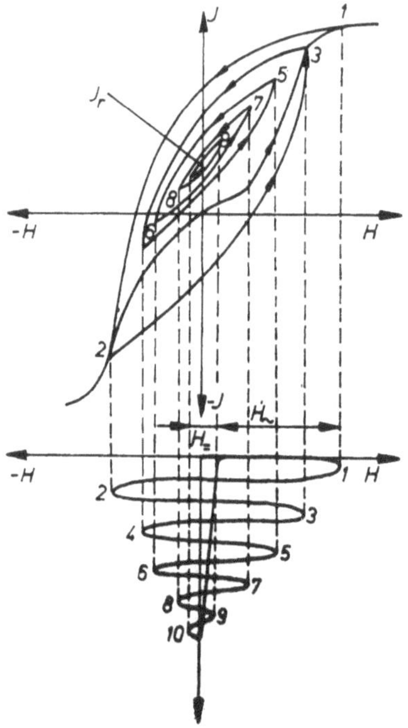

Abb. 2.18. Anhysteretische Ummagnetisierung eines Ferromagnetikums

$H_=$ – maximale Feldstärke der konstanten Komponente, $H_\sim$ – maximale Spannung der veränderlichen Komponente

wie beschrieben, auf Null zurückgeht. Die remanente Polarisation des Bandelements hängt jedoch nur vom maximalen Wert des Feldes und der Art seines Abklingens ab.

Ist die Gleichfeldkomponente $H_= = 0$, so verringert sich die remanente Polarisation des Elementes stetig bis auf Null bei einem beliebigen magnetischen Anfangszustand, d. h., die Information kann auf diese Weise gelöscht werden [15]. Bei Vorhandensein eines Gleichfeldes $H_= \neq 0$ nimmt jedoch jedes Element eine remanente Polarisation an, deren Größe dem maximalen Wert von $H_=$ proportional ist.

Man kann z. B. experimentell an Magnetbandproben Anhysteresekurven $I_r = f(H_=)$ mit der Anfangsamplitude von $H_\sim$ als Parameter aufnehmen; dabei ändert sich das resultierende Feld mit der Zeit t gemäß der Kurve im unteren Teil von Abbildung 2.18, d. h., die Probe wird jeweils aus der entsprechenden Feldkombination herausgezogen, wodurch sich das einwirkende Feld stetig auf Null verringert. Die remanente Polarisation kann u. a. mittels eines ballistischen Galvanometers über die Messung des remanenten Flusses bestimmt werden:

$$\frac{{}_I\Phi_R}{A} = I_r. \tag{2.84}$$

(A – Probenquerschnitt, der senkrecht vom magnetischen Fluß durchsetzt wird.)

Man erhält Kurven, wie sie in Abbildung 2.19 dargestellt sind. Übersteigt dabei die Anfangsamplitude $H_\sim$ die Koerzitivfeldstärke der Probe, dann wird $I_r = f(H_=)$ im Anfangsteil linear, und die anhysteretische Anfangssuszeptibilität χ_{ar} erreicht sehr hohe Werte. Diese Größe wird für das Einzelteilchen oder für ein Ensemble von Teilchen ohne Wechselwirkungen unendlich. Der gemessene endliche Wert sollte also ein Maß dieser Wechselwirkungen darstellen.

Bei der Aufzeichnung tonfrequenter Signale verändert sich das Feld $H_=$ und wirkt auf das am Kopf vorbeibewegte Magnetband ein. Die remanente Polarisation wird durch die Abhängigkeit $I_r = f(H_=)$ bestimmt. Bei Linearität derselben erfolgt die verzerrungsfreie Aufzeichnung.

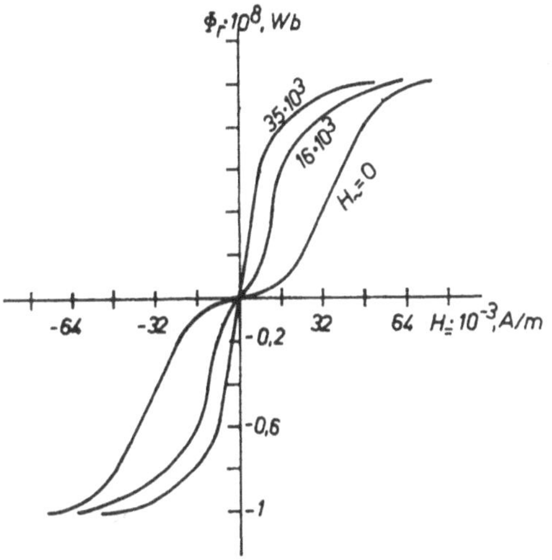

Abb. 2.19. Kurven der quasiidealen Magnetisierung für verschiedene Werte der Anfangsamplitude der veränderlichen Komponente des Feldes

Φ_r — remanenter Fluß

Die in Abbildung 2.19 dargestellten Kurven sind demnach charakteristische Kurven des Magnetbandes bei verschiedenen Vormagnetisierungsströmen. Die Krümmung der Kurven bzw. die relative anhysteretische Anfangssuszeptibilität χ_{ar} hängen demzufolge von der Anfangsamplitude des Feldes $H_\sim$ ab. Außerdem ist ersichtlich, daß es einen optimalen Wert für letztere und damit eine maximal erreichbare Suszeptibilität gibt, womit wiederum ein Optimum des HF-Vormagnetisierungsstromes mit optimaler Signalwiedergabe verbunden ist. χ_{ar} bestimmt also letztlich die Empfindlichkeit des Magnetbandes. Je größer $\chi_{ar} = \Delta I_r/\Delta H_=$ ist, desto größer ist der remanente Bandfluß bei gegebenem Aufzeichnungsfeld und damit das Wiedergabesignal. Die Krümmung der Anhysterese bei optimaler Vormagnetisierung und die Länge ihres geraden Teils hängen wiederum von den statischen magnetischen Eigenschaften der Arbeitsschicht des Magnetbandes ab.

2.2.2.4. *Berechnung von χ_{ar}*

Nach [16] besteht die Möglichkeit, die relative anhysteretische Anfangssuszeptibilität aus pauschalen magnetischen Größen, statisch gemessen, zu berechnen:

$$\chi_{ar} = \frac{p(1 - p)\, I_s^2}{2H_E^2(1 - R^2)}. \tag{2.85}$$

Die Formel gilt für überwiegende Formanisotropie.

Als Beispiel setzen wir die folgenden Werte eines handelsüblichen Chromdioxidbandes, das in Audiokassetten eingesetzt wird, ein:

$$p = 0{,}4,$$

$$I_s = 4320 \cdot 10^{-4}\ \mathrm{T},$$

$$H_K = 460\ \mathrm{A} \cdot \mathrm{cm}^{-1},$$

$$R = 0{,}85.$$

Damit ergibt sich die Größe $\chi_{ar} = 24{,}15$. Die Autoren geben die Übereinstimmung einer großen Anzahl Direktmessungen von χ_{ar} bei γ-Fe_2O_3-, CrO_2- und Fe-Bandmaterial mit derart berechneten Werten an.

Nach HENKEL [17] ist der Zusammenhang der Suszeptibilität mit der Packungsdichte komplizierter. Die ersten Berechnungen dazu, und zwar in bezug auf die Wechselwirkungen im Teilchenensemble (s. 2.2.2.3.), hat NÉEL [18] ausgeführt. Er ging dabei von der Annahme aus, daß die Wechselwirkungen einem effektiven inneren Feld $H_i = -NI$ entsprechen und die Anhysterese einen Wachstumsprozeß darstellt, in dem die Polarisation bei abnehmender Wechselfeldkomponente auf ihren Sättigungswert ansteigt. NÉEL erhielt

$$\chi_{ar} = \frac{1}{N}\,(1 - \mathrm{e}^{-N\chi_0}). \tag{2.86}$$

χ_0 ist eine Konstante, und N ist der innere Entmagnetisierungsfaktor, wenn der äußere vernachlässigbar ist. Messungen an Magnetbändern führte hierzu PEARCE [19] aus. Danach wächst I_r am stärksten, wenn $H_\sim$ in der Nähe der pauschalen ${}_IH_c$ liegt.

2.2.2.5. *Ummagnetisierung*

2.2.2.5.1. Ummagnetisierung des Einzelteilchens

Die Ummagnetisierung eines einzelnen ESD-Teilchens unter Einwirkung eines resultierenden Feldes, das eine konstante und eine veränderliche Komponente enthält, erfolgt im allgemeinen bei einem bestimmten kritischen Wert des veränderlichen Feldes. Geht man von den Bedingungen einer Rechteckschleife aus, wie es in Abbildung 2.20 dargestellt ist, kann man $-I_{RS}$ als Anfangszustand und ein resultierendes Wechselwirkungsfeld $-H_{mi}$, mit der die Umgebung einwirkt, annehmen.

Enthält das äußere Feld nur eine Gleichfeldkomponente $H_=$, wird das Teilchen nur dann ummagnetisieren, wenn dieses Feld $H_= \geqq H_{mi} + H_{ci}$ ist, wobei H_{ci} die Koerzitivfeldstärke des Teilchens darstellt. In Gegenwart einer veränderlichen Feldkomponente kann man $H_=$ dagegen bedeutend kleiner halten, um das Umklappen des Magnetisierungsvektors zu erreichen. Große Amplitudenwerte von $H_\sim$ bewirken eine zyklische Ummagnetisierung. Erreicht die Amplitude den Wert H_{kr} (s. unterer Teil von Abb. 2.20), also einen Wert nahe $-H_{ci}$, bei dem noch $H_= > H_{mi}$ gilt, nimmt das Teilchen die Polarisation $+I_{RS}$ an. Das weiterhin einwirkende abklingende Feld $H_\sim$ ändert dann nichts mehr am Magnetisierungszustand. H_{kr} wird als kritischer Wert bezeichnet.

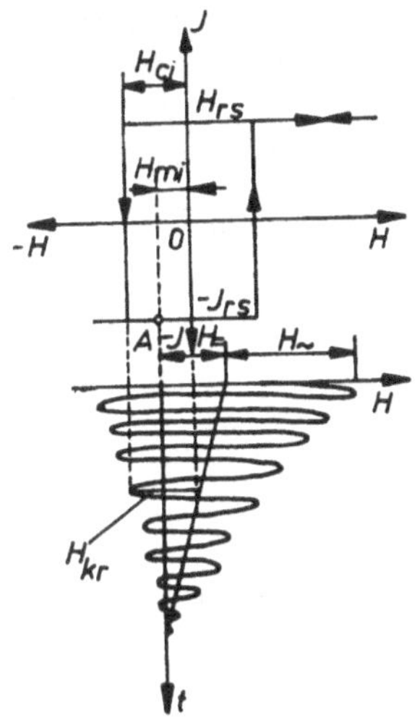

Abb. 2.20. Anhysteretische Ummagnetisierung eines ESD-Partikels
H_{ci} – Koerzitivfeldstärke, H_{mi} – Wechselwirkungsfeld,
H_{kr} – kritische Feldstärke

2.2.2.5.2. Ummagnetisierung des Teilchenensembles

Wir betrachten ein Ensemble kleiner Teilchen mit homogener Struktur und gleicher Koerzitivfeldstärke H_{ci}; nur die Wechselwirkungsfelder H_{mi} seien unterschiedlich. Wendet man nun das im vorigen Abschnitt beschriebene Feld an, wird bei H_{kr} ein Teil der Teilchen ummagnetisiert, und zwar derjenige, für den $H_= > H_{mi}$ gilt und der diesem entgegengerichtet ist. Dabei wächst der Anteil der ummagnetisierenden Teilchen mit $H_=$ bei $H_\sim = H_{kr}$.

Die Anwendung auf den Prozeß der Magnetbandaufzeichnung mit HF-Vormagnetisierung ergibt folgendes Bild: Das einwirkende Feld besteht aus einer hochfrequenten und einer niederfrequenten Komponente. Letztere wird durch den momentanen Wert der Signalspannung bestimmt. Nimmt nun das HF-Feld über der Spaltmitte des Magnetkopfes einen Wert an, der über dem kritischen liegt, so erfolgt die Aufzeichnung, d. h. die Vorzeichenänderung der spontanen Polarisation einer Anzahl von ESD-Partikeln. Der ummagnetisierende Feldbereich wird als kritische Zone bezeichnet.

2.2.2.6. Die kritische Zone

Die kritische Zone wird von der bereits erwähnten abspielenden Kante gebildet. Abbildung 2.21 zeigt die Kurven gleicher Längskomponenten des Kopffeldes. Eine dieser Kurven, für die die Bedingung $H_\sim = H_{kr}$ erfüllt ist, schneidet im idealen Fall die Arbeitsschicht als kritische Zone.

Der Begriff „Zone" beschreibt die realen Verhältnisse. Die Teilchen in der Arbeitsschicht des Bandes unterliegen einer Form- und Größenverteilung und darüber hinaus einer Richtungsverteilung bezüglich des Feldes; daraus resultiert eine H_{ci}-Verteilung, d. h., die Koerzitivfeldstärke der Einzelteilchen bewegt sich in den Grenzen von $H_{c,\min}$ bis $H_{c,\max}$, wenn eine genügend schmale Verteilung, wie sie angestrebt wird, gegeben ist und der pauschale H_c-Wert etwa in der Mitte dieses Bereiches liegt. Die kritische Zone hat also eine endliche Ausdehnung und wird in Abbildung 2.22 durch die Linien gleicher Feldstärke begrenzt. Lage, Form und Ausdehnung der Zone hängen von der Homogenität der Pulverteilchen bezüglich der Koerzitivfeldstärke und der Feldverteilung am Kopfspalt ab. Diese ist wiederum eine Funktion von Spaltbreite und Permeabilität des Kernmaterials. Die kritische Zone verbreitert sich mit dem Abstand vom Kopfspiegel, hängt also von Band—Kopf-Abstand und Schichtdicke ab.

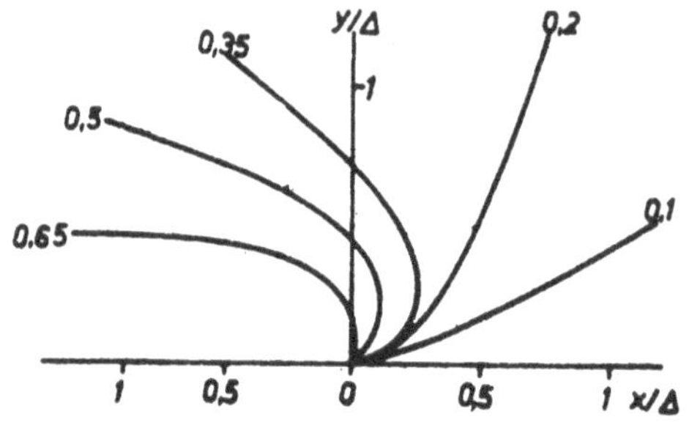

Abb. 2.21. Linien gleicher Längskomponenten des Kopffeldes

Bedeutenden Einfluß auf diesen Effekt übt der Vorzugsmagnetisierungsstrom aus: Je größer dieser ist, desto größer ist der Abstand, bei dem sich das Feld auf den kritischen Wert (s. Abb. 2.22) verringert. Eine Abstandsvergrößerung vom Kopfspalt verkleinert auch die $H_=$-Komponente, womit die Anzahl der ummagnetisierten Teilchen zurückgeht und die remanente Polarisation abnimmt. Die Ausdehnung der kritischen Zone beeinflußt ebenfalls die remanente Polarisation bei kleinen Aufzeichnungswellenlängen.

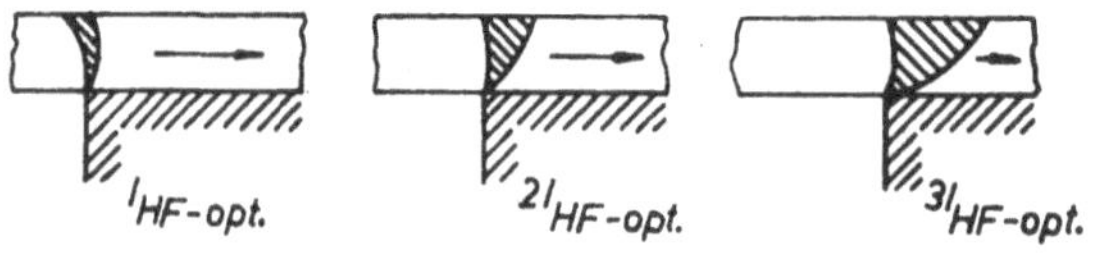

Abb. 2.22. Kritische Zone bei verschiedenen Werten des HF-Vormagnetisierungsstromes $I_{\text{HF-opt.}}$

2.2.2.7. *Wellenverluste bei der Tonaufzeichnung*

Nach kleinen Wellenlängen hin nimmt das Wiedergabesignal stark ab. Diese Wellenverluste begrenzen die Aufzeichnungsdichte $n = \frac{1}{\lambda}$ und sind der Hauptgrund für Frequenzverzerrungen, wenn die aufzuzeichnenden Signale einen breiten Frequenzbereich aufweisen. Diese Verluste treten sowohl bei der Aufzeichnung als auch in der Wiedergabe auf. Bei der Aufzeichnung führen sie zu einer Verringerung des magnetische Flusses mit Verringerung der Wellenlänge bei konstantem Aufzeichnungsstrom. Bei der Wiedergabe nimmt der magnetische Fluß im Wiedergabekopf mit der Wellenlänge ab, obwohl die remanente Polarisation konstant erhalten bleibt. Die Gründe für das Auftreten der Wellenverluste werden im folgenden am Beispiel der Tonaufzeichnung aufgezeigt.

2.2.2.7.1. Aufzeichnung mit HF-Vormagnetisierung

Bei der Aufzeichnung mit HF-Vormagnetisierung sind die Wellenverluste durch die endliche Ausdehnung der kritischen Zone bedingt; sie wachsen mit dem Verhältnis ihrer Breite zur aufzuzeichnenden Wellenlänge. Auf Grund der Breite der kritischen Zone bilden sich praktisch in der Arbeitsschicht des Bandes mehrere zueinander in der Phase verschobene Signalaufzeichnungen; die remanente Polarisation ist schließlich die vektorielle Summe der Polarisationen der einzelnen Aufzeichnungen [20].

Bei einer Breite der kritischen Zone a ist I_r in jedem Teil des Bandquerschnitts proportional $\sin(\pi a/\lambda)/(\pi a/\lambda)$ (Abb. 2.23 zeigt die Abhängigkeit von $\pi a/\lambda$). Nur bei $a/\lambda \to 0$ wird der Term mit Eins vergleichbar, d. h., bei einer unendlich kleinen Breite der kritischen Zone. Für $a = \lambda$ wird er gleich Null; es erfolgt also keine Aufzeichnung.

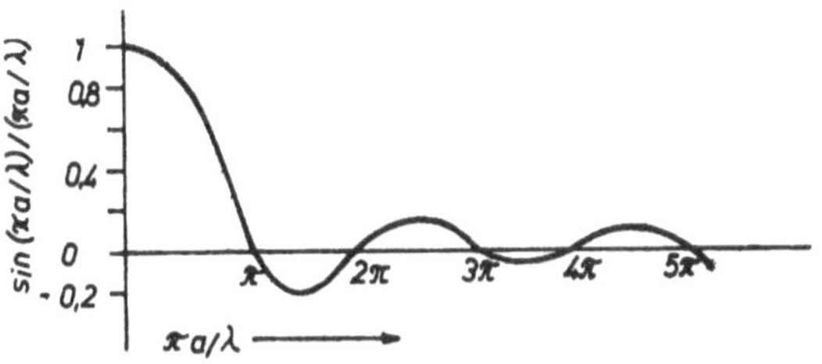

Abb. 2.23. Kurve der Abhängigkeit der Funktion $\sin(\pi a/\lambda)/(\pi a/\lambda)$ vom Ausdruck $\pi a/\lambda$

Die Verringerung der remanenten Polarisation mit abnehmender Wellenlänge bezeichnet man als Phasenverluste. Sie nehmen mit dem Abstand vom Kopfspiegel zu; damit nimmt die Polarisation in der Tiefe der Arbeitsschicht stärker mit abnehmender Wellenlänge ab als an der Oberfläche. Eine Verringerung der Phasenverluste kann erreicht werden durch

- Verringerung der Dicke der Arbeitsschicht,
- Erhöhung der Homogenität der Teilchen in der Schicht und
- Herabsetzung der Oberflächenrauhigkeit der Bandoberfläche, z. B. durch Kalandrieren.

Die Aufzeichnung wird weiterhin noch durch Verluste gestört, die wegen der Selbstentmagnetisierung oder gegenseitigen Beeinflussung der aufgezeichneten Flußwechsel oder Elementarmagnete auftreten. Der Effekt verstärkt sich mit abnehmender Wellenlänge und verläuft gemäß

$$E = e^{-\frac{\lambda_1}{\lambda}}. \tag{2.87}$$

λ_1 ist die sogenannte charakteristische Wellenlänge des Bandes, bei der der äußere Bandfluß und somit der Wiedergabepegel auf $\frac{1}{e}$ abgesunken ist $\left(\frac{1}{e} = 0{,}36788\right)$. Eine Reduzierung der o. g. Verluste kann erreicht werden durch Verringerung der Schichtdicke, Erhöhung der Koerzitivfeldstärke und eine verbesserte Scherung der Hystereseschleife des Magnetbandes.

2.2.2.7.2. Wiedergabe

In Anlehnung an die Ergebnisse des Abschnittes 2.2.1.4. resultiert: Aus Gleichung (2.69) erhält man den Effektivwert der Wiedergabespannung $e' = e/\sqrt{2}$ und unter Berücksichtigung der erfaßbaren Verluste

$$e' = \frac{2\pi}{\sqrt{2}} nAf\Phi_{r0}\, e^{\frac{-\lambda_1}{\lambda}} \cdot e^{\frac{-2\pi x}{\lambda}} \cdot \frac{\sin \frac{\pi \cdot a}{\lambda}}{\frac{\pi \cdot a}{\lambda}} \cdot \frac{\sin \frac{\pi \cdot a'}{\lambda}}{\frac{\pi \cdot a'}{\lambda}}. \tag{2.88}$$

Zu den einzelnen Termen sind folgende Bemerkungen nötig:

- Die Exponentialfunktion der Selbstentmagnetisierung wurde bereits erläutert.
- Die zweite e-Funktion gibt den Abfall der Spannung mit kleiner werdender Wellenlänge bei wachsendem Abstand x vom Kopfspiegel wieder.
- Werden die Wellenlängen vergleichbar mit der Spaltbreite a, treten Verluste auf, wie sie in Abbildung 2.23 dargestellt sind.
- Steht der Kopfspalt nicht genau senkrecht zur Spur, treten die im letzten Term erfaßten Verluste auf. Darin ist $b' = B \tan \alpha$, wenn B die Spurbreite und α der Neigungswinkel des Spalts sind.

Schließlich treten noch Wirbelströme in Wicklung und Kern des Kopfes auf und nehmen linear mit der Frequenz zu. Kommen bei niedrigen Frequenzen die Wellenlängen in den Bereich der Kopfspiegelabmessungen, resultieren auch dadurch Verluste.

2.2.2.8. Die Frequenzcharakteristik bei der Tonaufzeichnung

Unter Berücksichtigung der Gleichungen aus Abschnitt 2.2.1.4. sowie von Gleichung (2.88) kann man feststellen, daß die Wiedergabespannung auf komplizierte Weise von der Wellenlänge abhängt. Bei großen λ-Werten werden die einzelnen Terme aus Gleichung (2.88), die die verschiedenen Wellenverluste beschreiben, gleich Eins, und die Amplitude der Wiedergabespannung ist der Frequenz proportional. Bei kleinen Wellenlängen bewirken die Terme eine Verringerung der EMK im Wiedergabekopf.

Abbildung 2.24 zeigt die Proportionalität zwischen Wiedergabespannung und Frequenz für kleine und mittlere Frequenzen. Bei einer bestimmten Frequenz bzw. Wellenlänge wird ein Spannungsmaximum erreicht. Darauf verringert sich die Spannung mit der Frequenz und erreicht ein Minimum, wenn der Term der Spaltfunktion Null wird.

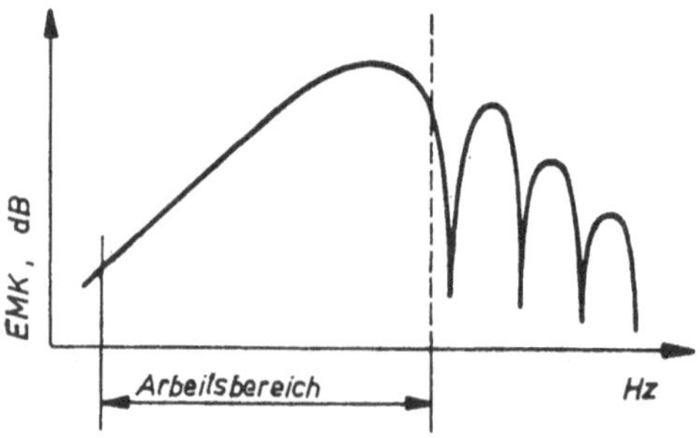

Abb. 2.24. Frequenzcharakteristik des Systems Aufnahmekopf – Magnetband – Wiedergabekopf in einem breiten Frequenzbereich

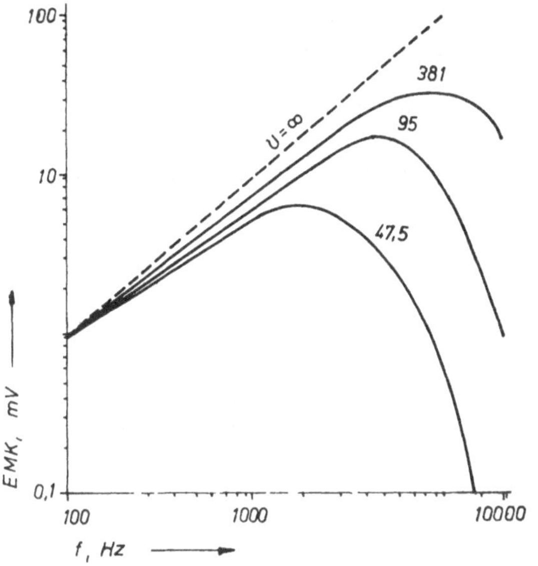

Abb. 2.25. Fequenzcharakteristiken des Systems Aufnahmekopf – Band – Wiedergabekopf bei verschiedenen Geschwindigkeiten (v in mm/s)

Die Bandgeschwindigkeit v stellt man gewöhnlich so ein, daß sich auch für die höchsten Frequenzen die Bedingung $\Delta < \lambda$ erfüllt bzw. der Bereich bis zum ersten Minimum in Abbildung 2.24 nicht überschritten wird.

In Abbildung 2.25 werden Frequenzcharakteristiken bei verschiedenen Bandgeschwindigkeiten dargestellt. Diese vor allem bestimmen den Verlauf der Frequenzcharakteristik, da die höheren Frequenzen hauptsächlich von den Wellenverlusten beeinflußt werden. Eine gleichmäßige Übertragung aller Frequenzkomponenten wird durch einen frequenzabhängigen Verstärkungskoeffizienten im Aufnahme- und Wiedergabeverstärker erreicht. In erstem wird vor allem die Komponente der höheren Frequenzen verstärkt. Abbildung 2.26 zeigt den Verlauf der Kurven.

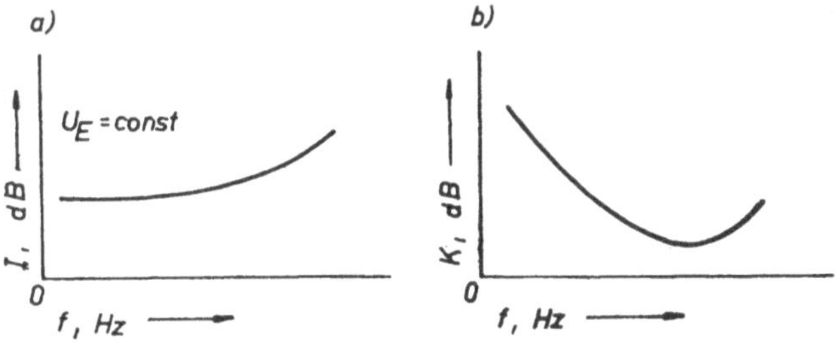

Abb. 2.26. Frequenzcharakteristiken a) des Aufnahmeverstärkers und b) des Wiedergabeverstärkers

2.2.2.9. *Störsignale bei der Wiedergabe*

2.2.2.9.1. Rauschen

Bei der Wiedergabe eines aufgezeichneten Signals tritt neben dem Nutzsignal auch ein Störsignal auf, das sich mit der Zeit unregelmäßig ändert. Die Tonwiedergabe läßt dieses Störsignal als Rauschen erscheinen. Es entsteht durch das Magnetband selbst, die elektrischen Anlagen und durch Störungen im mechanischen Bandantrieb (Schwingungen). Da in modernen Anlagen der Rauschpegel des Bandes über dem des Übertragungskanals liegt, ist nur ersterer von Bedeutung. Das Rauschsignal wird durch unregelmäßige Schwingungen des magnetischen Flusses im Kern des Wiedergabekopfes hervorgerufen, wenn das Magnetband vorbeibewegt wird.

Magnetische Inhomogenitäten des Aufzeichnungsträgers wie die Inhomogenität der Pigmentteilchen, ihre ungleichmäßige Verteilung in der Arbeitsschicht sowie unregelmäßige Veränderungen von Schichtdicke und -breite führen zum sogenannten *Strukturrauschen*, das vom magnetischen Zustand des Trägers abhängt und z. B. von mikroskopischen Streufeldern des entmagnetisierten Bandes herrühren kann. Im polarisierten Zustand ist diese Komponente größer, da praktisch ein Verstärkungseffekt eintritt: Das Strukturrauschen wächst mit dem remanenten Bandfluß. Eindeutig ist die Abhängigkeit von der Teilchengröße: Verringerung derselben vermindert das Rauschsignal.

Die Wechselwirkung Band—Kopf liefert die Rauschkomponente des *Kontaktrauschens*, die in bedeutendem Maße diejenige des Strukturrauschens übersteigt [12, 21]. Als Hauptgrund gilt die ungleichmäßige Verteilung der Teilchen bezüglich der Schichtdicke.

Der Rauschpegel eines Bandes hängt außerdem stark von der Amplitude des HF-Vormagnetisierungsstromes ab. Magnetische Inhomogenität der Schicht und Störung des Kontaktes Band—Kopf erzeugen eine Störmodulation im Falle der Aufzeichnung eines periodischen Signals: Man spricht vom *Modulationsrauschen*, das zwischen den Tonsignalen von *Pausenrauschen* begleitet ist. Das Pausenrauschen entsteht durch die Einwirkung des HF-Vormagnetisierungsstromes auf das Band; es muß im Idealfall gleich dem Rauschen des entmagnetisierten Bandes sein, übersteigt dessen Pegel aber im Normalfall, da das Band auch unter dem Einfluß äußerer Magnetfelder, z. B. der Stahlteile des Bandantriebes, der Nichtsymmetrie der Vormagnetisierung und remanenter Kopfpolarisationen steht. Auch hier besteht eine Abhängigkeit von der Teilchengröße.

2.2.2.9.2. Kopiereffekt

Eine der auffälligsten Störungen verursacht der Kopiereffekt. Er entsteht, wenn das Streufeld einer Aufzeichnung groß genug ist, um Nachbarschichten des aufgespulten Bandes magnetisch zu beeinflussen. Bei der Wiedergabe sind dann Echosignale zu hören.

Die Kopierdämpfung D_K wird durch folgenden Ausdruck gewonnen:

$$D_K = 20 \lg \frac{U_K}{U_c}, \tag{2.89}$$

U_K — Signalspannung der Kopie, U_c — Signalspannung.
Das kopierende Feld kann folgendermaßen bestimmt werden:

$$H_m = B_0 \frac{1}{2e} \frac{d}{D}. \tag{2.90}$$

B_0 ist die Oberflächeninduktion, d die Schichtdicke und D die Gesamtdicke des Bandes. Das heißt, durch Erhöhung der Unterlagendicke kann H_m herabgesetzt werden. Bei herkömmlichen Bändern erhält man für H_m Werte von 1 bis 8 A · cm^{-1}. Der Kopierprozeß selber muß unter dem Aspekt gesehen werden, daß magnetische Felder, die wesentlich kleiner als die Koerzitivfeldstärke des Bandes sind, Magnetisierungsänderungen im Teilchenensemble verursachen.

Wird das Volumen der Teilchen reduziert und die Temperatur erhöht, erniedrigt sich die sogenannte Relaxationszeit für Magnetisierungsänderungen, d. h., die Teilchen magnetisieren schneller um. Dadurch steigt die Wahrscheinlichkeit der Ummagnetisierung durch kleine äußere Felder ebenfalls. Man kann von einer Verteilung der Relaxationszeiten sprechen. Die magnetische Nachwirkung nach erfolgter Polarisation wird gemäß NÉEL mit

$$I_R(t) = I_R(0) - AT \lg t \tag{2.91}$$

beschrieben. Das heißt, ohne äußeres Feld nimmt die remanente Polarisation mit der Zeit ab. A wird durch die Teilchenverteilung bestimmt.

Wirkt ein Kopierfeld ein, findet im Prinzip zunächst der umgekehrte Vorgang statt, d. h., ein logarithmisches Ansteigen der Polarisation mit der Zeit, anschließend erfolgt bei $H_m = 0$ eine Abnahme. Man hat in beiden Fällen nahezu einen linearen Zusammenhang. Der Rückgang von I_R läßt also eindeutig einen reversiblen und einen irreversiblen Anteil erkennen [22]. Die zweite Möglichkeit einer Einschränkung des Kopiereffektes besteht so in der Vermeidung des Temperatureinflusses. Hinzu kommt natürlich eine Herabsetzung von B_0 durch Verringerung der Packungsdichte.

Die Nachwirkung allgemein läßt sich durch Erhöhung der chemischen Reinheit, der Homogenität der Teilchen, Anstreben einer engen Verteilung und Gewährleistung der Einbereichsstruktur unter Einschränkung des superparamagnetischen Bereichs klein halten. Der relative Kopierpegel hängt von der Wellenlänge ab und erreicht sein Maximum bei $\lambda_{max} = 2\pi D$. Herabsetzung der Bandgeschwindigkeit v verschiebt dieses Maximum in Richtung größerer Wellenlängen; damit nimmt der Grad der subjektiven Wahrnehmung ab. Außerdem verringert sich bei kleinem v und großem Wicklungsdurchmesser die Wahrscheinlichkeit, daß störende Echos in Pausen fallen. Der Kopiereffekt tritt also hauptsächlich bei hohen Bandgeschwindigkeiten in Erscheinung.

Es ist klar, daß vor allem Teilchen mit kleinen Koerzitiv- bzw. Schaltfeldstärken sowie kleinen Wechselwirkungsfeldern durch ein kopierendes Feld beeinflußt werden. Damit kann man mittels eines kleinen Löschfeldes (Wechselfeld) von gleicher Größenordnung kopierte Signale fast vollständig beseitigen (Echolöschkopf). Interessant ist die in [23] angedeutete Möglichkeit einer Einschätzung der Kopierdämpfung durch magnetische Messungen am Pulver. Es geht hier im wesentlichen um die Beobachtung des Verhaltens in kleinen Feldern unter Berücksichtigung der Nachwirkungszeit.

2.2.2.10. *Beziehung zwischen Arbeitskennlinie und magnetischen Eigenschaften des Bandes*

Im folgenden seien nochmals die wichtigsten magnetischen Eigenschaften zusammengestellt, die bei der Herstellung von Magnetbändern beachtet werden müssen und als Grundlage guter elektroakustischer Eigenschaften dienen.

- Die remanente Sättigungspolarisation I_{RS} des magnetischen Pigmentes ist eine eingeprägte strukturunabhängige Größe und hängt im wesentlichen von der chemischen Reinheit und der Wahl des Pigmentes ab.
  Die entsprechende Größe I_{RS} der Arbeitsschicht hängt von der Packungsdichte ab. Mit der Erhöhung von I_{RS} wächst die Länge des geradlinigen Teils der Arbeits-

kennlinie oder Charakteristik des Bandes und damit der remanente Bandfluß bei vorgegebenen nichtlinearen Verzerrungen. Die Erhöhung der Packungsdichte erreicht meist bei Werten von 0,38 bis 0,40 ihre Grenze.
Für Zimmertemperatur erhält man theoretische I_s-Werte von
0,475 T für γ-Fe_2O_3,
0,565 T für CrO_2 und
2,190 T für Metallteilchen aus Eisen bzw. Eisen-Cobalt.
Die höchsten Rechteckfaktoren am Band liegen bei 0,9. Die Erhöhung von I_{RS} ist von besonderer Wichtigkeit für Bänder mit dünnen Arbeitsschichten und hoher Aufzeichnungsdichte.

— Die magnetische Permeabilität der Arbeitsschicht des Bandes darf nicht groß sein, um die Schicht- und Kontaktverluste in Grenzen zu halten. Die relative maximale Permeabilität kann mittels

$$\mu_{\max} \approx \frac{I_{RS}}{2H_c} \tag{2.92}$$

abgeschätzt werden. Daraus ergibt sich die Forderung nach H_c-Erhöhung, woraus andererseits größere Energieaufwendungen bezüglich Aufzeichnen und Löschen der Information erwachsen. H_c kann vergrößert werden durch Verbesserung der Formanisotropie der Teilchen und durch Schaffung einer engen Teilchenverteilung im Bereich der Einbereichsteilchen, d. h., man muß eine Mischung verschiedener Anisotropien bzw. Teilchenarten verhindern.
Abbildung 2.27 [14] zeigt Hystereseschleifen für Mischungen von verschiedenen Teilchengrößenarten. Am günstigsten bezüglich der Rechteckigkeit der Kurve erscheinen Einbereichsteilchen.

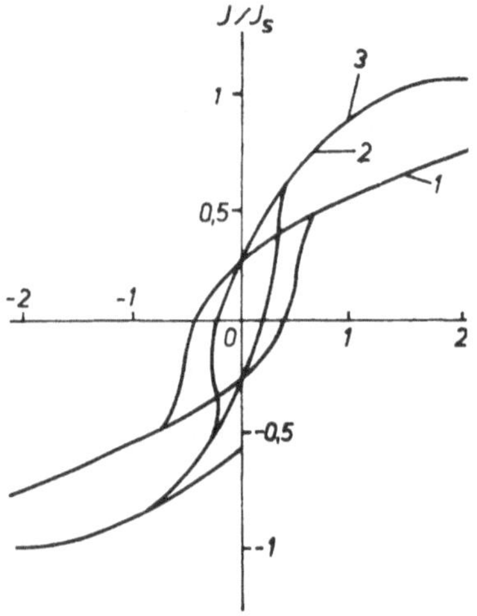

Abb. 2.27. Hystereseschleifen von Pulverproben mit Teilchenmischungen
1 — gleiche Anzahl von Einbereichs- und Mehrdomänenteilchen, 2 — gleiche Anzahl von Einbereichs- und superparamagnetischen Teilchen, 3 — Einbereichsteilchen

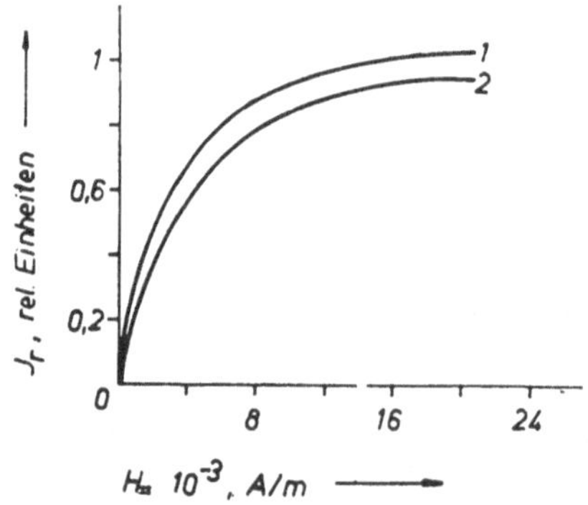

Abb. 2.28. Kurven der quasiidealen Magnetisierung für Bänder mit (1) und ohne (2) Orientierung der nadelförmigen Teilchen

Den Zusammenhang zwischen dem Ausrichtungsquotienten q und dem Verlauf der anhysteretischen Kurve zeigt Abbildung 2.28.

– Die Form der Hysterese muß möglichst rechteckig sein. Je steiler die Seitenäste der Grenzkurven verlaufen, desto steiler verläuft auch die anhysteretische Kurve, d. h., die anhysteretische relative Anfangssuszeptibilität wächst.

2.2.2.11. Die wichtigsten elektroakustischen Kenngrößen

Zur Kennzeichnung der Qualität von Magnetbändern dienen charakteristische elektroakustische Kenngrößen, die exakt definiert sind (für die DDR in [21]) und im folgenden kurz erläutert werden:

2.2.2.11.1. Empfindlichkeit

Die Größe der absoluten Empfindlichkeit des Magnetbandes erhält man aus

$$E = \Phi_R / H_= ; \tag{2.93}$$

sie kann folglich aus der anhysteretischen Magnetisierungskurve bestimmt werden. Bei optimaler Vormagnetisierung ist

$$I_R = \chi_{ar} H_= . \tag{2.94}$$

Setzt man

$$\Phi_R = \mu_0 I_R b \alpha , \tag{2.95}$$

so ergibt sich

$$E = \mu_0 \chi_{ar} b \alpha \quad (\text{in Wb} \cdot \text{A}^{-1} \cdot \text{m}). \tag{2.96}$$

χ_{ar} wird aus der Kurve über $\Delta I_r / \Delta H_=$ erhalten, die wirksame Schichtdicke α hingegen aus

$$\alpha = \frac{1 - \mathrm{e}^{-\pi d_s/\lambda}}{2 d_s/\lambda} d . \tag{2.97}$$

Die Empfindlichkeit hängt von der Struktur der Arbeitsschicht ab, die die Steilheit der anhysteretischen Kurve bestimmt, sowie von der Schichtdicke d_s. Die Empfindlichkeit durch Erhöhung der Schichtdicke zu steigern, ist normalerweise nicht möglich, da die Verluste bei kleinen Werten der Wellenlänge ansteigen.

Für die Einschätzung der Bandqualität bezüglich eines Vergleichsbandes wurde die relative mittlere Empfindlichkeit

$$D_e = 20 \lg \frac{U_{wP}}{U_{wV}} \tag{2.98}$$

eingeführt. U_{wP} – Wiedergabespannung des Prüfbandes, U_{wV} – Wiedergabespannung des Vergleichsbandes.

Die Messung wird so ausgeführt, daß auf beide Bänder mit einem Magnetkopf ein Signal bestimmter *Bezugsfrequenz* (z. B. 315 Hz) in den gleichen Aufnahmepunkten und bei optimalen Vormagnetisierungsströmen, den sogenannten *Grenzströmen* I_{v0P} und I_{v0V}, aufgezeichnet wird. Dabei muß der Aufzeichnungsstrom ca. 20 dB unter dem *Nennaufzeichnungsstrom* I_{zn} liegen. I_{zn} ist der für die Aufzeichnung des *Nennflusses* erforderliche Strom. Es handelt sich dabei um den remanenten Bandfluß, bei dem 3% ($v = 45{,}6$ bzw. $38{,}1\,\mathrm{cm\cdot s^{-1}}$) bzw. 5% ($v = 18{,}7$ bzw. $9{,}53\,\mathrm{cm\cdot s^{-1}}$) kubischer Verzerrung gerade erreicht werden.

Der *Nennflußabstand*, d. h. der relative Bandfluß für die Vollaussteuerung, wird als

$$D_\Phi = 20 \lg \frac{\Phi_{nP}}{\Phi_0} = 20 \lg \frac{U_{wnP}}{U_{w0}} \tag{2.99}$$

definiert; Φ_{nP} — Nennfluß des Prüfbandes, Φ_0 — Bezugsfluß, U_{wnP} — Wiedergabespannung des Prüfbandes bei genannter kubischer Verzerrung, U_{w0} — Wiedergabespannung des Vergleichsbandes bzw. Bezugsflusses.

Für die Beurteilung der relativen Vormagnetisierung für maximale Wiedergabe wurde der sogenannte *Grenzstromabstand*

$$D_{v0} = 20 \lg \frac{I_{v0P}}{I_{v0V}} \tag{2.100}$$

definiert. Für die Bestimmung von I_{v0} zeichnet man 1000 Hz mit $0{,}05\,I_{v0}$ auf und sucht dabei denjenigen Vormagnetisierungsstrom, der die höchste Wiedergabespannung liefert.

2.2.2.11.2. Ungleichmäßigkeit der Empfindlichkeit

Die Empfindlichkeit verändert sich über die Bandlänge durch Packungsdichteänderungen, Schwankungen des Ausrichtungsquotienten und ungleichmäßige Schichtdicke. Bei hohen Frequenzen tritt die Oberflächenrauhigkeit in Erscheinung. Zur Erfassung dieses Sachverhaltes dient der Qualitätsparameter der Pegelschwankung Δ_L, womit die größte Abweichung der Wiedergabespannung vom zeitlichen Mittel, über eine Meßzeit von 5 min gebildet, gemeint ist. Dabei wird am Anfang, in der Mitte und am Ende des mit der Bezugsfrequenz bespielten Bandes gemessen. Der Aufzeichnungsstrom liegt dabei ca. 10 dB unter I_{zn}.

2.2.2.11.3. Frequenzgang

Die Höhenempfindlichkeit eines Magnetbandes wird folgendermaßen eingeschätzt:

$$D_h = 20 \lg \frac{U_{w10P}/U_{wP}}{U_{w10V}/U_{wV}} = 20 \lg \frac{U_{w10P}}{U_{wP}} - 20 \lg \frac{U_{w10V}}{U_{wV}}; \tag{2.101}$$

U_{w10P}, U_{w10V} — Wiedergabespannungen bei 10 kHz HF, U_{wP}, U_{wV} — Wiedergabespannungen bei Bezugsfrequenz. Der Aufzeichnungsstrom ist in allen Fällen gleich und liegt ca. 20 dB unter dem Nennaufzeichnungsstrom. Je größer der Unterschied beider Anteile von D_h ist, desto besser überträgt das Magnetband Signale hoher Frequenzen. Man erfaßt auf diese Weise das Zusammenwirken von Band und Magnetkopf.

Eine Verbesserung des Frequenzganges erfordert das Herabsetzen der Schichtdicke sowie die Verbesserung der mechanischen Eigenschaften des Bandes (Band—Kopf-Kontakt). Homogenität der Teilchen und durchgehende Einbereichsstruktur sind pigmentseitig anzustreben. Ergänzend sei angeführt, daß zur Einschätzung des Frequenzganges routinemäßig noch die Größe

$$D_{10} = 20 \lg \frac{U_{w10P}}{U_{w10V}} = D_e + D_h \tag{2.102}$$

angegeben wird.

2.2.2.11.4. Nichtlineare Verzerrungen

Nichtlineare Verzerrungen werden in der Regel durch den Koeffizienten der dritten Harmonischen k_3 bestimmt. Dazu wird mit maximalem Aufzeichnungspegel ein Sinussignal mit einer Bezugsfrequenz bei festgelegtem Vormagnetisierungsstrom aufgezeichnet. Bei der Wiedergabe trennt man mit Hilfe eines Bandpasses die dritte Oberwelle ab. Man erhält (s. auch Gleichung (2.83))

$$k_3 = \frac{U_3}{U_{\text{ges}}} \cdot 100 \quad (\text{in } \%), \tag{2.103}$$

U_3 – Wiedergabespannung am Bandpaß, U_{ges} – Wiedergabespannung am Ausgang des Wiedergabegerätes. Der Klirrfaktor wird auch als Klirrdämpfung D_{k_3} im Dämpfungsmaß angegeben.

2.2.2.11.5. Rauschen

Die Bewertung der Rauscheigenschaften des Bandes geschieht mit Hilfe des Gleichfeld-Rauschspannungsabstandes

$$D_r = 20 \lg \frac{U_{wn}}{U_{wr}}; \tag{2.104}$$

U_{wn} – Wiedergabespannung des Prüfbandes mit Nennfluß bei Bezugsfrequenz, U_{wr} – Wiedergabespannung des Prüfbandes mit Gleichstromaufzeichnung. Für die Aufzeichnung wird ein Gleichstrom mit dem Effektivwert des Nennaufzeichnungsstromes verwendet. Darüber hinaus lassen sich noch Rauschspannungsabstände am entmagnetisierten Band messen. Auch das Pausenrauschen kann erfaßt werden.

2.2.2.11.6. Löschbarkeit des Bandes

Die Löschdämpfung wird als Verhältnis der Wiedergabespannung bei Vollaussteuerung bzw. maximal zulässigem Aufnahmepegel zur Wiedergabespannung des gelöschten Bandes im Dämpfungsmaß angegeben. Werte moderner Bänder liegen bei 72 bis 75 dB. Zur Löschung wird heute allgemein Hochfrequenz von 60 bis 80 kHz verwendet. Das Löschfeld magnetisiert dabei das Band zunächst bis zur Sättigung auf; beim Verlassen des Feldes wird dasselbe darauf entmagnetisiert. Der Löschkopf besitzt eine hohe Permeabilität und ein oder zwei breite Spalte (0,2 bis 0,4 mm). Auch Gleichfeldlöschung wird mitunter noch in handelsüblichen Geräten angewandt (z. B. Radiokassettenrecorder von Toshiba). Dabei wird das Band bis zur Sättigung aufmagnetisiert und darauf mit einer Remanenz versehen, die alle Aufzeichnungen überdeckt. Ein so gelöschtes Band weist natürlich ein starkes Rauschen auf.

2.2.3. Die magnetische Videoaufzeichnung

2.2.3.1. Das Aufzeichnungsverfahren

Das magnetische Videoaufzeichnungsverfahren stellt eine Reihe von Anforderungen an das Magnetband, den Magnetkopf und an den mechanischen und elektronischen Aufbau der Bandgeräte, die weit über den Rahmen derjenigen, die an ein Magnettonbandgerät gestellt werden, hinausgehen. Beiden Verfahren ist gemeinsam, daß eine zeitabhängige Größe, das Audio- bzw. Videosignal, in eine örtlich verteilte Remanenz auf dem Magnetband umgewandelt wird.

Während die magnetische Tonaufzeichnung mit einem Frequenzbereich von 30 Hz bis 20 kHz auskommt, soll das Videospeichergerät möglichst das gesamte Videosignal mit seinem Frequenzbereich von 0 bis 6 MHz verarbeiten. Mit der Annahme einer minimalen Signalwellenlänge von 2 μm ergibt sich aus dem Grundgesetz der Magnetbandspeicherung $v = \lambda f$ (vgl. Gleichung (2.67)), wobei v die Geschwindigkeit, λ die Wellenlänge und f die Frequenz sind, eine erforderliche Arbeitsgeschwindigkeit von 10 m/s. Um den bei derart hohen Bandgeschwindigkeiten notwendigen Bandverbrauch sinnvoll zu reduzieren, werden mehrere Verfahren angewandt, denen allen eine möglichst geringe Spurbreite des Videokopfes gemeinsam ist.

Eine geringe Spurbreite, sie beträgt in der Praxis zwischen 30 μm und 260 μm, verbunden mit der Aufzeichnung von Signalen einer Wellenlänge von 2 μm, stellt besonders hohe Anforderungen an die Oberflächenbeschaffenheit des Videomagnetkopfes und des Videomagnetbandes und an deren gegenseitige Abriebfestigkeit, weiterhin an die mechanische und elektronische „Präzision" der Videokopfführung. Allen Videomagnetbandgeräten ist ein hoher Aufwand für die Justage der Magnetköpfe und Bandführungen gemeinsam. Sie benötigen elektronische Servoschaltungen zur Korrektur der Videokopfgeschwindigkeit und vielfach auch für die Bandtransportgeschwindigkeit. Für einige Typen von Videospeichergeräten werden daher vom Hersteller komplette Videokopfaggregate geliefert, die den Serviceaufwand reduzieren. Um das breite Frequenzband besser verarbeiten zu können, wird abweichend von der Audiotechnik das Videosignal frequenzmoduliert gespeichert. Der erforderliche Frequenzumfang wird damit eingeschränkt, wobei der Trägerfrequenzbereich in der Regel oberhalb des Videosignal-Übertragungsbereiches liegt. Der statische Hubbereich entspricht dabei den Helligkeitswerten des Videosignales, d. h., jedem Helligkeitswert wird eine Trägerfrequenz zugeordnet. Für das Videospeichergerät erhöht sich die notwendige Arbeitsgeschwindigkeit im Bildkanal. Die erforderliche hohe Arbeitsgeschwindigkeit wird durch drei Verfahren erreicht.

2.2.3.1.1. Das Querspurverfahren

Beim Querspurverfahren rotiert ein Kopfrad mit vier Videomagnetköpfen im Winkel von 90° quer zur Bandtransportrichtung (Abb. 2.29). Das Signal wird in nebeneinander liegenden Querspuren geschrieben (siehe Abb. 2.30). Das Kopfrad hat einen Durchmesser von ca. 50 mm und rotiert mit 250 Umdrehungen pro Sekunde. Jede Querspuraufzeichnung enthält die Bildinformation von 15,6 Fernsehzeilen, d. h., ein Halbbild setzt sich aus 20 Querspuren zusammen. Auf einem 59-cm-Bildschirm entspricht eine abgetastete Querspur einem horizontalen Balken von ca. 20 mm Breite. Es werden

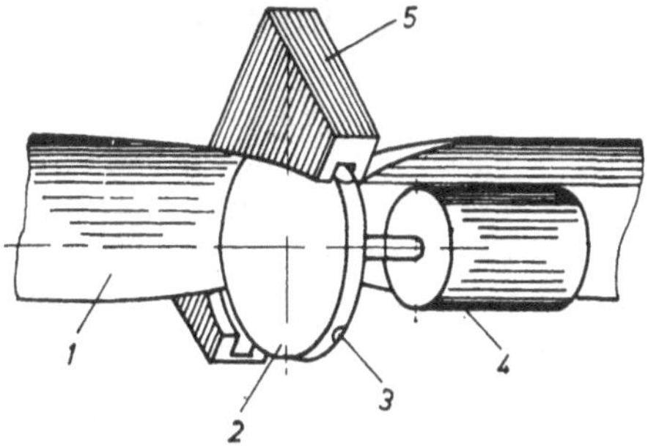

Abb. 2.29. Schematische Darstellung einer Apparatur zur zeilenweisen Aufzeichnung mit vier rotierenden Magnetköpfen

1 – Magnetband, 2 – Kopfscheibe, 3 – Magnetkopf, 4 – Motor, 5 – Führung mit Vakuumansaugvorrichtung

50,8 mm breite Videomagnetbänder verwendet, deren magnetisches Pigment für optimale videotechnische Eigenschaften quer zur Bandtransportrichtung ausgerichtet ist. Das Videoband läuft in einem konkav geformten Führungsschuh, der es mittels Vakuum ansaugt und den festen Kontakt zur Kopfscheibe herstellt. Die Relativgeschwindigkeit Magnetband/Videokopf ergibt sich zu ca. 40 m/s. Die Bandtransportgeschwindigkeit liegt mit 397 mm/s um einen Faktor von ca. 100 niedriger.

Das Verfahren wurde 1956 von der Firma Ampex vorgestellt und hat sich in der Fernsehstudiotechnik durchgesetzt. Die wesentlichen Parameter sind international standardisiert und garantieren optimale Austauschbarkeit. Erwähnenswert zum Querspurverfahren ist noch, daß für die Werbepraxis automatische Kassettensysteme mit einigen (ca. 10 bis 20) Wechselkassetten eingesetzt werden, wobei jede bis zu 2 bis 3 Minuten Spieldauer hat.

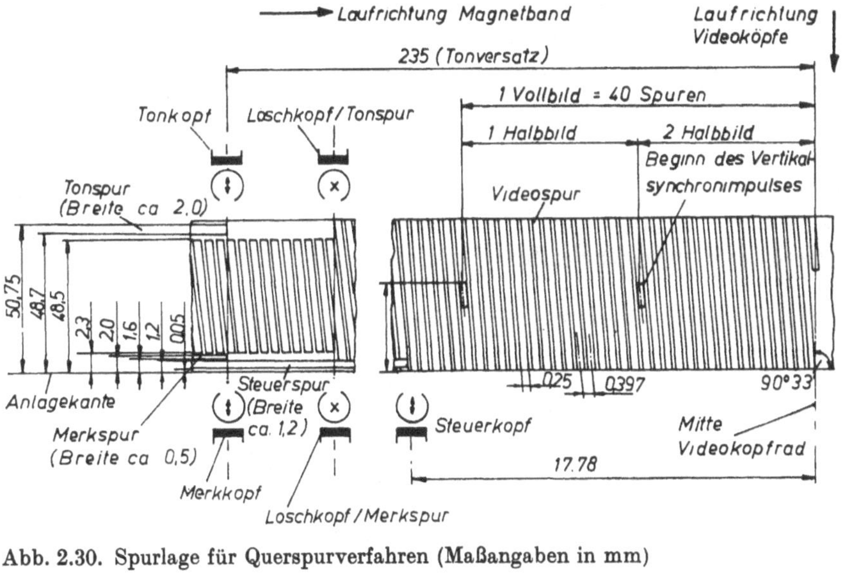

Abb. 2.30. Spurlage für Querspurverfahren (Maßangaben in mm)

2.2.3.1.2. Das Schrägspurverfahren

Auf Grund des hohen Aufwandes wird heute verstärkt versucht, auch in der Studiotechnik auf Schrägspurverfahren auszuweichen. Ein Grund mag auch darin zu suchen sein, daß sich eine Kompatibilität von Reportagetechnik und Studiotechnik günstig auf den Programmablauf auswirkt. Die ersten Versuche der Schrägspurtechnik reichen bis Anfang der sechziger Jahre zurück, wobei natürlich die Studioqualität noch nicht gefordert wurde.

Beim Schrägspurverfahren wird das Videomagnetband spiralförmig um eine zylindrische Videokopftrommel bewegt, wobei die Videomagnetköpfe rotieren und das Signal in Spuren unter einem flachen Winkel von 4 bis 14° aufzeichnen (s. Abb. 2.31). Ein Videokopf zeichnet dabei jeweils die Information eines Fernsehhalbbildes auf, d. h., jede Videospur entspricht einem Halbbild. Mit diesem Verfahren sind daher Standbildwiedergabe, slow motion (Zeitlupe) und Zeitraffung möglich. Die Relativgeschwindigkeit Videoband—Videokopf liegt je nach Recordertype und Qualitätsanforderungen zwischen 4 und 25 m/s, die Bandtransportgeschwindigkeit zwischen 15 und 250 mm/s.

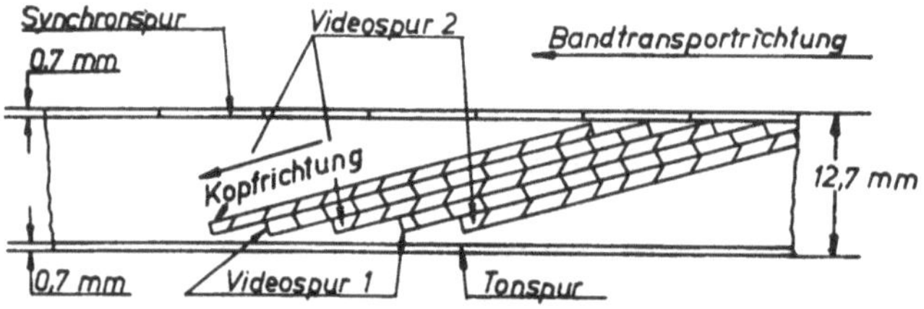

Abb. 2.31. Videospurbild bei der Schrägspuraufzeichnung am Beispiel des Systems VCR II

Die Magnetbänder erhalten für dieses Verfahren eine längsorientierte magnetische Pigmentierung. Videospeichergeräte, die nach dem Schrägspurverfahren arbeiten, sind in einer kaum überschaubaren Vielfalt entwickelt worden und unterscheiden sich je nach Hersteller und vorgesehenem Anwendungsgebiet in ihrem Aufbau und in ihren technischen Daten. Sie können unterteilt werden nach der Anzahl der Videomagnetköpfe in Ein- und Zweikopfgeräte, nach der Art und dem Winkel der Kopftrommelumschlingung (α- oder Ω-Umschlingung; 180° oder 360°), nach den Kenndaten der Magnetbänder und Recorder (Breite, Dicke, Koerzitivfeldstärke des Videobandes; Frequenzumfang, Farbwiedergabe, Art der Farbsignalspeicherung, Rauschabstand, Komfort des Recorders) und nach der Konfektionierungsart des Magnetbandes (Spulen- und Kassettengeräte).

International haben sich einige Recordersysteme durchsetzen können. Für hochwertige Anwendungen (Studiozwecke) werden einmal farbtüchtige Einkopfspulenrecorder (Breite des Videobandes 25,4 mm) mit 360° Kopfumschlingung und einer Videobandbreite bis 5 MHz verwendet (Abb. 2.32).

Aber auch eine Reihe von Zweikopfrecordern mit 25,4 mm breitem Band hat sich durchgesetzt. Das Funktionsschema eines solchen Gerätes zeigt Abbildung 2.33. Zur Erleichterung des mobilen Betriebes besitzen derartige Systeme z. T. eine Kassettenversion. Ein Beispiel dafür ist das System BCN. Diese Recorder wurden für die Fernsehstudiotechnik entwickelt und haben Gebrauchswerteigenschaften, die bisher nur mit Querspurmaschinen erreicht wurden. Es werden CrO_2-Videobänder verwendet. Das Magnetband umschlingt die Kopftrommel im Winkel von 190°, es werden also zwei um 180° versetzte Videoköpfe verwendet. Abweichend von den bisher bekannten Schrägspurrecordern wird in einer Videospur nicht die Information eines Halbbildes, sondern die eines $^1/_6$ Bildsegmentes gespeichert (*Segmented-field*-Verfahren).

Für weniger anspruchsvolle Anwendungen, z. B. im Bildungswesen und für Amateuraufzeichnung, existieren Zweikopfrecorder (Breite des Videobandes 12,7 mm) mit 180°-Kopftrommelumschlingung und einer Videosignalbandbreite bis ca. 3,2 MHz, die preislich wesentlich günstiger liegen. Interessant ist hier das Spulenvideosystem, das ein Videomagnetband einer Breite von 6,25 mm verwendet.

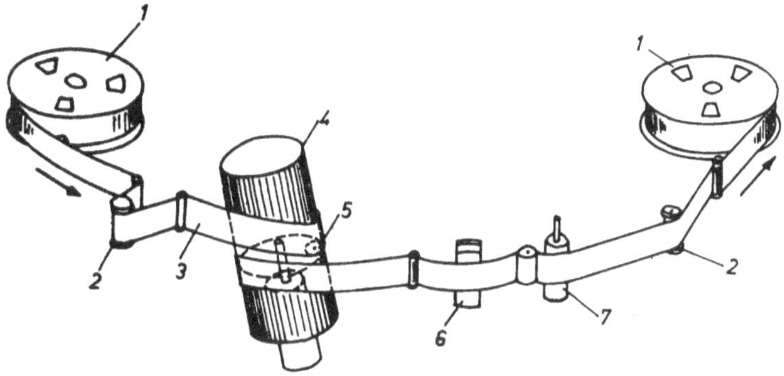

Abb. 2.32. Schematische Darstellung der Bandführung eines Einkopfgerätes
1 – Magnetbandspulen, 2 – Umlenkrollen, 3 – Magnetband, 4 – Bandführungszylinder, 5 – Videokopf, 6 – Ton- und Steuerköpfe, 7 – Bandantriebsrolle

Eine wesentlich größere Bedeutung als Spulengeräte haben Videokassettenrecorder, die für Videobänder unterschiedlicher Breite entwickelt worden sind. Es existieren zahlreiche Systeme unterschiedlichen Standards, die nicht kompatibel sind. Fast alle Geräte erreichen zufriedenstellende Aufzeichnungs- und Wiedergabeleistungen. Mit speziell ausgelegten Recordern läßt sich auch professionelle Qualität erreichen. Einen Überblick über die zahlreichen Systeme gibt Tabelle 2.1.

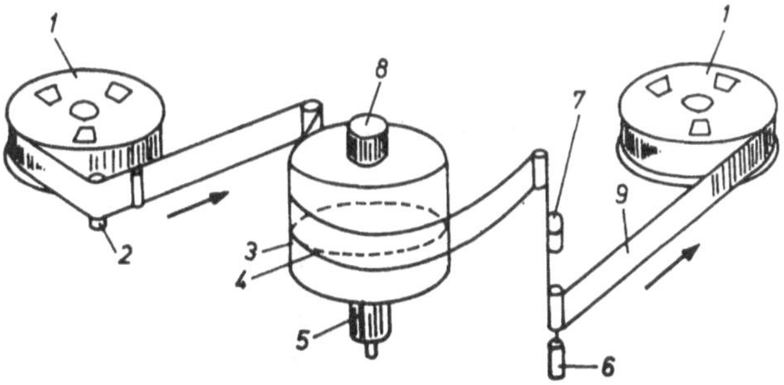

Abb. 2.33. Schematische Darstellung der Bandführung eines Zweikopfschrägspuraufzeichnungsgerätes
1 – Magnetbandspulen, 2 – Spannrollen, 3 – Bandzylinder, 4 – Magnetkopfscheibe, 5 – Kopftrommelmotor, 6 – Bandantrieb, 7 – Ton-, Steuer- und Löschköpfe, 8 – Kollektor, 9 – Magnetband

2.2.3.1.3. Das Längsspurverfahren

Das Prinzip der Längsspuraufzeichnung ist von den Tonbandgeräten bekannt. Es werden im allgemeinen feststehende Magnetköpfe verwendet, an denen das Videomagnetband vorbeigeführt wird. Die Arbeitsgeschwindigkeit des Videokopfes entspricht

Tabelle 2.1. Systemparameter der verschiedenen Videokassettenverfahren (Stand 1978)

1. *Verfahren*	VCR	VCR-Longplay	SVR	Betamax	VHS	V 2000
2. *maximale Spieldauer*, min	69	180	300	200	240	2 · 240
3. *Kassette*						
Bandbreite, mm	12,7	12,7	12,7	12,7	12,7	12,7
maximale Bandlänge, m	600	700	710	250	500	350
Banddicke, µm	15	15	12	15	15	13
Abmessungen, mm	127 · 146 · 41	127 · 146 · 41	127 · 146 · 41	155 · 95 · 25	188 · 104 · 25	183 · 110,5 · 29,8
4. *Systemparameter*						
Aufzeichnungsverfahren	Schrägspur	Schrägspur	Schrägspur	Schrägspur	Schrägspur	Schrägspur
Bandgeschwindigkeit, mm/s	142,9	65,59	39,5	18,73	23,39	24,4
Relativgeschwindigkeit, m/s	8,1	8,18	8,20	5,83	4,84	5,08
Videospurbreite, µm	130	85	51	32,8	49	22,5
Rasenbreite, µm	57	0	0	0	0	0
notwendige Speicherfläche, cm²/min	969	472	284	127	164	185
Videoköpfe	2	2	2	2	2	2
	rotierend	rotierend	rotierend	rotierend	rotierend	rotierend
Kopfwinkel, °	0	±15	±15	±7	±6	±15
Kopftrommeldurchmesser, mm	105	105	105	74,5	62	65
Tonspuren	2	1	1	1	1	1
5. *Qualitätsparameter*						
kürzeste aufgezeichnete Wellenlänge, µm	1,7	1,5		1,5	1,0	1,1
obere Videogrenzfrequenz, MHz	3,0	3,0 – 6 dB	3,0 – 6 dB	3,2		3,0
Frequenzhub, MHz	3,0 – 4,8	3,3 – 5,4	3,6 – 5,1	3,8 – 5,2		3,3 – 4,8
Videostörabstand, dB	> 40	> 40	47	> 43	> 40	> 40
Tonfrequenzbandbreite (– 6 dB), Hz – kHz	80 – 12,5	50 – 12	80 – 12,5	50 – 9	70 – 8	30 – 12
Audiostörabstand, dB	> 40	> 40	47	> 40	> 40	46

damit der Bandvorschubgeschwindigkeit und liegt sehr hoch. Um eine ausreichende Bandspielzeit zu erreichen, werden z. B. im intermittierenden Betrieb des Vor- und Rücklaufes mehrere Spuren untereinander geschrieben.

2.2.3.2. Das Videoband

Aus den Besonderheiten der videotechnischen Aufzeichnungsbedingungen ergeben sich Anforderungen an ein Videoband, die bei der Entwicklung und Herstellung zu beachten sind und die im Vergleich zu denjenigen des Audiobandes bezüglich der physikalisch-mechanischen Eigenschaften und der Arbeitscharakteristiken wesentlich höher liegen.

Das Band muß zunächst einwandfreie Laufeigenschaften bei geringen Bandtransportgeschwindigkeiten, eine hohe Elastizität und Abriebfestigkeit besitzen, die hohe Band-Kopf-Relativgeschwindigkeiten erlauben. Zum Beispiel ist für die Standbildwiedergabe erforderlich, ein- und dieselbe Spur 30 Minuten ohne Qualitätseinbußen am Bild abtasten zu können, d. h. 45000 Kopfpassagen bei einer Trommeldrehzahl von 1500 min^{-1} und Relativgeschwindigkeiten von 10 $m \cdot s^{-1}$. Es wird eine Lebensdauer des Videobandes bis zu 1000 Abspielungen ohne Qualitätseinbußen gefordert.

Das Band muß sowohl die Aufzeichnung sehr kurzer Wellenlängen (bis 1 μm) als auch die Tonaufzeichnung einwandfrei gewährleisten. Die Erhöhung der Aufzeichnungsdichte bei der Aufzeichnung kleiner Wellenlängen hängt wesentlich mit den Verbesserungen der magnetischen Eigenschaften des magnetisierbaren Pigmentes zusammen. Insbesondere die Erhöhung der Koerzitivfeldstärke und der Sättigungspolarisation ist entscheidend, wobei sich eine Verbesserung der Bandempfindlichkeit durch eine verbesserte Ausrichtung der formanisotropen Einbereichsteilchen in der Bandschicht in Aufzeichnungsrichtung erreichen läßt.

Eine der wichtigsten Kennziffern für die Qualitätsbeurteilung eines Videobandes ist der Signal—Rausch-Spannungsabstand. Deshalb werden für die Herstellung von Videobändern Pigmente mit kleinen Teilchenabmessungen und guten Dispergiereigenschaften eingesetzt.

Eine weitere Rauschquelle sind bei Videoaufzeichnungen elektrostatische Ladungen auf der Bandoberfläche, die infolge des hohen Oberflächenwiderstandes, z. B. des normalen Eisenoxidbandes, und der bei den hohen Band—Kopf-Relativgeschwindigkeiten auftretenden Reibungskräfte entstehen [25]. Sie bewirken bei der Wiedergabe ein Ansteigen des Rauschens und das Auftreten kleiner weißer Punkte auf dem Bildschirm.

Eine spezifische Störung der Wiedergabe ist das sogenannte *drop-out* bzw. der kurzzeitige vollständige Ausfall oder die starke Verringerung der Signalspannung. Hervorgerufen wird diese Erscheinung z. B. durch fremde nichtmagnetische Einschlüsse in der Magnetschicht sowie durch Störungen des Band—Kopf-Kontakts.

Der Erhöhung der Abriebfestigkeit durch Verringerung des Reibungskoeffizienten zwischen Kopf und Band bzw. durch Erhöhung der Mikrohärte der Schicht [26] kommt eine große Bedeutung zu.

Als magnetisches Pigment für das Videoband wurde anfangs das ferrimagnetische γ-Fe_2O_3 in formanisotroper Form (${}_IH_c$: 260—320 $A \cdot cm^{-1}$) eingesetzt. Durch Dotierungen mit Co^{+++}-Ionen konnte man die ${}_IH_c$ auf 450 $A \cdot cm^{-1}$ anheben, wobei durch die Vergrößerung des kristallanisotropen Anteils der Koerzitivfeldstärke eine starke

Temperaturabhängigkeit auftritt. Einen echten Fortschritt stellte der Einsatz des CrO_2 mit einer $_IH_c$ von ca. 450 A · cm^{-1} und einem Rechteckfaktor der Hysterese von 0,9 dar. Das Material eignet sich außerdem auf Grund der niedrigen CURIE-Temperatur von 418,15 K für die thermomagnetische Kontaktkopierung. Die vorhandene elektrische Leitfähigkeit des ferromagnetischen CrO_2 verhindert elektrostatische Aufladungen des Magnetbandes. Weitere Verbesserungen werden durch den Einsatz von metallischen Pigmenten ($_IH_c$: ≈ 800 A · cm^{-1}) erreicht.

2.2.4. Die magnetische Datenaufzeichnung

Allgemein versteht man unter magnetischer Datenaufzeichnung die magnetische Speicherung elektrischer Signale oder Impulse, die, in entsprechender Weise codiert, in Ziffernform dargestellt werden können oder Analoga bestimmter physikalischer Erscheinungen sind. Wir unterscheiden demnach digitale und analoge Datenaufzeichnung.

2.2.4.1. Die Digitalaufzeichnung

2.2.4.1.1. Prinzip der Aufzeichnung

Die Digitalaufzeichnung setzt eine Ziffercodierung voraus. Dazu verwendet man das Dual- oder Binärsystem, das nur die Ziffern 1 und 0 enthält. In der Rechentechnik wird die Eins auch mit L bezeichnet. Diese Art der Codierung garantiert eine hohe Zuverlässigkeit bei der Datenverarbeitung, da der Speicher nur zwei stabile Zustände anzunehmen braucht. Das so codierte Signal wird durch die Übertragungskanäle als Gruppe von Impulsen übertragen, z. B. wird die Ziffer L als positiver, die Ziffer 0 als negativer Impuls übertragen. Die Aufzeichnung und Wiedergabe einer codierten Digitalinformation ist also nichts anderes als eine Aufzeichnung und Wiedergabe von Impulsen. Dabei werden keine hohen Anforderungen an die Identität der Signalform gestellt. Die

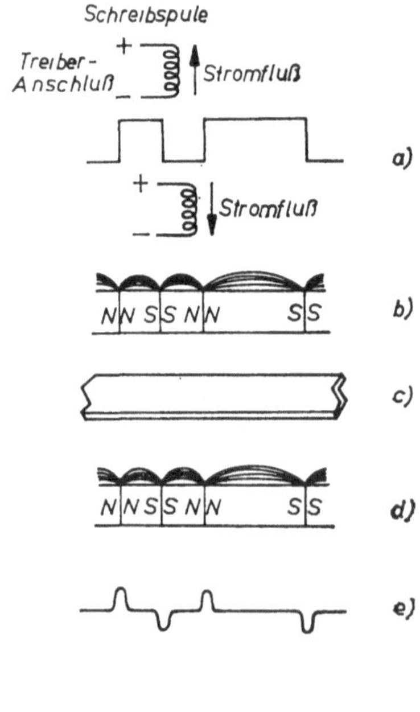

Abb. 2.34. Magnetisierung des Bandes bei der Datenaufzeichnung

a) Stromcharakteristik des Treibers, b) Magnetisierungsmuster auf dem Band, c) Zonen entgegengesetzter Magnetisierung, d) Magnetisierungsmuster auf dem Band, e) Lesesignal für den Lesekopf

geforderte Form des Ausgangssignals wird mit Hilfe elektronischer Formierungseinrichtungen gewonnen. Es ist also völlig ausreichend, wenn das System der Aufzeichnung und Wiedergabe zuverlässig zwei mögliche Zustände des Aufzeichnungsträgers erkennt: den magnetisierten und den entmagnetisierten.

Digitale Datenspeicherung auf bewegten magnetischen Speichermedien wie Magnetband und -platte funktioniert im Prinzip ähnlich wie die analoge Schallaufzeichnung beim Tonbandgerät. Den Vorgang der Datenaufnahme nennt man hier „Schreiben" und den der Datenwiedergabe „Lesen". Digitale Daten werden auf elektromagnetische Weise nach dem in Abbildung 2.34 dargestellten Prinzip gespeichert. Der vom Schreibstrom gesteuerte magnetische Streufluß einer stationären Schreibspule erzeugt ein Magnetisierungsmuster auf dem bewegten Speichermedium. Jeder zeitlichen Änderung des digitalen Schreibstroms ist eine örtliche Ummagnetisierungszone auf dem Datenträger zugeordnet. Diese Zonen repräsentieren die gespeicherten Daten. Sie erzeugen ihrerseits einen Streufluß an der Oberfläche des Mediums.

Beim Lesen erzeugen die mit dem Medium zwangsläufig bewegten Ummagnetisierungszonen ein Muster von Flußänderungen in einer stationären Lesespule. Flußwechsel in den Schreib- und Lesespulen sind also stets Ummagnetisierungszonen auf der Datenspur des Speichermediums zugeordnet. Diese Zonen haben eine longitudinale Ausdehnung auf dem Medium von wenigen Mikrometern und erzeugen in der Lesespule Signale in Form von Impulsen mit einigen Millivolt Amplitude und mehreren hundert Nanosekunden Breite. Die örtliche Lage der Ummagnetisierungszone auf dem Datenträger wird durch den Schreibstrom, also durch das verwendete Aufzeichnungsverfahren, bestimmt.

2.2.4.1.2. Datenspeicherverfahren

Verfahren zur elektromagnetischen Datenspeicherung gibt es seit mehr als 20 Jahren in vielfältiger Form. In Abbildung 2.35 sind einige dieser magnetischen Aufzeichnungsmethoden dargestellt. Die Flußwechselfolge R ist abhängig von der Datenfolge D und dem verwendeten Aufzeichnungsverfahren. Für ein und dasselbe digitale Datenmuster D einer Spur erzeugen die verschiedenen Schreibverfahren jeweils unterschiedliche, charakteristische Verläufe der Schreibströme und der Flußwechsel R. Das Ummagnetisierungsmuster auf dem Medium ist ein Abbild der Schreibflußwechselfolge R. Das Lesesignalmuster ist deshalb ebenfalls eine Funktion von R, das die Eigenschaften der verschiedenen Aufzeichnungsverfahren charakterisiert.

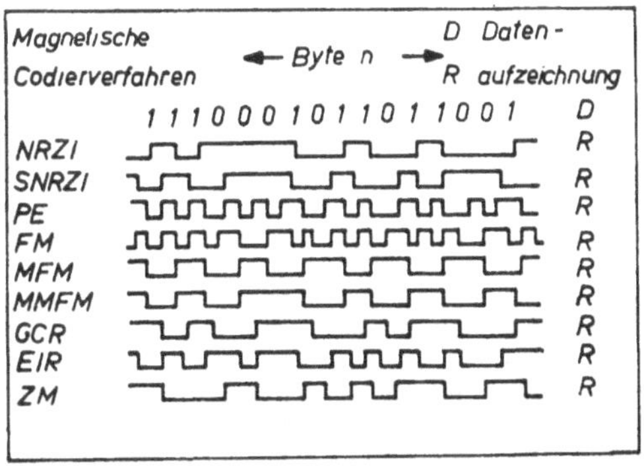

Abb. 2.35. Darstellung der Daten durch unterschiedliche magnetische Aufzeichnungsverfahren

NRZI (*Non Return to Zero Inverted*) ist eines der ältesten magnetischen Schreibverfahren. Jeder „1" in D entspricht ein Flußwechsel in R.

Synchronized NRZI (SNRZI) ist ein NRZ-Verfahren mit der Eigenschaft, daß jede 8-Bit-Gruppe in D durch ein „1"-bit ergänzt wird, so daß immer mindestens ein Resynchronisationsflußwechsel innerhalb dieser Gruppe vorhanden ist.

Phase Encoded (PE) ist eine der am weitesten verbreiteten Schreibmethoden. Einer „1" und einer „0" in D ist jeweils ein Flußwechsel in die eine oder in die entgegengesetzte Richtung in R zugeordnet.

Frequency Modulation (FM) hat immer Flußwechsel in R, die mit den Bitzellengrenzen in D zusammenfallen. Bei „1" in D wird ein zusätzlicher Übergang im Zentrum der Bitzellen in R eingesetzt.

Modified FM (MFM) verzichtet auf die bei FM den Bitzellengrenzen zugeordneten Übergänge in R, jedoch mit der Ausnahme, daß zwischen aufeinanderfolgenden „0"en, denen eine „1" folgt und eine „0" vorausgegangen ist, der Übergang erfolgt.

Group Coded Recording (GCR) ist ein NRZ-Verfahren, bei dem jede 4-Bit-Gruppe in D zu einer 5-Bit-Gruppe in R umgewandelt wird, so daß auch lange Ketten von „0"en in D durch Flußwechsel in R aufgelöst werden.

Error Indicating Recording (EIR) ist ebenfalls eine NRZ-Methode mit ähnlichen Grundgedanken wie bei GCR, nur geschieht die Umwandlung im Verhältnis 4/6 anstatt 4/5, die zusätzlich eine inhärente Lesefehlererkennung erbringt.

Zero Modulation (ZM) ist ähnlich wie MFM, nur wird im Unterschied dazu die Art der Übergänge in R aus den bereits geschriebenen und noch zu schreibenden Daten von D derart berechnet, daß keine wesentliche Gleichspannungskomponente im Lesesignal entsteht.

2.2.4.1.3. Vergleich der Verfahren

Vergleichen kann man diese Verfahren am besten durch die Wahl geeigneter Kenngrößen. In Tabelle 2.2 sind einige dieser Kenndaten dargestellt.

Recording Data Ratio (RDR) ist das Verhältnis der maximalen Flußwechseldichte in R zur maximalen Datendichte in D. Dieser Wert soll nahe bei 1 sein, weil dann die Datenaufzeichnungsdichte groß gehalten werden kann.

Flux Reversal Ratio (FRR) ist das Verhältnis von maximalem zu minimalem Flußwechselabstand in R. Es soll ebenfalls nahe bei 1 liegen, damit eine Selbsttaktung er-

Tabelle 2.2. Verfahrensbewertung

Kenndaten → Verfahren ↓	RDR	FRR	CDR	EPC	ZDC
NRZI	1	00*	1	N	N
SNRZI	1,125	9	1,125	N	N
PE	2	2	1	N	Y
FM	2	2	1	N	Y
MFM	1	2	2	N	N
MMFM	1	2,5	2	N	N
GCR	1,25	3	1,15	N	N
EIR	1,5	3	1,5	Y	N
ZM	1	2	2	Y	Y

* unendlich

möglicht wird und die Anforderungen an die Leseelektronik (Bandbreite, Gleichspannungskopplung usw.) niedrig gehalten werden können.

Die *Clock Data Ratio* (CDR) kennzeichnet das Verhältnis von Taktfrequenz in R zur maximalen Bitfrequenz in D. Dieses Merkmal soll einen Wert von nahe 1 haben, damit keine zu hohen Ansprüche an die Decodierungselektronik (PLO, Datensicherung usw.) entstehen. Das Vorhandensein von Fehler-Pointer-Eigenschaften EPC (*Error Pointer Capability*) und Gleichspannungsfreiheit ZDC (*Zero Direct Current*) in den Lesesignalen von R ist oft von beachtlichem Vorteil.

2.2.4.1.4. Charakterisierung von Aufzeichnungssystemen

Zwei Hauptforderungen werden an Systeme der Digitalaufzeichnung gestellt: hohe Zuverlässigkeit der Informationsübertragung und hohe Aufzeichnungsdichte.

Die erste Forderung heißt genauer, die Reihenfolgen der Impulse von Eingang und Ausgang müssen übereinstimmen. Die Zuverlässigkeit der Übertragung hängt vom Signal–Rausch-Spannungsabstand ab. Rauschsignale können falsche bzw. zusätzliche Impulse oder drop-ins erzeugen. Andererseits treten durch Inhomogenitäten der Bandschicht bedingte Signalausfälle, sogenannte drop-outs, auf.

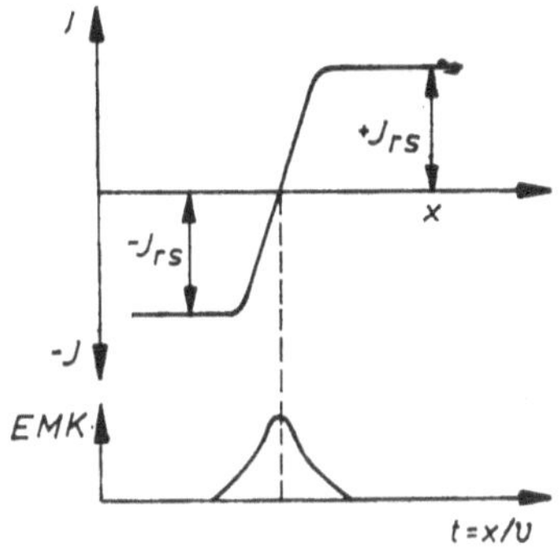

Abb. 2.36. Abfall der Magnetisierung des Bandes von $-I_{rs}$ auf $+I_{rs}$ und des Wiedergabeimpulses

Die Aufzeichnungsdichte wird durch die Anzahl der Impulse bestimmt, die auf der Längeneinheit unter der Bedingung zuverlässiger Wiedergabe aufgezeichnet werden kann. Tritt eine gegenseitige Beeinflussung benachbarter Impulse auf, verringert sich der Spitzenwert des Impulses, und seine Form wird von der Ziffernfolge abhängig. Dies soll Abbildung 2.36 verdeutlichen. Die Breite des Spannungsimpulses, der aus der Polarisationsänderung von $-I_{rs}$ auf $+I_{rs}$ gewonnen wird, bestimmt den zulässigen Wert der Aufzeichnungsdichte bzw. das Auflösungsvermögen des Systems. (Exakter spricht man in diesem Fall von der Längsdichte der Aufzeichnung.) Es müssen also Impulsüberlagerungen vermieden werden. Steile Flanken der Kurven der Polarisation erhöhen dementsprechend die Aufzeichnungsdichte.

Form und Amplitude eines einzelnen Wiedergabeimpulses hängen im allgemeinen von der Ausdehnung der Ummagnetisierungszone des Bandes, der Schichtdicke und den Magnetkopfparametern ab [27, 28]. Für vorgegebene Kopfparameter bleibt die Abhängigkeit von den magnetischen Bandeigenschaften bestehen.

Die zulässige Längsdichte wird experimentell ermittelt: Impulse mit fester Impulsdauer werden mit einem Aufzeichnungsstrom, der das Band sättigt, bei stetiger Erhöhung der Aufzeichnungsdichte, also der Impulszahl pro Längeneinheit (s. Abb. 2.37), aufgezeichnet. Am Ausgang des Wiedergabekopfes wird dabei die Spitzenspannung verfolgt. Zulässig ist noch diejenige Längsdichte, bei der ein Spannungsabfall um 10 bis 20 Prozent zu verzeichnen ist. Je größer die Zuverlässigkeit der Impulsübertragung ist, desto geringer ist natürlich der zulässige Spannungsabfall. Die Oberflächendichte ist die Anzahl der Impulse, die auf der Flächeneinheit des Bandes aufgezeichnet werden kann. Sie hängt von der Längsdichte und von der Spurbreite bzw. dem Spurabstand ab.

In der Regel wird die Mehrkanalaufzeichnung mit mehreren parallelen Spuren angewendet. Mit Verringerung der Spurbreite sinkt der Wiedergabepegel und damit die Zuverlässigkeit der Übertragung.

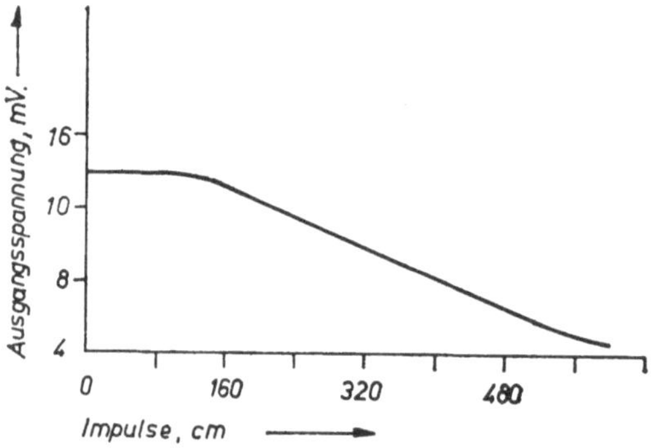

Abb. 2.37. Abhängigkeit des Wiedergabepegels von der Impulsaufzeichnungsdichte

Verschiedene Aufzeichnungsverfahren werden jedoch nicht nur deshalb benutzt, weil sie für eine jeweils bestimmte Aufgabe besonders gut geeignet sind. Praktische Anwendungen sind immer ein Kompromiß in mehrfacher Hinsicht. Bei geringen Aufzeichnungsdichten von z. B. 63 bit/mm ist ein größerer Wert von RDR ohne weiteres vertretbar. PE oder FM sind dann bei Computerband oder Floppy-Disk in idealer Weise anwendbar.

Beim Vorhandensein einer Taktspur ist auch ein großer Wert von FRR zulässig, wenn dabei die Datendichte gering gehalten wird, wie bei konventionellen digitalen Kassetten und Cartridges. NRZI und SNRZI können dann auch bei Computerband mit Mehrspuraufzeichnung für Datendichten von z. B. 800 Bpi eingesetzt werden. Bei hoch bewegungsstabilen Medien ist CDR nicht kritisch, dafür aber bei Datenträgern, die weniger bewegungsstabil sind. MFM und MMFM oder ZM können deshalb z. B. bei Computer-Plattenstapeln oder kompatiblen Bändern bei großer Geschwindigkeit und Datendichten von über 200 bit/mm günstig verwendet werden. Bei weniger stabilen Bändern wird man hingegen GCR und EIR noch bei Datendichten von über 280 bit/mm heranziehen können.

Magnetbandspeicher sind in der Praxis ebenso vertreten wie Plattenspeicher. Ihre Technologie hat jedoch mit dem GCR-Verfahren einen vorläufigen Höhepunkt magnetischer Speichertechnik erreicht. Bei einem typischen Bandtransport bewegt ein Capstan-Antrieb das Band auf Grund von Rechnerbefehlen mit einer Geschwindigkeit von 5 m/s an der Schreib—Lese-Station vorbei. Dadurch ergibt sich eine Schreib—Lese-Rate von 1,25 Mbit/s. Die beiden vorhandenen Bandspulen dienen zur Abgabe oder Aufnahme des Bandes. Wegen der erforderlichen kurzen Start—Stop-Zeiten des Bandes von etwa 1 ms ist die Bandführung als ein System von vier Vakuumtaschen ausgeführt, um das Band vor Zerstörung durch die hohe Beschleunigung, die das Fünfhundertfache der Erdbeschleunigung ausmacht, zu schützen und um den Energiebedarf des Bandnachführungs-Servosystems der beiden Spulen in Grenzen zu halten. Die Schreib—Lese-Station dieses Gerätes besteht im wesentlichen aus den Köpfen für Schreiben, Lesen und Löschen. Auf dem Band existieren acht Daten- und eine Paritätsspur. Es werden die Bytes eines Datenblockes, quer zum Band angeordnet nach einem der genannten Aufzeichnungsverfahren (NRZI, PE, GCR), mit einer Dichte bis zu 246 bit/mm spurenweise geschrieben.

2.2.4.2. Die Analogaufzeichnung von Daten

Für die Analogaufzeichnung werden folgende Methoden eingesetzt:

- Direktregistrierung,
- Amplitudenmodulation AM,
- Frequenzmodulation FM,
- Pulscodemodulation PCM.

Bei der *direkten Aufzeichnung* werden elektrische Signale unmittelbar aufgezeichnet. Dabei muß eine gleichmäßige Übertragung aller Frequenzkomponenten gewährleistet sein, und die nichtlinearen Verzerrungen dürfen eine zulässige Größe nicht überschreiten.

Die Übertragung von Meßdaten erfordert vielfach die Aufzeichnung eines konstanten oder nur langsam veränderlichen Signals. Da die Wiedergabespannung der Frequenz des aufgezeichneten Signals direkt proportional ist, existiert praktisch eine untere Frequenzgrenze für die Signalübertragung. Das Problem wird durch Anwendung von Modulationsaufzeichnungsverfahren gelöst. Hier wird ein durch das Signal modulierter Träger aufgezeichnet. Als Träger wird ein harmonisches oder Impulssignal verwendet.

Die in der Radiotechnik angewandte *Amplitudenmodulation* ist für die magnetische Aufzeichnung wegen der Amplitudeninstabilität des Wiedergabesignals (Band—Kopf-Kontakt, Inhomogenitäten der Schicht) nicht geeignet. Hier werden fast ausschließlich die *FM*- und *PCM-Methoden* angewandt.

Im Unterschied zur Videoaufzeichnung ist bei der Analogaufzeichnung die Frequenz des Trägers 5- bis 6mal größer als die maximale Frequenz des modulierenden Signals. Die maximale Frequenzbandbreite, deren Übertragung gewährleistet sein muß, ist nach [28] ungefähr gleich $1{,}5 f_T$, wobei f_T die Frequenz des Trägers ist.

Bei den *Pulsecodemodulationsverfahren* wird die Information einem gepulsten Trägersignal aufmoduliert. Die Impulse können je nach Anforderung in verschiedener Form vorliegen. So werden oft nadel- oder rechteckförmige Impulse eingesetzt. Die Modulation kann durch Variation der Impulsdauer, der Impulsabstände oder der Impulsamplitude erfolgen, wobei das letzte Verfahren Vorteile im Hinblick auf Effektivität und Frequenzband bietet. Bei der Pulsdauermodulation z. B. liegt die Frequenzfolge der Impulse 5- bis 6mal über der oberen Grenzfrequenz des Signals, wobei das Frequenzband durch $10 f_F$ (f_F = Impulsfrequenz) bestimmt wird.

Die Vorteile dieser Verfahren hinsichtlich der Qualität der Aufzeichnung sind gegenüber den herkömmlichen Verfahren beachtlich, so daß sie für eine Anwendung bei der hochwertigen Audio- und Videoaufzeichnung geradezu prädestiniert sind. So werden bei der Audioaufzeichnung auf zur Zeit vorhandenem Bandmaterial Rauschabstände > 80 dB, Kopierdämpfungen > 70 dB und Verzerrungen $K_3 < 0{,}1\%$ erreicht. Da eine Sättigungsaufzeichnung bei der PCM-Aufzeichnung angewandt wird, ergibt sich die Tatsache, daß die sonst für die analoge Audioaufzeichnung wichtigen elektroakustischen Parameter nebensächlich werden.

Nachteilig wirkt sich aber noch das auf Grund der hohen Trägerfrequenz erhöhte notwendige Speichervolumen aus. So ist unter Verwendung üblicher Bänder eine starke Erhöhung des Bandbedarfs zu verzeichnen. Um die gleiche Information auf die gleiche Bandmenge wie bei der analogen Audioaufzeichnung zu speichern, ist nach bisherigem Stand eine Speicherdichte von ca. 500 bit/mm notwendig. Aus den erreichten praktischen Speicherdichten von ca. 100 bit/mm für γ-Fe_2O_3-Band bzw. ca. 200 bit/mm für CrO_2-Band ergibt sich der entsprechende Mehrbedarf an Band und eine entsprechende Kostensteigerung. Für eine kostengünstige PCM-Aufzeichnung werden Bänder unter Verwendung eines magnetisierbaren Materials mit einer Koerzitivfeldstärke H_c von 500 bis 1000 A/cm und einer remanenten Magnetisierung von 10000 pV · s/mm benötigt. Mit Metalldünnschichtbändern werden so Speicherdichten von > 500 bit/mm erreicht.

2.2.4.3. Anforderungen an Datenband

Bei den Anforderungen an ein Magnetband für die Datenaufzeichnung sind sowohl die mechanisch-physikalischen als auch die magnetischen Parameter entscheidend.

Bei ersten sind es vor allem die Beständigkeit der Magnetschicht gegen Abrieb, die Reiß- und Dehnfestigkeit und die Rauhigkeit der Oberfläche, die besonders die Gebrauchswerteigenschaften des Magnetbandes bestimmen. Wichtig ist auch ein sehr guter Band—Kopf-Kontakt und im Zusammenhang damit die Verringerung der Fremdeinschlüsse bzw. der Staubpartikel auf der Bandoberfläche und der dadurch entstehenden drop-outs. So kann ein nur um 0,2 µm über die Bandoberfläche herausragender Einschluß oder ein Staubkorn entsprechender Größe eine Abschwächung des Signalpegels um mehr als 50 Prozent bewirken [28].

Von den magnetischen Eigenschaften steht an vorderster Stelle eine möglichst hohe Speicherdichte, d. h. eine hohe Oberflächen- und Längsdichte der Aufzeichnung. Danach richtet sich die Auswahl der magnetischen Pigmente sowie ihre optimale Verarbeitung. Die Längsaufzeichnungsdichte läßt sich durch folgende Maßnahmen noch weiter verbessern:

- Die Verringerung der Schichtdicke führt zu einer Verringerung der Selbstentmagnetisierung und bringt durch einen verringerten Materialeinsatz auch ökonomisch Vorteile.
- Ein großer Rechteckfaktor bringt eine große Auflösung durch eine verbesserte Steilheit der Flanken des magnetischen Signals.
- Eine große Koerzitivfeldstärke, homogene Einbereichsteilchen mit großer Formanisotropie und ein möglichst großer Ausrichtungsquotient der Teilchen in der Schicht bringen eine verbesserte Auflösung der Magnetschicht.

Durch die Erhöhung der Oberflächendichte macht sich eine Steigerung der Empfindlichkeit notwendig, da mit einer Verringerung der Spurbreite eine Verminderung der Wiedergabespannung einhergeht. Als bevorzugtes magnetisches Pigment wird γ-Eisenoxid eingesetzt; in Zukunft ist mit dem verbreiteten Einsatz von metallischen Pigmenten sowie metallischen Dünnschichten zu rechnen.

3. Magnetbandunterlage

3.1. Unterlagetypen

Zur Herstellung von Magnetbändern werden grundsätzlich Polymerfolien als Unterlage verwendet. Während in der Vergangenheit zu diesem Zweck Folien aus Celluloseester, insbesondere Cellulosetriacetat, eingesetzt wurden, werden heute vorwiegend Folien aus Polyethylenterephthalat (PETP) angewendet. Triacetatfolien haben nur noch geringe Bedeutung für die Herstellung von Magnetfilmen, so daß in den nachfolgenden Ausführungen nicht mehr auf diesen Unterlagetyp eingegangen wird.

Es hat nicht an Versuchen gefehlt, die PETP-Folien durch andere Polymerfolien zu ersetzen, z. B. durch Folien aus Polyimid, Polycarbonat, Copolyester und Polymermischungen. Auf Grund ihrer ausgezeichneten Eigenschaften hat sich aber bisher nur die PETP-Folie allgemein durchsetzen können.

Polyimidfolien, die ähnlich gute Eigenschaften wie PETP-Folien haben, werden zur Zeit nur für Spezialzwecke als Magnetbandunterlage, z. B. in der Weltraumforschung, eingesetzt. Grund dafür ist die außerordentlich hohe Formbeständigkeit bei hohen Temperaturen (bis zu 350 °C und höher) [1, 2].

Polycarbonatfolien eignen sich bedingt durch die geringe Wasseraufnahme und die hohe Einfriertemperatur sehr gut für den Einsatz in der Elektroindustrie [3], sind aber auf Grund der relativ geringen Festigkeitswerte (Zugfestigkeit ca. 80 bis 100 N/mm^2) weniger für den Einsatz als Magnetbandunterlage geeignet.

Polymermischungen werden gegenwärtig in verstärktem Maße bearbeitet, und es ist anzunehmen, daß Folien aus diesen Mischungen zukünftig auch als Magnetbandunterlage Bedeutung erlangen. Da Polymeren im allgemeinen nicht mischbar sind, kommt es auf Grund starker zwischenmolekularer Wechselwirkungen der reinen Polymeren sowie der geringen Beweglichkeit der Polymermoleküle zur Ausbildung von mikroheterogenen Systemen, den sogenannten Matrix—Insel-Strukturen. Die makroskopischen Eigenschaften der Polymermischungen werden von den Phasenmorphologien (dispers—kontinuierlich) beeinflußt [4]. Beispiele für Polymermischungen sind solche aus PETP-Polyethylen [5] und PETP-Nylon 6 [6].

Copolyester könnten in Zukunft ebenfalls eine gewisse Bedeutung für die Herstellung von Magnetbandunterlage erlangen, wobei aber sicher das Hauptanwendungsgebiet bei Folien $\geqq 100\ \mu m$ liegen wird. Die Möglichkeit, wie bei PETP Füllstoffe, Stabilisatoren, Antistatika usw. in die Copolyester einzuarbeiten, bleibt erhalten [7]. Einige Copolyester sind thermisch stabiler als PETP, z. B., wenn die Makromoleküle Ethylensebazinal- und Ethylenisophthalatglieder enthalten [8].

Eine Modifizierung des PETP wird auch erreicht, wenn Polyester auf Basis Terephthalsäure und Glykol mit einer großen Anzahl CH_2-Gruppen (von Butandiol bis

Dekandiol anstelle von Ethylenglykol) hergestellt wird [9]. Damit erhöht sich die Elastizität der Makromoleküle. Der gleiche Effekt wird bei Austausch eines Teiles der Glieder der Terephthalsäure durch Cyclohexan-1,4-Dicarbon- oder Adipinsäure erreicht [10, 11]. Es sei aber darauf hingewiesen [12], daß dort, wo ein hoher Elastizitätsmodul gefordert wird, in erster Linie PETP zum Einsatz gelangt.

3.2. PETP-Folie

Die Herstellung von PETP-Folie für die Magnetbandproduktion geschieht auf dem Extrusionsweg, d. h., entsprechendes Granulat wird in einem Extruder aufgeschmolzen und die Schmelze nachfolgend durch einen Schlitz im Werkzeug, auch Düse oder Breitschlitzwerkzeug genannt, gepreßt.

PETP hat eine relativ hohe Glastemperatur (ca. 80 °C). Deshalb gibt es kaum technologische Schwierigkeiten, aus der PETP-Schmelze durchsichtige amorphe Folien herzustellen. Diese können jedoch wegen ihrer geringen Reißfestigkeit und ihres niedrigen Elastizitätsmoduls nicht als Unterlage für Magnetbänder eingesetzt werden. Eine Verstreckung der amorphen Folien erhöht die Reißfestigkeit sowie den Elastizitätsmodul (*E*-Modul) in Richtung der Verstreckung beträchtlich.

Kristallisiert die amorphe Folie, so verliert sie ihre Durchsichtigkeit und wird außergewöhnlich brüchig. Diese Erscheinung ist mit schnellverlaufenden Prozessen der Bildung von sphärolytischen Strukturen gekoppelt [13, 14]. Vollzieht sich die Kristallisation hingegen unter gleichzeitiger Verstreckung der anfangs amorphen Folie, d. h., unter den Bedingungen eines anliegenden Kraftfeldes, so bleibt die Transparenz erhalten, und die mechanischen Eigenschaften verbessern sich merklich. Dieser Sachverhalt wird durch die Bildung von primären übermolekularen Strukturen in den Paketen der Makromoleküle erklärt.

Aus experimentellen Ergebnissen [13, 15] ist zu entnehmen, daß als Unterlage für Magnetbänder nur solche Folie in Frage kommt, bei der eine Flächenorientierung der Strukturelemente realisiert werden konnte. Grund dafür sind die aus der Flächenorientierung resultierenden mechanischen Eigenschaften.

Erfolgt eine weitere Kristallisation von flächenorientierten Folien unter gleichzeitigem Anlegen eines äußeren Kraftfeldes und bei Wärmeeinwirkung, so wird die Struktur der Folie stabilisiert und die Schrumpfung sehr niedrig. Dieser Sachverhalt ist für die Weiterverarbeitung der Folie von besonderem Interesse.

Der technologische Gesamtprozeß der Herstellung von PETP-Unterlage setzt sich aus folgenden Stufen zusammen:

- Trocknung des Granulates bis zu einer minimalen Feuchte,
- Schmelzen des Polymeren,
- Filtration der Schmelze,
- Formen der Schmelze durch das Breitschlitzwerkzeug,
- Abkühlen der amorphen Schmelze zu amorpher Folie,
- Längs- und Querverstreckung der Folie,
- Thermofixierung,
- Abkühlung und Aufwicklung der Folie.

Moderne Anlagen zur Herstellung von biaxial verstreckter PETP-Folie für Magnetbänder sind mit automatischen Steuer- und Regelsystemen ausgerüstet, die die Arbeitsweise der Hauptaggregate nach einem vorgegebenen Programm gewährleisten.

3.2.1. PETP als folienbildender Stoff

PETP wird in zahlreichen Ländern großtechnisch erzeugt. In der Sowjetunion wurde die industrielle Großproduktion 1960 begonnen [16]. Auf Grund steigenden Bedarfs wird die Produktionskapazität für diesen Polymeren[1] kontinuierlich erweitert. Außerdem unterliegen sowohl die Eigenschaften des Rohstoffs selber sowie der produzierten Folien einer ständigen Verbesserung.

PETP ist der großen Gruppe komplizierter polymerer Ester mit linearem Aufbau der Makromoleküle zuzustufen. Die Herstellungsmöglichkeit wurde von Carothers und Arwin bereits im Jahre 1929 aufgezeigt [16]. Die von ihnen seinerzeit synthetisierten Produkte hydrolysierten leicht, und ihre Schmelztemperatur lag unter 100 °C. Erst 1941 gelang es Whinfield und Dickson, ein von ihnen als *Terylen* bezeichnetes hochschmelzendes PETP herzustellen [17].

Ausgangsstoffe für die Synthese von PETP sind Terephthalsäure oder ihre Dimethylester und Ethylenglykol. Ein solches Kettenglied des PETP kann z. B. wie folgt dargestellt werden:

$$-\overset{\overset{\large O}{\|}}{C}-C_6H_4-\overset{\overset{\large O}{\|}}{C}OCH_2CH_2O-.$$

Bisher war es allgemein üblich, zur Herstellung des PETP den Dimethylester der Terephthalsäure einzusetzen. Damit werden die Schwierigkeiten der Herstellung reiner Terephthalsäure, ihre sehr geringe Löslichkeit in Ethylenglykol und der sehr langsame Kondensationsprozeß bei Einsatz von Terephthalsäure umgangen.

Dimethylterephthalat selber stellt ein weißes, kristallines Pulver mit einer Dichte von 1,283 g/cm³ bei 25 °C dar; es hat eine Schmelztemperatur von 140,6 bis 140,7 °C und eine Siedetemperatur von 288 °C. Ethylenglykol hingegen ist eine farblose Flüssigkeit mit einer Dichte von 1,115 g/cm³ bei 20 °C, es weist eine Siedetemperatur von 197,4 °C auf und schmilzt bei 15,6 °C.

PETP wird im industriellen Maßstab hauptsächlich nach einer diskontinuierlichen Methode erzeugt, die aus zwei Schritten besteht:

1. der Umesterung von Dimethylterephthalat mit Ethylenglykol (Gewinnung von Diglykolterephthalat),
2. der Polykondensation des Diglykolterephthalates im Vakuum.

---

[1] PETP wird in der UdSSR unter dem Namen *Lawsan* vertrieben.

Die erste Reaktionsstufe kann durch folgendes Schema dargestellt werden:

$$\begin{array}{l} COOCH_3 \\ | \\ C_6H_4 \\ | \\ COOCH_3 \end{array} + 2 \begin{array}{l} CH_2OH \\ | \\ CH_2OH \end{array} \rightarrow \begin{array}{l} COOCH_2CH_2OH \\ | \\ C_6H_4 \\ | \\ COOCH_2CH_2OH \end{array} + 2CH_3OH.$$

Die Reaktion der Polykondensation kann in vereinfachter Form wie folgt beschrieben werden:

$$n \cdot HOCH_2CH_2OOC-C_6H_4-COOCH_2CH_2OH \xrightarrow[\text{Vakuum}]{\text{Erwärmung im}} HOCH_2CH_2OOC-C_6H_4-$$
$$CO-[-OCH_2CH_2OOC-C_6H_4-CO-]\,n - OCH_2CH_2OH + (n-1)\,HOCH_2CH_2OH.$$

Der technologische Prozeß besteht aus folgenden Einzelstufen:

- Lösung des Dimethylterephthalates in Ethylenglykol,
- Umesterung, wobei Diglykolester und niedermolekulare Polyester entstehen,
- Filtration des Reaktionsgemisches,
- Polykondensation,
- Herstellung eines festen hochmolekularen Polyester in Form eines Bandes, Stranges oder Blockes,
- Zerkleinerung und Trocknung des erhaltenen Produktes.

Bemerkenswert ist die Vielzahl der wissenschaftlich-technischen Untersuchungen, die zur Verbesserung der diskontinuierlichen Herstellung von PETP sowie zur Entwicklung des kontinuierlichen Prozesses durchgeführt worden sind. So wurde z. B. als eine Methode zur Forcierung des Polykondensationsprozesses die Reaktion in einer sehr dünnen Schicht (0,01 mm) bekannt [18]. Die Polykondensationszeit konnte dabei wesentlich verkürzt und der Auslastungsgrad der Anlagen entsprechend erhöht werden.

Es ist noch eine weitere Methode zur Produktion von PETP [19] bekannt. Sie beruht auf einer Reaktion von Ethylenoxid mit Terephthalsäure, in deren Ergebnis Bishydroxyethylterephthalat gebildet wird. Dieses Monomer wird nachfolgend in einem kontinuierlichen Polykondensationsprozeß zu PETP umgesetzt. Durch Einsatz eines organischen Amins als Katalysator ist es möglich, die Reaktion zwischen dem flüssigen Ethylenoxid und der festen Terephthalsäure ohne Lösungsmittel durchzuführen. Damit kann auch die Ökonomie des Prozesses wesentlich verbessert werden.

Das Molekulargewicht des PETP, das zur Herstellung von Magnetbandunterlage verwendet wird, liegt zwischen 15000 und 30000. Die Ermittlung des Molekulargewichtes erfolgt über Viskositätsbestimmungen.

Die Berechnungen werden dabei nach einer Formel von Mark-Høuwink [20] vorgenommen, ergänzt durch Koeffizienten, die von Turska und Skwerski [21] vorgeschlagen wurden:

$$[\eta] = K_m M^{\alpha} = 5{,}517 \cdot 10^{-4} M^{0{,}709}, \tag{3.1}$$

wobei $[\eta] = \dfrac{\eta_{sp}/c}{1 + 0{,}66\eta_{sp}}$ die Grenzviskositätszahl, K_m und α Koeffizienten, M das Molekulargewicht, η_{sp} die spezifische Viskosität, c die Konzentration darstellen.

Die Viskosität der Lösung wird nach dieser Methode in m-Cresol bei 20 °C bestimmt. Wird die Viskosität der Lösungen in einem Gemisch aus Tetrachlorethan und Phenol (1:1) bei 20 °C bestimmt, errechnet sich das Molekulargewicht nach der Formel [22]:

$$[\eta] = 1{,}27 \cdot 10^{-4} M^{0{,}86}. \tag{3.2}$$

Das mittlere Molekulargewicht M_v läßt sich nach der Gleichung:

$$[\eta] = 0{,}92 \cdot 10^{-4} M_v^{0{,}85}$$

bestimmen, wobei $[\eta]$ die Grenzviskositätszahl darstellt, die nach der Viskosität der Lösungen des Polyethylenterephthalates im Gemisch von Phenol mit Dichlorethan [40:60] ermittelt wird.

Das Molekulargewicht von Polyethylenterephthalat wird oft über die spezifische Viskosität seiner Lösung bei 20 °C ermittelt (0,5 g Polymere auf 100 ml Tricresol). Das Molekulargewicht wird dann nach der folgenden Gleichung berechnet:

$$M = \frac{\eta_{sp} - 0{,}01}{1{,}37 \cdot 10^{-5}}. \tag{3.3}$$

PETP ist zu Phasenübergängen fähig. Deshalb hängen seine physikalischen Eigenschaften wesentlich davon ab, ob es sich im amorphen oder kristallinen Zustand befindet. Das amorphe Polymere hat eine Dichte von 1,33 g/cm³, während die berechnete Dichte des elementaren Kristallkeimes 1,47 g/cm³ beträgt.

PETP ist hinreichend stabil gegenüber chemischen Einflüssen. Fluorwasserstoff-, Phosphor-, Ameisen-, Essig- und Oxalsäure wirken selbst bei hohen Konzentrationen und Temperaturen auf das PETP nicht reaktiv ein. In Schwefelsäure löst sich das Polymere unter gleichzeitigem Zerfall. Löslich ist PETP in organischen Lösungsmitteln, wie Phenol, Diphenyloxid, Diphenyl, Naphthalin, Nitrobenzen, Tetrahydronaphthalin, Gemischen aus Phenol und Dichlorethan u. a. Verdünnte Laugen wirken auf PETP nicht ein, während konzentrierte lediglich an der Oberfläche Hydrolyse bewirken. Wäßrige Ammoniaklösung dagegen zeigt größere Wirkung, wobei eine Auftrennung der komplizierten Esterbindungen durch die Amidierungsreaktion vor sich geht. Gegenüber Oxydationsmitteln ist PETP unter Normalbedingungen stabil. Temperaturen über 200 °C führen zur Zerstörung des Polyesters. Unter diesen Bedingungen wird Terephthalsäure sogar in Stickstoffatmosphäre abgespalten; Anwesenheit von Sauerstoff beschleunigt diese Reaktion, während Wasser sofortige Hydrolyse bewirkt.

Das mittlere Molekulargewicht des PETP bestimmt in hohem Maße die physikalisch-mechanischen Eigenschaften der aus ihm gewonnenen Folien. Bei zu niedrigem Molekulargewicht erhält man Folien, die eine geringe Festigkeit haben und spröde sind. Die Schmelztemperatur des PETP, das zur Herstellung von Folien eingesetzt wird, muß daher größer als 255 °C sein.

Bei der Synthese des Polyesters ist eine Dehydrierung und damit verbunden das Auftreten von Diglykolesterbindungen zwischen beiden Endgruppen möglich. Dadurch wird die Regelmäßigkeit des Baus der Makromoleküle gestört, und die mechanischen Eigenschaften der aus solchem PETP-Granulat hergestellten Folien sind unzureichend. Derartige Folien weisen einen zu geringen *E*-Modul auf; deshalb muß der Diethylenglykolgehalt im PETP minimal gehalten werden. Da die hydrolytische Zersetzung des PETP unter dem Einfluß hoher Temperaturen sehr schnell verläuft, kann dieser Erscheinung nur dadurch wirkungsvoll begegnet werden, daß für den Extrusionsprozeß ein äußerst trockenes Produkt eingesetzt wird. Deshalb wird die Trocknung des Granulates als eine der wichtigsten technologischen Stufen des Gesamtprozesses der Folienherstellung angesehen.

PETP weist unter bestimmten Bedingungen Erscheinungen eines thermooxydativen Abbaus auf und muß deshalb stabilisiert werden. Die Stabilität des PETP hängt dabei entscheidend vom Herstellungsprozeß ab. Deshalb unterscheiden sich die Produkte von verschiedenen Herstellern oft merklich. Der oxydative Abbau kann durch Ausschluß von Sauerstoff verhindert werden, so durch Trocknung unter Vakuum, Extrusion unter Vakuum oder Stickstoff.

Die an das PETP gestellten Stabilitätsanforderungen sind hoch. So darf sich zum Beispiel beim Erhitzen des PETP an der Luft bis zu 140 °C über 8 Stunden die spezifische Viskosität nicht um mehr als 5 Prozent verringern. Diese Forderung ist besonders wichtig, wenn neben frischem PETP auch Produktionsabfälle (Folienabfälle) zur erneuten Extrusion eingesetzt werden.

Die Schmelze des PETP ist wie die von konzentrierten Polymerlösungen eine nichtnewtonsche und pseudoplastische Flüssigkeit. Temperaturveränderungen haben wesentlichen Einfluß auf die rheologischen Eigenschaften einer PETP-Schmelze. Bei Erhöhung der Temperatur vergrößert sich die segmentale Beweglichkeit der Makromoleküle, wobei die Orientierung der Segmente zerstört und gleichlaufend die Anomalie in den rheologischen Eigenschaften der Schmelze abgebaut wird.

Nachfolgend soll der Einfluß der Temperatur auf den Viskositätskoeffizienten K beschrieben werden. Im newtonschen Gebiet ist $K = \eta$, und den Einfluß der Temperatur auf K kann man mit einer Exponentialgleichung nach ARRHENIUS ermitteln:

$$\eta = K = A \cdot e^{E/RT}, \tag{3.4}$$

wobei η die Viskosität der Flüssigkeit, E die Aktivierungsenergie der Strömung und A den Koeffizienten, der von der Struktur der Flüssigkeit abhängt, darstellen. Die Gleichung von ARRHENIUS kann so angewandt werden, daß graphisch die Abhängigkeit lg η_Z von $1/T$ dargestellt wird. Für viele Flüssigkeiten erhält man bei einer Temperatur über 40 °C ausreichend geradlinige Abhängigkeiten. Die Steigung der Geraden, die diese Abhängigkeit ausdrücken, entspricht E/R, woraus die Aktivierungsenergie der viskosen Strömung der Flüssigkeit ermittelt werden kann.

Von EISENSTEIN und Mitarbeitern [23] ist die Viskosität der Schmelze des Polyethylenterephthalates in Abhängigkeit von der Temperatur und dem Molekulargewicht des Polymeren untersucht worden. Mit einer Vergrößerung des Molekulargewichtes war dabei der Einfluß auf die Abhängigkeit der Viskosität der Schmelze des Polymeren von der Temperatur deutlich nachweisbar. Proben mit einem Molekulargewicht über 20000 wiesen eine nichtlineare Abhängigkeit der Viskosität von der Temperatur auf. In Proben mit einem Molekulargewicht von weniger als 20000 ist die Abhängigkeit weitestgehend linear (Abb. 3.1).

In der vorstehend zitierten Arbeit werden von den Autoren Aktivierungsenergien angegeben, die sie unter Zuhilfenahme von experimentellen Daten nach der ARRHENIUS-Gleichung ermittelt haben (s. Tab. 3.1).

Die Größe der Aktivierungsenergie wird demnach durch zwei Faktoren bestimmt: die Länge der Makromoleküle und die Struktur des Polymeren in der Lösung (Stabilität der

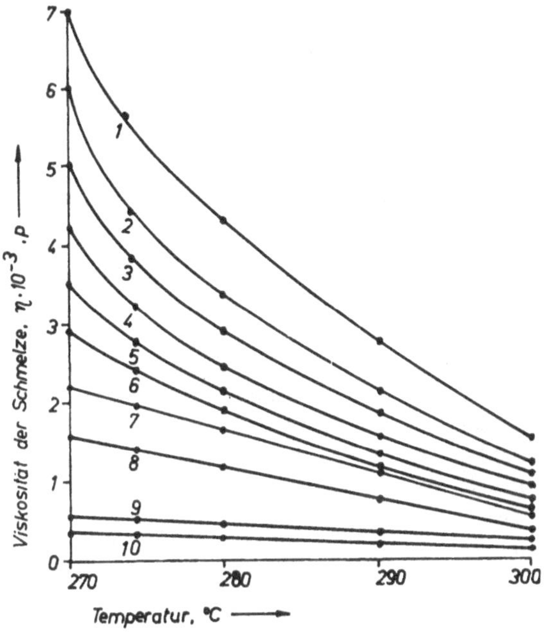

Abb. 3.1. Abhängigkeit der Viskosität der Schmelze von der Temperatur für PETP mit verschiedenem Molekulargewicht
1 – 32000; 2 – 29000; 3 – 28000; 4 – 26000; 5 – 25000; 6 – 24000; 7 – 23000; 8 – 16500; 9 – 13500; 10 – 11500

Tabelle 3.1. Werte der Schein-Aktivierungsenergien E von Polyethylenterephthalatschmelzen

Molekulargewicht	E, kJ/mol			E_M, kJ/mol
	270–280°C	280–290°C	290–300°C	
31000	142	142	142	142
29000	142	142	142	142
28000	142	142	142	142
26000	142	142	142	142
25000	117	142	155	138
24000	92	142	172	134
23000	84	126	172	126
16500	84	117	172	121
13500	109	63	63	80
11500	126	63	63	84

Ketten, Intensität der zwischenmolekularen Wechselwirkungen u. a.). Es ist offensichtlich, daß die Vergrößerung des Molekulargewichtes sowie die Erhöhung der Stabilität der Kette zu ein und derselben Erscheinung führen: zur Erhöhung der Aktivierungsenergie.

In Abhängigkeit vom relativen Einfluß eines jeden dieser Faktoren kann sich der Wert E für PETP mit verschiedenen Molekulargewichten in weiten Grenzen verändern (vgl. Tab. 3.1). Daraus ableitend, lassen sich die Veränderung der Folieneigenschaften sowie die Extrusionsbedingungen selber bei verhältnismäßig geringen Veränderungen des Molekulargewichtes (einige Tausend) erklären.

Interessant ist es, daß sich in dem Gebiet von 270 bis 300°C die Werte der Aktivierungsenergie für PETP mit einem Molekulargewicht über 26000 als konstant erweisen. Es wird angenommen, daß sich hier zwei Faktoren kompensieren: die Verringerung von E mit Verringerung des Molekulargewichtes und die Erhöhung von E als Folge der Stabilitätszunahme der Makromoleküle. Für Proben mit niedrigeren Molekulargewichten wird der letzte Faktor zum bestimmenden, da er die Zerstörung der linearen Abhängigkeit $\lg \eta$ von $1/T$ bewirkt. Das ist besonders feststellbar bei Temperaturen $> 290\,°C$, wenn der Abbau beginnt und die Ausbildung einer strukturierten Schmelze gegeben ist. Da in diesem Fall der Strukturfaktor überwiegt, wächst bei Verringerung des Molekulargewichtes von 25000 auf 16000 die Größe E an. Der deutliche Abfall von E bei einem Molekulargewicht $\leqq 13500$ zeugt davon, daß hier der überwiegende Einfluß durch die Größe des kinetischen Segmentes und damit durch die Gesamtlänge der Kette, d. h. durch das Molekulargewicht, ausgeübt wird.

Unter 280 °C macht sich der Struktureinfluß bei den geringsten Molekulargewichten (13500 und 11500) gleichfalls bemerkbar. Hier läßt sich ein Ansteigen von E feststellen, was damit begründet werden kann, daß bei niederen Temperaturen unter den Bedingungen einer noch geringeren Beweglichkeit der Schmelze die Stabilität der Kette den Einfluß des kinetischen Segmentes überdeckt.

Besonders interessant ist jedoch der Bereich von 280 bis 290 °C, da bei diesen Temperaturen die Extrusion des Polyethylenterephthalates durchgeführt wird. In diesem Temperaturbereich, der den geringsten Einfluß des Strukturfaktors aufweist, tritt die segmentale Natur der Schmelzeströmung des PETP in Erscheinung, d. h., die vorhandenen Strukturelemente des Polymeren werden zerstört, dagegen neue nicht gebildet. Das ist der optimale Temperaturbereich für die Folienherstellung.

PETP, das zur Produktion von Magnetbandunterlage eingesetzt wird, enthält eine bestimmte Menge an Oligomeren, was durch die Herstellungsmethode des PETP bedingt ist. Ein Teil dieser Oligomere tritt bei der Extrusion aus der Schmelze aus und setzt sich teilweise auf Anlagenteilen der nachfolgenden technologischen Stufen ab. Eine ungleichmäßige Schichtstärke der auf der Gießtrommel abgesetzten Oligomere führt zu einer unterschiedlichen Dicke der amorphen und verstreckten Folie. Das muß bei der Auswahl des PETP und bei der Konstruktion der entsprechenden Anlagenteile berücksichtigt werden.

Zur Vermeidung des Zusammenklebens der einzelnen Folienwicklungen einer Rolle (sogenannter *Blocking-Effekt*) werden dem Ausgangspolymeren Zusätze beigefügt, mit

Tabelle 3.2. Wichtige Mindestanforderungen an sowjetisches PETP-Granulat

Parameter	Werte
Abmessung, mm	$4 \cdot 4 \cdot 2{,}5$
Feuchtigkeit, %	$\leqq 0{,}5$
Spezifische Viskosität einer 0,5%igen Lösung in Tricresol	0,31 – 0,32
Schmelztemperatur, °C	258 ± 2
Gehalt an Zusätzen, z. B. TiO_2, %	0,015
Aschegehalt, %	$\leqq 0{,}025$
Diethylenglykol-Gehalt, %	$\leqq 1$
Oligomeren-Gehalt, %	$\leqq 1{,}5$
Viskositätsabfall nach 8 h bei 140 °C an Luft, %	< 5
Viskositätsabfall nach 4 h bei 280 °C unter Inertgas, %	$\leqq 10$

Das PETP-Granulat darf keinen Staub und keine Chips mit dunklen Einschlüssen enthalten.

denen gleichzeitig der Reibungskoeffizient beeinflußt wird. In Tabelle 3.2 sind einige Kennziffern aufgeführt, denen das sowjetische PETP-Granulat für die Herstellung von Magnetbandunterlage genügen muß.

3.2.2. Folienherstellung

3.2.2.1. Rohstoffvorbereitung

Die erste Stufe des technologischen Prozesses der Folienherstellung stellt die Trocknung des PETP-Granulates dar, d. h. die notwendige Verringerung des Feuchtigkeitsgehaltes auf Werte $\leqq 0{,}01\%$.

Bei der Trocknung laufen zwei miteinander gekoppelte Prozesse ab: die eigentliche Trocknung und eine teilweise einsetzende Kristallisation des Granulates. Unabhängig von der geringen Wasseraufnahme des PETP sind die Chips in der Lage, auf der gesamten Oberfläche Feuchtigkeit zu adsorbieren. Wenn der Feuchtigkeitsgehalt des PETP, das zur Extrusion eingesetzt wird, 0,01% übersteigt, werden in der fertigen Folie Defektstellen, wie Bläschen u. a., beobachtet. Außerdem tritt bedingt durch den hydrolytischen Abbau ein Abfallen des Molekulargewichtes, der Viskosität der Schmelze und der Aktivierungsenergie der viskosen Strömung ein.

Das amorphe PETP kann man zu den starrkettigen amorphen Polymeren zählen, trotzdem setzen bei den Trocknungstemperaturen, die normalerweise 100 °C übersteigen, Kristallisationsvorgänge ein. Obwohl die Kristallisation eine Begleiterscheinung bei der Trocknung ist, spielt sie eine bedeutende Rolle bei der Extrusion des PETP. Amorphes Granulat schmilzt ungleichmäßig im Extruder; als Folge davon treten Schwierigkeiten bei der Regelung der Extrusionstemperatur auf. Außerdem können bei Temperaturen oberhalb von 80°C, d. h. über dem Glaspunkt, die Chips verkleben und derart Einzugsschwierigkeiten in dem Extruder hervorrufen.

Darüber hinaus wurde festgestellt, daß bei großen Schubdeformationen, die im Extruderzylinder auftreten, die Strömung der Schmelze in der übermolekularen Ebene verläuft [24]. Eine Teilkristallisation des Polyesters führt zur Verbesserung seiner übermolekularen Struktur und beim Aufschmelzen zu einer Verbesserung der Beweglichkeit der Schmelze.

Die Trocknung des PETP-Granulates kann nach zwei prinzipiell unterschiedlichen Verfahren erfolgen. Beim ersten Verfahren erfolgt die Trocknung mit einem Wärmeträger (Luft oder Stickstoff), der in unmittelbaren Kontakt mit dem Granulat tritt, bei Temperaturen von ca. 150 °C bis 180 °C. Nach dem zweiten Verfahren wird die Trocknung im Vakuum bei einem Druck von $\leqq$ 666 Pa durchgeführt. Der Wärmeträger zirkuliert dabei im Doppelmantel des Trockners, und die Wärmeübertragung erfolgt durch den unmittelbaren Kontakt der Chips mit der inneren Wandung des Trockners.

Die Trocknung mit Luft oder Stickstoff erfolgt in Schachttrocknern oder in kombinierten Wirbelschicht- und Fließbetttrocknern. Die einfachste Anlage ist der Schachttrockner mit zwei Trockenzonen (Abb. 3.2).

Das PETP-Granulat gelangt mit Hilfe einer pneumatischen Beschickungsvorrichtung (1) über einen Zyklon (2) in den Zwischenbehälter (3), der gleichzeitig als Reservebehälter dient und eine kontinuierliche Beschickung des Schachttrockners (4) ermöglicht. Der Austrag der getrockneten Chips erfolgt mit einer Transportvorrichtung (6) zum Extruderbunker (7). Die Luft wird im Kreislauf umgewälzt und im Kalorifer dabei auf ca. 150 °C bis 180 °C erhitzt. Ein Zyklon (8) sowie ein nachgeschaltetes Filter (10) dienen zur vollständigen Abtrennung des PETP-Staubes aus der Luft.

Hauptvorteile des Schachttrockners sind die einfache Konstruktion und die kontinuierliche Arbeitsweise. Zu den Nachteilen zählen die eventuelle Ungleichmäßigkeit der Trocknung und die Möglichkeit des Verklebens der amorphen Chips im Trockner.

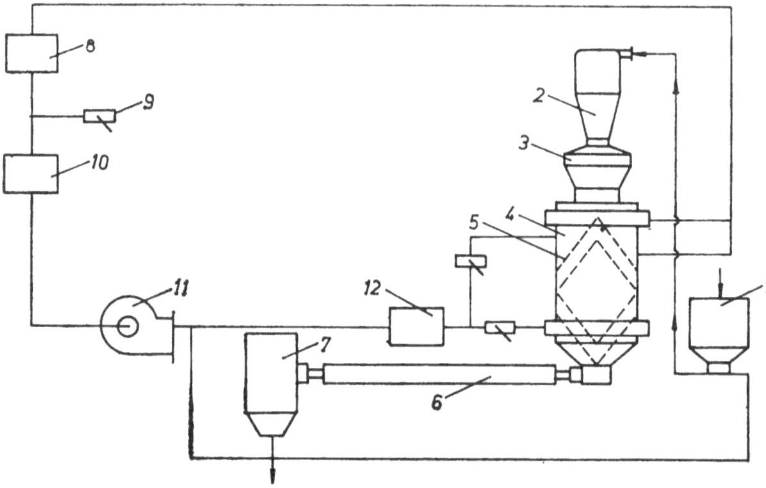

Abb. 3.2. Schema einer Schachttrocknungsanlage

1 — pneumatische Beschickungsvorrichtung, 2 — Zyklon, 3 — Zwischenbehälter, 4 — Schachttrockner, 5 — konusförmige Gitter, 6 — Transportvorrichtung, 7 — Extruderbunker, 8 — Zyklon, 9 — Schieber, 10 — Filter, 11 — Hochdruckgebläse, 12 — Kalorifer

Ein anderes Prinzip stellt die Trocknung des PETP in einer pseudoflüssigen Schicht dar, die sich durch größere Gleichmäßigkeit gegenüber der Trocknung in einer unbeweglichen Schicht auszeichnet und gleichzeitig eine hohe Intensität aufweist [25]. Ein entsprechendes Schema einer solchen Anlage ist in Abbildung 3.3 wiedergegeben. Die Funktionsweise kann aus der Abbildung entnommen werden. Die Trockenluft wird zum überwiegenden Teil als Umluft gefahren, wobei in Abhängigkeit von dem Feuchtigkeitsgehalt des Granulates ein Teil aus dem Zyklus entfernt werden muß und durch Frischluft ersetzt wird. Die Lufttemperatur für den Wirbelschichttrockner beträgt ca. 135 °C bis 140 °C und für den Festbetttrockner ca. 150 °C bis 180 °C. Der gesamte Trocknungsprozeß ist automatisiert und verläuft kontinuierlich.

Auch bei diesem Verfahren besteht die Möglichkeit einer unvollständigen Durchmischung des Granulates in der Wirbelschicht, was wiederum zu einer ungleichmäßigen Trocknung führt.

Ein anderes Verfahren zur Trocknung des PETP stellt die Vakuumtrocknung (Abb. 3.4) dar. Der Trockner (3) ist konstruktiv meistens als Taumeltrockner oder als Drehtrommeltrockner ausgeführt. Der Druck im Trockner beträgt während des Trockenvorganges $\leqq$ 666 Pa. Das PETP wird gleichmäßig getrocknet. Einziger, aber wesentlicher Nachteil dieses Verfahrens ist die diskontinuierliche Arbeitsweise.

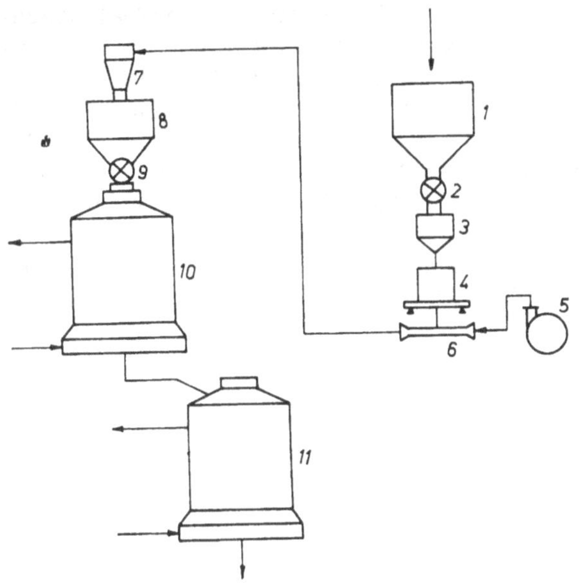

Abb. 3.3. Schema eines Pseudoflüssigkeitstrockners
1 – Vorratsbunker,
2, 9 – Dosierungsrichtung,
3, 7 – Zyklon, 4 – automatische Waage, 5 – Gebläse, 6 – Saugdüse,
8 – Vorratsbehälter,
10 – Wirbelschichttrockner,
11 – Pseudoflüssigkeitstrockner (Festbetttrockner)

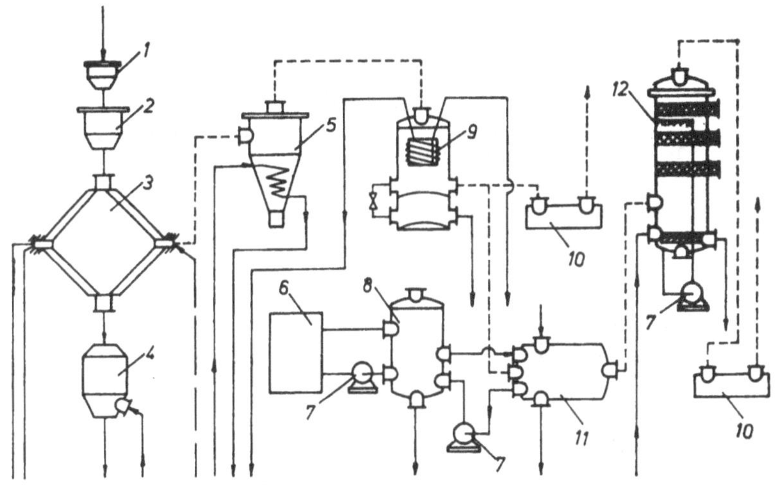

Abb. 3.4. Schema eines Vakuumtrockners
1 – Zwischenbunker, 2 – Bunkerdosiervorrichtung, 3 – Trockner, 4 – Bunker des Extruders, 5 – Zyklon, 6 – Kühlaggregat, 7 – Pumpen, 8 – Solebehälter, 9 – Kondensator, 10 – Vakuumpumpen, 11 – Ausfrieranlage, 12 – Spülturm

Beim Vergleich der Kontakttrocknung des PETP mit Luft und der Vakuumtrocknung muß festgestellt werden, daß bei der ersten Methode ein Abfall der spezifischen Viskosität bis zu ca. 10%, bei der zweiten Methode jedoch nur bis zu ca. 3% auftreten kann.

Unabhängig von dem angewandten Verfahren verläuft der Trocknungsprozeß des Granulates in zwei Stufen. Zuerst wird die an der Oberfläche der Chips adsorbierte Feuchtigkeit und danach die Feuchtigkeit, die durch Diffusion aus dem Inneren des Chips heraustreten muß, beseitigt.

Zur mathematischen Beschreibung der Desorption der Feuchte kann man die FOURIER-Gleichung anwenden, die das zu trocknende Material als eine Platte annimmt, deren Länge und Breite im Vergleich zur Dicke sehr groß sind und in der sich die Wärme senkrecht zu ihrer Oberfläche ausbreitet [26]. Ausgehend von dieser Gleichung läßt sich errechnen, daß die isotherme Desorption der Feuchtigkeit aus dem Granulat, das eine Korngröße von 4 · 4 · 2,5 mm³ besitzt, bis zur Restfeuchte bei 120 °C in 2,8 Stunden verläuft; bei 130 °C in 1,9 Stunden; bei 150 °C in 1 Stunde; bei 170 °C in 0,6 Stunden usw. Diese Berechnungen sind unter der Voraussetzung durchgeführt worden, daß das Granulat zur Zeit $t_0 = 0$ eine vorgegebene Temperatur erreicht, d. h., die Zeit, die zur Erwärmung des Granulates bis zur Trocknungstemperatur benötigt wird, ist nicht mit einbegriffen.

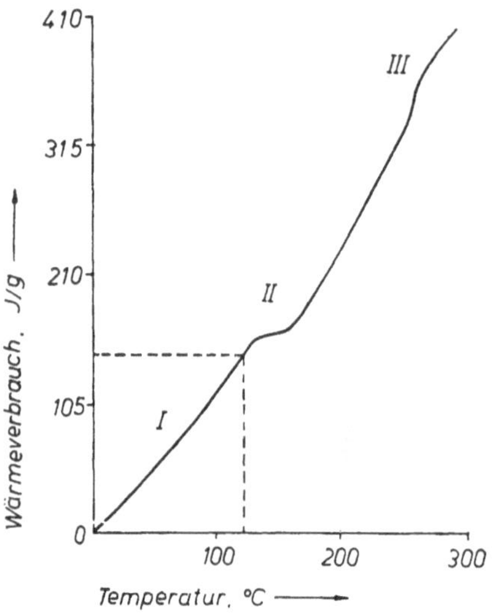

Abb. 3.5. Wärmeverbrauch zur Erwärmung des Polyethylenterephthalates auf verschiedene Temperaturen
I – glasförmiger Zustand, II – Kristallisation, III – Schmelzen

Aus diesem Grunde werden bei den praktischen Berechnungen der Trockenzeit des PETP bis zu einem Feuchtigkeitsgehalt von 0,01% die Zeiten, die zur Erhitzung des Granulates auf eine vorgegebene Trocknungstemperatur erforderlich sind, und die Zeiten, die für die Desorption der Feuchtigkeit bei einer Temperatur benötigt werden, summiert. In Abbildung 3.5 ist der Wärmeverbrauch dargestellt, der zur Erhitzung des PETP auf verschiedene Temperaturen erforderlich ist. Es wird ersichtlich, daß zur Erwärmung des Polymeren von 20 °C auf 120 °C etwa 136,1 J/g gebraucht werden. Zur Verdampfung der Feuchtigkeit sind jedoch nur 13,5 J/g Granulat erforderlich. Daraus ist zu sehen, daß die Wärme in erster Linie zur Erhitzung des Granulates auf die Trocknungstemperatur verbraucht wird.

Die Leistungsfähigkeit der Trockner wird u. a. daran bestimmt, wie das Material bis zur Trocknungstemperatur unter Berücksichtigung der vollständigen Abführung der freiwerdenden Feuchtigkeit erhitzt wird. Bei einem Vakuumtrockner hängt die Kapazität von der Temperatur des Wärmeträgers und dem Wärmeübertragungskoeffizienten ab. Sie kann beispielsweise bis auf 260 kg/h bei einem Gesamtvolumen des Trockners von 6 m³ gebracht werden. Eine Erhöhung der Drehgeschwindigkeit des Trockners hat keinen wesentlichen Einfluß auf den Wärmeaustausch, sondern verteuert nur das Betreiben der Anlage.

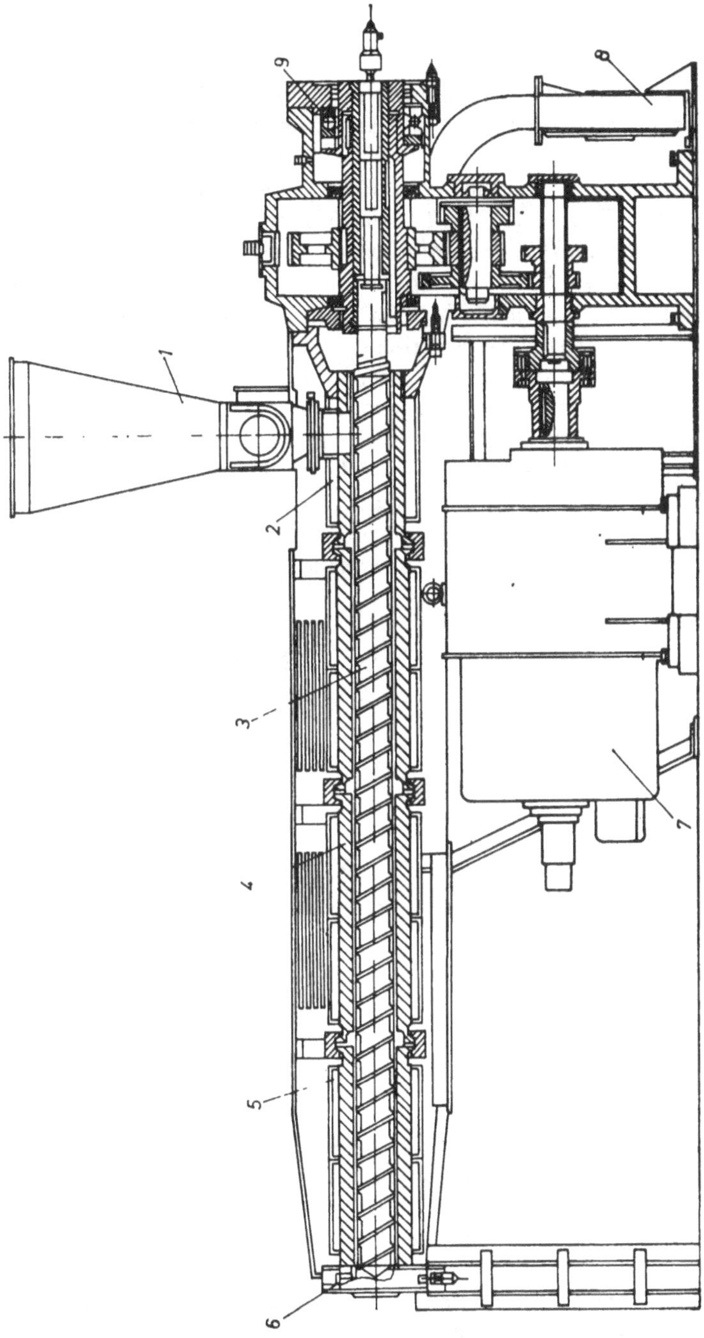

Abb. 3.6. Schema eines Einzelschneckenextruders

1 — Beschickungsbunker, 2 — Mantel, 3 — Schnecke, 4 — Zylinder, 5 — Heizung, 6 — Filterflansch, 7 — Elektromotor, 8 — Lüfter, 9 — Drucklager

3.2.2.2. *Extrusion*

3.2.2.2.1. Die Extrusionsanlage

Um ein gleichmäßiges Fließen der Polymerschmelze durch den Düsenschlitz zu realisieren, muß eine erhebliche Schubspannung im Material erzeugt werden. Dazu werden Extruder eingesetzt. In Abbildung 3.6 ist das Schema eines Einschneckenextruders dargestellt, wie er u. a. zur Verarbeitung von PETP eingesetzt wird. Das PETP-Granulat gelangt aus dem Bunker (1) durch den Einzugstrichter in den Kanal der Schnecke (3). Die Erwärmung des PETP erfolgt mittels elektrischer Heizungen (5), die auf dem die Schnecke aufnehmenden Zylinder (4) angebracht sind. Eine Aufheizung mittels flüssiger Wärmeträger ist ebenfalls möglich, setzt aber voraus, daß der Zylinder als Doppelmantelzylinder ausgelegt ist. Die elektrische Heizung hat einige Vorteile, z. B. geringe Trägheit und die Möglichkeit des Einsatzes von Heizkörpern verschiedener Größen, Formen und Kapazitäten. Die Einzugszone des Extruders wird meistens gekühlt. Die meisten Schnecken sind mit einer Bohrung versehen, so daß sie von innen gekühlt werden können. Der Achsdruck der Schnecke wird von Drucklagern (9) aufgenommen. An den Flansch (6) wird ein Filter (bzw. vor dem Filter noch eine Dosierpumpe) angesetzt, mit dem die Schmelze von Verunreinigungen befreit werden kann. Die Filtermaterialien sind Metallgewebe oder Sintermetall definierter Porengröße.

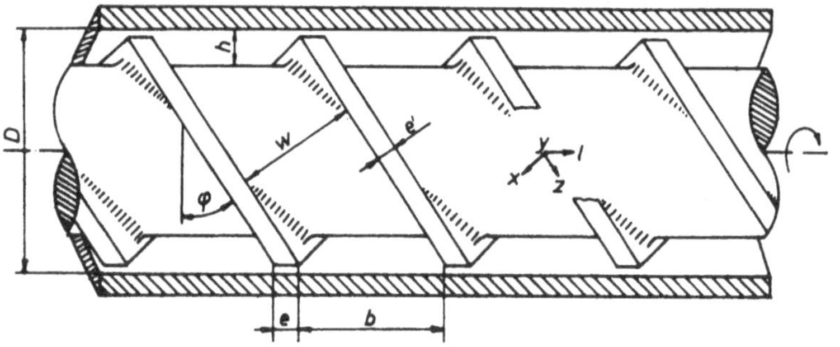

Abb. 3.7. Charakteristische Schneckenmaße

D – Durchmesser, *b* – Gangschritt, *e'*, *e* – Stegbreite, *φ* – Anstiegswinkel, *w* – Gangbreite, *h* – Gangtiefe

Die rotierende Schnecke erfaßt die festen Chips aus PETP, die vom Bunker zugeführt werden, und transportiert sie entlang des Zylinders. Sie drückt das geschmolzene Material zusammen und erzeugt einen für die Überwindung des Filterwiderstandes notwendigen Druck. In Abbildung 3.7 sind die charakteristischen Abmessungen einer Extruderschnecke dargestellt.

Die Gesamtlänge einer Schnecke wird in der Anzahl ihrer Durchmesser gemessen. Den ersten Abschnitt der Schnecke, wo das Polymere in Form der Chips bewegt wird, bezeichnet man als Beschickungs-, Einzugs-, Zufuhr- oder Speisezone. In dieser Zone arbeitet die Schnecke nur als Transportvorrichtung, und ihre Gangtiefe ist relativ groß.

Der zweite Abschnitt, bei dessen Durchlaufen das PETP schmilzt, wird als Plastifizierungs-, Kompressions- oder Verdichtungszone bezeichnet. Hier verringert sich die Gangtiefe bis zur Gangtiefe der letzten Zone. Der dritte Abschnitt, in dem das Polymere in Form einer pseudoplastischen Flüssigkeit fließt, trägt die Bezeichnung Ausstoß-, Homogenisierungs- oder Dosierzone. Die Schmelzeströmung in dieser Zone wird durch die Gesetze der Hydrodynamik viskoser Flüssigkeiten beschrieben [27].

Auf den Transport der Chips in die Einzugszone üben folgende Faktoren einen Einfluß aus: die Gangtiefe, der Reibungskoeffizient zwischen PETP und der Schnecke wie auch zwischen PETP und der Zylinderwand sowie die konstruktive Gestaltung des Einzugstrichters. Der optimale Wert des Anstiegwinkels φ hängt vom Reibungskoeffizienten des Polymeren an der Oberfläche der Schnecke ab. Wenn es insgesamt keine Reibung gäbe, würde der optimale Winkel 45° betragen [28]. Durch die Reibung des PETP an der Schnecke ist aber die Verringerung des Winkels erforderlich. Er liegt in der Praxis etwa zwischen 17° und 25°. Bei einer solchen Winkelgröße ist der Gangschritt b gleich dem Durchmesser der Schnecke, was in der Praxis weit verbreitet ist [29].

In der Kompressionszone wird die Polymerschmelze verdichtet sowie entgast. Die Ausstoßzone wirkt wie eine Druckpumpe und dient gleichzeitig zur Homogenisierung der Schmelze.

Die sich bei der Extrusion vollziehenden Prozesse sind so kompliziert, daß zur Zeit noch kein brauchbares mathematisches Modell existiert, mit dessen Hilfe man mit ausreichender Genauigkeit die Extrusion des PETP zu einer Folie beschreiben könnte. Erst seit ca. 1969 sind Untersuchungen [30] bekannt, die eine erfolgreiche Lösung der anstehenden Aufgaben durch Schaffung eines mathematischen Modells des Extrusionsprozesses in Aussicht stellen. Als Untersuchungsobjekte wurden dabei jedoch meist solche Polymeren wie Polyethylen, Polypropylen und Polyamid verwendet.

Eine der wichtigsten Anforderungen an den Extruder zur Herstellung von Magnetbandunterlage ist ein zeitlich konstanter Ausstoß, d. h., die Schmelze am Düsenschlitz muß pulsationsfrei austreten. Bei Berechnungen wird angenommen, daß der Wert solcher Pulsationen 3 bis 5% nicht übersteigen darf. Einschneckenextruder sind kaum in der Lage, die Funktionen Granulattransport, Aufschmelzen und Dosieren der Schmelze in sich zu vereinen und dabei gleichzeitig die notwendige Konstanz des Durchsatzes zu gewährleisten. Aus diesem Grunde werden die Einschneckenextruder mit Dosierpumpen (Zahnradpumpen) ausgerüstet.

Es ist durchaus möglich, das Polymere außerhalb des plastifizierenden Extruders zu schmelzen. In diesem Fall werden spezielle Einrichtungen, vorzugsweise auch Extruder, verwendet, die nur zur Überführung des Granulates in den Schmelzezustand dienen. Die Extrusionsanlage besteht dann aus zwei Extrudern, wobei der zweite Extruder, da er mit Schmelze gespeist wird, als Schraubenpumpe betrachtet werden kann [31]. Eine derartige Anordnung vereinfacht eine eventuelle mathematische Modellierung und ermöglicht eine bessere Optimierung des gesamten Extrusionsprozesses [32].

In Abbildung 3.8 ist das Schema einer Extrusionsanlage, bestehend aus Aufschmelz- und Heißschmelzextruder, dargestellt. Der prinzipielle Aufbau beider Extruder unterscheidet sich nicht vom Einschneckenextruder. Der Heißschmelzextruder ist oftmals mit einem Doppelmantelzylinder ausgerüstet, um über einen geeigneten Wärmeträger die Beheizung vornehmen zu können. Die Schneckengeometrie ist gegenüber der des Aufschmelzextruders auf Grund der geforderten Funktion auch etwas anders ausgelegt.

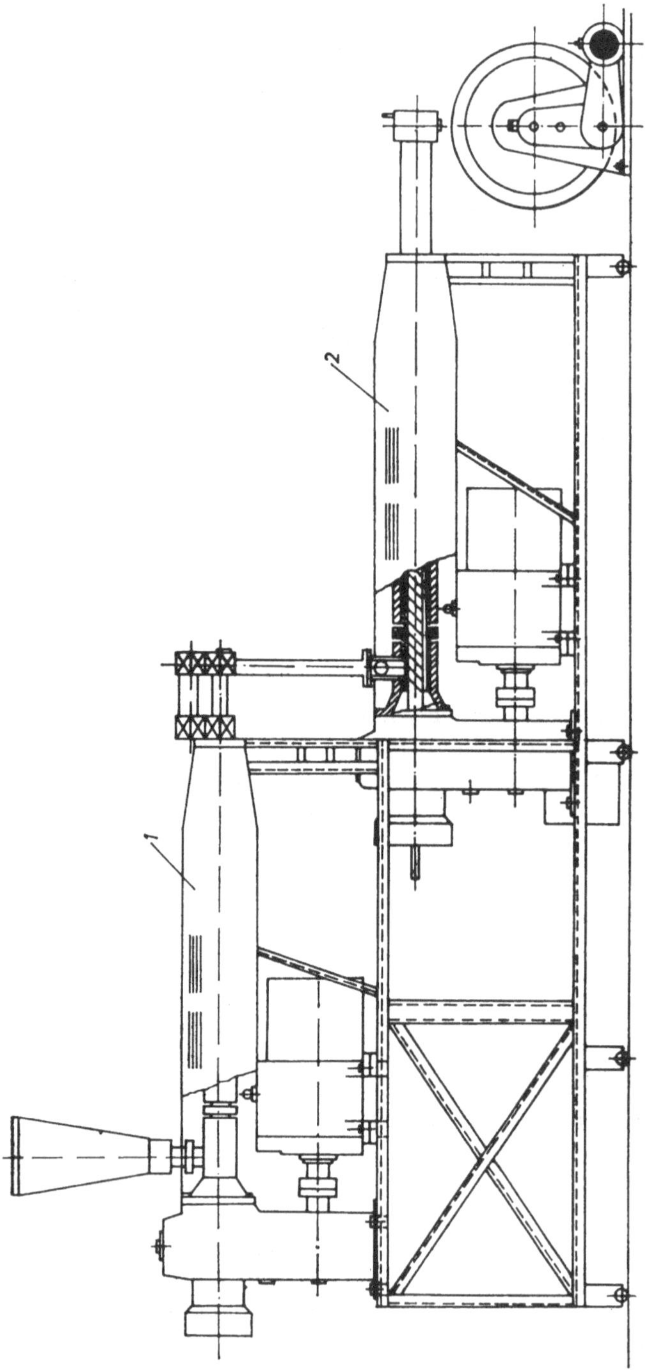

Abb. 3.8. Schema einer Extrusionskaskade
1 – Aufschmelzextruder, 2 – Heißschmelzextruder

3.2.2.2.2. Hydrodynamik und energetische Bilanz des Extrusionsprozesses

Es wurde bereits dargestellt, wie der Stofftransport des PETP im Extruder abläuft. Da aber die Prozesse, die sich in der Kompressionszone, wo sich also gleichzeitig Schmelze und feste Teilchen befinden, vollziehen, bisher noch zu wenig erforscht sind, wird die Berechnung der Ausstoßleistung der Extruder nach der Ausstoßzone vorgenommen. Außerdem wird zur Kontrolle die Durchlaßfähigkeit der Einzugszone geprüft.

Die Durchsatzleistung der Ausstoßzone bestimmt die Ausstoßleistung des gesamten Extruders. Diese hängt jedoch nicht nur von den Abmessungen der Schnecke, deren Drehzahl und den Prozessen, die im Schneckengang ablaufen, ab, sondern in erheblichem Maße auch von der Auslegung der Düse. Deshalb werden bei der Berechnung der Durchsatzleistung üblicherweise die konstanten geometrischen Abmessungen der Schnecke bestimmt und danach die Durchlaßfähigkeit der Düse ermittelt. Der Filterwiderstand muß natürlich ebenfalls berücksichtigt werden.

Nachfolgend sollen die hydrodynamischen Einflüsse auf die Funktionsweise des Extruders behandelt werden, wobei davon ausgegangen wird, daß sich das Polymere, mit dem der Extruder gespeist wird, in einem viskosen Zustand befindet [31, 33–35]. Dabei ist es üblich, drei Ströme zu betrachten, die bei der Bewegung des zähflüssigen Polymeren entlang des Schneckenganges auftreten. Der erste Strom ist der erzwungene, d. h. der, der durch die Vorwärtsbewegung der Schmelze infolge der Drehbewegung der Schnecke relativ zum Extruderzylinder verursacht wird. Der zweite Strom wird als Gegenstrom bezeichnet, er tritt bedingt durch den Widerstand der Düse bzw. des Filters auf. Diesen von der Gesamtbilanz nicht wesentlichen, aber dennoch realen Strom kann man zur Vereinfachung der Berechnungen als Scheinströmung der Schmelze in umgekehrter Richtung auffassen. Der dritte Strom charakterisiert das Fließen der Schmelze durch den Spalt zwischen der Oberfläche des Schneckensteges und der inneren Zylinderwand. Dieses Ausfließen ist vom Betrag her gering, da normalerweise Schnecke und Zylinder eine sehr gute Passung aufweisen. Bei Berechnungen wird deshalb die Größe dieses Stromes oft vernachlässigt.

Zur Beschreibung des Extrusionsprozesses ist die Kenntnis der Größe der Kräfte und der Geschwindigkeiten, die im Schneckengang auftreten, unbedingt erforderlich. Dabei ist es vorteilhaft, anzunehmen, daß sich die Zylinderoberfläche relativ zur unbeweglichen Schnecke bewegt und zu diesem Zweck den spiralförmigen Schneckengang praktisch als Fläche entfaltet. Die Schmelzeströmung im Schneckengang kann vereinfacht so angenommen werden, als ob die Schmelze zwischen zwei parallelen Platten fließt, von denen sich nur eine bewegt. Unter diesen angenommenen Modellbedingungen würde die Oberfläche der Schnecke die Bewegung der Schmelze bremsen.

Die Richtung der Schmelzeströmung im Schneckengang ist durch die Richtung der Schraubenlinie vorgegeben und fällt folglich nicht mit der Richtung der Zylinderwandung zusammen. Deshalb und auf Grund der Adhäsion der Schmelze an der Zylinderoberfläche im Schneckengang entsteht eine Querströmung. Diese übt keinen merklichen Einfluß auf die Größe des erzwungenen Stromes aus, sondern charakterisiert nur die Intensität der Durchmischung der Schmelze. Wenn der Einfluß der Seitenwände des Schneckenganges vernachlässigt wird, kann das Gesamtverhalten der Strömung einer viskosen Flüssigkeit durch den Sonderfall der Navier-Stokes-Gleichung beschrieben werden:

$$\frac{d^2v}{dy^2} = \frac{1}{\eta} \frac{dp}{dz}. \tag{3.5}$$

Dabei stellen v die Geschwindigkeit eines Flüssigkeitselementes innerhalb der Koordinaten x, y und z, η die Viskosität und p den Druck dar. Die Gleichung (3.5) gilt unter der Annahme, daß die y-Achse parallel zur Oberfläche des Zylinders und zur Schnecke verläuft, die z-Achse entlang des Schneckenganges und die x-Achse quer zu ihm gerichtet sind.

Bei $\eta = \text{const}$ gilt

$$\eta \frac{d^2y}{dy^2} = \frac{\partial p}{\partial z}. \tag{3.6}$$

Wird die Gleichung (3.6) zweifach integriert, so resultiert

$$v = \frac{1}{2\eta} \frac{dp}{dz} y^2 + C_1 y + C_2. \tag{3.7}$$

Die Integrationskonstanten C_1 und C_2 werden aus den Grenzbedingungen ermittelt, die dann gegeben sind, wenn auf der unbeweglichen Fläche die Geschwindigkeit gleich Null ist, aber auf der beweglichen gleich V, d. h. $v = 0$ bei $y = 0$ und $v = V$ bei $y = h$. Hieraus ergibt sich $C_2 = 0$. C_1 hingegen läßt sich aus der folgenden Gleichung ermitteln:

$$C_1 = \frac{V}{h} - \frac{1}{\eta} \frac{dp}{dz} \frac{h}{2}. \tag{3.8}$$

Setzt man den Wert C_1 in Gleichung (3.7) ein, so erhält man einen Ausdruck für die Verteilung der Geschwindigkeiten im Raum zwischen der Schnecke und dem Zylinder. Dieser Ausdruck gibt die wirklichen Verhältnisse nur für geringe Gangtiefen hinreichend genau wieder, da bei der Herleitung dieses Ausdruckes angenommen worden ist, daß der Gang unbegrenzte Ausdehnung in Richtung der x-Achse besitzt:

$$v = \frac{Vy}{h} + \frac{y^2 - hy}{2\eta} \frac{dp}{dz}. \tag{3.9}$$

Der erste Ausdruck auf der rechten Seite der Gleichung (3.9) charakterisiert die Gesetzmäßigkeit der Verteilung der Geschwindigkeiten von einer viskosen Flüssigkeit bei ihrer Strömung, die durch eine sich bewegende Oberfläche erzwungen wird. Der zweite Ausdruck charakterisiert die Verteilung der Geschwindigkeiten im Schmelzestrom, die durch den Druckgradienten (Gegenstrom) bedingt sind. In Abbildung 3.9 werden die Geschwindigkeitskennlinien der Strömungen im Schneckengang wiedergegeben.

Die Geschwindigkeitskennlinien der erzwungenen Strömung (Abb. 3.9a)) haben die Form eines rechtwinkligen Dreiecks, die des Gegenstromes hingegen (Abb. 3.9b)) die einer Parabel. Das wirkliche Profil der Strömungsgeschwindigkeit erhält man durch Überlagerung des erzwungenen und des Gegenstromes. Das Verhältnis der erzwungenen Strömung im Vergleich zum Gegenstrom wird durch die Größe a wiedergegeben. Die Geschwindigkeitskennlinien, die sich für $a = \frac{1}{3}$ ergeben, sind deshalb am interessantesten, weil unter diesen Bedingungen die maximale Durchsatzleistung des Extruders bei beliebigem Gegendruck in den Düsen erreicht wird.

Daraus kann man zu der Schlußfolgerung gelangen, daß im Schneckengang ein Bereich der Umkehrströmung auftritt, in dem sich die Schmelze zur Einzugszone hin bewegt. Tatsächlich tritt jedoch, wenn man von dem unbedeutenden Ausfließen des Schmelzestromes absieht, im Schneckengang keine Strömung auf, die dem erzwungenen Strom entgegengerichtet ist. Die Annahme des Vorhandenseins eines Gegenstromes erweist sich in der Praxis bei der Analyse der Abhängigkeit der Ausstoßleistung des Extruders vom Druck am Extruderkopf (vor der Düse) sowie von der Schneckengeometrie als vorteilhaft. Man kann das Vorhandensein eines Querstromes berücksichtigen, der auf Grund der normalen Geschwindigkeitskomponenten auftritt, die die Projektionen der echten Geschwindigkeiten auf die x-Achse darstellen. Dieser Querstrom ist in Wirklichkeit eine Zirkulationsströmung, deren Geschwindigkeitsverteilung nicht vom Druck am Extruderkopf abhängt, sondern ausschließlich von der Schneckengeometrie und der Drehzahl der Schnecke.

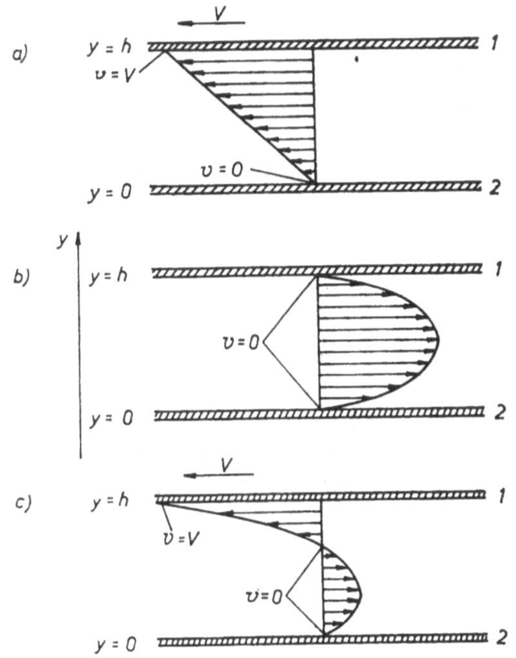

Abb. 3.9. Geschwindigkeitskennlinien der Strömungen im Schneckengang

1 – Oberfläche des Zylinders,
2 – Schneckenkern

Deshalb ist die Geschwindigkeitsresultierende in jedem Punkt gleich der Vektorsumme aller in ihm wirkenden Geschwindigkeiten. Die Summe der Vektoren, die die effektive Größe der Geschwindigkeiten in einem gegebenen Punkt des Stromes darstellen, ergeben bei Stillstand der Schmelze im Schneckengang Geschwindigkeiten, die zur Einzugszone gerichtet sind [31].

Die Ausstoßleistung Q des Extruders kann in folgende Gleichung gefaßt werden:

$$Q = w \int_0^h v \, dy .$$

Nach Einsetzen des Wertes v aus Gleichung (3.9) und nach Integration erhält man:

$$Q = \frac{Vwh}{2} - \frac{wh^3}{12\eta} \cdot \frac{\mathrm{d}p}{\mathrm{d}z}. \tag{3.10}$$

Die Größe der Ausstoßleistung des Extruders setzt sich zusammen aus:

$$Q = Q_d + Q_p, \tag{3.11}$$

wobei Q_d den Volumendurchsatz des erzwungenen Stromes und Q_p den Volumendurchsatz des Gegenstromes darstellen.

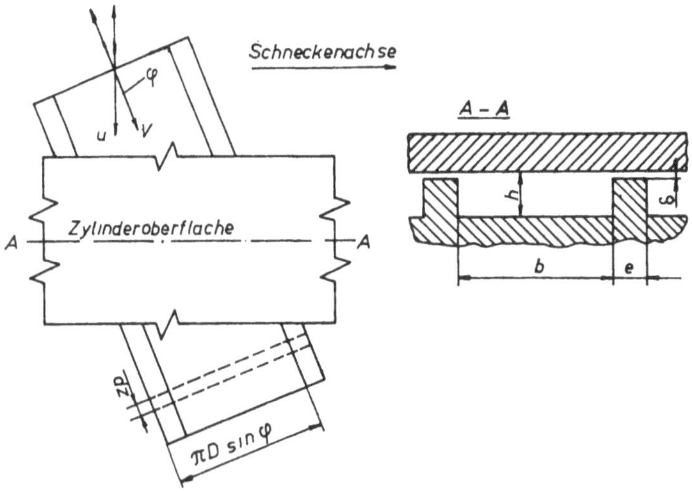

Abb. 3.10. Schema zur Berechnung der Extruderleistung

Nachfolgend wird die Geschwindigkeit V der sich bewegenden Fläche in Abhängigkeit von der Schneckengeometrie und der Schneckendrehzahl N untersucht. Die Gangbreite kann dabei durch b und den Winkel φ dargestellt werden (Abb. 3.10). Außerdem wird die Anzahl der Schneckengänge i berücksichtigt. Man erhält für die Geschwindigkeit eines Punktes auf dem Schneckenkamm

$$u = \pi DN, \tag{3.12}$$

$$V = u \cos \varphi. \tag{3.13}$$

Setzt man den Wert u aus Gleichung (3.12) in den Ausdruck für V ein, so resultiert die Geschwindigkeit der sich bewegenden Fläche:

$$V = \pi DN \cos \varphi. \tag{3.14}$$

Aus dem Schema, wie in Abbildung 3.10 dargestellt, folgt ferner:

$$w = \left(\frac{t}{i} - e\right) \cos \varphi, \tag{3.15}$$

$$\mathrm{d}z = \frac{\mathrm{d}l}{\sin \varphi}, \tag{3.16}$$

wobei e die Koordinate in Richtung der Schneckenachse sein soll. Werden die Ausdrücke (3.13), (3.14) und (3.15) in Gleichung (3.10) eingesetzt, so resultiert:

$$Q = \frac{\pi D N \left(\frac{i}{t} - e\right) hi \cos^2 \varphi}{2} - \frac{i\left(\frac{t}{i} - e\right) \cos \varphi \sin \varphi h^3}{12\eta} \cdot \frac{dp}{dl}.$$

Für eine eingängige Schnecke ergibt sich demnach unter Berücksichtigung, daß $t = \pi D \tan \varphi$ ist, sowie bei Vernachlässigung der Größe e (unbedeutend gegenüber t):

$$Q = \frac{\pi^2 D^2 h \sin \varphi \cos \varphi}{2} N - \frac{\pi D h^3 \sin^2 \varphi}{12\eta} \cdot \frac{dp}{dl}. \tag{3.17}$$

Faßt man die geometrischen Parameter des Schneckenganges zusammen und bezeichnet sie mit α und β, so ergibt sich:

$$Q = \alpha N - \frac{\beta}{\eta} \cdot \frac{dp}{dl}, \tag{3.18}$$

wobei

$$\alpha = \frac{1}{2} \pi^2 D^2 h \sin \varphi \cos \varphi$$

und

$$\beta = \frac{1}{12} \pi D h^3 \sin^2 \varphi$$

sind.

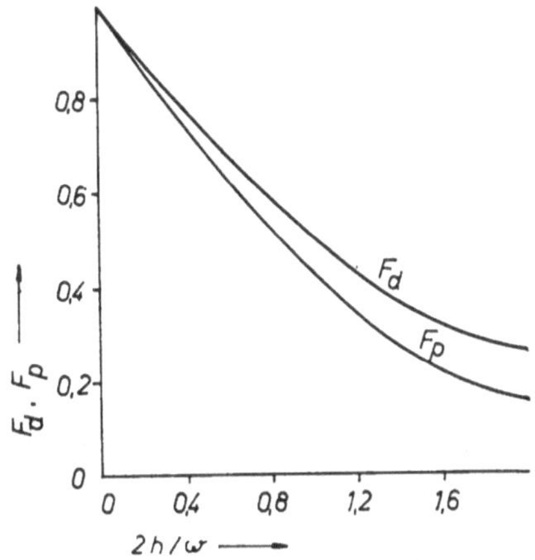

Abb. 3.11. Kurven zur Bestimmung der Formkoeffizienten

Weist die Schnecke eine größere Gangtiefe auf, so ist in Gleichung (3.18) eine Korrektur vorzunehmen (bedingt durch den Einfluß der Seitenwände des Schneckensteges). Korrekturfaktoren sind die Formkoeffizienten F_d und F_p, die nur vom Verhältnis $h:w$ (Abb. 3.11) abhängen [31]. Für diese Verhältnisse nimmt die Gleichung (3.18) folgende Form an:

$$Q = \alpha N F_d - \frac{\beta}{\eta} \frac{\mathrm{d}p}{\mathrm{d}l} F_p. \tag{3.19}$$

Aus (19) wird ersichtlich, daß bei konstanten Abmessungen der Schnecke die Durchsatzleistung des Extruders lediglich von der Drehzahl abhängt. Mit Vergrößerung der Scheinviskosität steigt die Durchsatzleistung, sie verringert sich hingegen bei Vergrößerung des Druckgradienten. Näherungsweise darf angenommen werden, daß der Druck über die Schneckenlänge gleichmäßig von Null in der Einzugszone bis zur Größe des Druckes am Extruderkopf ansteigt; demnach wäre der Gradient eine konstante Größe. Daraus resultiert

$$\left(\frac{\mathrm{d}p}{\mathrm{d}l}\right)_M = \frac{P_K}{L},$$

wobei P_K der Schmelzedruck am Extruderkopf und L die wirksame Schneckenlänge sind.

Die Durchsatzleistung, ausgedrückt durch Gleichung (3.19), charakterisiert so gesehen auch die Größe des Schmelzestromes, der durch den Extruderkopf (Düse) geht. Dieser Strom bestimmt zusammen mit den Abmessungen der Düse sowie den rheologischen Konstanten K und n des Polymeren den in der Düse auftretenden Druck:

$$P_K = K_K K Q^{1/n}, \tag{3.20}$$

wobei K_K die Düsenkonstante ist. Für eine Düse mit flachem Schlitz entspricht die Düsenkonstante dem folgenden Ausdruck:

$$K_K = \frac{2^{1+1/n} l_* (n+2)^{1/n}}{b_*^{1/n} h_*^{1+2/n}},$$

wobei l_* die Länge des Schlitzes; b_* die Breite des Schlitzes; h_* die Höhe des Schlitzes bedeuten sollen. Bei Berechnung der Durchsatzleistung setzt man in die Formel (3.19) den Wert der Scheinviskosität ein. Er kann angenähert wie folgt formuliert werden:

$$\eta_z = \frac{\eta}{\left(\frac{\mathrm{d}v}{\mathrm{d}y}\right)^{1-1/n}},$$

wobei $\mathrm{d}v/\mathrm{d}y \approx \pi D N / h$ entspricht.

Durch graphische Integration der Gleichungen (3.19) und (3.20) erhält man die Arbeitscharakteristik eines Extruders. In Abbildung 3.12 sind die Arbeitscharakteristiken von zwei Extrudern dargestellt, deren Schnecken verschiedene Gangtiefen aufweisen. Die parallelen Linien mit negativem Anstiegswinkel zeigen die Abhängigkeit der Ausstoßleistung des Extruders vom Druck vor der Düse bei verschiedenen Schneckendrehzahlen entsprechend Gleichung (3.20). Auftretende Schnittpunkte der Charakteristiken der Schnecke und der Düse ergeben die Arbeitspunkte für das entsprechende System Schnecke–Düse. Durch graphische Auswertung kann man die Veränderung der Durchsatzleistung bei Einsatz von Schnecken und Düsen unterschiedlicher konstruktiver Auslegung bestimmen und die Parameter des Extrusionsprozesses variieren.

Je größer z. B. die Gangtiefe der Schnecke ist, desto eindeutiger wird die Durchsatzleistung von der Düsenkonstante beeinflußt.

Zur Überwindung der Reibungs- und Viskositätskräfte ist bei Drehung der Schnecke in der Polymerschmelze eine entsprechende mechanische Energie aufzuwenden. Die

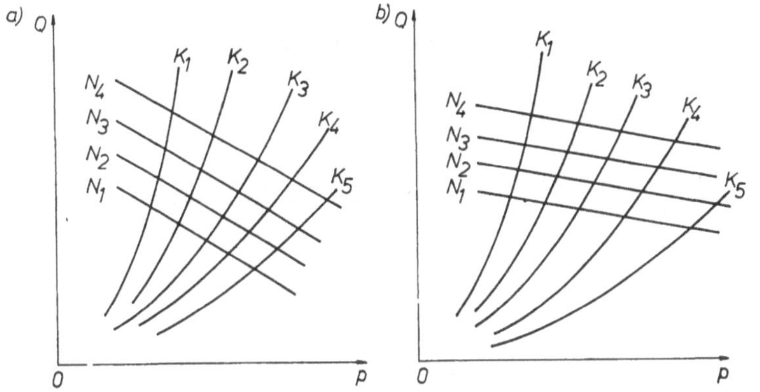

Abb. 3.12. Arbeitscharakteristiken von Extrudern mit a) größerer und b) geringerer Gangtiefe der Schnecke

Berechnung der erforderlichen Leistung, die für den Antrieb der Schnecke erforderlich ist, kann auf folgende Weise vorgenommen werden [34–37]:

$$\mathrm{d}Z_1 = U\,\mathrm{d}F, \tag{3.21}$$

wobei $\mathrm{d}Z_1$ die Leistung ist, die zur Überwindung der Viskositätskräfte im Schneckengang aufgebracht werden muß. Die Kraft, die in Richtung des Ganges wirkt, entspricht

$$\mathrm{d}F\varphi = \tau\,\mathrm{d}S_1, \tag{3.22}$$

wobei τ die Schubspannung und $\mathrm{d}S_1$ ein Oberflächenelement sind. Aus dem Schema des Schneckenganges (s. Abb. 3.10) kann abgeleitet werden:

$$\mathrm{d}F = \mathrm{d}F\varphi/\cos\varphi \qquad \text{sowie} \tag{3.23}$$

$$\mathrm{d}S_1 = w\,\mathrm{d}z = \pi D \sin\varphi\,\mathrm{d}z. \tag{3.24}$$

Unter der Voraussetzung, daß sich im Schneckengang eine Newtonsche Flüssigkeit bewegt, wird die Schubspannung τ_w an der Wand gleich

$$\tau_w = \eta\,\frac{\mathrm{d}v}{\mathrm{d}y},$$

wobei $\mathrm{d}v/\mathrm{d}y$ der Geschwindigkeitsgradient an der Zylinderwand ist, der durch Integration aus Gleichung (3.5) bestimmt werden kann.

Derart erhält man

$$\frac{\mathrm{d}v}{\mathrm{d}y} = \frac{1}{\eta}\,\frac{\mathrm{d}p}{\mathrm{d}z}\,y + C_1. \tag{3.25}$$

Setzt man den früher gewonnenen Wert der Integrationskonstante C_1 aus der Formel (3.8) in die Gleichung (3.25) ein, so ergibt sich

$$\frac{\mathrm{d}v}{\mathrm{d}y} = \frac{1}{\eta}\,\frac{\mathrm{d}p}{\mathrm{d}z}\,y + \frac{V}{h} - \frac{1}{\eta}\,\frac{\mathrm{d}p}{\mathrm{d}z}\,\frac{h}{2}.$$

Entspricht $y = h$, so ist der Geschwindigkeitsgradient an der Wand gleich

$$\left(\frac{\mathrm{d}v}{\mathrm{d}y}\right)_{y=h} = \frac{V}{h} + \frac{h}{2\eta}\,\frac{\mathrm{d}p}{\mathrm{d}z}. \tag{3.26}$$

Setzt man in die Gleichung (21) die Werte τ und $\mathrm{d}S_1$ aus den Gleichungen (12), (13), (16), (22), (23), (24) sowie (26) ein, erhält man nach entsprechenden Umformungen

$$\mathrm{d}Z_1 = \frac{\pi^3 D^3 N^2 \eta}{h}\,\mathrm{d}l + \frac{\pi^2 D^2 N h \sin\varphi}{2\cos\varphi}\,\mathrm{d}p. \tag{3.27}$$

Multipliziert man Zähler und Nenner des zweiten Gliedes des rechten Teiles der Gleichung (3.27) mit $\cos\varphi$, so folgt

$$\mathrm{d}Z_1 = \frac{\pi^3 D^3 N^2 \eta}{h}\,\mathrm{d}l + \frac{\pi^2 D^2 N h \sin\varphi\cos\varphi}{2\cos^2\varphi}\,\mathrm{d}p. \tag{3.28}$$

Aus den Gleichungen (3.11) und (3.17), die die Ausstoßleistung der Extruder beschreiben, ist bekannt, daß

$$Q_d = \frac{1}{2}\,\pi^2 D^2 N h \sin\varphi\cos\varphi$$

entspricht. Danach kann die Gleichung (3.28) wie folgt dargestellt werden:

$$\mathrm{d}Z_1 = \frac{\pi^3 D^3 N^2 \eta}{h}\,\mathrm{d}l + \frac{Q_d\,\mathrm{d}p}{\cos^2\varphi}. \tag{3.29}$$

Die Leistung, die für den Schub der Schmelze im Raum zwischen dem Steg des Ganges und der Wandung des Zylinders (d. h., in dem Spalt zwischen Schnecke und Zylinder) aufgebracht werden muß, wird ebenfalls so bestimmt. Die Fläche des Schubes beträgt in diesem Falle

$$\mathrm{d}S_2 = e\cdot\cos\varphi\,\mathrm{d}Z.$$

Die Schubgeschwindigkeit im Spalt wäre dann

$$\left(\frac{\mathrm{d}v}{\mathrm{d}y}\right)_n = \frac{V}{\delta} = \frac{\pi D N\cos\varphi}{h}. \tag{3.30}$$

Nach Umformung der Gleichung (3.30) erhält man

$$\mathrm{d}Z_2 = \frac{\pi^2 D^2 N^2 \eta e}{\delta\tan\varphi}\,\mathrm{d}l. \tag{3.31}$$

Die insgesamt erforderliche Leistung kann danach in Form der Summe von Gleichung (3.29) und Gleichung (3.31) ausgedrückt werden:

$$dZ = \frac{\pi^3 D^3 N^2 \eta}{h}\, dl + \frac{Q_d\, dp}{\cos^2 \varphi} + \frac{\pi^2 D^2 N^2 \eta e}{\delta \tan \varphi}\, dl. \tag{3.32}$$

Integriert man den Ausdruck (3.32), so erhält man den gesamten für den Antrieb der Schnecke erforderlichen Energiebetrag:

$$Z = \int_0^L \frac{\pi^3 D^3 N^2 \eta}{h}\, dl + \int_0^{P_K} \frac{Q_d\, dp}{\cos^2 \varphi} + \int_0^L \frac{\pi^2 D^2 N^2 \eta\, e}{\delta \tan \varphi}\, dl.$$

Bei konstanten Werten von L, D, e, h, δ und η resultiert

$$Z = \frac{\pi^3 D^3 N^2 \eta L}{h} + \frac{\pi^2 D^2 N^2 e \eta L}{\delta \tan \varphi} + \frac{Q_d P_K}{\cos^2 \varphi}. \tag{3.33}$$

Gleichung (3.33) ist unter der Annahme hergeleitet worden, daß die Strömung im Schneckengang der einer NEWTONschen Flüssigkeit entspricht. Berücksichtigt man den pseudoplastischen Charakter der PETP-Schmelze, so ist in die Gleichung der Wert für die Scheinviskosität der Schmelze aufzunehmen. Die Scheinviskositäten im Schneckengang und im Spalt unterscheiden sich und müssen folglich einzeln berechnet werden. In den ersten Ausdruck der Gleichung (3.33) setzt man den Durchmesser D_i des Schneckenkernes und in das zweite Glied den äußeren Schneckendurchmesser $D_ä$ ein:

$$Z = \frac{\pi^3 D_i^3 N^2 \eta_z' L}{\eta} + \frac{\pi^2 D_ä^2 N^2 \eta_z'' L}{\delta \tan \varphi} + \frac{Q_d P_K}{\cos^2 \varphi}, \tag{3.34}$$

wobei η_z' und η_z'' die Scheinviskositäten der PETP-Schmelze im Schneckengang bzw. im radialen Spalt zwischen Schnecke und Zylinder darstellen. Die Werte für η_z' und η_z'' kann man angenähert nach folgenden Formeln bestimmen:

$$\eta_z' = \frac{\eta_1}{\left(\frac{\pi D_i N}{\delta}\right)^{1-1/n}}; \qquad \eta_z'' = \frac{\eta_2}{\left(\frac{\pi D_ä N}{\delta}\right)^{1-1/n}}.$$

Das erste Glied der rechten Seite der Gleichung (3.34) gibt die Leistung wieder, die für die Deformation der Schmelze im Schneckengang verbraucht wird. Das zweite Glied beschreibt die Leistung, die für den Schub der Schmelze im Spalt zwischen dem Schneckensteg und dem Zylinder benötigt wird. Die Leistung, die zur Schaffung des Vorrates an potentieller Energie in der Schnecke erforderlich ist, entspricht dem dritten Glied.

Die energetische Bilanz eines Extruders kann durch folgende Gleichung dargestellt werden:

$$Z_{\text{Mot}} + Z_{\text{Erh}} = Z_{\text{M.V.}} + Z_{\text{M}} + Z_{\text{Er.M}} + Z_{\text{Abk.}} + Z_{\text{Um.Med.}}. \tag{3.35}$$

Dabei bedeuten: Z_{Mot} — Leistung, die der Motor verbraucht, Z_{Erh} — Energie, die den Heizungen zugeführt wird, $Z_{\text{M.V.}}$ — mechanische Verluste im Antrieb, Z_{M} — Energie, die für die Erhöhung des Druckes des zu extrudierenden Polymeren aufgebracht wird, $Z_{\text{Er.M}}$ — Energie, die zur Erhitzung des Polymeren aufgebracht wird, $Z_{\text{Abk.}}$ — Energie, die mit Hilfe des Kühlwassers durch die Wände des Zylinders und der Schnecke abfließt, $Z_{\text{Um.Med.}}$ — Energie, die an das umgebende Medium übertragen wird (Verluste).

Die Nutzenergie setzt sich aus den Beträgen zusammen, die für die Druck- und Temperaturerhöhung des zu extrudierenden Polymeren aufgewendet werden müssen:

$$Z_{\text{Nutz}} = Z_{\text{M}} + Z_{\text{Er.M}} = Qp + Q\varrho C(T_E - T_A). \tag{3.36}$$

Dabei bedeuten: Q — Durchsatzleistung des Extruders, p — spezifischer Druck in der Düse, ϱ — Dichte des zu extrudierenden Polymeren, C — Wärmekapazität des zu extrudierenden Polymeren, T_E — Endtemperatur des Polymeren, T_A — Anfangstemperatur des Polymeren.

Der gesamte Druck wird für die Überwindung des Widerstandes am Extruderkopf aufgewandt. Die Temperaturerhöhung des Polymeren durch den Übergang von potentieller Energie in Wärmeenergie beträgt nur einige wenige Grad. Den Ausdruck (3.35) kann man folglich auch derart fassen:

$$Z_{\text{Mot}} - Z_{\text{M.V.}} = Z_{\text{Er.M}} + Z_{\text{Abk.}} + Z_{\text{Um.Med.}} - Z_{\text{Erh.}}. \tag{3.37}$$

Die linke Seite der Gleichung (37) entspricht der Leistung, die der Schnecke zugeführt wird: $Z_{\text{Schn.}} = Z_{\text{Mot}} - Z_{\text{M.V.}}$. Sie kann angenähert nach der Formel (3.34) berechnet werden. Wenn angenommen wird, daß Zylinder und Werkzeug so isoliert sind, daß der resultierende Energieverlust an die Umgebung minimal wird und dabei Zylinder und Schnecke weder erhitzt noch abgekühlt werden, so ist $Z_{\text{Schn.}} = Z_{\text{Erh.M.}}$, und man erhält bei Einsatz der Werte aus den Gleichungen (3.34) und (3.36):

$$\frac{\pi^3 D_i^3 N^2 \eta_z' L}{h} + \frac{\pi^2 D_a^2 N^2 e \eta_z'' L}{\delta \tan \varphi} + \frac{Q_d P_K}{\cos^2 \varphi} = QP_K + Q\varrho C(T_E - T_A). \tag{3.38}$$

Näherungsweise kann man Gleichung (3.38) auch folgendermaßen formulieren:

$$\frac{\pi^3 D_i N^2 \eta_z' L}{h} + \frac{\pi^2 D_a^2 N^2 e \eta_z'' L}{\delta \tan \varphi} = Q\varrho C(T_E - T_A). \tag{3.39}$$

Setzt man jetzt in Gleichung (3.39) den Ausdruck für die tatsächliche Viskosität ein, so erhält man nach einigen Umformungen eine Formel, die Schneckendrehzahl, Durchsatzleistung des Extruders und Endtemperatur des Polymeren miteinander verbindet:

$$\frac{\pi^{2+1/n} D_i^{2+1/n} N^{1+1/n} \eta_1 L}{h^{1/n}} + \frac{\pi^{1+1/n} D_a^{1+1/n} N^{1+1/n} e L \eta_1}{\delta^{1/n} \tan \varphi} = Q\varrho C(T_E - T_A).$$

Bezeichnet man die Konstanten, die die Maße der Schnecke charakterisieren, mit a und b, so resultiert

$$(a + b)\eta_1 \; N^{1+1/n} = Q\varrho C(T_E - T_A), \tag{3.40}$$

wobei

$$a = \frac{\pi^{2+1/n} D_i^{2+1/n} L}{h^{1/n}};$$

$$b = \frac{\pi^{1+1/n} D_{\bar{a}}^{1+1/n} e L}{\delta^{1/n} \tan \varphi} \quad \text{sind.}$$

Gleichung (3.40) kann zur Ermittlung des optimalen Betriebsregimes eines Extruders benutzt werden. Aus ihr folgt, daß mit Erhöhung der Schneckendrehzahl N die Durchsatzleistung Q proportional ansteigt. Die Wärmekapazität des Polymeren erhöht sich normalerweise geringfügig beim Temperaturanstieg. Sobald sich jedoch die Schneckendrehzahl erhöht und folglich auch die linke Seite der Gleichung (3.40) schneller vergrößert als das Produkt QC, muß sich zwangsläufig zur Erhaltung des Gleichgewichtes auch der Temperaturunterschied $T_E - T_A$ vergrößern. Wenn die gesamte mechanische Energie, die der Schnecke zugeführt wird, in Wärmeenergie umgesetzt und zur Erhöhung des Wärmeinhaltes des Polymeren verbraucht wird, spricht man von einem adiabatischen Arbeitsregime des Extruders. Dabei werden Zylinder und Kopf nur erhitzt, um die Wärmeverluste an die Umgebung auszugleichen.

Sobald die Energiemenge, die für den Antrieb der Schnecke benötigt wird, größer ist als die, die für das Aufschmelzen des Polymeren bis zu dem vorgegebenen Temperaturniveau erforderlich ist, müssen Schnecke und Zylinder gekühlt werden. Dadurch wird die Effektivität der Arbeit des Extruders verringert.

Der Wirkungsgrad eines Extruders kann durch folgenden Quotienten beschrieben werden:

$$\text{Wirkungsgrad} = \frac{T_{\text{Er.M}}}{Z_{\text{Mot.}} + Z_{\text{Er.}}}.$$

Ausführliche theoretische Betrachtungen zum gesamten Extrusionsprozeß sind in [38] enthalten; sie bieten dem Praktiker durch detaillierte Darstellung der Probleme eine wichtige Arbeitsgrundlage.

3.2.2.2.3. Aufnahme und Abkühlung der amorphen Folie

Die PETP-Schmelze ist, durch den Düsenschlitz des Kopfes zu einer Flachfolie geformt, nunmehr zur Kristallisation fähig. Dieser Prozeß vollzieht sich bei Temperaturen oberhalb des Glaspunktes. Deshalb ist es von großer Bedeutung, daß die Schmelze unmittelbar nach dem Austritt aus dem Schlitz rasch abgekühlt und damit die Bildung von Sphärolithen verhindert wird.

Zur Aufnahme und schnellen Abkühlung der Schmelze dient eine spezielle Kühltrommel mit polierter Oberfläche. Das Schema einer solchen Kühltrommel ist in Abbildung 3.13 dargestellt. Die Kühltrommeln werden von den einzelnen Herstellern konstruktiv unterschiedlich ausgelegt, das trifft insbesondere auf das System der Kühlwasserzuführung zur inneren Oberfläche der Kühltrommel zu. Um eine intensive Wärmeabführung zu gewährleisten, muß die Geschwindigkeit des Kühlwassers in dem spiralförmigen Rohr ausreichend groß sein. Diese liegt in der Praxis etwa bei 1,5 bis 2 m/s bei einer Durchsatzmenge von etwa 0,2 m³/min. Die Abkühlungsgeschwindigkeit der amorphen Folie wird durch die Wärmeübertragung von der erstarrenden Schmelze zur Kühlfläche und durch die Wärmeleitfähigkeit der abgekühlten Polymerschicht bestimmt.

Nachfolgend soll das wärmephysikalische Modell der Abkühlung der Schmelze bei einem nichtstationären Prozeß des Wärmeaustausches betrachtet werden. Das Modell gestattet eine Bestimmung der Schmelzetemperatur zu einer beliebigen Zeit und an einem beliebigen Punkt, aber auch eine Bestimmung der spezifischen Größe des Wärmestromes, der eine maximale Abkühlungsgeschwindigkeit der Folie gewährleisten soll. Da der betrachtete Wärmeprozeß nicht stationär ist, ist eine analytische Lösung nicht in allen Fällen möglich.

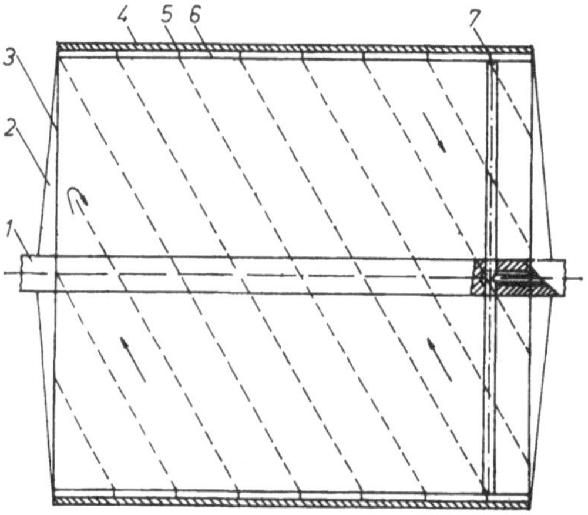

Abb. 3.13. Schema der Kühltrommel
1 – Welle, 2, 5 – Rippe, 3 – Seitenteil, 4 – äußere Wandung, 6 – innere Wandung, 7 – Rohr

Es wird angenommen, daß die auf eine Temperatur T_p erhitzte PETP-Schmelze sich als amorphe Folie an die Oberfläche der Trommel anlegt und dabei die die Trommeloberfläche berührende Folienseite momentan die Trommeltemperatur T_{Tr} annimmt. Dabei wird die Temperatur der erstarrenden Schmelze in jedem ihrer beliebigen Punkte vom Abstand des Punktes zur Trommeloberfläche von der Normalen x und der Zeit t abhängen. Dieser Fall ist ein Beispiel für ein monomeres Temperaturfeld, d. h. für das Feld einer Platte, deren Länge und Breite im Vergleich zur Dicke sehr groß sind und in der sich die Wärme senkrecht zu ihrer Oberfläche ausbreitet.

Deshalb kann der Wert $T_{p(x,t)}$ aus der Differentialgleichung der Wärmeleitfähigkeit für den Fall eines monomeren Wärmestromes ermittelt werden:

$$\frac{\partial T}{\partial t} = a \frac{\partial^2 T}{\partial x^2}, \qquad 0 \leqq x \leqq \delta,$$

wobei δ die Schichtdicke der erstarrenden Schmelze darstellt (in m), $a = \eta/(\varrho C)$ ist der Koeffizient der Temperaturfähigkeit der Schmelze (in m²/s), η ist der Koeffizient der Wärmeleitfähigkeit der Schmelze (in kJ/(m² · h · K), ϱ ist die Dichte der Schmelze (in kJ/m³), C ist die Wärmekapazität der Schmelze (in kJ/(kg · K)). Die Startbedingungen sind $T_{p(x,0)} = T_p$; die Grenzbedingungen $T_{p(\delta,t)} = T_{Tr}$; $\left(\frac{\partial T}{\partial x}\right)_{x=0} = 0$.

Den Wärmeaustausch der amorphen Folie mit der Luft kann man wegen der geringen Intensität vernachlässigen. Außerdem erleichtert eine solche Vernachlässigung wesentlich die analytische Lösung der Grenzwertaufgabe. Eine Lösung, von Lykow [39] vorgelegt, hat die Form:

$$\frac{T_{p(x,t)} - T_{Tr}}{T_p - T_{Tr}} = \frac{4}{\pi} \sum_{n=1}^{\infty} \frac{(-1)^{n+1}}{2n-1} e^{\frac{-a(2n-1)^2\pi^2 t}{4\delta^2}} \cdot \cos \frac{(2n-1)\pi x}{2\delta}. \tag{3.41}$$

Bei praktischen Berechnungen geht man zweckmäßigerweise zur maßeinheitsfreien Temperatur Θ über, indem man folgende Beziehung einführt:

$$\Theta = \frac{T_{p(x,t)} - T_{Tr}}{T_p - T_{Tr}}.$$

Daß der betrachtete Prozeß nichtstationär ist, resultiert allein daraus, daß bei einer vorgegebenen anfänglichen Verteilung der Temperatur jede beliebige folgende Verteilung von der Dauer des Prozesses t, dem Koeffizienten der Temperaturleitfähigkeit a und dem Maß des Systems (in unserem Falle der Dicke der amorphen Folie δ) abhängt.

Eine wesentliche Bedeutung kommt dabei nicht jeder oben genannten isolierten Einzelgröße, sondern deren Kombination untereinander zu. Diese Kombination stellt eine verallgemeinerte Veränderliche dar und wird als FOURIER-Kriterium bezeichnet:

$$Fo = \frac{at}{\delta^2}.$$

Hieraus ist ersichtlich, daß das FOURIER-Kriterium den Charakter einer verallgemeinerten Zeit besitzt. Deshalb kann man es auch als homochronologische Zahl (Gleichmäßigkeit über die Zeit) bezeichnen. Auf diese Weise wird

$$\Theta = f(Fo, x/\delta).$$

Zur Bestimmung der Temperatur der Schmelze in einem beliebigen ihrer Punkte und zu einer beliebigen Zeit, aber auch zur Bestimmung der Größe des Wärmestromes kann man die Diagramme (Abb. 3.14 und 3.15) benutzen, die auf der Grundlage der Gleichung (3.41) ermittelt worden sind [39].

Unter realen Bedingungen kann für verschiedene Trommelkonstruktionen und dem damit zusammenhängenden Durchsatz an Kühlflüssigkeit der Wärmeübertragungskoeffizient α verschieden sein. Deshalb muß in diesem Fall die Gleichung der Wärmeleitfähigkeit unter Berücksichtigung der jeweiligen Randbedingungen gelöst werden.

Anstelle der Randbedingung $T_{p(\delta,t)} = T_{Tr}$ ist die Bedingung $(\partial T/\partial x)_{x=\delta}$ anzuwenden, d. h.

$$\left(\frac{\partial T}{\partial x}\right)_{x=\delta} = -\frac{\alpha}{\eta} [T_{p(\delta,t)} - T_{Tr}]$$

Die Lösung dieser Gleichung wird ebenfalls in der Arbeit [39] angegeben und hat folgende Form:

$$\Theta = \frac{T_{p(x,t)} - T_{Tr}}{T_p - T_{Tr}} = \sum_{n=1}^{\infty} \frac{2 \sin \mu_n}{\mu_n + \sin \mu_n \cos \mu_n} e^{-\mu_n^2 Fo} \cdot \cos \frac{\mu_n x}{\delta 2}. \tag{3.42}$$

Hierbei sind μ_n die Wurzeln der Gleichung:

$$\cot \mu = \frac{1}{Bi} \mu, \tag{3.43}$$

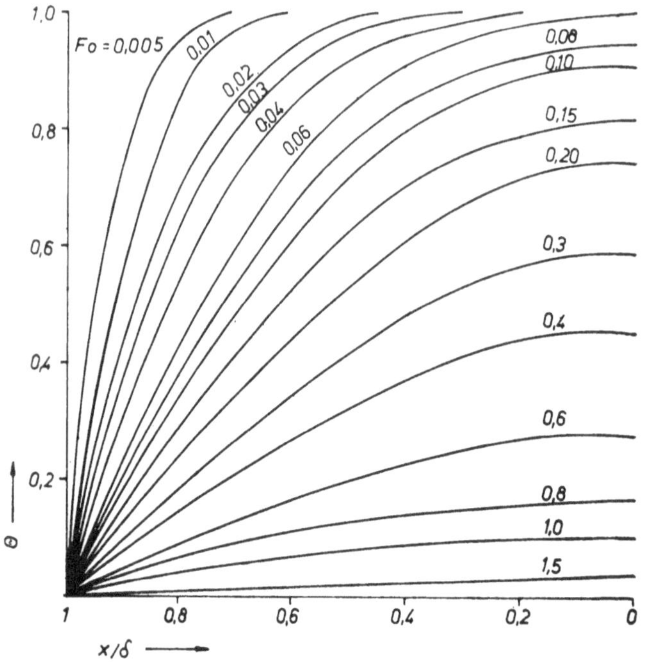

Abb. 3.14. Abhängigkeit der relativen Temperatur Θ der unbegrenzten Platte von der Koordinate x/δ für verschiedene Werte des FOURIER-Kriteriums Fo

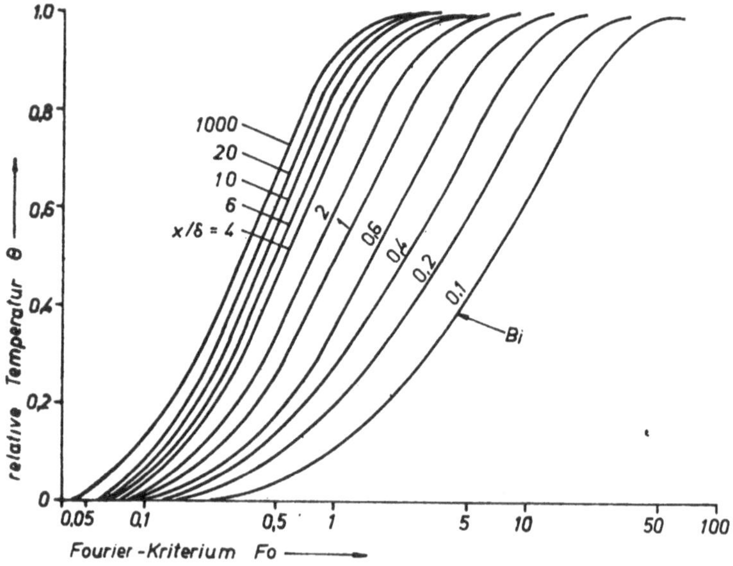

Abb. 3.15. Abhängigkeit der relativen Temperatur Θ der unbegrenzten Platte von dem FOURIER-Kriterium Fo für verschiedene Werte B_i

wobei $Bi = \alpha\delta/\eta$ das Kriterium für den Wärmeaustausch an der Oberfläche ist. Die Größe $\Theta = f(Bi, Fo, X/\delta)$ und der interessierende Wert der Temperatur an der Oberfläche der Folie können aus dem Nomogramm (Abb. 3.16) entnommen werden. Für die Punkte jedoch, die innerhalb der Folie liegen, ist die Berechnung nach Gleichung (3.42) durchzuführen, wobei es normalerweise ausreichend ist, sich auf die ersten drei Glieder der Summe zu beschränken.

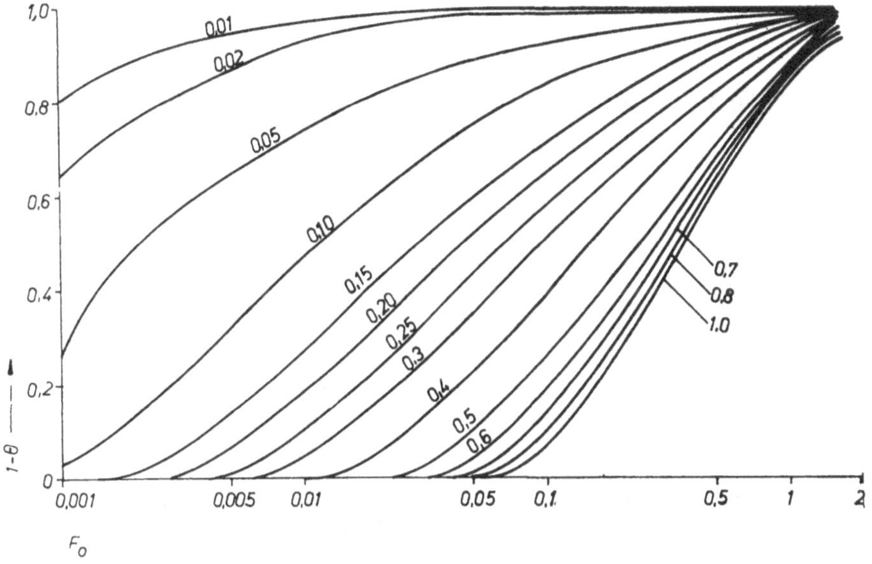

Abb. 3.16. Nomogramm zur Bestimmung der Temperatur Θ auf der Folienoberfläche

Um die Größe des spezifischen Wärmestromes zu bestimmen, der für die Abkühlung der Schmelze erforderlich ist, wird die Fourier-Gleichung verwendet:

$$q = \eta - \frac{\partial T}{\partial x}, \tag{3.44}$$

wobei q den spezifischen Wärmestrom (in kJ/(m^2 · h)) darstellt. Aus dem Ausdruck (3.44) kann dT/dx ermittelt und mit η multipliziert werden. Daraus resultiert:

$$-\frac{\partial T}{\partial x} = \frac{2}{\delta}\,(T_p - T_{Tr}) \sum_{n=1}^{\infty} e^{-\frac{(2n-1)^2\pi^2}{4}\,\frac{at}{\delta^2}}$$

und

$$q = \frac{2\eta(T_p - T_{Tr})}{\delta} \sum_{n=1}^{\infty} e^{-\frac{(2n-1)^2\pi^2}{4} Fo}.$$

Bei Berechnungen sind die ersten drei Glieder völlig ausreichend, d. h., die Form der praktisch anwendbaren Berechnungsformel lautet:

$$q = \frac{2\eta(T_p - T_{Tr})}{\delta}\left[e^{-\frac{\pi^2}{4}Fo} + e^{-9\frac{\pi^2}{4}Fo} + e^{-25\frac{\pi^2}{4}Fo} + \cdots\right]. \tag{3.45}$$

An einem Beispiel wird im folgenden die Temperatur einer amorphen Folie mit einer Dicke von 2,36 mm in einem Punkt bestimmt, der 0,7 mm von ihrer äußeren Oberfläche entfernt und vor 10 s mit der Kühltrommel in Berührung gekommen ist. Es wird angenommen, daß die Schmelzetemperatur $T_p = 300\,°C$ ist und die Oberflächentemperatur der Trommel $T_{Tr} = 70\,°C$ beträgt. Der dimensionslose Abstand wird nachfolgend ermittelt:

$$\frac{x}{\delta} = \frac{0{,}700}{2{,}36} = 0{,}3.$$

Anschließend wird das FOURIER-Kriterium bestimmt, wobei als Koeffizient der Wärmeleitfähigkeit für PETP $a = 5{,}96 \cdot 10^{-4}$ m²/h eingesetzt wird:

$$Fo = \frac{at}{\delta^2} = \frac{5{,}96 \cdot 10^{-4}}{2{,}36^2 \cdot 10^{-6} \cdot 3600} = 0{,}298.$$

Aus dem Nomogramm (Abb. 3.16) kann man für die Werte $x/\delta = 0{,}3$ und $Fo = 0{,}298$ die dimensionslose Temperatur Θ ermitteln. Sie ist gleich 0,54. Aus der Formel (3.42) wird $T_{p(x,t)}$ bestimmt (in °C):

$$T_{p(x,t)} = \Theta(T_p - T_{Tr}) + T_{Tr},$$

$$T_{p(x,t)} = 0{,}54 \cdot 230 + 70 \approx 170.$$

Bei der Berechnung der Parameter der Kühltrommel ist es notwendig, den spezifischen Wärmestrom, der eine entsprechende Abkühlung der amorphen Folie gewährleisten soll, zu bestimmen. Nach Gleichung (45) berechnet man den spezifischen Wärmestrom q für verschiedene Abkühlungszeiten der amorphen Folie mit einer Dicke von $\delta = 2{,}36$ mm (Tab. 3.3). Die Berechnungsergebnisse können zur Auswahl der Temperatur des Wärmeträgers, der Temperatur der Kühltrommeloberfläche, der Abzugsgeschwindigkeit und anderer Charakteristiken verwendet werden.

Tabelle 3.3. Spezifischer Wärmestrom q für verschiedene Abkühlzeiten

	$t = 1$ s	$t = 4$ s	$t = 10$ s
$e^{-\frac{\pi^2}{4}Fo}$	0,954	0,830	0,627
$e^{-9\frac{\pi^2}{4}Fo}$	0,658	0,186	0,015
$e^{-25\frac{\pi^2}{4}Fo}$	0,312	0,0095	0,00001
$\frac{2\eta(T_p - T_{Tr})}{\delta}$, kW/m²	42,5	42,5	42,5
q, kW · m²	81,7	43,6	27,3

Abschließend sei festgestellt, daß in der Praxis ein hoher konstruktiver Aufwand betrieben wird, um einen sehr guten Kontakt zwischen amorpher Folie und der Kühltrommel zu erreichen und damit einen schnellen und gleichmäßigen Wärmeübergang zu

erzielen. Als in der Praxis benutzte Prinziplösungen seien folgende genannt:
- Anblasen der Ränder der amorphen Folie bzw. der amorphen Folie über die gesamte Breite mit Luft (sog. Luftmesser),
- Schmierung der Trommelränder bzw. auch der gesamten Trommel mit Glykol oder anderen Stoffen,
- „Anheften" der amorphen Folie mittels Hochspannungseinrichtungen.

3.2.2.3. Recken und Thermofixieren

3.2.2.3.1. Kristallisation des PETP unter Einwirkung eines Kraftfeldes

Das orientierte Recken führt zu einer entscheidenden Verbesserung der physikalisch-mechanischen Eigenschaften der Folie, die von der molekularen und übermolekularen Struktur des Polymeren abhängen [40—42]. Dabei erfolgt die Kristallisation der amorphen Folie unter den Bedingungen eines einwirkenden Kraftfeldes. Nachfolgend werden die Kristallisationsprozesse, die mit Phasenübergängen verbunden sind, behandelt.

Die Ausbildung von kristallinen Strukturen in Polymeren ist nur bei Vorhandensein der folgenden drei Voraussetzungen möglich: regelmäßiger Aufbau der Makromoleküle, ihre ordnungsmäßige Konformation und die segmentale Beweglichkeit.

Als regelmäßigen Aufbau einer polymeren Kette bezeichnet man eine solche Folge in der räumlichen Anordnung der chemischen Glieder, bei der es möglich ist, durch beliebige Verschiebungen beliebige Abschnitte der Kette zu vereinigen [13]. Für regelmäßig aufgebaute Ketten eines Isopolymeren sind solche Abschnitte die chemischen Glieder, für regelmäßige Copolymeren hingegen sind es Kettensegmente mit einem vollständigen Satz der Glieder mit verschiedener chemischer Zusammensetzung. Zur Schaffung der strukturellen Voraussetzungen für den regelmäßigen Aufbau der Kette eines Polymeren ist es notwendig, bei seiner Synthese eine charakteristische Verbindung der Glieder, bei Copolymeren jedoch außerdem eine charakteristische Verbindung der Abschnitte mit den verschiedenen chemischen Gliedern untereinander, und zwar über die gesamte Ausdehnung der polymeren Kette, zu sichern.

Die zweite Bedingung für die Kristallisationsfähigkeit der Polymeren war die ordnungsmäßige Konformation der Makromoleküle. Wenn die Makromoleküle im amorphen Polymeren eine sphärische Form besitzen, ist die Herausbildung von kristallinen Strukturen eines fibrillären Types nur bei Entfaltung der sphärischen Bereiche und bei ihrem Übergang in eine maximal gestreckte Konformation möglich. Ein solcher Übergang ist z. B. bei der Kristallisation eines Polymeren aus seiner verdünnten Lösung erforderlich, da der Kristallisationsprozeß durch das Vorhandensein der Orientierung in den Ketten sowohl insgesamt als auch ihrer Seitengruppen ermöglicht wird. Bei der Kristallisation eines Polymeren in kondensiertem Zustand ist jedoch die Existenz von sphärischen Formen fast ausgeschlossen, da jedes Polymere in der Lage ist, paketförmige Strukturen auszubilden. Es sind auch solche Verhältnisse möglich, bei denen sogar die gedehnten Ketten eines regelmäßig aufgebauten Polymeren nicht in der Lage sind, einen solchen Ordnungszustand auszubilden, der für die Bildung des Kristallgitters und das Auftreten eines Phasenüberganges notwendig ist. So kristallisiert zum Beispiel das Polyethylenterephthalat auf der Basis des para-Isomers der Phthalsäure sehr leicht [43]. Demgegenüber kristallisieren Polyethylenphthalat auf der Basis des ortho-Isomeres der Phthalsäure oder Polyethylenisophthalat auf der Basis des meta-Isomeres der Phthalsäure überhaupt nicht.

Es ist bekannt, daß Kristallisation im amorphen Zustand nicht möglich ist. Folglich müssen zum Einsetzen der Kristallisation eines Polymeren solche Temperaturbedingungen vorliegen, bei denen eine ausreichende Beweglichkeit der Makromoleküle vorhanden ist. Das bedeutet, daß die Kristallisation nur bei Temperaturen oberhalb des Glaspunktes möglich ist (bis zur Schmelztemperatur). Für PETP liegt dieses Temperaturintervall im Bereich zwischen 80° und ca. 265 °C. Hieraus folgt aber, daß für die Kristallisation eines Polymeren der regelmäßige Bau seiner Makromoleküle und die Gewährleistung der Konformationsbedingungen allein noch nicht ausreichend sind. Es ist weiterhin notwendig, daß außerdem bestimmte kinetische Bedingungen anliegen, die die Realisierung des Phasenüberganges ermöglichen.

Es sind drei Formen von kristallinen Strukturen der Polymeren bekannt:

— primäre kristalline übermolekulare Strukturen,
— polymere Sphärolithe,
— polymere Einzelkristalle.

Selbst im amorphen Zustand existieren die primären übermolekularen Gebilde aus hinreichend geordneten Makromolekülen. Aus diesem Grunde führt das Vorhandensein der einfachsten Form der kristallinen Struktur eines Polymeren zur weiteren Ordnung der Makromoleküle, in der Hauptsache zu der ihrer Seitengruppen. Nach der Ausbildung der übermolekularen Strukturen entstehen bei günstigen kinetischen Bedingungen komplizierte kristalline Gebilde — polymere Sphärolithe. Diese Erscheinung ist besonders für PETP charakteristisch [44].

Das Vorhandensein von Makromolekülen mit unregelmäßigem oder verzweigtem Bau oder das Vorhandensein von Zusätzen führt dazu, daß an einzelnen Stellen der kristallinen Bereiche ungeordnete Gebiete auftreten, die untrennbarer Bestandteil des real existierenden polymeren Kristalles sind. Sie können weder von ihm abgetrennt, noch können sie als amorphe Phase betrachtet werden. Gleichzeitig sind im Polymeren in gewissen Konzentrationen auch globuläre Teilchen vorhanden, die einen anderen Typ von ungeordneten Gebieten des kristallinen Polymeren darstellen. Diese globulären Teilchen sind als amorpher Bereich des Polymeren zu betrachten, da dieser Teil von den Kristallen abgetrennt werden kann [14].

In den Fällen, in denen die Kristallisationsprozesse kinetisch erschwert werden, treten anstelle von Einkristallen kristalline sphärolytische Strukturen auf. Eine solche Kristallisation ist für die Polymeren typischer (nach der Kristallisation in primären übermolekularen Gebilden), da die Hauptbedingung für ihr Auftreten eine hohe Viskosität des Mediums ist. Die Bildung von Sphäroliten wird von einer Trübung der Folie begleitet, die bei der Herausbildung der übermolekularen Strukturen visuell nicht beobachtet werden kann. Diese Erscheinung läßt sich damit erklären, daß die kristallinen „Päckchen" der Ketten sehr klein sind. Andererseits führt aber das Vorhandensein von groben kristallinen Gebilden, den Sphärolithen, zum Auftreten von optischen Ungleichmäßigkeiten im Polymeren und in den aus ihm hergestellten Folien.

Das Vorhandensein der unterschiedlichsten Anordnungs- und Übergangsformen verwischt die erwünschte scharfe Grenze der Angaben über den amorphen Teil, der in der kristallinen Struktur des Polymeren eingebaut ist. Dies führt dazu, daß der weitverbreitete Begriff des „Kristallisationsgrades" seinen eigentlichen Sinn verliert. Es wäre vielmehr richtiger, von einer Störung der kristallinen Struktur und der Tiefe der ausgeprägten Kristallisation zu sprechen. Aus diesem Grunde ist der Kristallisationsgrad nur als eine sehr relative äquivalente Charakteristik zu betrachten [13–14].

Ungeachtet dessen, verwendet man in der technologischen Praxis für die Abschätzung einer Reihe von Eigenschaften der Polymeren und der aus ihnen hergestellten Folien mit Erfolg den obengenannten Begriff zur Definition des Verhältnisses der enthaltenen kristallinen und amorphen Phasen. Zur Bestimmung dieses Verhältnisses werden Methoden angewandt, die auf Bestimmung der Dichte, der unterschiedlichen Absorption im IR-Spektrum sowie der Röntgenstrukturanalyse beruhen. Die Gewichtsmenge einer kristallinen Phase A errechnet man aus dem Verhältnis

$$A = \frac{\varrho_K(\varrho - \varrho_a)}{\varrho(\varrho_K - \varrho_a)},$$

wobei ϱ_K, ϱ und ϱ_a die Dichten der kristallinen Phase, der zu untersuchenden Probe und des amorphen Polymeren sind. Die Dichte des Kristalls kann man, ausgehend von den Abmessungen seiner Elementarzelle, berechnen. So kristallisiert zum Beispiel PETP triklin mit Parametern von 0,456; 0,594 und 1,075 nm [45]. Die Dichte eines Elementarkristalls, berechnet nach diesen Parametern, beträgt 1,47 g/cm^3 [46, 47]. Die Dichte des amorphen Polymeren wird bestimmt nach der Amorphisierung des PETP. Die Konzentration des kristallinen Anteils in technischem PETP beträgt weniger als 50 Prozent.

Bei Anwendung der Infrarotspektroskopie wird die Intensität von charakteristischen Absorptionsbanden des amorphen und des kristallinen Polymeren in Relation gesetzt. Die Röntgenstrukturanalyse basiert auf Messung der relativen Intensitäten der Difraktionsmaxima, die den kristallinen und amorphen Mustern entsprechen [13].

Die ausgeprägtesten kristallinen Gebilde in Polymeren sind die Einkristalle oder Monokristalle. Der Untersuchung von Einkristallen des PETP wurde sehr viel Aufmerksamkeit gewidmet, obwohl die Ergebnisse keinen unmittelbaren Rückschluß auf den technologischen Prozeß der Folienherstellung gestatten. Auf die Kristallisationskinetik des PETP übt die Temperatur einen wesentlichen Einfluß aus. Eine bekannte Kristallisationstheorie [48] setzt den Anteil des amorphen Polymeren φ in folgende Beziehung:

$$\ln \varphi = -Kt, \tag{3.46}$$

wobei K eine verallgemeinerte Geschwindigkeitskonstante ist und n ein Parameter, der die Werte 1, 2, 3 und 4 in bestimmte Relationen zum Verhältnis von Keimbildungs- und Keimwachstumsgeschwindigkeit setzt. Nachfolgend sind die Werte des Parameters n für verschiedene Fälle der Kristallisation aufgeführt:

Art des Kristallwachstums	Bildung von Kristallkeimen	n
linear (eindimensional)	konstant	1
	sporadisch	2
plättchenförmig (zweidimensional)	konstant	2
	sporadisch	3
sphärisch (dreidimensional)	konstant	3
	sporadisch	4

Eine konstante Bildung von Kristallkeimen bedeutet, daß sich ihre Bildungsgeschwindigkeit im Verlaufe des Kristallisationsprozesses nicht verändert. Bei der sporadischen Bildung der Kristallkeime jedoch vergrößert sich ihre Konzentration während des Prozeßverlaufes ständig. Die Gleichung (3.46) läßt sich auch in der folgenden Form darstellen:

$$\ln(-\ln \varphi) = \ln K + n \ln t. \tag{3.47}$$

Die Abhängigkeit $\ln(-\ln \varphi)$ von $\ln t$ entspricht einer Geraden, wenn n konstant bleibt. In Abbildung 3.17 sind die kinetischen Daten für PETP dargestellt, die entsprechend Gleichung (3.47) für die Kristallisation bei verschiedenen Fixiertemperaturen ermittelt. wurden [49]. Es ist zu entnehmen, daß n von 2 bei 110 °C auf 4 bei 240 °C ansteigt. Der Kristallisationsmechanismus wird empfindlich über die Temperatur gesteuert. Bei hohen Temperaturen überwiegt der sphärische Wachstumstyp, die Keimbildung vollzieht sich sporadisch. Bei niedrigeren Temperaturen können entweder ein lineares Wachstum und die Bildung der Kristallkeime sporadisch ablaufen, oder ein plättchenförmiges Wachsen mit konstanter Bildung der Kristallkeime vollzieht sich. Die Geschwindigkeitskonstante K hängt von der Temperatur ab und durchläuft bei einer bestimmten Temperatur ein Maximum.

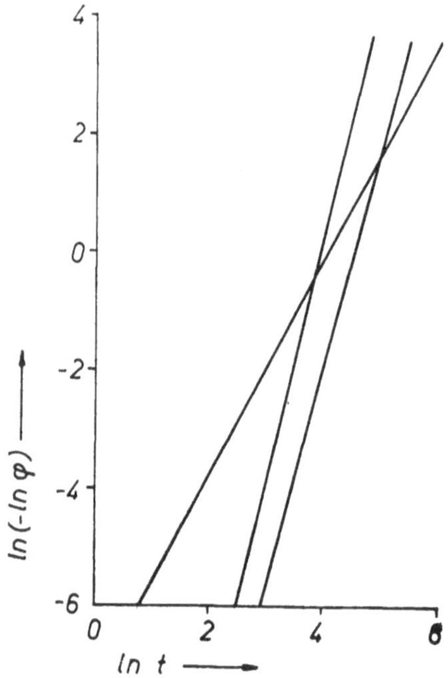

Abb. 3.17. Abhängigkeit $\ln(-\ln \varphi)$ von $\ln t$ für PETP

In Tabelle 3.4 sind die Werte K und n für PETP-Schmelzen aufgeführt [50]. Aus den aufgeführten Daten folgt, daß die Kristallisationsgeschwindigkeit ihren größten Wert im Temperaturintervall von 180 °C bis 190 °C erreicht. Ihr Wert wird bei Temperaturen unter 120 °C und über 220 °C sehr gering. Im Temperaturbereich von 170 °C bis 220 °C kristallisiert PETP in Form von gleichmäßig wachsenden Sphärolithen, deren Anzahl während der Kristallisation konstant bleibt und die ungefähr auch die gleichen Abmessungen haben.

Tabelle 3.4. Werte für K und n für PETP-Schmelzen

T, °C	n	K	T, °C	n	K
108	3	$2{,}22 \cdot 10^{-6}$ min^{-3}	190	3	$1{,}11 \cdot 10^{-0}$ min^{-3}
110	2	$3{,}40 \cdot 10^{-4}$ min^{-2}	200	3	$3{,}29 \cdot 10^{-1}$ min^{-3}
115	2	$1{,}73 \cdot 10^{-2}$ min^{-2}	210	3	$1{,}11 \cdot 10^{-1}$ min^{-3}
160	2	$3{,}25 \cdot 10^{-1}$ min^{-2}	220	3	$1{,}29 \cdot 10^{-2}$ min^{-3}
170	3	$7{,}78 \cdot 10^{-1}$ min^{-3}	235	4	$5{,}57 \cdot 10^{-7}$ min^{-4}
180	3	$1{,}35 \cdot 10^{-0}$ min^{-3}	236	4	$6{,}04 \cdot 10^{-7}$ min^{-4}
185	3	$1{,}20 \cdot 10^{-0}$ min^{-3}	240	4	$5{,}05 \cdot 10^{-8}$ min^{-4}

Dieser Kristallisationsmechanismus entspricht der experimentell ermittelten Größe $n = 3$ [50]. Bei relativ niedrigen Temperaturen (unter 120 °C) tritt eine feinkörnige Struktur auf, die von einem einachsigen Wachstum der Kristalle zeugt, d. h., von der Bildung kristalliner Päckchen von Makromolekülen mit gleichzeitigem Auftreten von Keimen. Das entspricht dem Wert von $n = 2$.

Die Bildung der Kristallkeime beginnt schon bei relativ niedrigen Temperaturen und setzt sich bei Temperaturanstieg kontinuierlich fort. Aus diesem Grunde wird im Temperaturintervall von 170 °C bis 220 °C die Kristallisationsgeschwindigkeit nicht allein durch die Keimbildungsgeschwindigkeit bestimmt, sondern durch die große Anzahl von Keimen, die sich bereits früher gebildet hat. Bei Temperaturen über 200 °C vollzieht sich neben dem Wachstum der Sphärolithe auch die Bildung von Kristallkeimen, was den Wert $n = 4$ erklärt. Die sich bei dieser Temperatur bildenden Keime sind jedoch wenig aktiv und beschleunigen die Kristallisationsgeschwindigkeit nicht mehr, obwohl die Temperaturerhöhung dazu führen müßte.

Diese Abweichungen von der normalen Kristallisationskinetik einer Schmelze können auf folgende Weise erklärt werden [50]: Es ist möglich, daß bereits Teilchen in einer Art Vorkeimstadium existieren; diese wären noch keine echten Kristallkeime. Sie werden nur dann zu Keimen, wenn das kritische Maß überschritten wird, von dem ab sie thermodynamisch stabil sind. Dieses Maß wird, wie bekannt, durch das Verhältnis der Oberflächenenergie zur freien Energie bei der Kristallisation bestimmt. Wenn nach dem Schmelzen des Polymeren eine große Anzahl von kristallinen Teilchen, deren Abmessungen in den Grenzen von 0,5 bis 1 nm liegen, im Vorkeimstadium zurückgeblieben ist, so werden sie bei einer Temperatur von 220 °C zu Keimen und bewirken eine rasche Kristallisation. Diese Betrachtungsweise der Kristallisationskinetik erweist sich in der technologischen Praxis, besonders bei der Herstellung von dicken Folien, als vorteilhaft.

Bei nicht hinreichend schneller Abkühlung der amorphen Folie auf der Kühltrommel besteht die Möglichkeit der Bildung von Sphärolithen. Der beschriebene Kristallisationsmechanismus wird durch den Sachverhalt untermauert, daß bei der Extrusion des amorphen Polymeren die Wahrscheinlichkeit zur Bildung von sphärolithischen Strukturen sehr gering ist. Umgekehrt aber steigt diese Wahrscheinlichkeit bei Extrusion von kristallinen Polymeren, wie sie auch bei Einsatz von Folienabfällen gegeben ist, stark an. Die Kristallisationsgeschwindigkeit des PETP hängt wesentlich vom Polymerisationsgrad ab. Mit Verringerung der charakteristischen Viskosität, die den Polymerisationsgrad aufweist, steigt die Kristallisationsgeschwindigkeit stark an [13]. Dieser Sachverhalt ist bei der Verarbeitung von Folienabfällen, d. h. eines bereits teilweise destruktierten Polymeren, ebenfalls zu berücksichtigen.

Besonders interessant ist für die Folienherstellung die Kristallisation des PETP bei der Wärmebehandlung unter gleichzeitigem Einfluß von Streckkräften. Unter diesen Bedingungen kann das Auftreten von sphärolithischen Strukturen vermieden werden, da die Kristallisation unter dem Einfluß der Streckkräfte nur bis zur Bildung der primären kristallinen übermolekularen Gebilde verläuft. Dieser Prozeß wird im wesentlichen durch den Streckkoeffizienten (Reckgrad), die Streckgeschwindigkeit und die anliegende Temperatur bestimmt. Das technologische Regime wird in Abhängigkeit vom Verhältnis der Orientierungsgeschwindigkeit und der Relaxation der Makromoleküle, aber auch vom Phasenübergang, d. h. der Kristallisation, aufgestellt.

Aus der Temperaturerhöhung über den Glaspunkt hinaus resultiert einerseits eine Verringerung der zwischenmolekularen Kräfte, d. h., die Viskosität des Polymeren verringert sich. Andererseits aber bewirkt sie einen intensiveren Verlauf der Relaxationsprozesse, die zu einer Desorientierung der Ketten führen.

Damit wird der Orientierungsgrad der Makromoleküle für amorphe Folien bei einer bestimmten Strecktemperatur vorwiegend nur von zwei Parametern bestimmt: von der Geschwindigkeit, mit der das Kraftfeld eingreift, und von der des Relaxationsprozesses.

Bei PETP hingegen werden die Orientierungsprozesse noch durch den Einfluß eines dritten Faktors, der bei Temperaturen oberhalb des Glaspunktes auftretenden Kristallisationserscheinungen, erschwert [51]. Die Verstreckung der Folie kann sowohl in einer Richtung (monoaxiale Orientierung) als auch in zwei senkrecht aufeinanderstehenden Richtungen (biaxiale oder Flächenorientierung) durchgeführt werden. Im ersten Fall erreicht die Reißfestigkeit der PETP-Folie in Längsrichtung einen Wert von mehr als 300 N/mm², die Reißdehnung aber und die Reißfestigkeit in Querrichtung sind sehr gering. Deshalb wird bei der Produktion von Magnetbandunterlage die amorphe PETP-Folie einer Flächenorientierung bei gleichzeitiger thermischer Behandlung unterworfen. Eine solche strukturelle Modifizierung führt außerdem zu einer hohen Stabilität der entstehenden Struktur und damit zu äußerst geringen Veränderungen der Abmessungen beim weiteren Einsatz der Folie (geringe Schrumpfung) [13].

Tabelle 3.5. Abhängigkeit der Reißfestigkeit der Folien von der Verstreckungstemperatur

Strecktemperatur, °C	60	80	95
einachsig orientierte Folie			
σ_L	6,3	6,9	7,0
σ_Q	44,9	50,0	41,0
$\sigma_L + \sigma_Q$	51,2	56,9	48,0
flächenorientierte Folie			
$\sigma_L = \sigma_Q$	24,3	27,6	24,4
$\sigma_L + \sigma_Q$	48,6	55,2	48,8

Anmerkungen

1. Die einachsige Orientierung wurde bei einer Reckgeschwindigkeit von 2 mm/s bis zu 300% durchgeführt; die flächenorientierte Streckung bei einer Geschwindigkeit der Streckung von 4,8 mm/s.
2. σ_L und σ_Q bedeuten die Reißfestigkeit der Folien längs und quer zur Richtung der Orientierung.

Die Einflüsse der Reckgeschwindigkeit sowie die der Relaxations- und Kristallisationsvorgänge auf die Prozesse einer einachsigen Orientierung sowie einer Flächenorientierung sind weitestgehend untersucht [51—52].

In Tabelle 3.5 ist die Abhängigkeit der Reißfestigkeit der Folien von den einwirkenden Verstreckungstemperaturen dargestellt. Aus den Angaben folgt, daß die Summe der Reißfestigkeiten δ_L und δ_Q bei den einachsig orientierten und bei den flächenorientierten Folien etwa gleich ist [52].

Der Einfluß der Reckgeschwindigkeit sowie der Temperatur auf die Reißfestigkeit der PETP-Folien ist für die einachsig orientierten und die flächenorientierten Folien analog. Aus Abbildung 3.18 ist zu entnehmen, daß mit Erhöhung der Temperatur die Reißfestigkeit ein Maximum erreicht und danach steil abfällt. Es ist weiterhin erkennbar, daß mit Erhöhung der Reckgeschwindigkeit gleichzeitig die Temperatur erhöht werden muß, um entsprechende Festigkeitswerte zu erreichen. Bei geringen Reckgeschwindigkeiten laufen die Orientierungsprozesse verlangsamt ab. Die Relaxations- und Kristallisationsprozesse vollziehen sich hingegen so schnell, daß die Folien ihre Festigkeit verlieren.

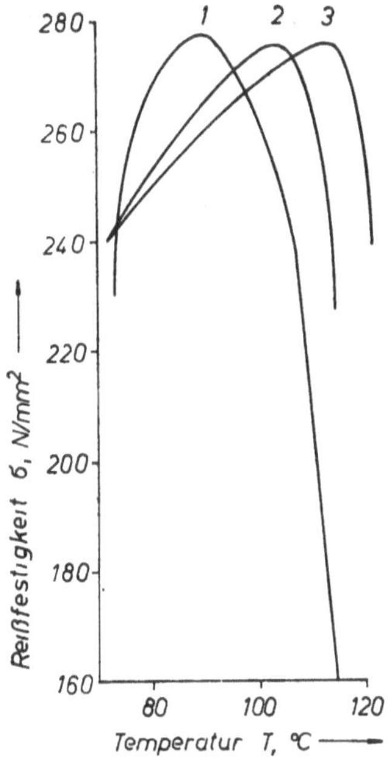

Abb. 3.18. Abhängigkeit der Reißfestigkeit σ von der Temperatur T bei verschiedenen Reckgeschwindigkeiten 1 – 4,8 mm/s, 2 – 12,4 mm/s, 3 – 20,6 mm/s

Die Abhängigkeit der Querstreckgeschwindigkeit von der Temperatur wird in [53] ausgewiesen. Daraus ergibt sich, daß der Orientierungsgrad der einachsig orientierten Folien einen wesentlichen Einfluß auf die maximal zulässige Querstreckgeschwindigkeit hat. Je größer der Grad der Längsorientierung einer Folie ist, um so geringer ist die zulässige Querstreckgeschwindigkeit. So wird z. B. bei einer Temperatur von 110 °C und einem Koeffizienten der Längsorientierung von 4 bei einer Querstreckgeschwindigkeit von > 1000%/min die Folie zerstört. Der Koeffizient der Querstreckung wird nicht durch die Streckgeschwindigkeit, sondern hohe Streckgeschwindigkeiten werden durch den Grad der Längsorientierung und die Temperatur bei der Querstreckung bestimmt.

Ausgehend von den Vorstellungen über die Päckchenstruktur der Polymeren [54] kann man die strukturellen Änderungen erklären, die während des Streckprozesses der PETP-Folien beobachtet werden können [52]. Offensichtlich tritt bereits an der Kühltrommel in der sich formierenden amorphen Folie eine gewisse Päckchenstruktur auf. Der Ordnungszustand einer solchen Struktur kann bis zur Erreichung einer bestimmten Regelmäßigkeit in der Anordnung der Zentren der Makromoleküle bei fehlender Orientierung der Seitengruppen führen [55].

Zur Kristallisation innerhalb einer solchen Gruppe von günstig angeordneten Makromolekülen (Päckchen) ist keine große Energiemenge notwendig, um eine Orientierung der Seitengruppen zu erreichen. In einem solchen Zustand, den man auch als Zustand einer vorkristallinen Ordnung bezeichnen kann [56], können sich nicht nur einzelne Päckchen befinden, sondern auch Strukturelemente von größeren Abmessungen. Deshalb kann manchmal ein schneller Verlauf der Kristallisationsprozesse mit der Bildung von groben Strukturen, wie Sphärolithe, beobachtet werden, wenn das Polymere in einen hochelastischen Zustand überführt, d. h., die Elastizität der Makromoleküle erhöht wird.

Bei Anlegen eines mechanischen Feldes an das Polymere, das eine vorkristalline Struktur besitzt, ist eine Zerstörung in einem solchen Grade möglich, daß die Bildung von Sphärolithen bei anschließender Temperaturerhöhung unmöglich wird [57—58]. Eine solche Einwirkung schließt aber die Kristallisation innerhalb der einzelnen Mikrobereiche, z. B. die der Seitengruppen der Ketten zu Päckchen, nicht aus, sondern unterstützt sie noch. Damit wird durch die einachsige Streckung der maximal mögliche Ordnungszustand der Ketten in Päckchen erreicht, und eine Temperaturerhöhung über den Glaspunkt des Polymeren hinaus führt zur Umkehr der Seitengruppen, damit folglich zum Phasenübergang in Päckchen mit den am meisten geordneten Ketten.

Bei einer Flächenorientierung der Folien in Temperaturbereichen oberhalb des Glaspunktes wird ebenfalls ein Phasenübergang in den Päckchen der Ketten bewirkt. Das geschieht ungeachtet der radial ausgerichteten Deformationskräfte, die, so müßte man annehmen, in der Lage wären, die Päckchen der Ketten zu zerstören. Der Kristallisationsprozeß verläuft unter schwierigeren Bedingungen als bei der einachsigen Orientierung und erfordert eine zusätzliche Erwärmung der PETP-Folien [46].

Versuchsergebnisse, die es ermöglichen, den Mechanismus der Strukturbildung bei der Orientierung der PETP-Folien näher zu erklären, sind in [59] dargestellt. Strukturuntersuchung an Folien nach Verfahren, gemäß Abbildung 3.19 hergestellt, wurden u. a. mittels Mikrophotographie vorgenommen. Es konnte nachgewiesen werden, daß sich bei gleichzeitiger zweiachsiger Verstreckung (Biaxial-Simultan-Verfahren, vgl. Abb. 3.19a) eine auf der Mikrophotographie gut erkennbare netzförmige feinfibrilläre Struktur bildet, die keine bevorzugte Richtung erkennen läßt (der Durchmesser der Fibrille beträgt 1,5 bis 3 μm). Damit wird die Annahme über die Zerstörung der vorkristallinen Struktur des amorphen Polymeren [57, 58] bestätigt.

Bei einer einachsigen Orientierung (s. Abb. 3.19b) treten anisotrope grobfibrilläre Gebilde mit Abmessungen der einseitig ausgerichteten Fibrillen von 15 bis 20 μm auf. Mikrophotographien von Folien, die nach der Methode c) orientiert sind, zeigen ein anderes Bild. Die netzförmige fibrilläre Struktur wird in diesem Falle offensichtlich durch teilweise Zerstörung der einseitig ausgerichteten Struktur gebildet (der Durchmesser der Fibrillen beträgt 7 bis 10 μm). Die Fibrillen der einachsig orientierten Folie zerfallen bei der Streckung in der senkrechten Richtung in kleinere.

Bei Verstreckung der Folie in einer Richtung, die senkrecht zur Achse der ersten Orientierung ohne Seitenstabilisierung (s. Abb. 3.19d) verläuft, bildet sich eine einseitig nach der senkrechten Streckung ausgerichtete fibrilläre Struktur. Mikrophotographien der Folien mit einer solchen Struktur geben analoge Bilder zu Mikrophotographien der anisotropen Folien, die nach der Methode b) orientiert worden sind. Das Quermaß der Fibrillen ist jedoch im ersten Fall kleiner (10 bis 12 μm). Bei einer Orientierung nach der Methode d) vollzieht sich eine Umorientierung der Fibrillen in Richtung der sekundären Streckung, was ebenfalls in den Arbeiten [60—61] dargestellt ist.

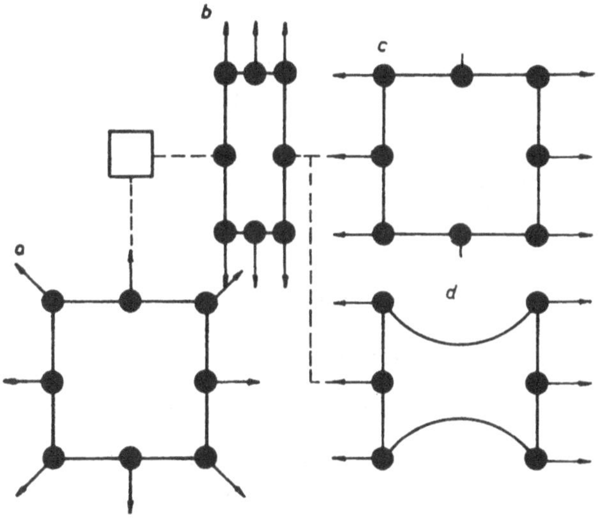

Abb. 3.19. Methoden zur Verstreckung von Folien *a* – gleichzeitige zweiachsige Verstreckung, *b* – einachsige Verstreckung einer amorphen Folie, *c*, *d* – Verstreckung einer orientierten Folie

Zusammenfassend kann festgestellt werden, daß sich bei der einachsigen Orientierung der überwiegende Anteil der Makromoleküle des Polymeren in Richtung des angelegten Kraftfeldes orientiert.

In Tabelle 3.6 sind die physikalisch-mechanischen Eigenschaften der nach verschiedenen Methoden orientierten Folien aufgeführt [59]. Wie erwartet, weist die gleich-

Tabelle 3.6. Wichtige physikalisch-mechanische Eigenschaften von PETP-Folie

Orientierungsmethode	Reißfestigkeit N/mm²		Reißdehnung %		Streckkoeffizient	
	längs	quer	längs	quer	längs	quer
gleichzeitige zweiachsige Verstreckung (Abb. 19, *a*)	300	300	80	80	4	4
einachsige Streckung der amorphen Folie (Abb. 3.19, *b*)	260	5	70	5	4	1
einachsige Streckung der orientierten Folie mittels Kluppen (Abb. 3.19, *c*)	230	240	80	50	4	3,5
ohne unterstützende Kluppen (Abb. 3.19, *d*)	8	240	450	60	4	4

zeitig in zwei senkrecht aufeinanderstehenden Richtungen orientierte Folie die höchsten mechanischen Eigenschaften auf.

Die Flächenorientierung der Makromoleküle kann durch eine gleichzeitige oder getrennte Streckung der Folie in zwei senkrecht aufeinanderstehende Richtungen (Abb. 3.20) erfolgen [13]. Bei der einstufigen Verstreckung (*Biaxial-Simultan-Verfahren*) gelangt die von der Kühltrommel (1) kommende amorphe Folie durch die Vorwärmzone (2) in die Reckzone (3), wo sie gleichzeitig in Längs- und Querrichtung verstreckt wird. In der nachfolgenden Fixierzone (4) wird die Folie mit einer Temperatur von ca. 180 °C bis 210 °C zur Erreichung der optimalen Kristallisationsbedingungen beaufschlagt.

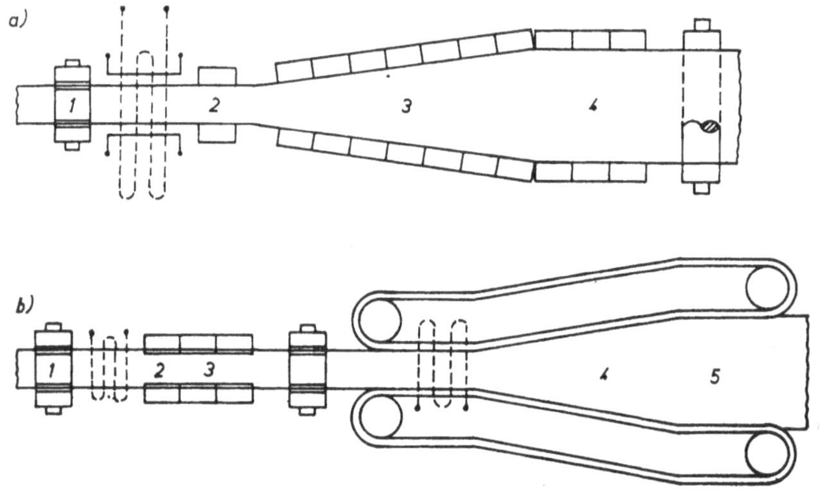

Abb. 3.20. Schema des a) ein- und b) zweistufigen Streckverfahrens für PETP-Folien

Beim zweistufigen Verfahren wird die Folie von der Kühltrommel (1) abgenommen und durch die Vorwärmzone (2) in die Längsreckanlage (3) geführt. Anschließend erfolgt die Querstverstreckung in der Querreckanlage (4) sowie danach die Thermofixierung in der Zone (5).

Industriell wird bisher zur Herstellung von Magnetbandunterlage aus PETP meistens das zweistufige Verfahren eingesetzt. Das sogenannte Biaxial-Simultan-Verfahren (Einstufenverfahren) gewinnt aber offensichtlich zunehmend an Bedeutung [62].

3.2.2.3.2. Anlagen zur Herstellung von orientierter PETP-Folie

Das Schema einer Produktionslinie zur Herstellung von PETP-Folien ist in Abbildung 3.21 dargestellt. Vor der Längsreckanlage ist eine Dickenmeßeinrichtung installiert, die auf Basis von β-Strahlungsabsorption arbeitet. Zur exakten Führung des technologischen Prozesses und zur Verringerung des Ausschusses sind zuverlässige Dickenmeßeinrichtungen erforderlich. Deshalb werden sie auch nach der Längsreckanlage und nach der Thermofixierung installiert. Die Dickenmeßgeräte ermöglichen dabei eine kontinuierliche Messung der Folienstärke bzw. der Abweichungen von einem vorgegebenen Sollwert.

Eine Längsreckanlage (Abb. 3.22) besteht im wesentlichen aus zwei Gruppen von Walzen, die unterschiedliche lineare Umfangsgeschwindigkeit aufweisen. Der Orientierungsprozeß vollzieht sich in einem engen Spalt zwischen den beiden Streckwalzen, von denen die erste die gleiche Geschwindigkeit hat wie die gesamte davorliegende Walzengruppe und die zweite die der nachfolgenden Walzengruppe. Die erste Walzengruppe dient zum Aufheizen der amorphen Folie auf eine Temperatur nahe dem Glaspunkt. Die zweite Walzengruppe bewirkt die Kühlung der längsorientierten Folie. Zur

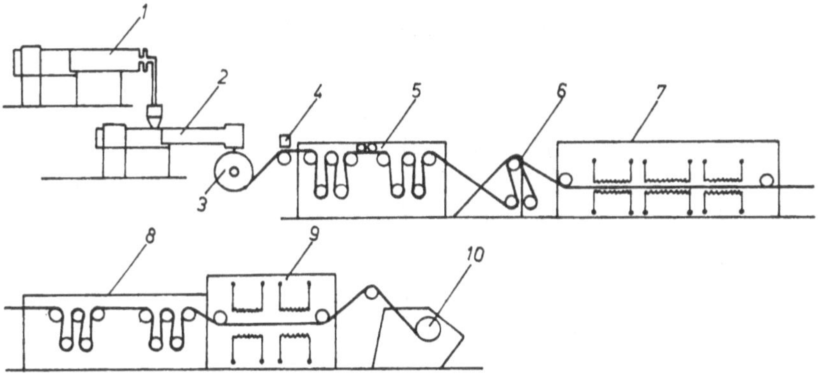

Abb. 3.21. Schema einer Produktionslinie zur Herstellung von PETP-Folien
1 — Aufschmelzextruder, 2 — Heißschmelzextruder, 3 — Kühltrommel, 4 — Dickenmeßeinrichtung, 5 — Längsreckanlage, 6 — Zwischenaufwicklung, 7 — Querreckanlage, 8 — Zusätzliche Längsreckanlage (Nachverstreckung), 9 — Anlage zur Thermofixierung, 10 — Aufwicklung

zusätzlichen Erhitzung der Folie im Streckspalt kann man Infrarotstrahler einsetzen. Es ist prinzipiell möglich, in einer Längsreckanlage mehrere Streckspalten hintereinander anzuordnen. Sämtliche Walzen der Anlage müssen vollkommen parallel ausgerichtet sein, um eine ungleichmäßige Verstreckung zu vermeiden und einen stabilen Foliendurchlauf zu gewährleisten. Nach der Längsreckanlage befindet sich ein Zwischenwickler, der beim Anfahren der Anlage und bei Störungen in den nachfolgenden Prozeßstufen eingesetzt wird.

Die Auslaufgeschwindigkeit der Folie aus der Längsreckanlage wird durch die Einlaufgeschwindigkeit der amorphen Folie und den Streckkoeffizienten bestimmt.

In einer Querreckanlage laufen zwei endlose mit Kluppen bestückte Ketten. Diese Kluppen, die zum Erfassen und Festhalten der Folienränder dienen, sind konstruktiv derart ausgelegt, daß sich beim Anlegen von Querkräften an die Folie diese selbst festkeilt. Das Öffnen und Schließen der Kluppen erfolgt am Auslauf bzw. am Einlauf der Anlage in unmittelbarer Nähe der Umlenkstellen für die Ketten. Der Kluppenkettenrücklauf ist gekapselt, um die Kluppen mit Luft abkühlen zu können. Eine Querreckanlage besteht in der Regel aus vier Zonen: Vorheiz-, Reck-, Fixier- und Kühlzone. Zwischen Reck- und Fixierzone ist eine nichtbeheizte Zwischenzone installiert, die einen Wärmeübergang von der Fixier- zur Reckzone verhindern soll. Der Streckkoeffizient entspricht etwa dem Verhältnis des Abstandes der Kluppenketten voneinander am Einlauf und am Auslauf der Reckzone. Die Auslaufgeschwindigkeit der flächenorientierten Folie entspricht der Einlaufgeschwindigkeit der längsorientierten

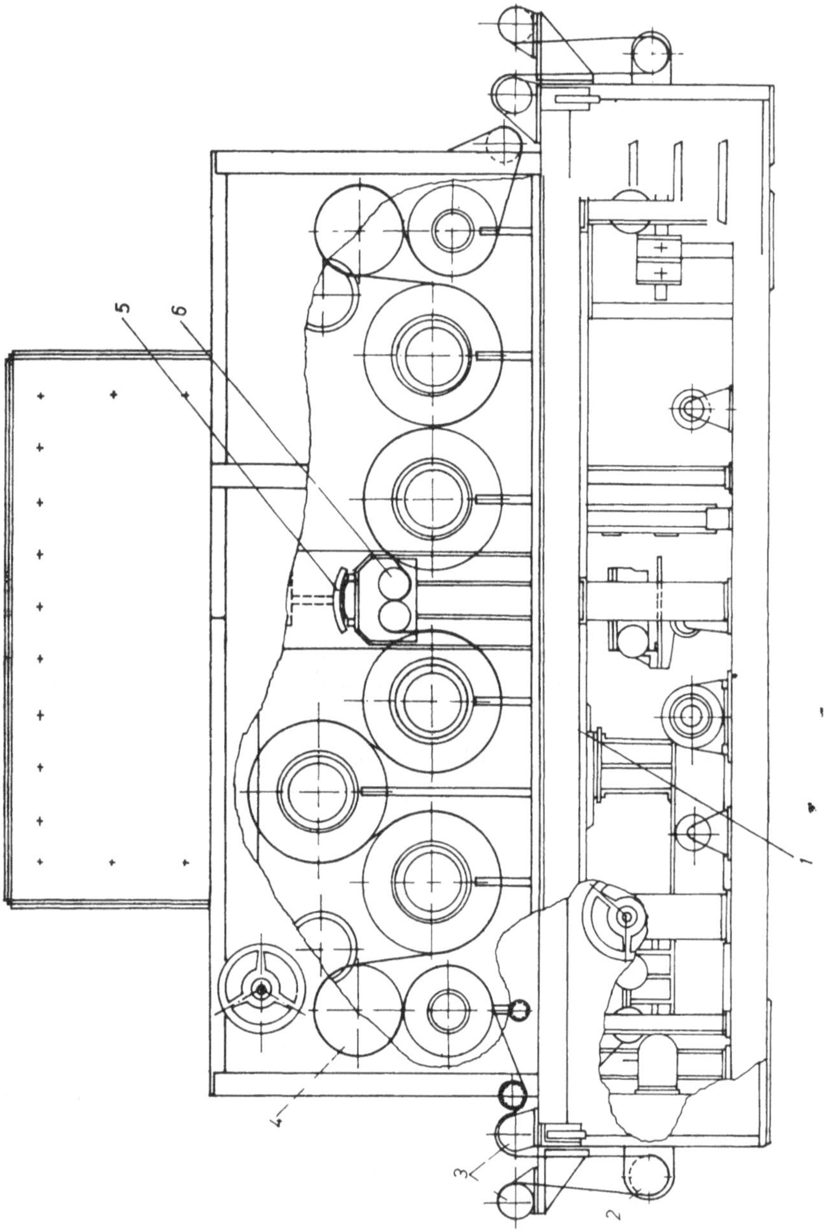

Abb. 3.22. Schema einer Längsreckanlage
1 — Maschinenrahmen, 2 — Tänzerwalze, 3, 4 — Einlaufwalzen, 5 — Infrarotstrahler, 6 — Streckwalzenpaar

Folie in die Querreckanlage. Die Erwärmung der Folie erfolgt mittels Luft, die gleichmäßig an beide Seiten der Folienbahn geblasen wird.

Um die mechanischen Eigenschaften der Folie in Längsrichtung zu verbessern, kann eine zusätzliche Nachverstreckung in Längsrichtung in einer entsprechenden Längsreckanlage durchgeführt werden. Der prinzipielle Aufbau und die Funktionsweise dieser Anlage entsprechen denen der ersten Längsreckanlage. In die Nachverstreckungsanlage kommt die Folie mit einem hohen Kristallisationsgrad. Das bedeutet, daß eine hohe Temperatur benötigt wird, um die Folie in den elastischen Zustand zu überführen. Die Erhitzung der Walzen erfolgt deshalb mit einem speziellen Wärmeträgeröl im Gegensatz zur vorher beschriebenen Längsreckanlage, wo Wasser eingesetzt werden kann.

Nach der Nachverstreckung gelangt die Folie in die Fixieranlage, die normalerweise aus drei Temperaturzonen besteht. Die Thermofixierung bewirkt eine optimale Maßhaltigkeit der Folie durch eine Fixierung der entstandenen Struktur.

Die Folie wird nach der Fixieranlage als Rolle über die gesamte Folienbreite aufgewickelt, wobei gleichzeitig die Folienränder abgetrennt werden. Dem Aufwickelprozeß und auch dem Schneiden muß viel Aufmerksamkeit gewidmet werden. (Zum Beispiel drücken sich Störstellen in der Folie über viele Lagen durch, Schneidestaub kann mit eingewickelt werden, ungleichmäßiger Zug bedingt Faltenbildung usw.) Deshalb wird z. B. die Aufwicklung mit einer vom Folienrollendurchmesser abhängigen Zugspannungsregelung ausgerüstet. Oftmals erfolgt auch an der Aufwicklung eine Changierung, die aber ebensogut an der Blockschneidemaschine realisiert werden kann. Die Folienrollen von der Aufwicklung werden nachfolgend an Blockschneidemaschinen in die für die Beschichtungsmaschinen erforderlichen Breiten geschnitten.

Tabelle 3.7. Wichtige Parameter sowjetischer PETP-Anlagen

	PETP-600	PETP-1500	PETP-3000
Durchmesser der Schnecke, mm	63	90	200
Breite der Folie, mm	600	1500	3000
Dicke der Folie, μm	4–20	20–100	20–100
Gesamtleistung, kW	310	450	900
Arbeitsgeschwindigkeit, m/min	6–60	6–60	6–60
Abmessungen, m			
Länge	31,5	38,0	50,0
Breite	2,5	3,7	6,0
Höhe	2,3	2,3	3,0

In Tabelle 3.7 sind einige technische Daten sowjetischer Produktionsanlagen zur Herstellung flächenorientierter PETP-Folien aufgeführt [63]. Diese Daten sind nur als Orientierungsdaten zu betrachten, da die Anlagen kontinuierlich in Richtung einer Kapazitätserhöhung, der Verbesserung der Dickengleichmäßigkeit der Folie, der Automatisierung usw. verbessert werden.

Es gibt heute moderne Anlagen, mit denen PETP-Folien in einer Breite > 3000 mm hergestellt werden. Diese Breiten sichern eine hohe Produktivität der Anlagen. Es muß aber darauf hingewiesen werden, daß mit zunehmender Auslaufbreite komplizierte Probleme z. B. bei der Gewährleistung einer konstanten Foliendicke über die Breite und bei den Wickelprozessen auftreten.

Das Zweistufen-Verfahren, das oben ausführlich beschrieben wurde, hat eine Reihe von Vorteilen gegenüber dem Einstufen-Verfahren, die seine breite Anwendung gewährleisten und fördern. So können z. B. Koeffizienten der Längs- und Querstreckung in einem großen Intervall ohne Umbau der Anlage verändert und damit je nach Anforderung an die Folie die physikalisch-mechanischen Parameter gezielt eingestellt werden. Beim Einstufen-Verfahren ist die Veränderung der Streckkoeffizienten nur durch Umbau der Anlage möglich und bedeutet einen in der Praxis nicht vertretbaren hohen Aufwand, d. h., die wichtigsten mechanischen Folienparameter sind von vornherein festgelegt. Ein weiterer Vorteil des Zweistufen-Verfahrens ist, daß die Konstruktion der Kluppen wesentlich einfacher ist und die Kluppen selber nicht so störanfällig sind wie beim Einstufen-Verfahren; somit auch höhere Arbeitsgeschwindigkeiten erreicht werden können.

Demgegenüber weist das Biaxial-Simultan-Verfahren auch eine Reihe von Vorzügen auf, die seinen Einsatz zur Produktion von PETP-Folien befürworten. Zum Beispiel sind die Reckanlagen selber insgesamt wesentlich kürzer als bei Zweistufen-Verfahren. Damit liegen die Anlagenkosten und somit auch der Bauaufwand für das Gebäude niedriger. Der Energieaufwand insgesamt ist ebenfalls geringer als beim Zweistufen-Verfahren. Analoges gilt für die notwendige MSR-Technik. Sollten zukünftig die konstruktiven Probleme in bezug auf die Kluppen und das Kluppentransportsystem besser gelöst werden können, ist sicher mit einer breiten Anwendung dieses Verfahrens zu rechnen.

Abschließend sei noch erwähnt, daß unabhängig vom Verfahren der Orientierung der amorphen Folie, die verstreckten PETP-Folien eine bestimmte Anisotropie der Eigenschaften über die Breite aufweisen. Diese Anisotropie resultiert daraus, daß die Strukturelemente, die in der Mitte der Folienbahn liegen, nur relativ geringen Streckkräften ausgesetzt sind, hingegen die Elemente, die sich entlang der beiden Seiten der Folienmittellinie befinden, unter verschiedenen Winkeln orientiert werden. Daraus muß geschlußfolgert werden, daß die Makrostruktur der flächenorientierten PETP-Folien aus unter einem spitzen Winkel eingebundenen Fibrillen besteht. Als Elementarzelle eines solchen Netzes gilt der Rhombus, dessen Orientierungsrichtung von seiner Anordnung in der Folienbahn (über die Breite) abhängt. Der eventuelle Einfluß des Reckverfahrens und der Anisotropie der Folieneigenschaften über die Breite auf die physikalisch-mechanischen Eigenschaften der Magnetbänder ist bis heute kaum über den Rahmen von Laboruntersuchungen hinausgegangen.

3.2.2.4. *Technische Anforderungen an Magnetbandunterlage*

Die Parameter der Folie sind abhängig vom geforderten Einsatzgebiet der Folie (z. B. für Kassetten- oder Computerband) und werden dementsprechend verändert. In Tabelle 3.8 sind einige technische Forderungen der UdSSR an PETP-Folie aufgeführt. Große Beachtung wird auch solchen Parametern wie Inhomogenitätsgehalt und -größe sowie Oberflächenrauhigkeit geschenkt, die auf elektroakustische Werte der Magnetbänder einen entsprechenden Einfluß haben.

Tabelle 3.8. Technische Anforderungen der sowjetischen Industrie an PETP-Folie für Magnetbänder

Reißfestigkeit, N/mm^2	$> 180-200$
Fließgrenze, N/mm^2	> 120
Reißdehnung, %	< 100
elastische Dehnung, % (Belastung von 100 N/mm^2 über 10 bis 15 min)	$< 0{,}4$
plastische Dehnung, %	$< 0{,}05$
Schrumpfung, %	$< 0{,}8$

4. Herstellung von magnetischen Pigmenten

4.1. Einführung

Es ist eine ganze Anzahl von hartmagnetischen Stoffen bekannt, die sich zur Herstellung von Magnetbändern eignen, jedoch wird bis zum gegenwärtigen Zeitpunkt vorwiegend γ-Eisenoxid, dessen Teilchen eine ausgeprägte Formanisotropie besitzen, eingesetzt. Bis etwa 1960–1965 verwendete man Oxide mit ausgeprägter Kristallanisotropie.

Zu diesen Materialien gehören γ-Eisenoxid mit kubischer Teilchenform sowie cobaltdotierte Eisenoxide ($Co_xFe_{2-x}O_3$) bzw. Magnetite ($Co_xFe_{3-x}O_4$). Obwohl diese Pigmente keine Formanisotropie besitzen, ergeben sie bei genügend kleinen Teilchenabmessungen eine recheckige Hystereseschleife [1]. Ein grundlegender Mangel von cobaltdotierten Eisenoxiden ist ihre geringere Thermostabilität, verursacht durch die Abhängigkeit der kristallographischen Anisotropie von der Temperatur. Diese Unzulänglichkeit läßt sich zum Teil dadurch beseitigen, indem in das Ferritgitter Metalle mit negativer Anisotropiekonstante eingebaut werden [2].

Einen anderen Weg hierzu empfehlen Speliotis und Morrison [3] mit der Herstellung nadelförmiger (formanisotroper) Eisenoxide. Schließlich werden die Nachteile cobaltdotierter Eisenoxide weiter verringert, wenn nur die Oberfläche des Oxides modifiziert wird [3a].

Von industriellem Interesse ist ebenfalls das Chromdioxid [4–6]. Bänder mit diesem Pigment in der magnetisierbaren Schicht besitzen eine bessere Höhenempfindlichkeit und weisen ein geringeres Rauschen auf als Bänder, die γ-Eisenoxid enthalten [7].

Berechnungen zeigen [8], daß die Remanenz durch Pigmente aus Eisen, Cobalt oder Nickel und ihren Legierungen, auch mit anderen Elementen, um das Vierfache gegenüber oxidischen Pigmenten erhöht werden kann. Bekannt sind auch Versuche, die Pigmentschichten durch kompakte Metallschichten zu ersetzen [9], die durch Aufdampfen im Hochvakuum, durch galvanische Abscheidung, chemisches Plattieren oder Zersetzung von Metallcarbonylen erzeugt werden können.

Diese magnetischen Materialien (s. auch Tabelle 4.1) sind potentiell geeignete Stoffe, mit deren Hilfe zukünftig weitere Verbesserungen des Aufzeichnungs-/Wiedergabeverhaltens der Magnetbänder erreicht werden können.

4.2. Eisenoxide

Gegenwärtig wird zur Produktion von Magnetbändern als wichtigstes magnetisches Material γ-Eisenoxid eingesetzt. Als Ausgangsmaterial dienen dabei Eisenoxidhydratpigmente, wie sie auch in der Lackindustrie zur Anwendung gelangen. Der Einsatz von γ-Eisenoxid als magnetisches Material wird durch seinen Ferrimagnetismus ermöglicht,

Tabelle 4.1. Eigenschaften der magnetischen Pigmente

Pigment	chemische Formel	Kristallstruktur	Umwandlungspunkt	CURIE-Temperatur	magnetisches Moment	spezifische Sättigungspolarisation	Dichte	Koerzitivfeldstärke
			°C	°C	μ_B	10^{-10} Vsmg^{-1}	g cm^{-3}	A cm^{-1}
Eisenoxid	γ-Fe_2O_3	kubisch-flächenzentriert	400 – 600	675	2,39	1050	5,0	$\leqq 400$
dotiertes Eisenoxid	$Co_x - Fe_{2-x}O_3$	kubisch-flächenzentriert					5,0	bis 1000
Chromdioxid	CrO_2	tetragonal	400 – 450	120	2,0	1670	4,9	$\leqq 450$
Eisen	α-Fe	kubisch-raumzentriert	768	768	2,2	2760	7,86	> 400
Cobalt	α-Co	hexagonal	480	1124	1,72	1835	8,83	2100
Nickel	Ni	kubisch-flächenzentriert	—	356	0,6	715	8,90	—
Eisen-Cobalt-Legierung	Fe – Co (70/30)	kubisch-raumzentriert	—	1000	2,47	3050	8,0	bis 1000

letzterer erklärt sich durch die magnetisch wirksamen 3d-Elektronen der Fe^{3+}-Ionen, die auf zwei verschiedene Untergitter verteilt sind [10]. Vom Eisen-(III)-oxid sind einige polymorphe Modifikationen bekannt. Die wichtigsten sind das rhomboedrische paramagnetische α-Fe_2O_3 sowie das kubische ferrimagnetische γ-Fe_2O_3. Zur Herstellung von Magnetbändern kommt das ferrimagnetische γ-Fe_2O_3 mit nadelförmigen (stäbchenförmigen) Teilchen zur Anwendung.

Die wichtigste Herstellungsmethode von magnetischen γ-Eisenoxiden ist die Oxydation des Magnetits (Fe_3O_4), bei der sowohl das Kristallgitter als auch die Form und die Teilchengröße erhalten bleiben. Magnetit ist ebenfalls ein ferrimagnetisches Material, wird jedoch auf Grund seiner Eigenschaft, bereits bei normaler Temperatur mit Luftsauerstoff zu reagieren, industriell für die magnetische Signalspeicherung nur im begrenzten Maß angewendet. Form und Teilchengröße besitzen primäre Bedeutung für die magnetischen Eigenschaften des γ-Fe_2O_3. Aus diesem Grund werden nachfolgend die Kristallstruktur des Magnetits (Fe_3O_4) sowie die des Maghämits (γ-Fe_2O_3) näher beschrieben.

4.2.1. Kristallstruktur

Magnetit stellt ein Eisen-(II)-ferrit ($FeFe_2O_4$) dar. In den Ferriten bestehen die Anionen aus O^{2-}-Ionen und die Kationen aus Me^{2+} und Fe^{3+}. Da die Anionen im Betrachtungsfall größer sind als die Kationen, wird bei der Beschreibung der Kristallgitter vom Prinzip der größten Packungsdichte der Anionen ausgegangen. In die Hohlräume, die sich bei der Anlagerung der Anionen bilden, werden die Kationen eingeordnet. In realen Verbindungen trifft man gewöhnlich zwei Prinzipien für die Ausfüllung des Kristallgitterraumes mit Ionen an. Um eine bildhafte Vorstellung von den Möglichkeiten der Verteilung der Ionen zu erhalten, wurden die geometrischen Verhältnisse über die maximale Auffüllung des Raumes durch Kugeln untersucht [11]. Aus der Vielzahl von Darstelungsmöglichkeiten haben für die Kristallographie nur zwei reale Bedeutung.

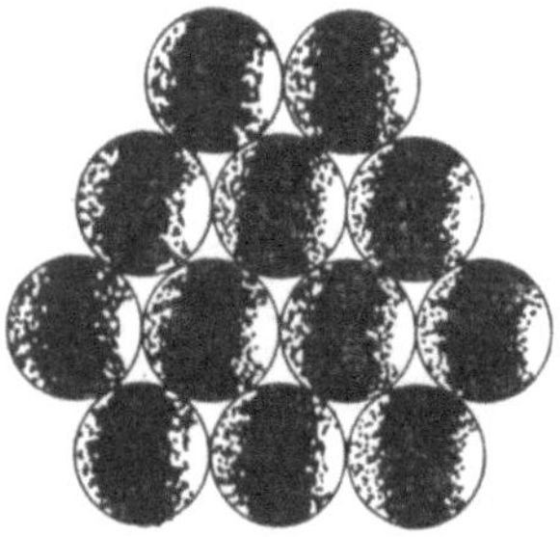

Abb. 4.1. Untergitter mit dichtester Kugelpackung

In Abbildung 4.1 ist ein Untergitter A mit dichtester Kugelpackung dargestellt: Das zweite Untergitter B kann sich nur nach einer Methode an das erste anlagern: Jede Kugel der zweiten Schicht legt sich in den Hohlraum des Untergitters A, der durch drei Kugeln gebildet wird (Abb. 4.2b)). Die dritte Schicht kann sich hingegen auf zwei Wegen anlagern. Nach dem ersten Prinzip liegen die Kugelzentren der ersten und dritten Schicht auf einer Linie senkrecht zur Gitterebene. In diesem Fall wiederholt die dritte Schicht die erste sowie die vierte die zweite, d. h., die Schichten wechseln in der

Reihenfolge ABABA ... Das dabei entstandene Gitter entspricht in der Kristallographie einer hexagonalen Struktur (Abb. 4.3b)).

Nach der zweiten Möglichkeit ordnet sich jede Kugel der dritten Schicht in die Hohlräume ein, die durch die Kugeln der zweiten Schicht gebildet werden. Auf diese Weise unterscheidet sich die dritte Schicht von der ersten und zweiten (Abb. 4.2a)). In diesem

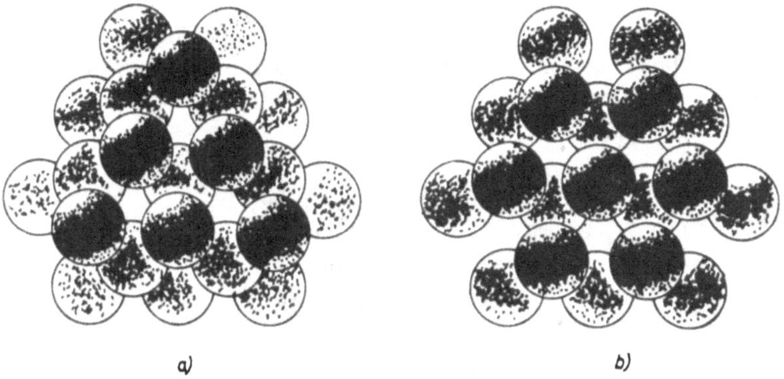

Abb. 4.2. Prinzipien der Kugelpackung

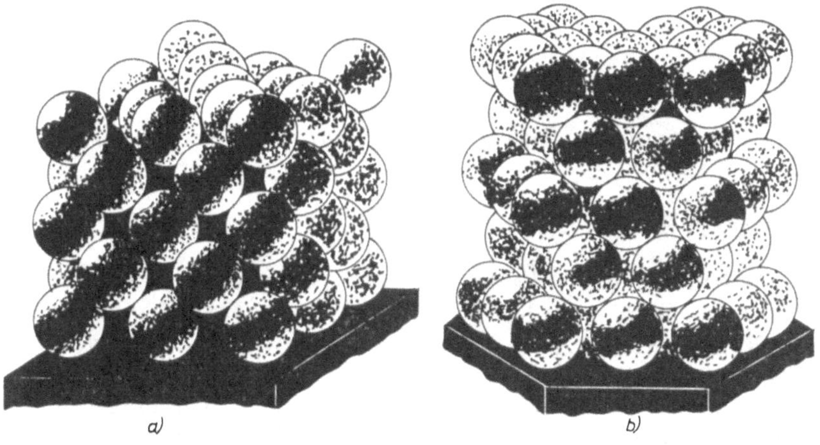

Abb. 4.3. Dichteste Kugelpackungen
a) kubische und b) hexagonale

Fall folgen alternierend die drei Schichten ABC ABC ..., woraus kubische Struktur resultiert. Die dabei entstehende Elementarzelle entspricht einem flächenzentrierten Würfel (s. Abb. 4.3a)). Obwohl in beiden Fällen die Dichte der Kugelpackung und die Koordinationszahl der Kugeln [12] gleich sind, ist die Kugelsymmetrie unterschiedlich, was auch unterschiedliche Eigenschaften der gebildeten Kristalle bedingt.

Der verbleibende Teil des Raumes (25,95%) stellt Leerplätze zwischen den Kugeln dar.

Dabei sind zwei verschiedene Plätze möglich:

- tetraedrische – die von vier Kugeln, die an den Scheitelpunkten eines Tetraeders lagern, umgeben sind (s. Abb. 4.3a),
- oktaedrische – die von sechs Kugeln, die sich an den Scheitelpunkten eines Oktaeders befinden, umgeben sind (s. Abb. 4.3b).

Unabhängig vom Packungstyp gibt es für n Kugeln n oktaedrische Leerstellen und $2n$ tetraedrische. Wenn die Leerstellen mit Ionen aufgefüllt werden, so bilden sich unterschiedliche Strukturtypen. Werden alle oktaedrischen Leerstellen im kubischen Gitter besetzt, bildet sich eine Verbindung vom NaCl-Typ, beim Besetzen aller tetraedrischen Leerstellen eine vom CaF_2-Typ und bei der Belegung der Hälfte der tetraedrischen Leerstellen eine Verbindung vom ZnS-Typ.

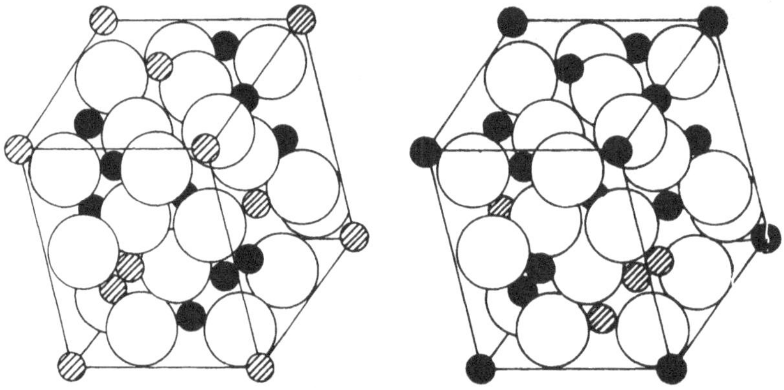

a) b)

Abb. 4.4. Struktur a) eines normalen und b) eines inversen Spinells
○ – Sauerstoffionen
● – dreiwertige Eisenionen
⊘ – Ionen des zweiwertigen Metalls

Werden $^1/_2$ der tetraedrischen und $^1/_8$ der oktaedrischen Leerstellen mit zwei verschiedenen Ionen belegt, so bildet sich eine Struktur vom $MgAl_2O_4$-Typ, deren Bezeichnung sich vom Mineral „Spinell" ableitet. Bei Austausch des dreiwertigen Aluminiumions Al^{3+} gegen ein Ion des dreiwertigen Eisens Fe^{3+} und des Mg^{2+}-Ions gegen Me^{2+} (zweiwertiges Kation der Metalle Co, Fe, Ni usw.) erhält man ein Ferrit mit Spinellstruktur, mit der allgemeinen Formel $MeFe_2O_4$. Vom Standpunkt der Packungsdichte kann man die Struktur des Spinells entsprechend Abbildung 4.4 darstellen. Die Anionen O^{2-} bilden eine kubisch flächenzentrierte dichteste Kugelpackung, während die Kationen Me^{2+} und Fe^{3+} in die Leerstellen zwischen den Anionen eingelagert werden. Eine Elementarzelle besteht aus acht Molekülen $MeFe_2O_4$. Auf diese Art und Weise bilden 32 O^{2-}-Anionen die kubisch-flächenzentrierte Elementarzelle des Spinells. Dabei entstehen 64 tetraedrische und 32 oktaedrische Leerstellen.

Durch die Kationen Me^{2+} und Fe^{3+} werden acht tetraedrische (bezeichnet mit A-Gitter) und 16 oktaedrische (bezeichnet mit B-Gitter) Leerstellen besetzt. In Abhängigkeit von der Verteilung der Kationen auf das A- und das B-Gitter unterscheidet man zwischen einem normalen, einem inversen und einem Mischspinell.

Beim normalen Spinell befinden sich alle acht Me^{2+}-Ionen im A-Gitter und die 16 Fe^{3+}-Ionen im B-Gitter. Schematisch kann ein normales Spinell durch die Formel $Me_8^{2+}[Fe_{16}^{3+}]O_{32}$ ausgedrückt werden (Abb. 4.4a). Im inversen Spinell (Abb. 4.4b) belegen acht Fe^{3+}-Ionen die acht A-Plätze und die restlichen acht Fe^{3+}-Ionen und acht Me^{2+}-Ionen die 16 B-Plätze, was schematisch mit der Formel $Fe_8^{3+}[Fe_8^{3+}Me_8^{2+}]O_{32}$ wiedergegeben wird. In der Realität existieren Gemische dieser Grenzfälle, die sogenannten Mischspinelle. Theoretisch beträgt die berechnete Kantenlänge des Spinellgitters $8 \cdot 10^{-10}$ m, experimentell wurden Werte zwischen 8 und $8{,}9 \cdot 10^{-10}$ m ermittelt.

In realen Spinellen schieben die Kationen, die sich in den tetraedrischen Leerstellen befinden, in den meisten Fällen die vier O^{2}-Anionen auseinander, wodurch Verzerrungen des kubischen Spinellgitters entstehen. Zur Zeit gibt es keine vollkommene Methode, um die Lage der Kationen im Spinellgitter exakt zu bestimmen. Die genaueste Methode beruht auf Messung der Neutronenbeugung. Geeignet sind ebenfalls noch die Beugung der Röntgenstrahlen und die Bestimmung der magnetischen Sättigungsmagnetisierung am absoluten Nullpunkt.

Bei Oxydation des Magnetits Fe_3O_4 bildet sich γ-Fe_2O_3, das die Spinellstruktur bewahrt. Daraus folgt, daß das γ-Fe_2O_3-Gitter durch 32 O^{2-}-Ionen mit flächenzentrierter dichtester Kugelpackung gebildet wird, während die 24 Gitterplätze durch $21^1/_3$ Fe^{3+}-Ionen belegt werden. Auf diese Weise ergeben sich in der γ-Fe_2O_3-Elementarzelle $2^2/_3$ Kationenleerstellen, und die Struktur des γ-Eisenoxids kann mit der Formel $Fe_8^{3+}[(Fe_{5^1/_3}^{3} + \Delta 2^2/_3)Fe_8^{3+}]O_{32}$ wiedergegeben werden; wobei Δ eine Leerstelle bedeutet. Da Teilmengen von Fe^{3+}-Ionen und Kationenleerstellen im Oktaedergitter nicht vorhanden sein können, dringen H^+- oder Fe^{2+}-Ionen in das Kristallgitter des γ-Fe_2O_3 ein [12].

4.2.2. Magnetische Eigenschaften

Der Ferrimagnetismus des Magnetits und des γ-Eisenoxids ist von der Lage der paramagnetischen Kationen um die O^{2-}-Anionen im Spinellgitter abhängig. Die Größe der darüber hinausgehenden Wechselwirkung in den Ferriten hängt vom Abstand zwischen den Kationen (über das Sauerstoffion) und vom Winkel zwischen den gedachten Linien, die die Zentren der Kationen und Zentren der Sauerstoffionen verbinden, ab.

Die magnetischen Eigenschaften der Pigmente werden sowohl durch die Form und die Ausmaße der Teilchen, als auch durch ihre Homogenität und ihren Kristallaufbau bestimmt. Die Koerzitivfeldstärke der magnetischen Pigmente wird durch die Kristallanisotropie, Formanisotropie und die magnetoelastische Anisotropie bestimmt.

Während für Pigmente mit kubischer Teilchenform die Kristallanisotropie dominiert, so hat für Pigmente mit nadelförmigen Teilchen die Formanisotropie entsprechende Bedeutung. Nachweisbar ist, daß die Koerzitivfeldstärke von nadelförmigen Teilchen bei Zimmertemperatur zu 67% durch die Formanisotropie und zu 33% durch die Kristallanisotropie bestimmt wird [13, 28]. Für sphärische Einbereichsteilchen wird unter Ausschaltung äußerer Einflüsse die Koerzitivfeldstärke nach der Formel

$$H_c = a \frac{|K_1|}{I_s} \qquad (4.1)$$

berechnet, wobei K die Kristallanisotropiekonstante ist und a zwischen 0,64 und 2,0 liegt. Für statistisch verteilte Teilchen ersetzt man den Faktor a durch 0,64. Für gestreckte, ellipsoide Teilchen, bei denen das Verhältnis von Länge zum Durchmesser l/d nicht kleiner als 10 ist, wird die Koerzitivfeldstärke bestimmt durch

$$H_c = (N_d - N_l) I_s, \tag{4.2}$$

wobei N_d und N_l die Entmagnetisierungsfaktoren längs der kurzen und langen Teilchenachsen sind. Für statistisch verteilte nadelförmige Teilchen beträgt der Korrekturfaktor 0,48.

Die Größe der Koerzitivfeldstärke, berechnet nach Formel (4.1), stimmt für sphärische Teilchen hinreichend gut mit den experimentellen Ergebnissen überein.

Für Pigmente mit nadelförmigen Teilchen weicht die nach Formel (4.2) berechnete Größe der Koerzitivfeldstärke von den experimentell ermittelten Werten weitaus stärker ab. Für kugelförmige Teilchen sind die Entmagnetisierungsfaktoren gleich, d. h., $N_d = N_l$. Für nadelförmige Teilchen, bei denen $l/d \approx 10$ ist, beträgt die Differenz $(N_d - N_l) = 2\pi$.

Wird diesem Sachverhalt Rechnung getragen, so nimmt Gleichung (4.2) die Form

$$H_c = 2\pi I_s \tag{4.3}$$

an. Berücksichtigt man ferner, daß für γ-Fe_2O_3 $K_1 = -4{,}7 \cdot 10^{+3}\ J \cdot m^{-3}$ beträgt, so kann man nach Gleichung (4.1) die Größe der Koerzitivfeldstärke, die durch die Kristallanisotropie bestimmt wird, wie folgt berechnen:

$$H_c = \frac{2 \cdot 4{,}7 \cdot 10^3 \cdot 80}{431} \approx 1744\ Am^{-1}.$$

Nach Gleichung (4.3) kann die Koerzitivfeldstärke, die durch die Formanisotropie hervorgerufen wird, wie folgt ermittelt werden:

$$H_c = 2 \cdot 3{,}14 \cdot 431 \cdot 80 \approx 220480\ Am^{-1}.$$

Hieraus ist zu ersehen, daß die durch die Formanisotropie hervorgerufene Koerzitivfeldstärke höher liegt, als die durch die Kristallanisotropie verursachte.

Neben der Kristall- und Formanisotropie wird die Koerzitivfeldstärke durch Deformation, hervorgerufen durch Spannungen im magnetischen Material, beeinflußt. Sie vergrößert die Koerzitivfeldstärke um den Wert

$$H_c = 3\eta\delta I_s,$$

wobei η die Magnetostriktionskonstante und δ die auf das magnetische Material wirkenden Spannungskräfte sind. Dieser Einfluß ist im Vergleich zu den vorstehend aufgeführten Anisotropien gering.

Die Koerzitivfeldstärke der Pigmente wird auch stark von der gegenseitigen Anordnung der Teilchen und von der Volumenkonzentration beeinflußt. Mit steigender Volumenkonzentration verringert sich die Koerzitivfeldstärke, was bei der Bestimmung der magnetischen Eigenschaften der Pigmente zu berücksichtigen ist.

4.2.3. Teilchengröße und Homogenität

Neben der Teilchenform wird die Koerzitivfeldstärke auch durch die Abmessungen bestimmt. Sie erhöht sich in bestimmten Grenzen mit Verringerung der Teilchengröße [14]. Die Qualität der Magnetbänder hängt in entscheidendem Maß auch von der Homogenität der Pigmentteilchen ab [15]. Dabei besitzt nicht nur die Herstellung von homogenen Eisenoxidhydratteilchen (bezüglich Form und Größe) eine große Bedeutung, sondern auch die Aufrechterhaltung dieser Homogenität im weiteren Verarbeitungsprozeß zum einsatzfähigen magnetischen Pigment. Ein ausreichend homogenes Gelbpigment kann schon in der ersten Verarbeitungsstufe — der Dehydratisierung — seine Homogenität durch Verschlechterung der Teilchenform und durch Sintern zu Agglomeraten verlieren [16]. Bei der Entwässerung bildet sich eine große Menge von Hohlräumen, was zu einer Rekristallisation führt und Sintererscheinungen einzelner Teilchen hervorrufen kann. Ebenso hat die Größe der Kristallite in den Nadeln einen großen Einfluß auf die magnetischen Eigenschaften des γ-Fe_2O_3. Man hat gefunden, daß die Koerzitivfeldstärke bei einer Größe von 30 bis 40 nm [17] ihr Maximum hat.

Da die Struktur des α-Eisenoxids entscheidend die Struktur des γ-Fe_2O_3 prägt, ist die Abhängigkeit der Größe der α-Oxid-Kristalle von der Dehydratisierungstemperatur von entsprechendem Interesse. Ergebnisse belegen, daß die optimale Kristallgröße im Temperaturbereich von 350 bis 450 °C [17, 18] entsteht. Bei der nachfolgenden Reduktion des α-Fe_2O_3 werden die Eigenschaften des erhaltenen Magnetits von der Fehlerhaftigkeit des α-Oxid-Kristallgitters bestimmt. Die Produkte, die ein fehlerhaftes Kristallgitter aufweisen, ergeben während des Reduktionsprozesses ein überreduziertes Spinell, während Produkte mit idealeren Gittern ein Magnetit mit hohen magnetischen Eigenschaften ergeben. Von Panther [18] wurden der Einfluß der Zeit und der Temperatur bei der Entwässerung des Eisenoxidhydrates auf die Struktur und die Eigenschaften des sich bildenden α-Fe_2O_3 untersucht. Teilchen mit optimalen Ausmaßen werden im Bereich von 350 °C bis 450 °C gebildet. Bei Temperaturen über 500 °C sintern sie und verlieren ihre Ausgangsform.

Von technologischem Interesse sind Untersuchungen des Verarbeitungsprozesses von Eisenoxidhydrat in einer Wirbelschicht. Der gute Wärmeübergang gestattet es, die Prozeßtemperatur bis 350 bis 400 °C [18, 19] zu senken, wobei die Ausgangsform der Teilchen weitestgehend erhalten bleibt.

Die Homogenität der Teilchen des γ-Fe_2O_3 und die hohe Dispersität haben im Falle der Herstellung von Videomagnetbändern, bei denen das Intervall der aufzuzeichnenden Frequenzen von einigen Hertz bis 6 bis 7 MHz reicht, besondere Bedeutung. Die aufzuzeichnende Wellenlänge wird gleich der Teilchengröße. Da bei der Studio-Videoaufzeichnung die Methode der Frequenzmodulation angewandt wird und es auf Grund der Aufzeichnungsdichte zu einer Senkung der Dynamik kommt, werden an das Band erhöhte Anforderungen hinsichtlich Wiedergabepegel und Rauschpegel [20] gestellt.

Durch eine Verringerung der Teilchengröße des Pigments wird das Ruherauschen auf dem ganzen Frequenzband gesenkt und entspricht bei einer Teilchengröße von ca. 0,2 µm annähernd dem Rauschpegel des Verstärkers. Es ist aber nicht zweckmäßig, besonders kleine Teilchen zu verwenden, da dadurch der Kopiereffekt wiederum ansteigt [14]. Als optimal erweist sich eine Teilchengröße von 0,3 bis 0,4 µm [21].

4.2.4. Herstellung des Eisenoxidhydrates

Eisen bildet die in Tabelle 4.2 aufgeführten wichtigen Hydroxide und Oxide.

Die folgende Übersicht (Schema 4.1) soll die Reaktionsbeziehungen der Eisenverbindungen, soweit sie für die Herstellung magnetischer Pigmente von Interesse sind, verdeutlichen.

Tabelle 4.2. Wichtige Hydroxide und Oxide des Eisens

Formel	Name	Farbe
α-FeO(OH)	Goethit	gelb
β-FeO(OH)	Akaganeit	orange
γ-FeO(OH)	Lepidokrokit	ocker
δ-FeO(OH)		braun
FeO	Wüstit	schwarz
α-Fe_2O_3; γ-Fe_2O_3	Hämatit, Magnemit	violett; rotbraun
Fe_3O_4	Magnetit	schwarz
$Fe(OH)_2$		weiß
$Fe(OH)_3$		braun

Als Ausgangsmaterial für die Herstellung von γ-Fe_2O_3 dient das kristalline Monohydrat des Eisenoxids, FeOOH, wovon vier Modifikationen existieren:

1. Die Modifikation α-FeOOH ist als Mineral Goethit bekannt und kristallisiert im rhombischen System mit den Kristallgitterkonstanten $a = 4{,}64 \cdot 10^{-10}$ m, $b = 10{,}00 \cdot 10^{-10}$ m, $c = 3{,}03 \cdot 10^{-10}$ m (ASTM 3-249). Die Dehydratisierung bei Temperaturen über 200 °C führt zur Bildung von α-Fe_2O_3. Im Kristallgitter des Goethits sind keine Wassermoleküle, sondern nur O^{2-}- und OH^--Ionen. In einer Elementarzelle sind zwei Moleküle α-FeOOH enthalten.

2. Die Modifikation β-FeOOH stellt eine kristalline Verbindung mit oranger Farbe dar, die u. a. bei der Hydrolyse von Eisen-(III)-chlorid entsteht. Sie kristallisiert im rhombischen System mit den Kristallgitterkonstanten $a = 5{,}28 \cdot 10^{-10}$ m, $b = 10{,}24 \times 10^{-10}$ m, $c = 3{,}34 \cdot 10^{-10}$ m (ASTM 3-440).

3. Die Modifikation γ-FeOOH ist als Mineral Lepidokrokit bekannt. Es kristallisiert im rhombischen System mit den Kristallgitterkonstanten $a = 3{,}88 \cdot 10^{-10}$ m, $b = 12{,}54 \cdot 10^{-10}$ m, $c = 3{,}07 \cdot 10^{-10}$ m (ASTM 8-98). Bei vorsichtiger Entwässerung geht es in das magnetische γ-Fe_2O_3 über.

4. Die Modifikation δ-FeOOH stellt ein gelbbraunes Produkt dar, das sich durch schnelle Oxydation von Eisen-(II)-hydroxid (mit Wasserstoffperoxid oder Luftsauerstoff) bildet. Es besitzt eine tetragonale Kristallform mit den Gitterkonstanten $a = 2{,}94 \times 10^{-10}$ m, $c = 4{,}49 \cdot 10^{-10}$ m (ASTM 13-87).

Industrielle Bedeutung für die Herstellung von γ-Fe_2O_3 haben bisher lediglich Goethit und Lepidokrokit erlangt. Die Farbe des Goethits ändert sich in Abhängigkeit von der Teilchengröße von zitronengelb bis orange. Goethit und Lepidokrokit werden in großem Umfang in der Lack- und Farbstoffindustrie eingesetzt. Für den Einsatz als magnetische Pigmente sind diese Verbindungen jedoch nicht ohne weiteres geeignet, da

Schema 4.1. Für die Herstellung von magnetischen Pigmenten wichtige Reaktionsbeziehungen der Eisenverbindungen [93]

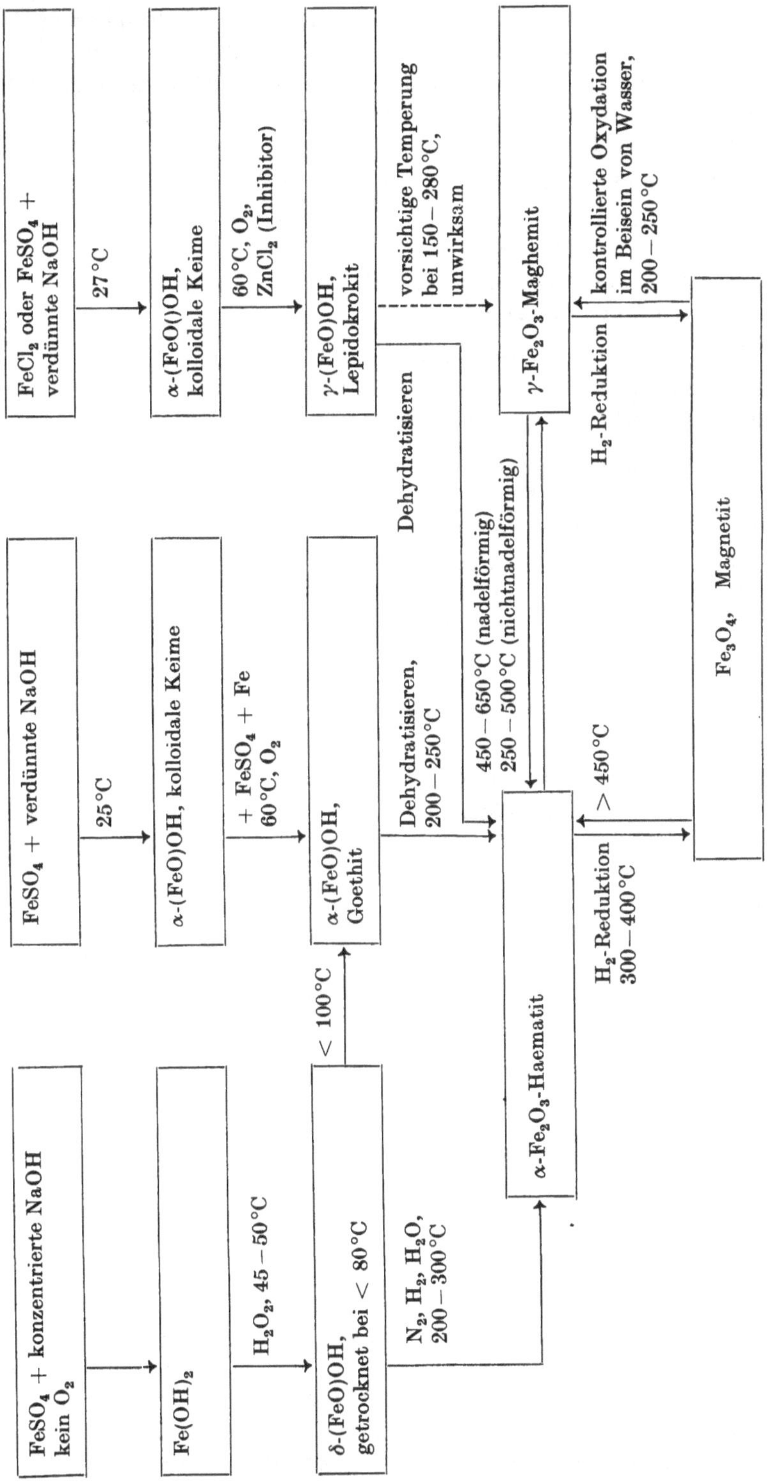

die Lack- und Farbstoffindustrie andere Anforderungen an die Reinheit der Ausgangsstoffe und die Homogenität der Eisenoxidhydrate stellt. Deshalb wird Goethit zur Herstellung von magnetischen Pigmenten fast ausschließlich in Magnetbandbetrieben erzeugt, wobei einer strengen Einhaltung des technologischen Ablaufes große Aufmerksamkeit geschenkt wird. Der technologische Prozeß zur Herstellung von nadelförmigem γ-Eisenoxid setzt sich aus folgenden Verfahrensstufen zusammen:

— Herstellung des nichtmagnetischen Eisenoxidhydrates mit nadelförmigen Teilchen,
— Dehydratisierung zum Hämatit,
— Reduktion des Hämatits zu Magnetit,
— Reoxydation des Magnetits zu γ-Eisenoxid.

Größe und Form des Endproduktes werden dabei hauptsächlich durch die vorgegebenen Struktureigenschaften des Eisenoxidhydrats bestimmt.

Im wesentlichen sind drei Verfahren zur Produktion von Eisenoxidhydrat möglich:

— Fällung des Fe-(II)-hydroxides aus einer Eisen-(II)-salzlösung im Unterschuß des Fällungsmittels und nachfolgende Oxydation mit Luftsauerstoff oder anderen Oxydationsmitteln bei einem *p*H-Wert < 8;
— Oxydation des Eisen-(II)-hydroxides bei einem *p*H-Wert > 12;
— Fällung des Eisen-(II)-hydroxides mit Ammoniak in Gegenwart von metallischem Eisen und Oxydation unter Einwirkung von Luftsauerstoff.

Von größtem industriellen Interesse ist dabei das letztgenannte Verfahren [22, 23].

Unabhängig vom angewandten Verfahren werden folgende Verfahrensschritte durchlaufen:

— Vorbereitung der Eisensulfatlösung,
— Vorbereitung der Lösung des Fällungs- und gegebenenfalls des Oxydationsmittels,
— Herstellung des Pigments,
— Filtration und Waschen des Pigments,
— Trocknung und Zerkleinerung des Pigments.

Dabei kann u. a. wie folgt vorgegangen werden: Eisen-(II)-sulfat-Lösung wird mit Natronlauge versetzt und gerührt, wodurch ständig eine neue Oberfläche erzeugt und der Kontakt mit der Sauerstoffatmosphäre gewährleistet wird; dabei wird das gefällte Eisen-(II)-hydroxid zum FeOOH oxydiert.

$$2Fe^{++} + 4OH^- + {}^1/_2O_2 \rightarrow 2\alpha\text{-FeO(OH)} + H_2O.$$

Die sich u. a. bildenden kolloidalen Teilchen dienen als Keime für das weitere Kristallwachstum. Dazu wird eine Eisensulfatlösung mit Eisenschrott versetzt, gerührt (60 °C) und die Keimlösung hinzugefügt. In die Mischung wird danach Luft eingeblasen. Während dieser Zeit entstehen aus den kolloidalen Keimen hellgelbe nadelförmige α-FeOOH-Kristalle. Die Geschwindigkeit der Bildung des Oxidhydrates hängt im allgemeinen von der angebotenen Größe der Oberfläche des metallischen Eisens und der sich einstellenden Gleichgewichtskonzentration an Eisen(II)-Ionen ab. Die Reaktionsgeschwindigkeit nimmt mit wachsender Fe^{++}-Konzentration zu. Dabei ist die Entstehung basischer Sulfate möglich; diese wird durch schlechten Kontakt zwischen dem metallischen Eisen und der Eisensulfatlösung gefördert. Bei Anwesenheit von Alkaliionen bilden sich diese basischen Salze mit der veränderlichen

Zusammensetzung $Fe_x(SO_4)_y(OH)_2$ nicht, sondern leichter lösliche Doppelsalze folgender Zusammensetzung: $Me_2Fe_6(OH)_{12}(SO_4)_4$. Ein Gehalt von basischen Salzen im Goethit wirkt sich qualitätsmindernd aus; sie verursachen Sinterungen bzw. Zerstörung des Produktes bei der weiteren Verarbeitung. Durch die Schwerlöslichkeit bedingt, lassen sich die basischen Salze nicht hinreichend herauswaschen und führen somit zu einem hohen SO_4^{2-}-Gehalt im Goethit. Dieser wiederum führt zur schlechteren Verarbeitungsfähigkeit des Produktes in den Folgestufen und zu schlechteren Eigenschaften des γ-Eisenoxids.

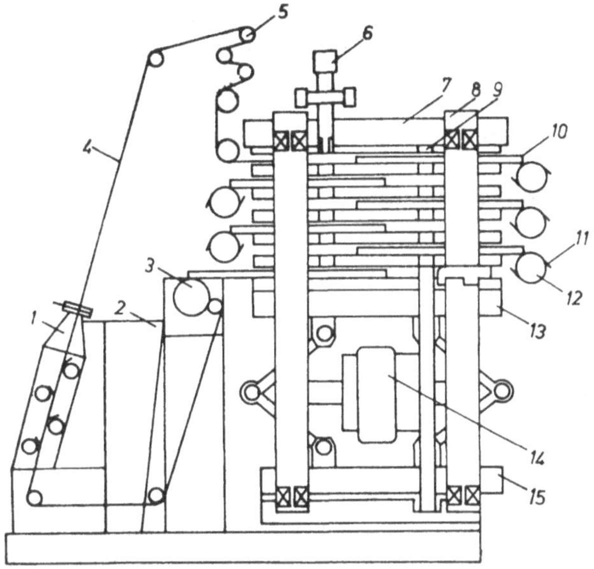

Abb. 4.5. Schema einer Kammerfilterpresse

1 – Regenerationskammer, 2 – Abfluß, 3 – Antrieb des Transporttuches, 4 – Filtertuch, 5 – Spannvorrichtung 6 – Zuleitungskollektor, 7 – Ableitungskollektor, 8 – obere Stützplatte, 9 – Führungsstange, 10 – Filterplatte, 11 – Messer zur Abnahme des Kuchens, 12 – Rolle, 13 – Andruckplatte, 14 – elektromechanische Vorrichtung, 15 – untere Stützplatte

Wenn die gewünschte Teilchengröße erreicht ist, wird das α-FeOOH in einer automatischen Kammerfilterpresse abgetrennt und gewaschen. Der technologische Prozeß zur Abtrennung des Niederschlages von α-FeO(OH) kann wie folgt beschrieben werden. Eine Filterpresse, wie in Abbildung 4.5 dargestellt, besteht aus horizontal angeordneten Filterplatten, die man auf- und abwärts längs der Führungsstangen bewegen kann. Bei Herabsenken der Platten bildet sich ein Zwischenraum. Der Transport und das Zusammenpressen der Filterplatten wird durch Druckplatten und elektromechanische Vorrichtungen erreicht. Jede Filterplatte besteht aus zwei Teilen: dem oberen mit der Entwässerungsvorrichtung zur Ableitung des Filtrats und dem unteren, der als Rahmen ausgeführt ist und beim Zusammenpressen der Platten die Filterkammer bildet. Zwischen dem oberen und unteren Teil sind Gummi-Diaphragmen angebracht, die beim Zuführen von Wasser unter Druck die flüssige Phase aus dem Niederschlag herauspressen und den Kuchen aufnehmen. Das Filtertuch in Form eines endlosen Bandes wird zwischen den Platten durchgezogen. Es kann durch die Trommel und die Andruckrolle bewegt werden. Im unteren Teil der Filterpresse wird das Tuch durch eine Regenerationskammer geführt.

Nach Beendigung aller technologischen Operationen werden die Platten auseinandergefahren. Es entsteht ein Zwischenraum, aus dem der Kuchen durch Weiterbewegung des Tuches zwischen den Platten herausgetragen wird. Während des Austrages des

Kuchens schaltet sich automatisch die Wasserzufuhr in der Regenerationskammer ein, in der das Filtertuch gewaschen und gereinigt wird.

Die wesentlichen Vorteile einer derartigen Filterpresse bestehen in folgendem: eine große Filterfläche bei verhältnismäßig geringem Platzbedarf; ökonomisches und qualitätsgerechtes Waschen des Filterkuchens auf Grund der horizontalen Anordnung der Platten; effektive Regeneration des Filtertuches; minimaler Zeitaufwand für Hilfsoperationen (Austragen des Kuchens, Schließen und Öffnen der Filterpresse); Filterkuchen mit geringer Feuchtigkeit; vollautomatische Funktionsweise der Filterpresse. Nach der Filtration wird der Filterkuchen mit einer Restfeuchte von ca. 40% in einem Trockner (Etagentrockner, Bandtrockner, Trommeltrockner) bis zu einer Feuchtigkeit von ca. 1,5% entwässert und anschließend gegebenenfalls zerkleinert.

4.2.5. Verarbeitung des Eisenoxidhydrates zu γ-Fe_2O_3

Die Weiterverarbeitung des Eisenoxidhydratpigments zu γ-Fe_2O_3 geschieht durch folgende Verfahrensstufen:

— Dehydratisierung,
— Reduktion,
— Reoxydation.

Bei der Dehydratisierung wird das Kristallwasser aus dem Oxidhydrat entfernt. Hierbei bildet sich unmagnetisches α-Eisenoxid (Hämatit):

$$2\alpha\text{-FeOOH} \xrightarrow{400\,°C} \alpha\text{-Fe}_2\text{O}_3 + \text{H}_2\text{O}.$$

Dieser Reaktionsschritt wird vornehmlich in Drehrohröfen vollzogen. Die Beheizung der Drehrohröfen kann elektrisch oder durch Heizgas geschehen. An einer Rohröffnung erfolgt die Beschickung mit Oxidhydrat, am anderen Rohrende befindet sich der Austrag zum Zwischenbunker. Der Durchsatz pro Zeiteinheit kann bei konstanter Drehgeschwindigkeit durch den Neigungswinkel des Rohres variiert werden. Nach der Dehydratisierung wird das gebildete Hämatit in einem weiteren Drehrohrreaktor, der in einzelne Temperaturzonen unterteilt ist, mit Wasserstoff oder Stadtgas zu Magnetit reduziert.

$$3\alpha\text{-Fe}_2\text{O}_3 + \text{H}_2 \rightarrow 2\,\text{Fe}_3\text{O}_4 + \text{H}_2\text{O}.$$

Das gebildete Magnetit wird mit Luftsauerstoff bei 280 °C zu γ-Eisenoxid reoxydiert. Die Reaktion kann ebenfalls in einem Drehrohrofen vorgenommen werden.

$$2\,\text{Fe}_3\text{O}_4 + {}^1/_2\,\text{O}_2 \rightarrow 3\gamma\text{-Fe}_2\text{O}_3.$$

Das Schema 4.2 gestattet einen Gesamtüberblick über die einzelnen Verarbeitungsstufen.

4.3. Dotierte Eisenoxide

Bei der Suche nach Materialien mit verbesserten Aufzeichnungs- und Wiedergabeeigenschaften sind besonders zwei Zielparameter von Bedeutung:

— höhere Koerzitivfeldstärke und Remanenz sowie
— kleinere und homogenere Teilchen.

Schema 4.2. Herstellung von Magnetpulver

Gewinnung von Eisenoxidpigment

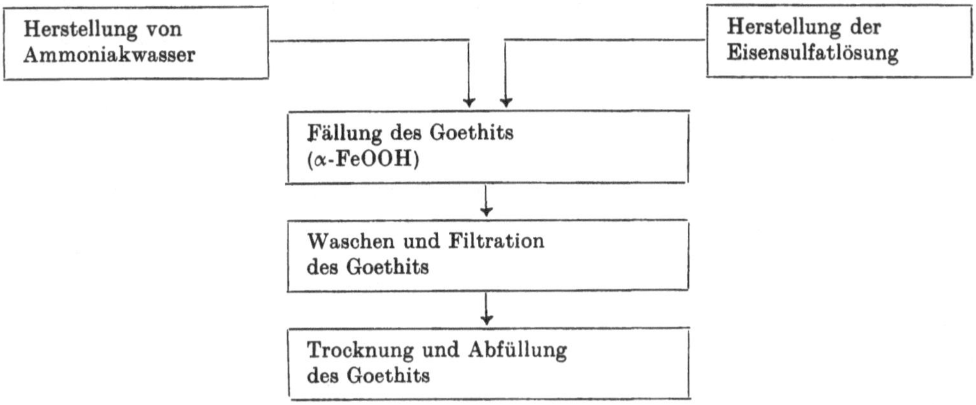

Verarbeitung des Eisenoxidpigments zu Magnetpulver

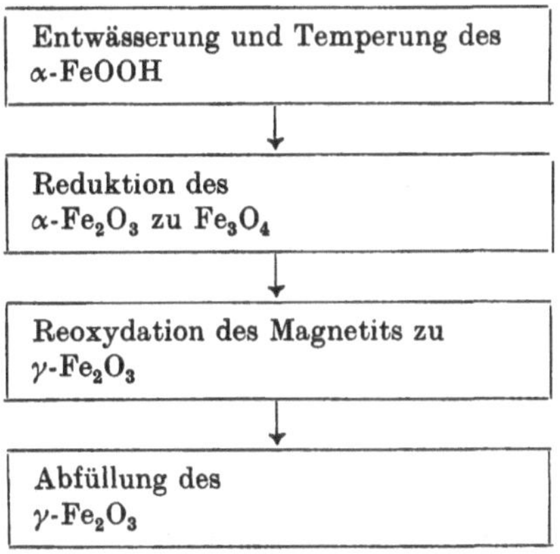

Durch den Einbau von Cobaltionen in das Eisenoxidgitter werden u. a. solche gewünschten Eigenschaften erreicht. Verfahren der Dotierung von Eisenoxid zur Erhöhung seiner Koerzitivfeldstärke werden seit 1951 [24] beschrieben. Nach der Markteinführung des Chromdioxids mit einer Koerzitivfeldstärke von ca. 450 A · cm^{-1} wurde an der Verbesserung von Eisenoxiden mittels Dotierung verstärkt gearbeitet. Dieser Sachverhalt findet sich auch in der Produktion von Video- und Audiobändern mit diesem Pigment bestätigt [25–27].

4.3.1. Eigenschaften

Eine unerwünschte Eigenschaft des cobaltdotierten Eisenoxids ist die Temperaturabhängigkeit der Koerzitivfeldstärke. Wird eine Aufzeichnung auf dem Magnetband während des Einsatzes oder bei Lagerung höheren Temperaturen ausgesetzt (50 bis 100 °C), so treten durch Abfall an Koerzitivfeldstärke Entmagnetisierungserscheinungen auf, welche zur Intensitätsminderung oder sogar zum totalen Verlust des aufgezeichneten Signals führen können.

Untersuchungen [28] an kubischem cobaltdotiertem γ-Fe_2O_3 lassen den Schluß zu, daß die Koerzitivfeldstärke der Teilchen im Bereich von 3 bis 6% von K/M unabhängig ist[1]. Bei Dotierungen unter 3% ist die Anisotropiekonstante dem Co-Gehalt proportional.

Bei epitaktischer Abscheidung von Cobaltferrit auf der Oberfläche der γ-Fe_2O_4-Teilchen werden wesentliche Vorteile erzielt.

4.3.2. Herstellung

Die Einführung der Co-Ionen in das Kristallgitter des Eisenoxids ist prinzipiell in jeder Stufe des Herstellungsprozesses des γ-Eisenoxids möglich.

So kann eine Lösung, die Eisen- und Cobaltsulfat enthält, als Ausgangsmedium dienen [29–31], die nachfolgend wie bei der Herstellung von γ-Fe_2O_3 weiterverarbeitet wird.

Ein anderer Weg besteht darin, Eisenoxid mit Cobaltverbindungen so in Kontakt zu bringen, daß im Ergebnis Cobalt bzw. eine seiner Verbindungen auf den Eisenoxidteilchen abgeschieden werden. In einer anschließenden thermischen Behandlung diffundieren die Cobaltionen in das Kristallgitter des Eisenoxids hinein und führen derart zur Veränderung der magnetischen Eigenschaften. Zum Beispiel kann das Eisenoxid mit einer Cobaltsalzlösung zu einer Paste verrührt und getrocknet werden, oder die Cobaltionen werden durch ein basisches Fällungsmittel als Hydroxid auf dem Eisenoxid abgeschieden [32–34].

Eine etwas aufwendigere Methode besteht in der Abscheidung von Cobalt auf den einzelnen Eisenoxidteilchen. Dabei werden der Eisenoxidsuspension neben dem Cobaltsalz u. a. Komplexbildner, Reduktionsmittel sowie eine Pufferlösung zugegeben [35–37].

4.4. Chromdioxid

Chromdioxid wurde bereits 1859 von Wöhler [38] als Bestandteil von Chrommischoxiden entdeckt. Später wurde es verschiedentlich, vor allem bei der Zersetzung vom Chromylchlorid [39, 40], aber auch beim thermischen Abbau von CrO_3 im Gemisch mit anderen Chromoxiden gefunden [41]. 1943 wurde von Michel und Benard [42] durch röntgenographische Untersuchungen die Rutil-Struktur des ferromagnetischen CrO_2 nachgewiesen. Die erste Darstellung als reine Phase gelang 1956 [43].

4.4.1. Eigenschaften

Chromdioxid zersetzt sich bei Temperaturen über 400 °C zum Chrom-(III)-oxid unter Sauerstoffabspaltung.

$$2CrO_2 \rightarrow Cr_2O_3 + {}^1/_2 O_2 .$$

Es kristallisiert im tetragonalen System des Rutil-Typs. Die Chromionen befinden sich an den Ecken und im Raumzentrum der Elementarzelle. Die Gitterkonstanten betragen $a = 4{,}422 \cdot 10^{-10}$ m und $c = 2{,}918 \cdot 10^{-10}$ m. Die c-Achse fällt mit der Teilchenlängsachse zusammen (ASTM 9-332). Die Dichte beträgt 4,9 g/cm³.

---

[1] K – Kristallanisotropiekonstante, M — Magnetisierung.

Für die Herstellung von Magnetbändern ist der geringe elektrische Widerstand des CrO_2 mit $4 \cdot 10^{-2}$ bis $3 \cdot 10\ \Omega/m$ von Vorteil. Die CURIE-Temperatur liegt je nach Herstellungsverfahren bei 120 ± 6 °C. Das magnetische Moment beträgt zwei BOHRsche Magnetonen je Chromatom. Die Sättigungsmagnetisierung liegt ca. 25% höher als bei γ-Eisenoxid. Die Koerzitivfeldstärke ist für CrO_2 sehr niedrig, sie liegt bei 16 bis 55 $A \cdot cm^{-1}$ bzw. für nadelförmige Produkte zwischen 80 und 120 $A \cdot cm^{-1}$.

4.4.2. Herstellung

Zur Herstellung von Chromdioxid sind drei Verfahren bekannt:

- thermische Zersetzung von Chromylchlorid,
- Umsetzung von Chrom-(III)-verbindungen,
- hydrothermale Zersetzung von CrO_3.

Von diesen Herstellungsmöglichkeiten haben bisher nur die letzten beiden industrielle Bedeutung erlangt.

Aus frisch gefälltem Chrom-(III)-hydroxid [44] bzw. aus frisch hergestelltem Cr_2O_3 [45] wird bei Temperaturen von 360 bis 400 °C und Drücken von 10 bis 300 MPa geeignetes Chromdioxid erhalten. Die Umsetzung von Chrom-(III)-verbindungen mit CrO_3 im Verhältnis 1:1 bis 1:16 bei Temperaturen von 220 bis 320 °C und Drücken von nur 0,1 bis 0,5 MPa wird in [46] beschrieben.

Das Verfahren der hydrothermalen Zersetzung von CrO_3 dürfte das industriell bedeutendste sein. Wesentlich ist, daß die Reaktion in Gegenwart von Wasser bzw. Wasserdampf bei erhöhten Drücken, d. h. 300 MPa, und Temperaturen von 300 bis 500 °C abläuft. Zur Verbesserung der Nadelstruktur und zur Erhöhung der Koerzitivfeldstärke des CrO_2 werden Metalloxide als Katalysatoren bei der hydrothermalen Umsetzung zugegeben [47—49].

Durch Dotierung des Chromdioxids mit Fremdionen ist es möglich, sowohl dessen Teilchenform als auch Größe und damit Koerzitivfeldstärke stark zu beeinflussen und dieses Produkt in der für die magnetischen Aufzeichnungsmaterialien günstigen Stäbchenform herzustellen. Als Dotierungsmittel sind nahezu alle Elemente des Periodensystems erprobt worden, wobei bei vielen ein nachweisbarer Effekt gefunden wurde. Zu den wichtigsten Dotierungsmitteln gehören die Verbindungen von Elementen wie Sb, Te, Sn, Fe und Ru. Die Koerzitivfeldstärke des CrO_2 kann durch Dotierung auf 500 bis 600 $A \cdot cm^{-1}$ gesteigert werden, während die Sättigungsmagnetisierung dieser Produkte Werte von 75 bis 90 emu/g (4610 bis 5540 Gauß) annimmt. Der starke H_c-Anstieg ist dabei im wesentlichen auf die Erhöhung der Formanisotropie zurückzuführen.

Am Beispiel der Dotierung mit Sb_2O_3 soll der starke Einfluß auf Form und Eigenschaften des CrO_2 veranschaulicht werden. In der Patentliteratur ist Antimontrioxid als Dotierungsmittel bereits beschrieben [50—52], mit dem ferromagnetische Chromdioxidpigmente hergestellt werden können, deren Koerzitivfeldstärken 300 bis 400 $A \cdot cm^{-1}$ betragen.

Um Videobänder mit guten magnetischen und speichertechnischen Eigenschaften herstellen zu können, ist der Einsatz von dotiertem CrO_2 erforderlich, das eine Koerzitivfeldstärke von ca. 450 $A \cdot cm^{-1}$ hat und bei einer durchschnittlichen Teilchenlänge von

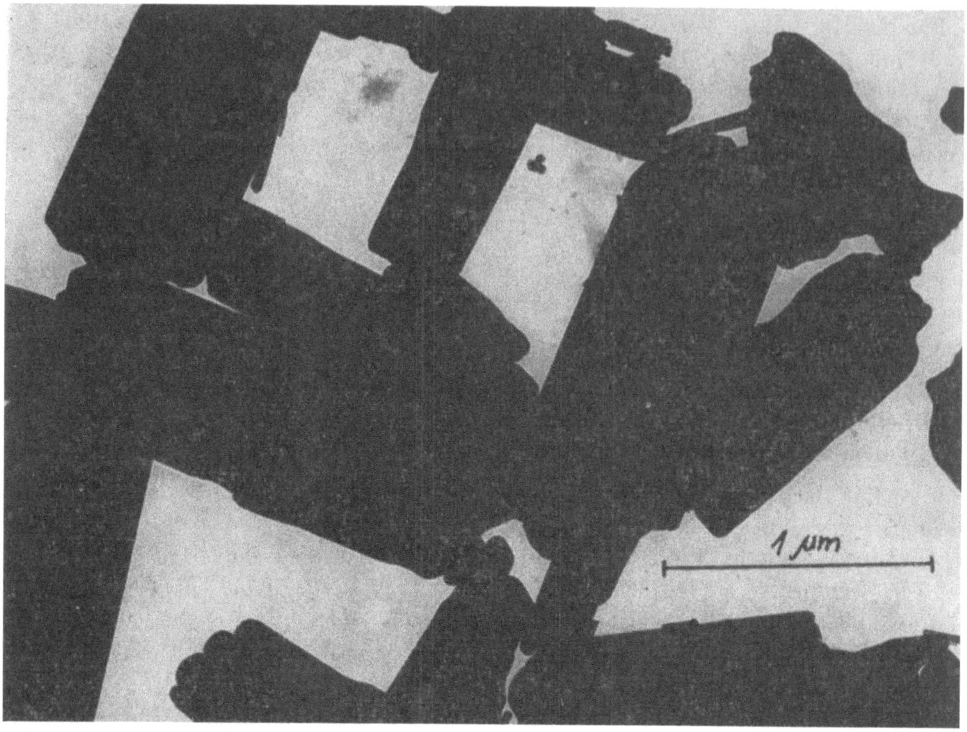

Abb. 4.6. CrO_2 undotiert

0,3 µm ein Längen-Breiten-Verhältnis von ≧ 10:1 aufweist. Von den zwei in der Natur vorkommenden enantiotropen Modifikationen des Sb_2O_3 (bzw. Sb_4O_6), Senarmontit (kubisches Gitter) und Valentinit (rhombisches Gitter) erweist sich das rhombisch kristallisierende Sb_2O_3 für die Dotierung des CrO_2 als besser geeignet.

Während CrO_2 ohne Dotierungszusätze unregelmäßige „Klümpchen" bildet und nur unter sehr extremen Synthesebedingungen in reiner Form eine Stäbchenform zu erzielen ist [53], konnten durch Dotierung mit Sb_2O_3 ungleich bessere Ergebnisse erzielt werden. In den Abbildungen 4.6 bis 4.11 sind elektronenmikroskopische Aufnahmen in 56000facher Vergrößerung von CrO_2-Kristalliten wiedergegeben, wie sie unter optimierten Reaktionsparametern durch Dotierung mit unterschiedlichen Sb_2O_3-Mengen auf dem hydrothermalen Wege erhalten wurden. Die stetige Erhöhung der Konzentration an Sb_2O_3 im Konzentrationsbereich von 0 bis 1% bewirkt, wie aus den Abbildungen 4.6 bis 4.11 zu entnehmen ist, eine deutliche Verbesserung der Nadelstruktur; wobei an Hand des Vergleichsmaßstabes gleichfalls die konzentrationsabhängige Verringerung der Längsabmessungen der Kristallite zu beobachten ist.

Aus dem Dargelegten kann zusammenfassend abgeleitet werden, daß die sich zunehmend besser ausbildende Nadelform des Sb_2O_3-dotierten CrO_2 auf den in Abhängigkeit von der Konzentration wachsenden Einfluß des Dotierungsmittels auf die Kristallbildung und das Kristallwachstum zurückzuführen ist.

Durch Elektronendiffraktion [53] wurde nachgewiesen, daß solche Kristallite, wie

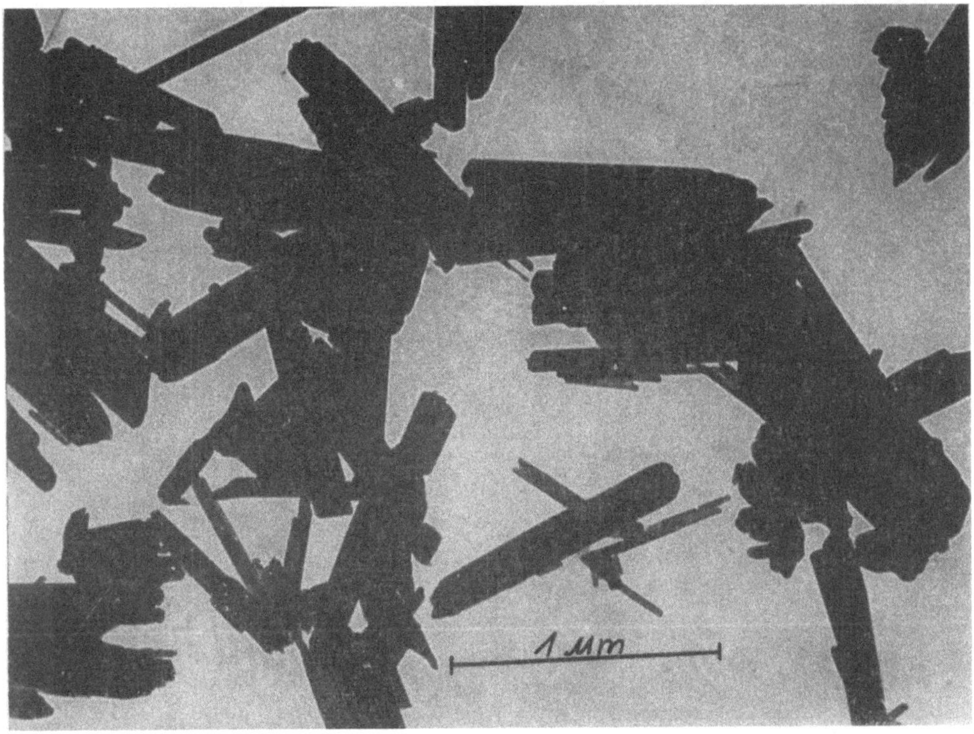

Abb. 4.7. CrO_2 mit 0,125% Sb_2O_3 dotiert

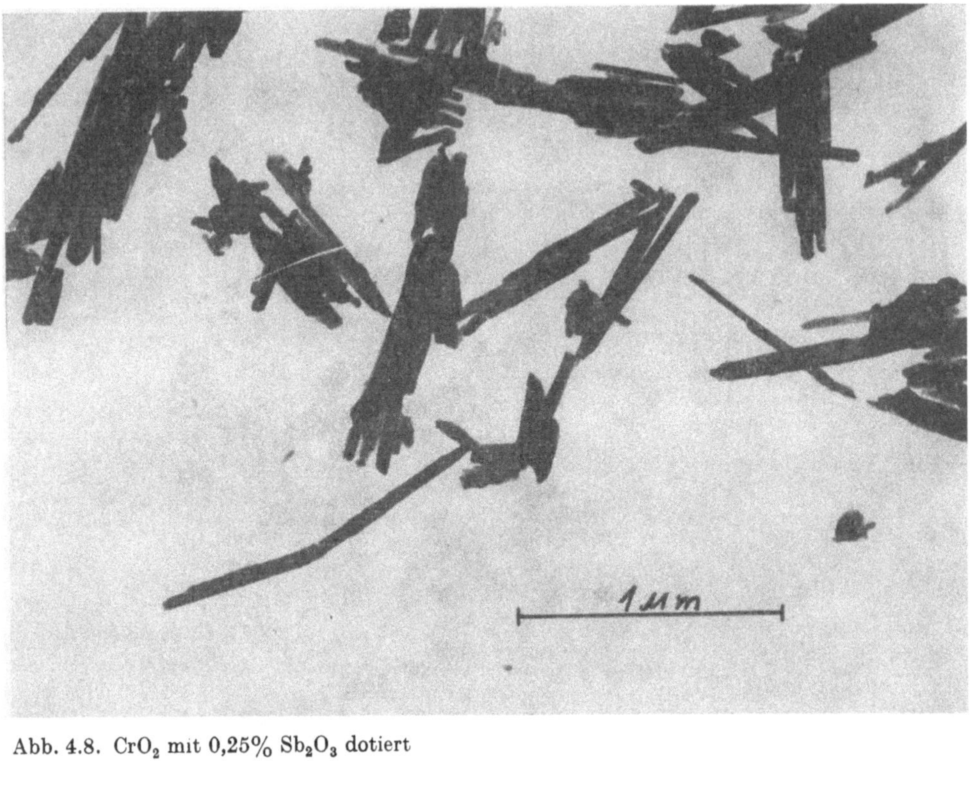

Abb. 4.8. CrO_2 mit 0,25% Sb_2O_3 dotiert

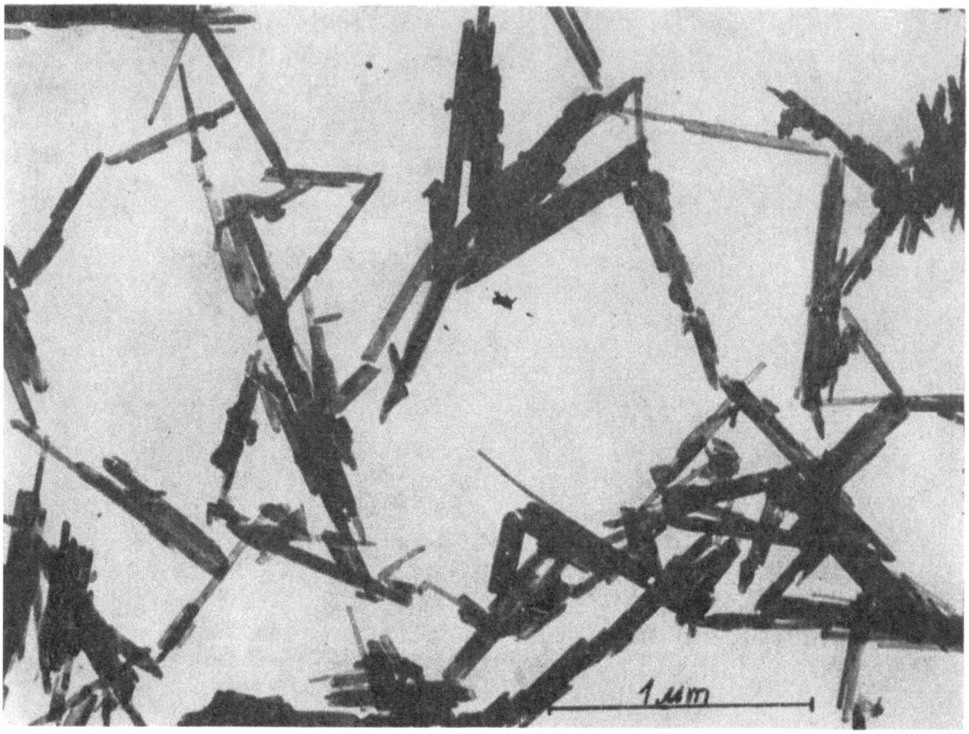

Abb. 4.9. CrO_2 mit 0,5% Sb_2O_3 dotiert

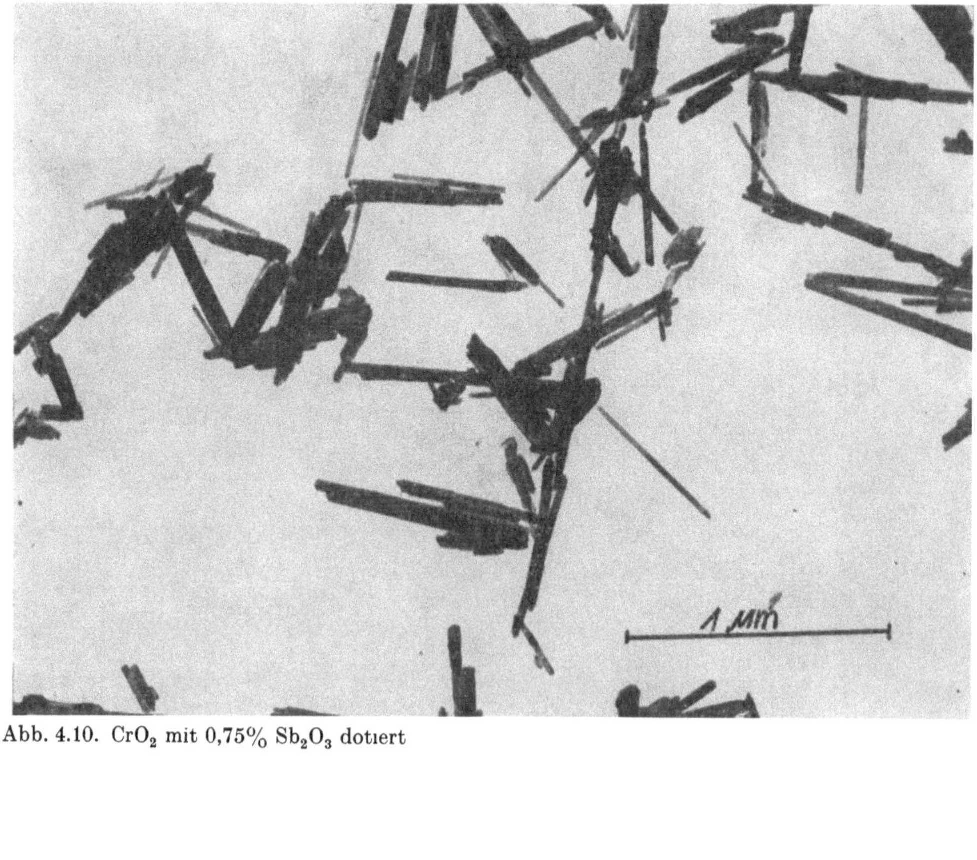

Abb. 4.10. CrO_2 mit 0,75% Sb_2O_3 dotiert

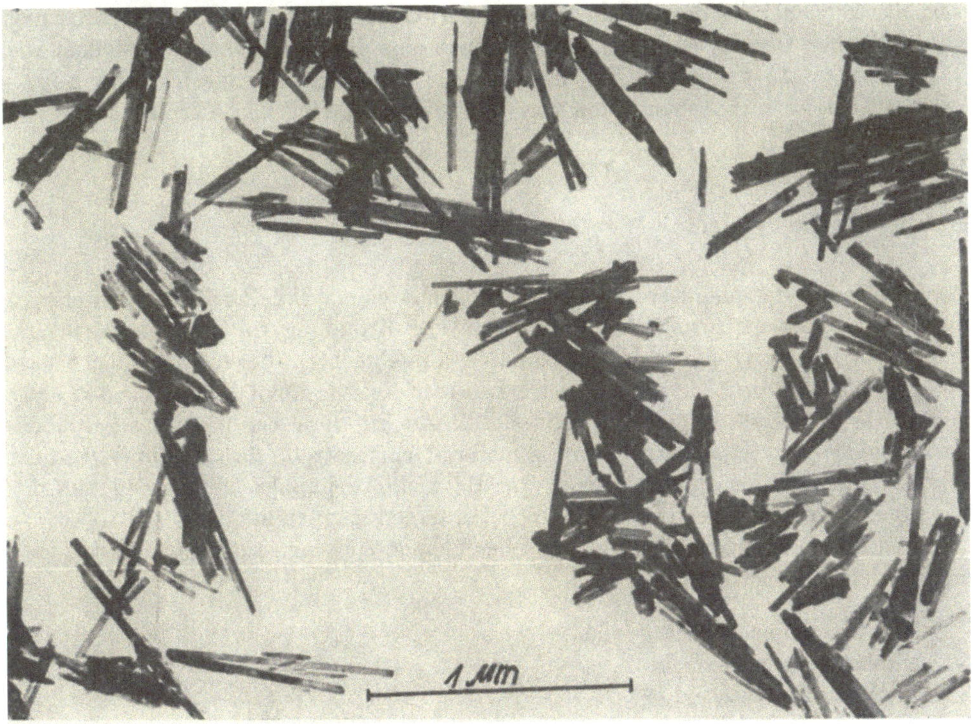

Abb. 4.11. CrO_2 mit 1,0% Sb_2O_3 dotiert

ın Abbildung 4.11 wiedergegeben, vorwiegend Einkristalle sind. Wie der Kurvenverlauf in Abbildung 4.12 zeigt, kann des weiteren bestätıgt werden, daß die Koerzitivfeldstärke dieser kleinen Teilchen durch die Formanisotropie bestimmt wird.

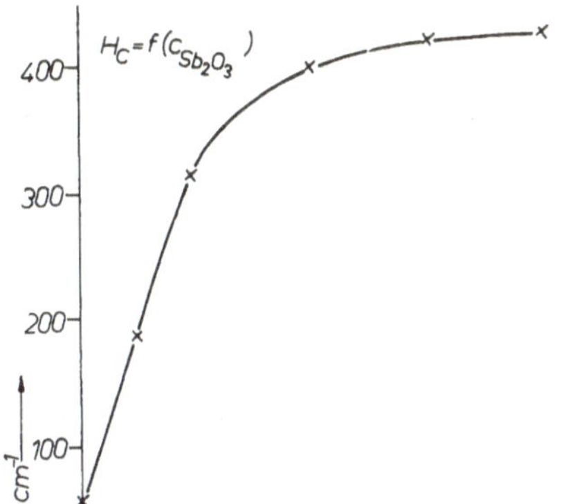

Abb. 4.12. Koerzıtivfeldstärke von CrO_2 in Abhängigkeit von der Konzentration des Dotierungsmittels

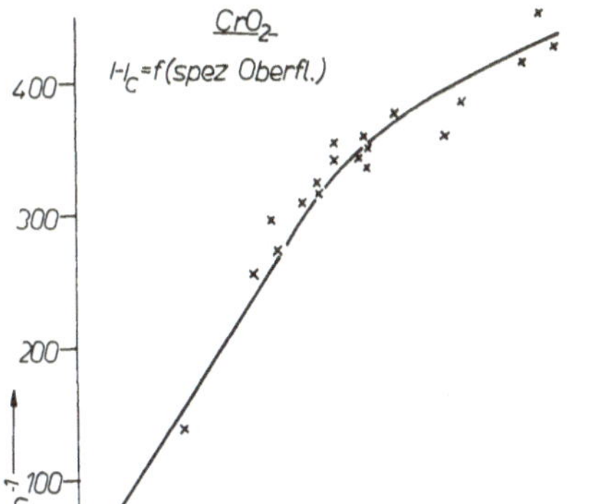

Abb. 4.13. Koerzitivfeldstärke von CrO_2 in Abhängigkeit von der spezifischen Oberfläche

Da die Verringerung der Teilchengröße der CrO_2-Kristallite zu einer Vergrößerung der spezifischen Oberfläche führt, läßt sich auch eine solche Beziehung darstellen, wie in Abbildung 4.13 angegeben ist. Demnach ist die Koerzitivfeldstärke des Sb_2O_3-dotierten CrO_2 auch in Abhängigkeit von der spezifischen Oberfläche zu sehen.

4.5. Metallische Pigmente

Die Einführung des Magnetbandes, bestehend aus einem Trägermaterial (Unterlage) und einer magnetisierbaren Schicht, geht auf eine Erfindung von PFLEUMER zurück. Sein Papierband war mit einer gleichmäßig aufgebrachten Eisenpulverschicht versehen [504]. 1932 wurde das erste Versuchsband auf Acetylcellulose-Unterlage und einer Schicht aus Carbonyleisenpulver vorgestellt. Bereits auf diese Zeit kann das Bemühen, metallische Pigmente als Aufzeichnungsmaterial einzusetzen, zurückgeführt werden. In den nachfolgenden Jahren kamen die Entwicklungsimpulse vorwiegend aus der Richtung der industriellen Herstellung von Permanentmagneten.

Die Verfahren zur Herstellung metallischer Pigmente können auf folgende Prinzipien zurückgeführt werden:

- Reduktion oxidischer Materialien,
- Reduktion der gelösten Salze,
- elektrolytische Abscheidung,
- thermische Spaltung,
- Verdampfen und Zerstäuben.

4.5.1. Reduktion oxidischer Materialien

Die ersten Vorschläge zum Einsatz in der Magnetbandindustrie wurden von den Firmen BASF und Societé d'Ugine [55, 56] getätigt. In einer Patentschrift wird die Reduktion von paramagnetischem Eisenoxid mit Wasserstoff zu Eisenteilchen beschrieben, während die Reduktion von Formiaten und anderen leicht zersetzbaren Verbindungen, ursprünglich für Dauermagnetmaterial vorgesehen, in [55, 56] beansprucht wird. In Weiterführung dieses Gedankens wird auch die Reduktion von Oxalaten [57, 58], Phthalaten [59] und Carbonaten [55, 60] angegeben. Zusatzstoffe, wie organische Calzium, Magnesium-, Aluminium- und Cadmiumverbindungen [56], sollen eine hemmende Wirkung auf die störende Sinterung der Teilchen ausüben.

In der neueren Zeit wird der Reduktion nadelförmiger Eisenoxide bzw. -oxidhydrate [61–63] größere Aufmerksamkeit geschenkt, wobei Zusätze von anderen Metallen, wie Zinn, Germanium, Aluminium oder Silber, die Reduktionsgeschwindigkeit erhöhen und die magnetischen Eigenschaften verbessern sollen. Auch die Reduktion von Cobaltferrit [64] bzw. Cobalt- oder nickeldotierter Eisenoxidhydrate wird erwähnt [65, 66]. Als Reduktionsmittel wird hauptsächlich Wasserstoff eingesetzt, aber auch Kohlenmonoxid bzw. Gemische aus beiden werden beschrieben. Reduktionstemperaturen werden im Bereich von 200 bis 500 °C angegeben, wobei hauptsächlich Temperaturen $> 350\,°C$ vorgeschlagen werden.

4.5.2. Reduktion gelöster Salze

Nach dieser Methode können sowohl kompakte metallische Schichten auf eine vorbehandelte Unterlage abgeschieden als auch anisometrische metallische Teilchen ausgefällt werden.

Ausgangsstoffe können dabei alle in Wasser löslichen Salze der Metalle Cobalt, Eisen und Nickel sein, wobei die Sulfate [67–69] und Chloride [70, 71, 74] bevorzugt werden. Als Reduktionsmittel werden hauptsächlich Natriumhypophosphit [67, 69, 70] und und Natriumborhydrid [72–73] verwendet, wobei die Reduktion mit Natriumhypophosphit eines Katalysators, vor allem wasserlöslicher Palladiumsalze, bedarf [69, 74]. Zusätze zum Reaktionsgemisch, wie u. a. Gelatine [69], sollen die Viskosität erhöhen, um die Teilchengröße gezielt zu beeinflussen.

Zur Einstellung eines gewünschten *p*H-Wertes dienen z. B. Ammoniumsalze [70]. Zur Aufrechterhaltung der Zusammensetzung der Reaktionslösung wird der Zusatz von Komplexbildnern, wie Alkalizitraten [69, 70], empfohlen. In [74] wird der Zusatz von Keimmaterial, wie feinteiliger nadelförmiger Eisenoxide oder Zinkoxide, Kieselgur u. a., vorgeschlagen. Zur Verbesserung der Anisometrie der Teilchen wird oft ein Magnetfeld angelegt und/oder man läßt Ultraschallwellen auf das Reaktionsgemisch einwirken.

4.5.3. Elektrolytische Abscheidung

Wie in Abschnitt 4.5.2. ist auch bei diesem Verfahren die Abscheidung von kompakten metallischen Schichten auf vorbehandelte Unterlagen möglich. Die Vorbehandlung bezieht sich auf das Aufbringen einer elektrisch leitenden Schicht. Zur Herstellung der metallischen Pigmente können zwei Wege beschritten werden:

- die elektrolytische Abscheidung an einer Quecksilberkatode,
- die Katodenreduktion schwerlöslicher Eisen- und Cobaltverbindungen selbst.

4.5.3.1. Abscheidung an einer Quecksilberelektrode

Dieses Verfahren wurde ursprünglich ebenfalls für die Herstellung von Dauermagneten durch die amerikanische Firma General Electric entwickelt [75, 76]. Die Herstellung kann in fünf Hauptetappen untergliedert werden:

1. die elektrolytische Abscheidung von Eisen oder Eisen-Cobalt-Legierungen aus dem wäßrigen Elektrolyten an der Quecksilberkatode,
2. die thermische Nachbehandlung,
3. die Zugabe eines reaktionsfähigen Metalls zur Eisen-Quecksilber-Dispersion,
4. das magnetische Ausrichten der Teilchen,
5. das Abdestillieren des Quecksilbers im Vakuum.

Nach diesem Verfahren hergestellte Teilchen besitzen eine dentritische Form (Abb. 4.14). Durch die thermische Nachbehandlung sollen Verästelungen abgebaut werden. Die Zugabe des reaktionsfähigen Metalls geschieht mit dem Ziel der Bildung einer intermetallischen Verbindung höherer Koerzitivfeldstärke; die Ausrichtung der Teilchen hingegen zur Erhöhung der Packungsdichte, während die letzte Etappe als Abtrennung des magnetischen Materials zu betrachten ist. FALK [77, 78] schlug den Einsatz der auf diesem Wege gewonnenen metallischen Pigmente als magnetisches Material für Magnetbänder vor.

Abb. 4.14. Elektrolytisch mittels einer Quecksilberelektrode abgeschiedene metallische Pigmente

4.5.3.2. Katodenreduktion schwerlöslicher Verbindungen

Die Möglichkeit, schwerlösliche Salze bzw. Oxide oder Hydroxide der Metalle Eisen und Cobalt an der Katode zu feindispersen Metallpulvern zu reduzieren [79, 80], nutzten weitere Autoren zur Herstellung von Eisen- und Cobaltpulvern [81–83]. Als Elektrolyt kommen Basen in Betracht.

4.5.4. Thermische Spaltung

Die Zersetzung von thermisch instabilen Metallverbindungen stellt ein weiteres Verfahren zur Herstellung metallischer Pigmente dar. Als Ausgangsstoffe werden vorwiegend Metallcarbonyle eingesetzt [84, 85], es wird aber auch eine breite Palette metallorganischer Verbindungen als entsprechend geeignet beschrieben [86–89]. Je nach verwendetem Ausgangsstoff liegt die Zersetzungstemperatur im Bereich von 250 bis 350 °C. Die Zersetzung kann sowohl in reduzierender als auch inerter Atmosphäre durchgeführt werden, in einem Lösungsmittel-Bindemittel-Gemisch sind ebenfalls Untersuchungen vorgenommen worden [90].

4.5.5. Verdampfen und Zerstäuben

Diese Verfahren beziehen sich hauptsächlich auf das Abscheiden kompakter metallischer Schichten im Vakuum und/oder inerter Atmosphäre auf verschiedenartige Unterlagematerialien. Gleichwohl ist auch die Darstellung feiner Legierungsteilchen durch Verdampfen in einer Argonatmosphäre bei 400 Pa gelungen [93].

4.5.6. Stabilisierung

Feindisperse metallische Pigmente sind instabile, energiereiche Produkte, die mit Luftsauerstoff z. T. heftig reagieren. Frisch hergestellte Pulver sind pyrophor und neigen daher zum Verglühen. Um metallische Pigmente untersuchen zu können, ist es unumgänglich, die Reaktivität der Teilchen herabzusetzen. Das kann durch Aufbringen einer dünnen Oxidschicht auf die Oberfläche erreicht werden. Dazu werden die Pulver mit einem Inertgas, das wenige Vol.-% Sauerstoff ($\leqq$ 3 Vol.-%) enthält, umspült. Auch zusammenhängende Schutzschichten aus schwerlöslichen Verbindungen können einen gleichen Effekt bewirken.

4.5.7. Eigenschaften

Die α-Modifikationen des Eisens und des Cobalts sowie des Nickels gehören zur Klasse der ferromagnetischen Stoffe. Auf Grund der hohen Curie-Temperaturen ist der Abfall der absoluten Sättigungsmagnetisierung bei Zimmertemperatur unbedeutend. Beispielsweise fällt der Wert für Cobalt von 0,1445 T bei 0 K auf etwa 96 bis 97% des Betrages bei Zimmertemperatur ab. Die Kristallanisotropie allein ist ähnlich wie beim Eisenoxid für das Erreichen angemessener Koerzitivfeldstärken ($>$ 400 A · cm^{-1}) nicht ausreichend. Dies wird durch entsprechende Formanisometrie der Teilchen bewirkt. Von besonderem Interesse sind Eisen-Cobalt-Legierungen. Beide Elemente sind miteinander lückenlos mischbar. Nach Untersuchungen von Gomankow [92] tritt in Abhängigkeit von der Zusammensetzung ein Maximum des magnetischen Momentes zwischen 30 und 40 Atom-% Cobalt auf. Tabelle 4.1 enthält einige charakteristische Werte der magnetischen Pigmente.

5. Herstellung der Suspension

5.1. Zusammensetzung der Suspension

Die Suspension des magnetischen Pigmentes — im folgenden kurz als Suspension bezeichnet — stellt ein feindisperses System dar, das durch eine gleichmäßige Verteilung des magnetischen Pigmentes in der Bindemittellösung charakterisiert wird. Ausgehend von dieser Definition, besteht eine derartige Suspension aus den drei Hauptkomponenten magnetisches Pigment, Bindemittel und Lösungsmittel sowie verschiedenen Zusatzstoffen, wie Weichmacher, oberflächenaktiven Substanzen, Gleitmittel und Antistatikmittel.

Zur Lösung der Bindemittelkomponenten verwendet man organische Lösungsmittel oder Lösungsmittelgemische, denen auch Verschnittmittel zugesetzt werden können. Die sorgfältige Auswahl des Lösers ist nicht nur für das schnelle und vollständige Lösen des Bindemittels, sondern auch für einen wirkungsvollen Dispergierprozeß sowie für die optimale Ausbildung und Trocknung der magnetisierbaren Schicht während des Beschichtungs- und Trocknungsvorganges von entscheidender Bedeutung.

Das Bindemittel ist verantwortlich für den Schichtzusammenhalt und bestimmt wesentlich die physikalisch-mechanischen Eigenschaften der Magnetschicht.

Die Dauer und Effektivität des Dispergierprozesses werden in starkem Maße vom Dispergierhilfsmittel — der oberflächenaktiven Substanz — bestimmt. Die notwendigen Einsatzmengen an Dispergierhilfsmitteln, aber auch ihre chemische Wirksamkeit hängen von der Oberflächencharakteristik des magnetischen Pigmentes sowie vom Bindemittel selbst ab.

Menge und Typ des einzusetzenden Weichmachers sind abhängig von der Art des Bindemittels, da vom Grad der Verträglichkeit beider Komponenten seine Wirksamkeit bestimmt wird. Während des praktischen Aufzeichnungs- oder Wiedergabebetriebes mit Magnetbändern tritt zwischen den Führungselementen der Laufwerke und den Bändern Reibung auf, die zu elektrostatischen Aufladungen führt. Der Ladungsabfluß über die Schichtoberfläche, durch die Magnetschicht oder eine entsprechende Rückschicht, wird durch Zusatz von Antistatikmitteln gewährleistet. Eine Verringerung der Reibung und damit auch eine Verminderung der elektrostatischen Aufladung wird durch den Einsatz von Gleitmitteln bewirkt. Die richtige Auswahl aller Komponenten sowie ihr zweckmäßiges Abmischungsverhältnis bestimmen sowohl die speichertechnischen als auch die physikalisch-mechanischen Eigenschaften der Arbeitsschicht.

5.1.1. Bindemittelkomponenten

Grundvoraussetzung für die Auswahl des Bindemittels ist seine vollständige Löslichkeit in einem technischen Lösungsmittel oder Lösungsmittelgemisch. Der Verteilungsgrad des magnetischen Pigments in der Bindemittellösung darf sich nach abgeschlossener Dispergierung nicht mehr wesentlich ändern. Die Bindemittelmatrix bildet nach Antrag der Suspensionsschicht auf die Unterlage und nach Entfernung der Lösungsmittelkomponenten auf ihr einen festhaftenden dünnen Film, in dem das Pigment gleichmäßig verteilt und fest gebunden ist.

Die Kenngrößen Abriebfestigkeit, Reißfestigkeit, Reißdehnung, Glasübergangstemperatur und Erweichungstemperatur der organischen Hochpolymeren, die als Bindemittel eingesetzt werden, werden hauptsächlich von den folgenden vier verschiedenen zwischenmolekularen Kräften bestimmt [1].

1. Dispersionskräfte

Die Dispersionskräfte haben ihren Ursprung in den atomaren Dipolen, die von den um den positiven Atomkern rotierenden negativen Elektronen hervorgerufen werden. Der Zusammenhalt von unpolaren Polymeren, zu denen die Polyolefine zählen, wird ausschließlich von diesen Kräften gewährleistet. In polaren Bindemitteln sind neben anderen Kräften auch die Dispersionskräfte wirksam.

2. Induktionskräfte

Ruft ein permanenter Dipol eines polaren Moleküls in einem beliebigen Nachbarmolekül durch elektrostatische Anziehung oder Abstoßung eine Ladungsverschiebung hervor, ziehen sich induzierter und induzierender Dipol gegenseitig an. Je größer die Ladungsbeweglichkeit ist, desto größer ist auch der jeweils induzierte Dipol und damit die Induktionskraft, die die Polymermoleküle zusammenhält.

3. Richtkräfte

Sie treten gleichzeitig mit den Induktionskräften auf. Befinden sich zwei permanente Dipole zweier Nachbarmoleküle im Bereich ihrer elektrischen Felder, erfolgt eine Orientierung der Dipole und damit eine Anziehung der Polymermoleküle.

4. Wasserstoffbrücken

Liegen in Polymeren OH- oder NH-Gruppen vor, können Wasserstoffbrücken der Formen N—H ... O, N ... H—O, N—H ... N oder O—H ... O ausgebildet werden, die eine Erhöhung der Festigkeit des Polymeren bewirken.

Die Tabellen 5.1 bis 5.3 zeigen an Beispielen den Einfluß der verschiedenen Kräfte auf einige physikalische und physikalisch-mechanische Eigenschaften von Polymeren. Die Haftfestigkeit des Bindemittels auf der Unterlage wird gleichfalls durch die Ausbildung von Wasserstoffbrücken zwischen den Polymeren und der Unterlage verstärkt.

Die mechanisch-physikalischen Eigenschaften der Bindemittelmatrix werden nicht ausschließlich von den hier aufgezeigten Kräften bestimmt; denn die Filmbildung erfolgt aus einer Polymerenlösung heraus. Die Auswirkungen, die das Lösungsmittel auf die mechanisch-physikalischen Kennwerte des Polymeren hat, werden unter 5.1.2. näher charakterisiert.

Tabelle 5.1. Reißfestigkeit von Polymeren [2]

Art der Änderung am Makromolekül	Einfluß auf Reißfestigkeit	Ursache für die Änderung der Reißfestigkeit vom Standpunkt der zwischenmolekularen Kräfte
Erhöhung des Molekulargewichtes	Anstieg	Zunahme der Zahl der Haftstellen zwischen benachbarten Makromolekülen
Erhöhung der Polarität	Anstieg	Zunahme der zwischenmolekularen Kräfte mit wachsendem Dipolmoment
Erhöhung der Zahl der polaren Gruppen	Anstieg	Wenn neben den Richtkräften z. B. noch starke Wasserstoffbrücken auftreten, nehmen die Gesamtkräfte entsprechend zu
Orientierung der Makromoleküle durch Recken	Anstieg	Verringerung des mittleren Abstandes der Moleküle durch Vergrößerung des Ordnungszustandes
sterische Abschirmung von polaren Gruppen	Abfall	Zunahme des mittleren Abstandes zwischen den polaren Gruppen benachbarter Moleküle
Ersatz eines wasserstoffbrückenbildenden H durch Alkylgruppen	Abfall	Unterbinden der Wasserstoffbrückenbildung
Gegenwart von niedermolekularen Verbindungen, die mit den polaren Gruppen im Makromolekül in Wechselwirkung treten.	Abfall	teilweise Blockierung der polaren Gruppen im Makromolekül durch niedermolekulare Verbindungen

Als wichtigste Bindemittelkomponenten galten in den ersten Jahren der Magnetbandproduktion die Zellulosenitrate. Infolge ihrer Feuergefährlichkeit und der relativ geringen mechanischen Belastbarkeit wurden sie von den synthetischen Hochpolymeren verdrängt.

Vorrangig fanden das nachchlorierte Polyvinylchlorid, aber auch Mischpolymerisate aus Vinylchlorid und Vinylacetat [3–6], Vinylidenchlorid mit Acrylnitril [7], Vinylidenchlorid mit Vinylchlorid [8, 9] Anwendung. Die Löslichkeit der Mischpolymerisate aus Vinylchlorid und Vinylacetat sowie ihre Verträglichkeit mit anderen Magnetschichtkomponenten ist besser als die von reinem Polyvinylchlorid. Diese thermoplastischen Filme sind durch gute Abriebfestigkeit gekennzeichnet. Der hohe Vinylchloridgehalt der Mischpolymerisate wirkt sich negativ auf die Alterungsbeständigkeit bei Licht- und Wärmeeinwirkung aus. Die Verträglichkeit dieses Mischpolymerisates mit anderen Schichtbestandteilen kann durch partielle Verseifung noch gesteigert werden. Die davon abgeleitete Bindemittelgruppe wird allgemein als Vinylchlorid-Vinylacetat-Vinylalkohol-Copolymere bezeichnet.

Copolymeren aus Vinylchlorid und 30 bis 55% Vinylidenchlorid sind in Dichlorethan, Estern und Dioxan sowie verschiedenen Lösungsmittelgemischen leicht löslich. Magnetschichten, die solche Copolymeren enthalten, zeichnen sich durch gute Elastizität und Adhäsion zur PETP-Unterlage aus.

Tabelle 5.2. Schmelz- bzw. Erweichungspunkte T_s von Polymeren [2]

Polymeres	T_s, in °C	Deutung der Unterschiede
Polystyrol, ataktisch Polystyrol, isotaktisch	100 230	Zunahme mit wachsender Stereospezifität, da auch die Zahl der Anziehungspunkte mit der Stereospezifität ansteigt
Polyvinylchlorid, ataktisch Polyvinylchlorid, isotaktisch	80 212	wie vorher
Polypropylen, isotaktisch Polyvinylchlorid, isotaktisch Polyacrylnitril, isotaktisch	176 212 317	Zunahme mit wachsendem Dipolmoment der Monomereinheit, da in dieser Richtung auch die Richt- und Induktionskräfte ansteigen
8,8-Polyamid 4,4-Polyamid	194 250	Zunahme mit wachsender Zahl der polaren Gruppen pro Volumeneinheit des Polymeren
Polyvinyl-n-butylether Polyvinylmethylether	64 144	Zunahme mit fallendem Abstand zwischen den Makromolekülen
Polyethylensebacat Polyethylenterephthalat	76 267	Zunahme mit wachsender Starrheit der Kette, da Anstieg der Zahl der Anziehungspunkte
Polylaurylacrylat Polyoctadecylacrylat	2 42	Zunahme mit wachsender Länge der Seitenketten wegen deren Kristallisation
Kokondensat aus Ethylenglykol, Sebazinsäure und Terephthalsäure statistische Verteilung der Säurekomponenten Vorliegen von Sebacat- und Terephthalatblöcken	 120 170	Zunahme mit wachsender Blocklänge, da Wechselwirkung über Richt- und Induktionskräfte zwischen den polaren Gruppen günstiger als bei regelloser Verteilung der polaren Gruppen

Tabelle 5.3. Glasübergangstemperaturen T_g von Polymeren [2]

T_g abhängig von	T_g der Beispiele		Deutung
Art der zwischenmolekularen Kräfte	Polypropylen Polyvinylalkohol Polyacrylnitril	−10 85 103	in dieser Reihenfolge Anstieg des Dipolmomentes und somit der Richt- und Induktionskräfte
	Polystyrol Poly-p-chlorstyrol	100 128	wie vorher
Starrheit der Seitengruppen	Polyethylen Polypropylen Polyvinyl-n-butylether Polyvinyl-tert-butylether	−120 −10 −32 83	sterische Behinderung der Beweglichkeit
Abstand zwischen benachbarten Makromolekülen	Polybutylacrylat Polyethylacrylat Polymethylacrylat	−56 −22 3	in dieser Reihenfolge Abnahme des mittleren Abstandes der Makromoleküle
Orientierung der Makromoleküle	Nylon 66 (Ausgangszustand) nach dem Dehnen	96 143	Erhöhung der Zahl der Wasserstoffbrücken infolge Zunahme der Ordnung
stereospezifischen Einflüssen	Polymethylmethacrylat isotaktisch syndiotaktisch	 45 115	Unterschied sterisch bedingt
mehreren Einflüssen gleichzeitig	Poly-o-vinylbenzylalkohol Polyvinylpyrrolidon	160 175	hohe Werte wegen Starrheit der Seitengruppen und gleichzeitig Wirken von Wasserstoffbrücken bzw. Richt- und Induktionskräften

In den letzten Jahren erhielten die Polyurethane größere Bedeutung als Bindemittel für Magnetbänder. Polyurethane werden durch Polyaddition aus di- oder polyfunktionellen nucleophilen Verbindungen synthetisiert. Durch Variation von Funktionalität und Molekülgröße der Ausgangsprodukte können Polymeren unterschiedlichster Eigenschaften hergestellt werden. Die Palette reicht von hochviskos-flüssigen über weich-thermoplastische, zähelastische bis hin zu harten und spröden Polyurethanen.

Folgende Reaktionen laufen zwischen Isocyanaten und nucleophilen Verbindungen ab:

$$R{-}NCO + HO{-}R' \rightarrow R{-}\underset{\underset{\displaystyle H}{|}}{N}{-}\underset{\underset{\displaystyle O}{\|}}{C}{-}O{-}R' \qquad (5.1)$$

Isocyanat + Alkohol → Urethan,

$$R{-}NCO + .H_2O \rightarrow \left[R{-}\underset{\underset{\displaystyle H}{|}}{N}{-}\underset{\underset{\displaystyle O}{\|}}{C}{-}OH\right]$$

Isocyanat + Wasser → Carbaminsäure (Amidokohlensäure)

$$\rightarrow R{-}\underset{\underset{\displaystyle H}{|}}{N}{-}H + CO_2 \qquad (5.2)$$

primäres Amin + Kohlendioxid.

Mit Wasser oder Luftfeuchtigkeit bildet sich zunächst die unbeständige Carbaminsäure, die sofort in Kohlendioxid und primäres Amin zerfällt. Das stärker nucleophile Amin reagiert spontan mit einem weiteren Isocyanatmolekül zum substituierten Harnstoff.

$$R{-}NCO + R{-}NH_2 \rightarrow R{-}\underset{\underset{\displaystyle H}{|}}{N}{-}\underset{\underset{\displaystyle O}{\|}}{C}{-}\underset{\underset{\displaystyle H}{|}}{N}{-}R \qquad (5.3)$$

Isocyanat + primäres Amin → substituierter Harnstoff.

Organische Säuren setzen sich mit Isocyanaten irreversibel unter Kohlendioxidabspaltung zu Säureamiden um

$$R{-}NCO + HOOC{-}R' \rightarrow R - \underset{\underset{\displaystyle H}{|}}{N}{-}\underset{\underset{\displaystyle O}{\|}}{C}{-}R' + CO_2 \qquad (5.4)$$

Isocyanat + organische Säure → Säureamid + Kohlendioxid.

Die Reaktionen (5.1) bis (5.4) laufen mit unterschiedlicher Geschwindigkeit schon bei Zimmertemperatur ab. Oberhalb 100 °C erfolgt verstärkt eine weitere Addition, die zur Erhöhung der Vernetzungsdichte führt, weil die Reaktionsprodukte aus (5.1), (5.3) und (5.4) noch schwach nucleophil sind.

$$R{-}\underset{\underset{\displaystyle H}{|}}{N}{-}\underset{\underset{\displaystyle O}{\|}}{C}{-}O{-}R' + R{-}NCO \rightarrow R{-}\underset{\underset{\underset{\underset{\displaystyle H{-}N{-}R}{|}}{\displaystyle O{=}C}}{|}}{N}{-}\underset{\underset{\displaystyle O}{\|}}{C}{-}O{-}R' \qquad (5.5)$$

Urethan + Isocyanat → Allophonat

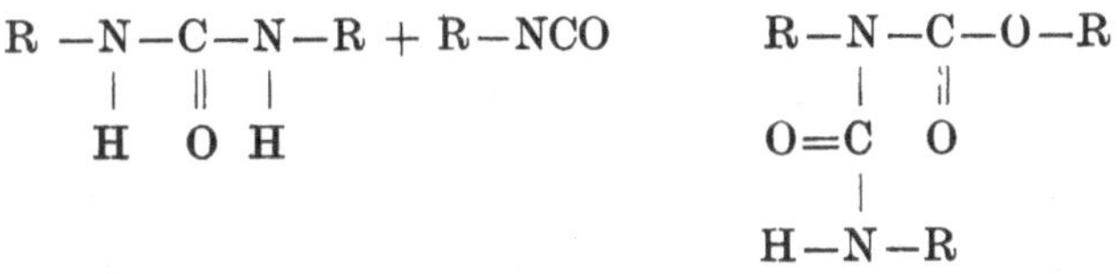

(5.6)

substituierter Harnstoff + Isocyanat → Biuret

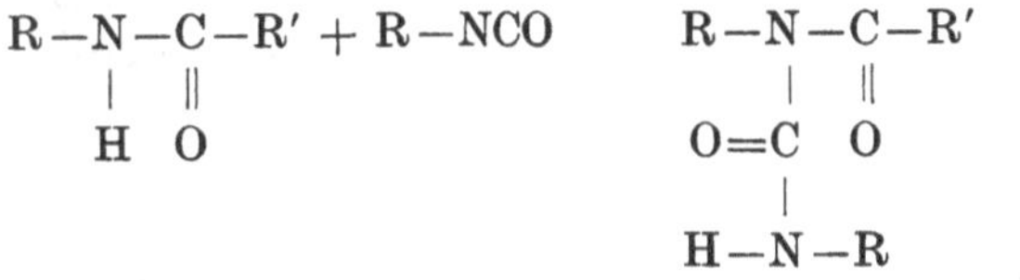

(5.7)

Säureamid + Isocyanat → Acylharnstoff [10].

Die Reaktivität der verschiedenen nucleophilen Verbindungen gegenüber Isocyanat ist unterschiedlich. In Tabelle 5.4 wird die Reaktivität zwischen verschiedenen nucleophilen Verbindungen und Phenylisocyanat bei 80 °C in Dioxan bei einem Reaktantenverhältnis von 1:1 verglichen.

Tabelle 5.4. Vergleich der Reaktionsgeschwindigkeit mit Phenylisocyanat in Dioxan bei 80 °C und einem Reaktantenverhältnis von 1:1 [11]

Reaktionsklasse	entsprechende Formel	Reaktant	relative Reaktionsgeschwindigkeit
Urethan → Allophonat	5	n-Butyl-phenyl-carbamid	1
Amid → Acylharnstoff	7	Acetanilid	16
Carbonsäure → Amid	4	n-Buttersäure	26
Harnstoff → Biuret	6	Carbanilid	80
Wasser → primäres Amin	2	Wasser	98
Alkohol → Urethan	1	n-Butanol	460
primäres Amin → substituierter Harnstoff	3	—	~ 90000

Auch die Isocyanate weisen unterschiedliche Reaktivitäten auf. Während aromatische Isocyanate sehr reaktiv sind, verlaufen die Umsetzungen aliphatischer Isocyanate relativ langsam. Cycloaliphatische Isocyanate nehmen hierbei eine Mittelstellung ein.

Isocyanate sind physiologisch *nicht* unbedenklich. Speziell die Verarbeitung der leichtflüchtigen Produkte erfordert besondere Vorsichtsmaßnahmen, um Allergieerscheinungen bei Hautkontakt sowie Schleimhautreizungen durch Isocyanatdämpfe vorzubeugen. Voraddukte mit endständigen Isocyanatgruppen aus di- oder polyfunktionellen Alkoholen und Diisocyanaten sind in organischen Lösungsmitteln noch gut löslich und haben keinen nennenswerten Dampfdruck. Bei Einhaltung der für die eingesetzten Lösungsmittel geltenden Sicherheitsbestimmungen sind sie gefahrlos zu handhaben. Die bekanntesten Vertreter der Voraddukte sind die Umsetzungsprodukte aus Trimethylolpropan und Toluylendiisocyanat bzw. Diethylenglykol und Toluylendiisocyanat.

Wie der Reaktionsgleichung (5.2) zu entnehmen ist, wirken sich Spuren von Wasser in den Ausgangskomponenten negativ auf die mechanischen Eigenschaften der Magnetschicht aus. Folglich müssen mit großem technischem Aufwand alle Einsatzprodukte getrocknet werden. Für das magnetische Pigment ist eine Inaktivierung mittels Isocyanat möglich [12].

Entsprechend der technologischen Merkmale unterteilt man die Polyurethan-Magnetbandsuspensionen in Zwei- und Einkomponentensysteme. Bei Zweikomponentensystemen wird das Pigment in der Lösung der Hydroxylkomponente dispergiert, und erst nach Erreichung der erforderlichen Pigmentverteilung wird das Isocyanat zugemischt. Die entstandene Suspension muß innerhalb weniger Stunden verarbeitet werden, weil die Viskosität als Folge der Reaktion stark ansteigt [13–15].

Als Isocyanat kann aber auch ein isocyanatendgruppenhaltiges Präpolymere verwendet werden [16]. Diese Bezeichnung tragen alle kurzkettigen Polyurethane, die unter Verwendung eines Isocyanatüberschusses hergestellt worden sind. Es handelt sich dabei um flüssige oder lösliche Produkte, zu deren Aushärtung die äquivalente Menge Polyol zugesetzt werden muß.[1] Die Präpolymeren unterscheiden sich von den Voraddukten durch den Einsatz eines Polyester- oder Polyetheralkohols als nucleophile Komponente. Problematisch für die Verarbeitung der chemisch härtenden Zweikomponentensysteme ist ihre geringe „Topfzeit"[2], die maximal 6 bis 8 Stunden beträgt [17, 18].

Eine Möglichkeit zur Umgehung der aufgezeigten Probleme besteht in der Oberflächenhärtung der Magnetschicht [19]. Auf die getrocknete Magnetschicht wird eine Mischung aus Tolylendiisocyanat und einem gegenüber dem eingesetzten Bindemittel indifferenten Lösungsmittel aufgebracht. Nach dem Abdunsten des Lösungsmittels diffundiert das Isocyanat in die Magnetschicht und vernetzt das eingesetzte Polyesterbindemittel. Die Arbeitsschicht zeigt hohe Abriebfestigkeit und Elastizität.

Günstiger in der praktischen Anwendung sind die Einkomponentensysteme, die neben der Hydroxylverbindung auch ein modifiziertes Isocyanat enthalten und deren „Topfzeit" praktisch unbegrenzt ist. Für solche Systeme nutzt man die Reversibilität der Urethanbildung bei hohen Temperaturen aus. Während die Urethangruppen, deren Ausgangsstoffe Alkohole und Isocyanate waren, erst oberhalb 250 °C dissoziieren, tritt bei den Reaktionsprodukten mit Phenol, Acetessigester oder Malonester als nucleophile Verbindung die Spaltung bereits zwischen 100 und 160 °C ein. Diese verkappten oder blockierten Isocyanate sind ungiftig und lagerungsstabil [10].

Nach Trocknung der Magnetschicht wird diese bei Blockierung mit Malonestern auf 130 °C bzw. bei Phenolblockierung auf 160 °C erhitzt, um die Schutzgruppe abzuspalten und die Polyaddition im Bindemittel einzuleiten.

Auch andere hydroxylgruppenhaltige Polymeren können mit Isocyanat gehärtet werden. Für Zweikomponentensysteme sind u. a. aus der Patentliteratur bekannt: Polyacrylsäurederivate [20] oder Methacrylatmischpolymere, gegebenenfalls unter Zugabe von 4,4'-Methylen-bis-(2-chloranilin) als Vernetzer [21], Polyvinylbutyral,

---

[1] Die Gruppe der feuchtigkeitshärtenden Präpolymeren benötigt zu ihrer Aushärtung keine Polyole, weil hier die Reaktion (2) ausgenutzt wird. Infolge der relativ geringen Reaktionsgeschwindigkeit (vgl. Tab. 5.4) kann das entstehende Kohlendioxid aus dem Film herausdiffundieren, und es werden blasenfreie Schichten erhalten. Die feuchtigkeitshärtenden Präpolymeren werden zu den Einkomponentensystemen gezählt.

[2] Reaktive Bindemittelsysteme weisen eine begrenzte Haltbarkeit auf, da die Polyaddition zwischen beiden Partnern – in diesem Fall Polyisocyanat und Hydroxylkomponente – unter stetigem, wenn auch langsamem Viskositätsanstieg schon bei Zimmertemperatur abläuft. Der Zeitraum, in dem sich das System problemlos verarbeiten läßt, wird als „Topfzeit" bezeichnet.

Vinylchlorid-Vinylacetat-Vinylalkohol-Copolymerisate [22, 23], Acrylnitril-Butadien-Mischpolymerisate [24], Melamin- bzw. Harnstoffharze [25], Cellulosederivate [26].

Die Zugabe eines flüchtigen Härtungsinhibitors (Acetylchlorid, o-Chlorbenzoylchlorid) erhöht die „Topfzeit" des Systems [27]. Nach Antrag der Schicht trocknet man die Suspension in zwei Etappen. Bei 100 °C entweichen aus der Schicht das Lösungsmittel und der Inhibitor, während die Härtung der Schicht bei 115 bis 120 °C einsetzt.

Die genannten hydroxylgruppenhaltigen Polymeren können gleichfalls als Einkomponentensysteme mit blockierten Isocyanaten zum Einsatz kommen [28—30].

Eine weitere Variante der Einkomponenten-Urethansysteme sind die Urethanöle, deren Aufbau den Alkydharzen ähnelt, wobei formal das als Säurekomponente fungierende Phthalsäureanhydrid durch Diisocyanat ersetzt ist. Um eine nachträgliche Reaktion von Isocyanatgruppen auszuschließen, die einen Viskositätsanstieg bewirken würde, setzt man etwas weniger Isocyanat als die stöchiometrisch notwendige Menge ein. Die Vernetzung des Filmes erfolgt durch Reaktion der C=C-Doppelbindungen mit Luftsauerstoff, wie bei den lufttrocknenden Ölen, wobei normale Sikkative zum Einsatz kommen können. Die Einkomponenten-Urethanöle ergeben Filme guter Haftfestigkeit und Elastizität sowie günstige Abriebeigenschaften [31].

Um die Schwierigkeiten der Zweikomponentensysteme zu umgehen, wurde vorgeschlagen, isocyanatendgruppenfreie thermoplastische Polyurethanharze als Bindemittel für Magnetbänder einzusetzen, die in organischen Flüssigkeiten löslich sind [32]. Die Kombinationen solcher Polyurethanharze mit herkömmlichen Hochpolymeren als physikalisch härtende Bindemittel weisen ausgezeichnete physikalisch-mechanische Beständigkeiten auf. Die technologischen Probleme, die den chemisch-härtenden Bindemitteln eigen sind, treten dabei nicht auf. Die Vorbehandlung der Ausgangskomponenten zur Beseitigung der Feuchtigkeit kann ebenso entfallen, wie die extrem langen Trocknungs- bzw. Härtungszeiten entfallen können. Die Schwierigkeit, die die Reinigung der Apparate von den unlöslichen Reaktionsprodukten bereitet, entfällt, da die „Topfzeit" dieser Bindemittelmischungen unbegrenzt ist. Ein weiterer wichtiger Punkt ist die Einsparung des Weichmachers, wenn eine geeignete Kombination beider Harztypen erfolgt. Dadurch entfallen auch die Probleme der Weichmacherwanderung, auf die unter 5.1.3. näher eingegangen wird.

Als wichtigste Bindemittelkombinationen sind Vinyl- bzw. Vinylmischpolymerisate unterschiedlichster Zusammensetzung mit Polyurethan- bzw. Polyharnstoffharzen zu nennen [33—36]. Durch Zusatz von Hexamethoxymelaminharzen kann die Schicht wiederum durch Vernetzung gehärtet werden [37—38]. Als Katalysatoren werden saure Reagenzien (z. B. p-Toluolsulfonsäure, Salzsäure, Phosphorsäure, Monobutylphosphat) vorgeschlagen.

Eine ausschließliche Härtung der Bandoberfläche erfolgt durch Benetzen der Magnetschicht mit einer methanolischen p-Toluolsulfonsäurelösung [39]. Wird der Katalysator der Suspension vor der Beschichtung zugemischt, ist es vorteilhaft, statt der p-Toluolsulfonsäure ihr Morpholinsalz zu verwenden, das während der Trocknung der Schicht bei 120 bis 140 °C zerfällt, und die entstandene freie Säure leitet den Härtungsprozeß ein.

Eine so deutliche Verbesserung der physikalisch-mechanischen Eigenschaften der Bindemittelmatrix, wie in den letzten 20 Jahren, ist für die Zukunft nicht mehr zu erwarten. Vielmehr werden die Fragen der Ökonomie und des Umweltschutzes in den Vordergrund rücken.

Ein großer Kostenfaktor stellt derzeit das Lösungsmittel dar, das als Hilfsstoff nach dem Vergießen der Suspension unter hohem Energieaufwand aus der Schicht entfernt und zurückgewonnen werden muß. Die vollständige oder zumindest weitestgehende Einsparung des Lösungsmittels setzt jedoch den Einsatz eines andersgearteten Bindemittels voraus; denn das Pigment und die verwendeten Additive bieten keinerlei Möglichkeiten, zu einer gravierenden Viskositätssenkung in der Suspension zu kommen, die für eine Einsparung von Lösungsmitteln unbedingte Voraussetzung wäre.

Die folgenden Kenngrößen des Bindemittels haben entscheidenden Einfluß auf die Viskosität des Systems [40]:

— *Molekulargewicht*
 Je niedriger das Molekulargewicht ist, desto geringer ist auch die Viskosität des Polymeren.

— *Molekularstruktur*
 Darunter sind u. a. einzuordnen: Verzweigungsgrad, Verknäuelung, Orientierung.

— *Molekülgrößenverteilung*
 Darunter versteht man den Verteilungsgrad von großen und kleinen Molekülen sowie die Gleichmäßigkeit der Molekülgröße.

— *Wechselwirkung zwischen Makromolekül und Lösungsmittel*
 (Grad der Solvatation). Sie hängt u. a. von der Art und Zahl der funktionellen Gruppen im Polymeren ab.

— *Reaktivität des Moleküls*
 Hierunter ist das Härtungsvermögen des Polymeren zu verstehen.

Voraussetzung für die Verringerung des Lösungsmittelbedarfs ist also, daß das Bindemittel flüssig ist, um die Lösungsmittelmenge einzusparen, die bisher zum Lösen des Polymeren notwendig war. Damit muß aber wieder zur chemischen Härtung des Bindemittels zurückgegangen werden.

Die Urethanöle, die zu den Bindemittelsystemen mit geringem Lösungsmittelbedarf gezählt werden, wurden bereits oben näher charakterisiert. Weitere Bindemittelgruppen, die für den Einsatz in Magnetbändern denkbar wären, sind z. B. niedrigviskose Alkydharze, gesättigte Polyester, ungesättigte Polyester, Polyacrylate, Epoxidharze. Ein großer Teil dieser Bindemittel kann mit Hexamethoxymelamin gehärtet werden.

Eine große Bedeutung für den Umweltschutz würde die Substitution der organischen Lösungsmittel durch Wasser besitzen. Auch in diesem Fall müßten andersgeartete Bindemittel eingesetzt werden. Neben den in Wasser dispergierbaren bieten sich auch die wasserlöslichen Bindemittel an, die durch eine Nachbehandlung wasserunlöslich gemacht werden können [41—43].

Die Verwendung von nichtwäßrigen Hochpolymerdispersionen, die hauptsächlich nichtlösende aliphatische Kohlenwasserstoffe als Dispersionsmittel enthalten, würde eine bedeutende Erhöhung des Feststoffgehaltes der Dispersion bei niedriger Viskosität ermöglichen. Während bei konventionellen Systemen der Festkörpergehalt 25 Gew.-% kaum überschreiten darf, um noch eine ausreichende Verarbeitbarkeit zu gewährleisten, können in nichtwäßrigen Dispersionen Feststoffgehalte bis zu 60 Gew.-% bei niedriger Verarbeitungsviskosität verwirklicht werden. Der Vorteil dieser Dispersionen liegt in der Verwendung niedrigsiedender organischer Flüssigkeiten, wodurch bedeutende Energieeinsparungen beim Trocknungsprozeß erreicht werden können [44].

Pulverbeschichtungen wären einsetzbar, wenn es gelänge, die magnetischen Pigmente in der notwendigen Gleichmäßigkeit im Bindemittel zu verteilen.

5.1.2. Lösungs- und Verdünnungsmittel

Wie schon in Abschnitt 5.1.1. angedeutet, stellt das Lösungsmittel im eigentlichen Sinn einen Hilfsstoff dar, der gewisse Voraussetzungen für eine Pigmentdispergierung schafft und den gleichmäßigen Antrag der Suspension auf die Unterlage ermöglicht. Nach Erfüllung seiner Aufgaben wird das Lösungsmittel möglichst restlos aus der verbleibenden Magnetschicht entfernt. Einige Kriterien für die Auswahl des Lösungsmittels oder Lösungsmittelgemisches sollen nachfolgend dargestellt werden.

Das Lösungsmittel muß gute Löseeigenschaften für das Bindemittel besitzen und sich in jedem Verhältnis mit ihm mischen lassen. Im Bereich zwischen Zimmertemperatur und Siedepunkt der Flüssigkeit dürfen keine Mischungslücken auftreten. Der Konzentrationsgradient der Viskosität des Lösers muß minimal sein, um den Lösungsmittelbedarf für das System möglichst gering zu halten.

Eine wichtige Rolle spielt die Flüchtigkeit des Lösungsmittels. Wenn auch der Energieaufwand zum Austreiben des Lösungsmittels während der Trocknung minimal sein soll, darf doch der Verdunstungsverlust in den vorherigen technologischen Stufen nicht zu groß werden, damit die Viskosität der Suspension keinesfalls auf einen Wert ansteigt, bei dem die Effektivität der Dispergierung absinkt bzw. die Fließfähigkeit der Suspension so gering wird, daß ein einwandfreies Antragen an die Unterlage unmöglich wird. Nach dem Verdunsten des Lösungsmittels müssen Bindemittelfilme mit guten physikalisch-mechanischen Eigenschaften entstehen.

Mit steigender Filmdicke können während des Schichtbildungsprozesses bei physikalisch trocknenden Systemen Spannungen im Film auftreten, deren Ursache auf dem Diffusionsgeschwindigkeitsgefälle des Lösungsmittels zwischen der Oberfläche und den tiefer liegenden Schichten beruht. Die auftretenden Spannungen können so stark sein, daß sich der Film mit der Oberseite nach innen zusammenrollt. Eine Variation des Lösungsmittels oder der Trocknungsbedingungen löst dieses Problem in den meisten Fällen [45].

Weiterhin hat die Auswahl des sogenannten Lösers auch nach der chemischen Beständigkeit, der Feuergefährlichkeit, der Toxizität sowie seinen Herstellungskosten zu erfolgen.

Der Lösungsvorgang eines Hochpolymeren [1, 46] kann stark vereinfacht so dargestellt werden, daß die ursprünglich enge Aneinanderlagerung der Polymerketten durch „Lochbildung" eines Polymersegmentes gestört wird. Ursache ist meist die thermische Eigenbewegung der Moleküle. In den freien Raum tritt das leichtbewegliche Lösungsmittelmolekül, das die Kräfte zwischen den Makromolekülen schwächt und dadurch ihren Abstand vergrößert. Reichen die aus energetischen Wechselwirkungen zwischen Lösungsmittel und Polymeren resultierenden Kräfte aus, die zwischenmolekularen Kräfte des Polymeren zu kompensieren, tritt eine weitere Solvatation ein, die letztendlich zum Lösen des Polymeren in der Flüssigkeit führt. Sind die Kräfte zwischen den Lösungsmittelmolekülen größer als zwischen Lösungsmittel und Polymeren, erfolgt keine oder nur geringe Solvatation und das Polymere geht nicht in Lösung. Auch wenn die Kräfte zwischen den Polymermolekülen größer sind als die Wechselwirkungskräfte Polymere—Lösungsmittel wird das Bindemittel nicht gelöst.

Nach diesen Vorstellungen beruht die Quellung von vernetzten Polymeren auf dem Eindringen von Lösungsmittelmolekülen in das Raumnetz, bis der osmotische Druck ausgeglichen ist, dessen Größe wiederum von den elastischen Kontraktionskräften des vernetzten Bindemittels bestimmt wird. Mit steigender Vernetzungsdichte verringert sich die Quellfähigkeit immer mehr, denn das Raumnetz des Polymeren wird fester zusammengehalten.

Ein Unterschied besteht zwischen haupt- und nebenvalenzmäßiger Vernetzung. Die Hauptvalenzvernetzung stellt eine chemische Bindung zwischen reaktiven Gruppen benachbarter Makromoleküle dar. Diese Vernetzung kann durch Lösungsmittel nicht aufgehoben werden. Wasserstoffbrückenbindungen zwischen befähigten Gruppen benachbarter Moleküle werden als Nebenvalenzvernetzung bezeichnet. Durch Zugabe geeigneter Lösungsmittel können solche Vernetzungsstellen gesprengt werden. Es ist zu beachten, daß die Hochpolymeren keine homogenen Produkte im eigentlichen Sinne darstellen, sondern im Molekulargewicht und in der Polarität oftmals sehr unterschiedlich sind.

Die sogenannten amorphen Thermoplaste besitzen bereits im festen Zustand morphologische Strukturen. Abbildung 5.1 zeigt solche Strukturen anhand des gut untersuchten Polyvinylchlorids. Die als Primärstruktur bezeichneten Makromoleküle lagern sich zu verfilzten Aggregaten, den Sekundärstrukturen, zusammen, die zum besseren Verständnis als weitmaschiges Netz dargestellt sind. In Wirklichkeit sind die Makromoleküle entschieden dichter gepackt. Die Tertiärstruktur, bekannt unter der Bezeichnung „Knäuelstruktur“, lagert sich zur kettenförmigen Quartärstruktur zusammen [47].

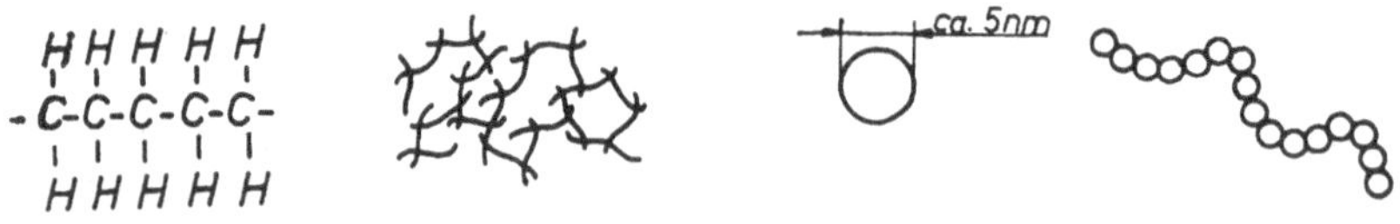

a) b) c) d)

Abb. 5.1. Morphologische Strukturen „amorpher“ Thermoplaste (nach [47])
a) Primärstruktur, b) Sekundärstruktur, c) Tertiärstruktur, d) Quartärstruktur

In den letzten Jahren wurden von einigen Thermoplasten die nächstgrößeren Assoziate (Globulen) entdeckt, deren Ausdehnungen sich bis in den Mikrometerbereich erstrecken können [48, 49]. Die Globulen sind von niedermolekularen Polymerisatbestandteilen, Polymerisationshilfsmitteln oder Weichmachern umgeben, die infolge ihres geringen Molekulargewichts im Vergleich zum Polymeren bei Temperaturerhöhung schmelzen und damit die Viskosität des Polymeren verringern. In Polyvinylchlorid konnten die Globulen noch bei 180 °C nachgewiesen werden.

In Lösungsmitteln erfolgt der Strukturabbau lediglich bis zur Tertiärstruktur, wobei von guten Lösern die Sekundärstruktur im günstigsten Fall nur aufgelockert, aber nicht völlig zerstört werden kann.

Im Abschnitt 5.1.1. sind die Kräfte genannt, die für den Zusammenhalt der Polymeren verantwortlich sind. Auch der Lösevorgang ist an das Wechselspiel dieser Kräfte gebunden. Polymere, die hauptsächlich von Dispersionskräften zusammengehalten werden, lösen sich in Flüssigkeiten, die starke Dispersionskräfte auf das Makromolekül ausüben. Solche Flüssigkeiten sind aliphatische, cycloaliphatische und aromatische Kohlenwasserstoffe. Polare Flüssigkeiten, z. B. Ester, Alkohole, Ketone, lösen diese Hochpolymeren nicht, da zwischen den Lösungsmittelmolekülen infolge der starken Wasserstoffbrückenbindung und der starken Induktions- und Richtkräfte größere Wechselwirkungen bestehen als zwischen Polymeren und Lösungsmittel.

Die Löslichkeit eines Polymeren ist abhängig von der Orientierung, die die Makromoleküle zueinander besitzen. Beispielsweise ist isotaktisches kristallines Polystyrol schwerer löslich als die amorphe Modifikation, denn die Zahl der Haftstellen zwischen den Molekülen wird durch die Orientierung erhöht. Eine Verzweigung der Hauptkette verringert die Zahl der Haftstellen, und die Löslichkeit des Moleküls wird größer.

Werden polare Gruppen von Makromolekülen durch einen unpolaren Molekülrest teilweise abgeschirmt [50], so können die polaren Gruppen des Lösungsmittels nicht mehr voll wirksam werden. Die Löslichkeit in polaren Lösungsmitteln verringert sich demzufolge, während sie in unpolaren ansteigt. Wirken derartige sterischen Effekte zwischen den Flüssigkeitsmolekülen, so verringert sich ihr Lösevermögen.

Ein negativer Temperaturkoeffizient der Löslichkeit bedeutet, daß mit Temperaturerhöhung die Löslichkeit des betreffenden Polymeren in der Flüssigkeit herabgesetzt wird und sich die Lösung wegen ausfallender Polymeranteile trübt. Der Grund dafür ist die stärkere Abnahme der Kräfte, die eine Orientierung der Lösungspartner bewirken, als die Abnahme der Dispersionskräfte. Ob der Temperaturkoeffizient negativ wird, hängt ausschließlich von der relativen Abnahme der zwischenmolekularen Kräfte Polymere—Polymere, Polymere—Lösungsmittel und Lösungsmittel—Lösungsmittel ab. Werden die Wechselwirkungen Polymere—Lösungsmittel besonders geschwächt, tritt eine starke Entsolvatisierung der Makromoleküle ein und das Polymere fällt aus der Lösung aus.

Die Löslichkeit eines Bindemittels in zwei Nichtlösern soll am Beispiel Polyvinylacetat im Ethanol-Tetrachlorkohlenstoff-Gemisch erläutert werden. Polyvinylacetat wird von Ethanol bei Zimmertemperatur lediglich angequollen. Die Solvatation des Polymeren reicht zum Lösen nicht aus, da die Alkoholmoleküle stark assoziiert sind. Die zwischenmolekularen Kräfte Lösungsmittel—Lösungsmittel übertreffen dadurch die Kräfte Polymere—Lösungsmittel beträchtlich. Die Zugabe von Tetrachlorkohlenstoff entassoziiert die Ethanolmoleküle, und die Lösungsmittel—Lösungsmittel-Wechselwirkung wird geringer. Gleichzeitig vergrößert sich die Wechselwirkung Polymere—Lösungsmittel, die sich in einer Zunahme der Solvatation äußert. Weiterhin wirken die Dispersionskräfte des Tetrachlorkohlenstoffs auf die Makromoleküle und verbessern dadurch die Löslichkeit noch weiter.

In einigen Fällen ist es auch möglich, daß die Zugabe eines Lösungsmittels zu einer klaren Hochpolymerenlösung eine Ausfällung der Makromoleküle bewirkt. Die Ursache der Lösungsanomalie ist in den meisten Fällen in einer verstärkten Wechselwirkung beider Flüssigkeiten untereinander begründet, wodurch sich die Solvatation des Polymeren verringert und es zu einer Abscheidung der Makromoleküle kommt.

Die physikalisch-mechanischen Eigenschaften der Polymerefilme werden auch vom verwendeten Lösungsmittel bestimmt [45, 51]. Thermodynamisch, im vorstehend dargelegten Sinne, günstige Lösungsmittel entflechten die Polymerknäuel weitestgehend. Nach Entfernung des Lösungsmittels liegt ein dichter Film vor, der eine gute gegenseitige Durchdringung der Polymerknäuel zeigt. Die Zahl der Haftstellen sowie der Kettenverschlingungen zwischen den Polymerknäueln ist groß, und der Film weist gute mechanische Eigenschaften auf. Wird für das gleiche Polymere ein thermodynamisch ungünstiger Löser verwendet, liegen diskrete Polymerknäuel vor, die nicht aufgelockert sind und nach der Filmbildung nur wenige Haftstellen und keine Kettenverschlingungen zwischen den Polymerknäueln zeigen. Die mechanischen Eigenschaften solcher Filme müssen entsprechend niedrig sein.

Polymerenlösungen wird häufig aus ökonomischen Gründen ein thermodynamisch schlechter Löser oder gar Nichtlöser als sogenanntes Verschnittmittel zugesetzt.

Funke und Zorll [51] führten dazu Untersuchungen an Vinylchlorid—Vinylacetat-Copolymeren durch. Als Löser wurde Methylisobutylketon und als Nichtlöser 3-Methoxybutanol-1 eingesetzt. Während der Filmbildung entweicht der Löser schneller als der Nichtlöser. Der steigende Anteil an Nichtlösungsmittel im verbleibenden Flüssigkeitsgemisch würde zum Ausfallen des Polymeren führen, wäre die Lösung noch genügend verdünnt. Dieser Phasentrennung kann eine fraktionierte Koagulation überlagert sein, wenn die Kettenlänge der einzelnen Makromoleküle stark differiert. Je größer der Nichtlöseranteil in der Ausgangslösung ist, desto früher setzt die Phasentrennung ein, und die Inhomogenität des Films wächst.

Bei geringen Nichtlöserzusätzen bilden sich zwischen den Makromolekülen Mikrobläschen aus, in denen anfangs der Nichtlöser und nach dessen Diffusion Luft eingeschlossen ist. Die Filme sind auch nach Belastung auf Dehnung noch völlig transparent. Die Reißdehnung des Films ist gegenüber dem aus reinem Lösungsmittel bei kleinen Dehnungsgeschwindigkeiten stark vergrößert.

Die Aufweitung des Polymeregerüstes kann durch verstärkte Wasseradsorption bei Wasserlagerung nachgewiesen werden, die äußerlich an der auftretenden Trübung des Films erkennbar ist. Bei weiterer Zugabe von Verschnittmitteln wird der Film im unbelasteten Zustand zwar noch transparent sein, doch unter Belastung wird er trüb. Reißdehnung und Reißkraft werden deutlich niedriger, weil sich Anzahl und Größe der Bläschen erhöhen.

Wird die Nichtlösermenge weiter vergrößert, sind bereits die unbehandelten Filme infolge der Entmischungserscheinungen und Bläschenbildung trüb. Die steigende Porosität des Films läßt die Wasseradsorption abnehmen. Je geringer der Löseranteil wird, desto inhomogener wird der Film, bis man nur noch weiße, pulverartige Polymerschichten erhält, denen jeglicher Zusammenhalt fehlt.

Ist die Flüchtigkeit des Verschnittmittels größer als die des Lösungsmittels, werden auch bei höheren Nichtlöserzusätzen mechanisch stabile Filme erhalten, sofern die Ausgangspolymerlösung noch klar, also keine Ausfällung von Makromolekülen erfolgt ist.

Aus den bisherigen Darlegungen zur Löslichkeit von Polymeren ist zu entnehmen, daß zum Auffinden eines optimalen Lösungsmittels oder Lösungsmittelgemisches ein großer experimenteller Aufwand notwendig ist. Aus vielen Arbeiten sind Versuche bekannt, die Löslichkeit eines Polymeren in einer Flüssigkeit zu berechnen.

Entsprechend der Gleichung (5.8) werden sich Polymere und Lösungsmittel unter isothermisobaren Bedingungen solange mischen, wie damit eine Abnahme der freien Energie verbunden ist.

$$\Delta G = \Delta H - T\Delta S < 0. \tag{5.8}$$

In der Gleichung bedeuten ΔG die Änderung des thermodynamischen Potentials bei der Vermischung des Lösungsmittels mit dem Polymeren (J/mol), ΔH die Enthalpieänderung bei der Vermischung (J/mol), ΔS die Entropieänderung des Systems während der Vermischung $(\mathrm{J}/(\mathrm{mol}\cdot\mathrm{K}))$, T die absolute Temperatur (K).

Der Lösungsprozeß des Polymeren erfolgt spontan und ist mit einer Zunahme an Entropie verbunden. Er wird deshalb vor allen Dingen durch die Enthalpieänderung bestimmt, weil das zweite Glied der Gleichung (5.8) immer negativ ist.

In Verbindung mit den angeführten thermodynamischen Voraussetzungen ist versucht worden, solche Universalkonstanten zu finden, die es gestatten, die Lösungsmittelwirkung der organischen Flüssigkeit vorauszubestimmen. Ein besonders erfolgreiches Verfahren entwickelte HILDEBRAND [52], der die Größe des Innendruckes der Flüssigkeiten als Kriterium für die Löslichkeit heranzog.

$$\Delta H = (V_1 n_1 + V_2 n_2)\left[\left(\frac{\Delta E_1}{V_1}\right)^{1/2} - \left(\frac{\Delta E_2}{V_2}\right)^{1/2}\right]^2 \cdot \varphi_1 \cdot \varphi_2, \tag{5.9}$$

wobei V das Molvolumen (cm³/mol), n der Molanteil, ΔE die Energieänderung bei der Vermischung der Komponenten, φ der Volumenanteil, 1 und 2 die Bezeichnung des Lösungsmittels und des festen Stoffes sind.

Der Ausdruck $\Delta E/V$ ist die Kohäsionsenergie und charakterisiert die Kräfte der zwischenmolekularen Wechselbeziehungen. Ausgehend von Gleichung (5.9) nannte BURELL [53] $(\Delta E/V)^{1/2}$ den Löslichkeitsparameter, weil nur er von den physikalisch-chemischen Eigenschaften der Komponenten des Systems abhängt, während die restlichen Größen ausschließlich durch das Komponentenverhältnis des Gemisches charakterisiert werden.

Wenn der Ausdruck Molvolumen des Gemisches mit V_G und der Löslichkeitsparameter mit δ bezeichnet werden, kann Gleichung (5.9) in der folgenden Form dargestellt werden:

$$\Delta H = V_G(\delta_1 - \delta_2)^2\,\varphi_1\varphi_2. \tag{5.10}$$

Da die Differenz $\delta_1 - \delta_2$ in Gleichung (5.10) im Quadrat steht, wird ΔH immer positiv und die Gleichung nur im Falle eines positiven Wertes der Enthalpie anwendbar sein. Folglich muß für die Erfüllung der thermodynamischen Voraussetzung der Löslichkeit unbedingt die Bedingung

$$\Delta H < T \cdot \Delta S$$

eingehalten werden. Daraus kann man schließen, daß Löslichkeit und Quellvermögen des Polymeren für die Flüssigkeiten maximal ist, deren Löslichkeitsparameter möglichst gleich dem des Polymeren ist, denn in diesem Fall besitzt die Enthalpie der Vermischung den kleinsten Wert.

Die Bestimmung der Löslichkeitsparameter für Flüssigkeiten bereitet keine Schwierigkeiten. Man errechnet sie aus den experimentell gefundenen physikalischen Konstanten, indem man die nachfolgende Gleichung anwendet:

$$\delta = \frac{\Delta H_{\mathrm{Verd}} - RT}{V},$$

wobei ΔH_{Verd} die Verdampfungswärme der Flüssigkeit und RT die Volumenenergie eines Gas-Mols ist.

Der Löslichkeitsparameter des Polymeren charakterisiert ebenfalls die Kohäsionsenergie, jedoch ist er experimentell nicht zugänglich, da eine Verdampfung des Polymeren auf Grund seiner unterhalb des Siedepunktes liegenden Zersetzungstemperatur nicht möglich ist. Die Größe dieses Parameters kann nur indirekt ermittelt werden, indem das Quellen oder Lösen des Polymeren in verschiedenen Lösungsmitteln untersucht wird.

Als Größe für die Löslichkeitsparameter des Polymeren nimmt man den Löslichkeitsparameter der Flüssigkeit, in der sich das Polymere ohne Lösungswärme löst ($\Delta H = 0$). Ein Beispiel der indirekten Bestimmung des Löslichkeitsparameters durch Sorption von Lösungsmitteldämpfen ist in [54] angeführt. Als Löslichkeitsparameter des iso-

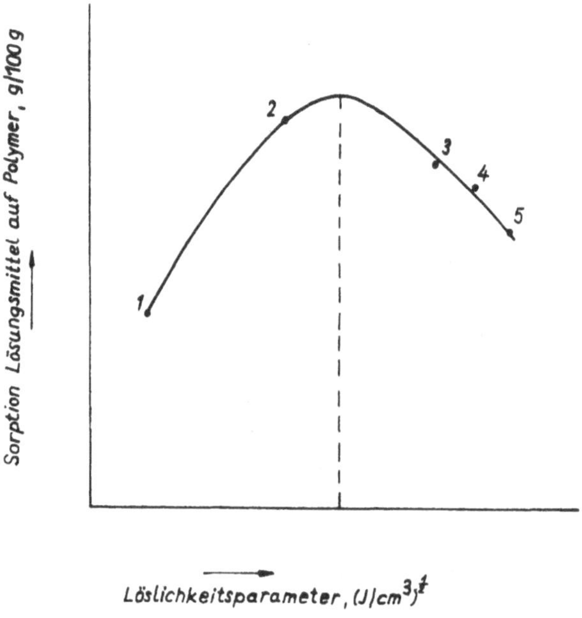

Abb. 5.2. Bestimmung des Löslichkeitsparameters von isotaktischem Polypropylen aus der Sorption von Lösungsmitteldämpfen

1 – Isooctan, 2 – Methylcyclohexanon, 3 – p-Xylen, 4 – Toluen, 5 – o-Xylen

taktischen Polypropylens, das als Untersuchungsobjekt diente, wurde der Wert 17,4 $(\mathrm{J/cm^3})^{1/2}$, welcher im Maximum der Kurve liegt, angenommen (Abb. 5.2). In den Tabellen 5.5 bis 5.7 sind die Löslichkeitsparameter verschiedener Lösungsmittel, Bindemittel und Weichmacher zusammengestellt.

Zur Berechnung des Löslichkeitsparameters von Flüssigkeiten wird die Verdampfungswärme verwendet, die die Enthalpiedifferenz des betreffenden Stoffes im flüssigen und gasförmigen Zustand am Siedepunkt darstellt. Die Verwendung des Lösungsmittels erfolgt jedoch meist bei Zimmertemperatur, die oft beträchtlich von der Siedetemperatur abweicht. Die zwischenmolekularen Wechselwirkungen sind aber temperaturabhängig, und deshalb ist der Löslichkeitsparameter für Zimmertemperatur mit dem bei Siedetemperatur nicht identisch.

Die Messung der zwischenmolekularen Kräfte ist technisch mit sehr großen Schwierigkeiten verbunden. Burell [53] schlug deshalb vor, die Lösungsmittel empirisch in die

Tabelle 5.5. Löslichkeitsparameter ausgewählter Flüssigkeiten [55] in $(J/cm^3)^{1/2}$

Isopropylether	14,45	Dichlorethan	20,05
Diethylether	15,41	Brombenzen	20,20
Ethylbutylether	15,71	1,4-Dioxan	20,73
Cyclohexanon	16,76	Cyclohexanon	21,32
i-Butylacetat	17,25	Butanol-2	22,67
Tetrachlorkohlenstoff	17,49	i-Butanol	23,00
Hexylacetat	17,68	i-Propanol	23,41
n-Butylacetat	17,78	n-Butanol	23,74
Ethylacetat	18,23	Dimethylformamid	24,76
Toluen	18,27	Acetonitril	24,78
Methyl-i-propylketon	18,29	n-Propanol	24,92
Benzen	18,74	Ethanol	26,15
Chloroform	18,74	Methanol	29,67
Methylethylketon	19,34	Ethylenglykol	34,89
Methylacetat	19,36	Glycerin	36,20
Aceton	19,68	Wasser	48,15
Chlorbenzen	19,79		

Tabelle 5.6. Löslichkeitsparameter ausgewählter Hochpolymerer [56, 57] in $(J/cm^3)^{1/2}$

Polytetrafluorethylen	12,7	Polyurethan	20,5
Polytrifluorchlorethylen	14,7	Polymethylacrylat	20,7
Polyethylen	16,2	Polyvinylchlorid	20,7
Polyisobutylen	16,2	Polyethylenterephthalat	21,9
Polychloropren	17,6	Cellulosenitrat	21,9
Poly-n-butylacrylat	17,9	Cellulosediacetat	22,3
Polystyrol	18,0	Polyoxymethylen	22,9
Polymethylmethacrylat	19,0	Polyvinylidenchlorid	25,0
Polyethylacrylat	19,2	Polyacrylnitril	31,5
Polyvinylacetat	19,2	Polyvinylalkohol	47,9

Tabelle 5.7. Löslichkeitsparameter einiger Weichmacher [46, 55, 58] in $(J/cm^3)^{1/2}$

Dioctylsebazat	17,0
Dioctylphthalat	18,4
Dibutylphthalat	19,2
Butylbenzylphthalat	20,1
Diethylphthalat	20,5
Diethylenglykoldibenzoat	20,7
Dimethylphthalat	22,5

drei Klassen mit niedrigem, mittlerem und hohem Wasserstoffbrückenbindungsanteil einzuordnen. Die Bezeichnung niedriger Wasserstoffbrückenbindungsanteil trifft für Lösungsmittel zu, in denen hauptsächlich Dispersionskräfte und schwache Induktions- bzw. Richtkräfte wirken. Flüssigkeiten mit vorwiegend polarem Charakter, die keine oder nur schwache Wasserstoffbrückenbindungen ausbilden, werden der zweiten Klasse zugeordnet. Alle Lösungsmittel mit starken Wasserstoffbrückenbindungen zählt man zur dritten Klasse.

Die Charakterisierung der Polymeren erfolgt dadurch ebenfalls mit drei Löslichkeitsparametern. In der Praxis werden die Löslichkeitsparameter als Löslichkeitsintervalle angegeben, um die Löslichkeitsgrenzen besser abzustecken. In den Tabellen 5.8 und 5.9 sind Löslichkeitsparameter verschiedener Lösungsmittel und Bindemittel unter Berücksichtigung des Wasserstoffbrückenbindungsanteils zusammengefaßt.

Der Löslichkeitsparameter eines Flüssigkeitsgemisches läßt sich aus

$$\delta = \sum_i \delta_i \varphi_i$$

berechnen. Wie praktische Erfahrungen zeigen, soll der Löslichkeitsparameter eines Gemisches nicht mehr als 20% vom Mittelwert des Löslichkeitsintervalls abweichen, damit Schwierigkeiten beim Lösen des Polymeren vorgebeugt werden kann.

Tabelle 5.8. Löslichkeitsparameter in $(J/cm^3)^{1/2}$ von Lösungsmitteln mit niedrigem, mittlerem und hohem Wasserstoffbrückenbindungsanteil [46]

niedrig	δ	mittel	δ	hoch	δ
n-Heptan	15,1	Diethylether	15,3	tertiäres Butanol	21,7
n-Cyclohexan	16,8	Di-i-butylketon	16,0	Cyclohexanol	23,3
Dipenten	17,4	Methyl-i-butylketon	17,2	n-Propanol	25,0
Xylen	18,0	Butylacetat	17,8	Ethanol	26,2
Toluen	18,2	Ethylacetat	18,2	Methanol	29,7
Benzen	18,8	Methylacetat	19,4	Glycerin	36,2
Chloroform	18,8	Aceton	19,6	Wasser	48,3
Schwefelkohlenstoff	20,5	Ethyllactat	20,5		
Nitropropan	21,9	Anilin	24,1		
Nitromethan	26,0	Butyrolacton	31,7		

Die Löslichkeit eines Polymeren in zwei Nichtlösern, die oben am Beispiel des Systems Polyvinylacetat—Tetrachlorkohlenstoff—Ethanol erläutert worden ist, läßt sich auch anhand der Löslichkeitsparameter erklären. Für den Löslichkeitsparameter des Tetrachlorkohlenstoffes ist der Wert 17,49 und für Ethanol 26,15 berechnet worden. Aus diesen beiden Werten sowie dem Löslichkeitsparameter für Polyvinylacetat ($\delta = 19{,}2$) läßt sich leicht die Zusammensetzung des Flüssigkeitsgemisches berechnen, in welchem das Polymere löslich ist.

Es soll aber nicht verschwiegen werden, daß die Anwendung des Löslichkeitsparameters auch mit der hier aufgezeigten Korrektur nach Burell nicht immer erfolg-

Tabelle 5.9. Löslichkeitsintervalle in $(J/cm^3)^{1/2}$ von Polymeren in Lösungsmitteln mit niedrigem, mittlerem und hohem Wasserstoffbrückenanteil [46, 57, 59]

Polymere	niedrig	mittel	hoch
Polychloropren	17,4—21,7	16,0—22,1	—
Polyvinylethylether	14,3—22,9	15,1—22,1	21,5—29,7
Polyvinylformal	—	20,3—27,0	—
Alkydharz (45% Öl)	14,3—22,9	15,1—24,3	19,4—24,3
Polyacrylat	21,7—26,0	18,2—27,2	—
Vinylchloridmischpolymere	—	18,2—22,1	19,4—29,7
Zellulosenitrat			
10,5% gebundener Stickstoff	22,9—26,0	16,0—30,1	26,0—29,7
12,4% gebundener Stickstoff	22,9—26,0	16,0—27,6	—

reich ist. Aus der Praxis ist die Löslichkeit von Polyvinylacetat ($\delta = 19{,}2$) in einem Gemisch aus Wasser ($\delta = 48{,}15$) und Ethanol ($\delta = 26{,}15$) bekannt. Nach der Theorie der Löslichkeitsparameter darf Polyvinylacetat in dem Flüssigkeitsgemisch nicht löslich sein, denn die Löslichkeitsparameter weichen sehr stark voneinander ab.

Die Einschränkung, die bei der Anwendung der Löslichkeitsintervalle gemacht wird, und auch die aufgezeigte Ausnahme stellen klar, daß noch nicht alle Kriterien für die Löslichkeit Berücksichtigung fanden. Eine weitere Verfeinerung der Theorie wurde durch die Einführung des Dipolmomentes μ und dem Wasserstoffbrückenparameter γ erreicht [60].

Das Dipolmoment ist das Produkt aus elektrischer Ladung und Entfernung. Das Gesamtdipolmoment eines Moleküls ist die Vektorsumme der einzelnen Bindungsmomente. Das Dipolmoment drückt demzufolge die elektrostatische Polarität des Moleküls aus. Während sich die symmetrischen Moleküle, wie Benzen, Methan oder Cyclohexan im elektrostatischen Gleichgewicht befinden und ein Dipolmoment von 0 besitzen, sind die unsymmetrischen Moleküle (Wasser, Alkohole, Nitromethan) nicht im elektrostatischen Gleichgewicht und weisen Dipolmomente zwischen 1 und 4 Debye auf. Tabelle 5.10 zeigt die Löslichkeitsparameter ausgewählter Lösungsmittel unter

Tabelle 5.10. Lösungsparameter verschiedener Flüssigkeiten [60]

Lösungsmittel	Löslichkeitsparameter δ, $(J/cm^3)^{1/2}$	Wasserstoffbrückenparameter γ*	Dipolmoment μ, Debye
n-Dekan	13,5	0	0
Dibutylether	14,5	11,0	1,2
Diethylether	15,3	13,0	1,2
Disobutylketon	16,0	8,4	2,7
Cyclohexan	16,8	0	0
Methyl-i-butylketon	17,2	7,7	2,7
n-Butylacetat	17,8	8,8	1,9
Dipenten	17,4	1,5	0
Tetrachlorkohlenstoff	17,6	0	0
Xylen (handelsüblich)	18,0	4,5	0,4
Toluen	18,2	4,5	0,4
Ethylacetat	18,2	8,4	1,8
Benzen (Bezugssubstanz für γ)	18,8	0	0
Chloroform	18,8	1,5	1,2
Methylethylketon	19,4	7,7	2,7
Aceton	19,6	9,7	2,9
Dichlorethan	20,1	1,5	1,1
Cyclohexanon	21,3	11,7	2,7
n-Propanol	15,0	18,7	1,7
Ethanol	26,2	18,7	1,7
Methanol	29,7	18,7	1,7
Wasser	48,1	39,0	1,8

* Die Bestimmung des Wasserstoffbrückenparameters erfolgt durch spektroskopische Untersuchung – im Bereich von 3,6 bis 4,35 µm – einer Mischung von deuterisiertem Methanol (CH_3OD) und dem zu untersuchenden Lösungsmittel in einer benzenischen Lösung. Da die Frequenzverschiebungen sehr klein sind, wird definitionsgemäß einer Verschiebung der OD-Adsorption um 10 Schwingungszahlen ein Wasserstoffbrückenparameter von 1,0 zugeordnet.

Berücksichtigung des Wasserstoffbrückenparameters und des Dipolmomentes. Eine übersichtliche Beschreibung der Löslichkeit durch die Kennwerte Löslichkeitsparameter, Wasserstoffbrückenbindungsparameter und Dipolmoment ist nur noch in dreidimensionalen Löslichkeitsdiagrammen möglich.

5.1.3. Weichmacher der Bindemittelmatrix

An die Bindemittelkomponenten für Magnetbänder werden hohe Anforderungen hinsichtlich der physikalisch-mechanischen Eigenschaften gestellt. In den meisten Fällen sind die Polymeren zu spröde, so daß erst unter Mitverwendung von Weichmachern die geforderten Eigenschaften der Bindemittelmatrix erreicht werden.

Die Sprödigkeit eines Polymeren wird vorrangig von seiner Glasübergangstemperatur (Einfriertemperatur) bestimmt. Als Glasübergangstemperatur wird der Punkt bezeichnet [61, 62], bei dem die Translations- und Rotationsbewegung sowie die gegenseitige Verschiebbarkeit der Kettensegmente einfriert. Die Molekülketten selber können sich noch nicht gegeneinander verschieben, weil die gegenseitigen Verschlingungen erst bei der sogenannten Erweichungs- oder Fließtemperatur gelöst werden.

Wie schon unter 5.1.1. (Tabelle 5.3) hervorgehoben, wird die Glasübergangstemperatur stark vom Molekülaufbau beeinflußt. Jede Veränderung des Bauprinzips eines Polymeren, das die Wechselwirkungen zwischen den Makromolekülen herabsetzt und damit die Glasübergangstemperatur senkt, kann als Weichmachung oder Plastifizierung bezeichnet werden.

Wird der Weichmacher hauptvalenzmäßig an das Makromolekül gebunden, spricht man von innerer Weichmachung, die aber nur beim Polymerhersteller erfolgen kann. Allgemein können alle Mischpolymerisate mit statistischer Verteilung der Bausteine als innerlich weichgemachte Systeme bezeichnet werden. Eine Vergrößerung der aliphatischen Seitenkette senkt die Einfriertemperatur, wobei aber berücksichtigt werden muß, daß sehr lange Seitenketten wegen der Dispersionsenergie, die die Strukturaufweitung eliminiert, wieder einen Anstieg der Glasübergangstemperatur bewirken [63]. Vergleicht man Polyvinylchlorid und Polyvinylidenchlorid, fällt auf, daß mit Verringerung des Dipolmomentes durch Einführung des zweiten Chloratoms die Glasübergangstemperatur von $+75\,°C$ auf $-18\,°C$ absinkt.

Dem Anwender der Kunststoffe ist lediglich die äußere Weichmachung von Polymeren zugänglich. Durch Einarbeitung von Substanzen mit geringem Dampfdruck, die nicht mit dem Polymeren reagieren, kann die Glasübergangstemperatur deutlich herabgesetzt werden. Mit Verringerung der Härte des Polymeren wird seine Elastizität erhöht. In einigen Fällen ist auch eine Verbesserung der Adhäsion zur Unterlage zu verzeichnen.

Äußere Weichmacher wirken bei erhöhten Temperaturen als Löse- oder Quellmittel für Polymeren. Die Löslichkeitsparameter einiger Weichmacher sind in Tabelle 5.7 dargestellt. Ein stark polares Makromolekül benötigt als Weichmacher ein sehr stark polares Molekül, dessen aliphatischer Rest möglichst klein sein soll.

Je nach Verträglichkeit des Weichmachers mit dem Polymeren wird der eine oder andere Mechanismus der Plastifizierung wirksam [64]. Bei guter Verträglichkeit werden die Weichmachermoleküle gleichmäßig zwischen den einzelnen Makromolekülen verteilt, wobei eine echte Lösung entsteht. Man spricht in diesem Fall von einer intermolekularen Verteilung des Weichmachers oder von Innenpaket-Plastifizierung. Ist das Polymere nur in beschränktem Maße mit dem Weichmacher verträglich, sinkt die Glasübergangstemperatur bis zu einer bestimmten Weichmacherkonzentration ab, um dann konstant zu bleiben. Man spricht von der strukturellen oder Zwischenpaket-Plastifizierung. Im Prinzip stellen diese beiden Mechanismen Grenzzustände dar. Die tatsächlich eingesetzten Polymere—Weichmacher-Kombinationen tendieren jeweils mehr oder weniger zu einer dieser Grenzvorstellungen.

Abbildung 5.3 stellt beide Plastifizierungsmechanismen gegenüber. Kurve 1 charakterisiert die Innenpaket-Weichmachung. Mit steigendem Weichmachergehalt sinkt die Glasübergangstemperatur kontinuierlich ab. Da beide Komponenten gut miteinander verträglich sind, wird der Plastifikator zwischen den Makromolekülen eingebaut. Mit steigendem Weichmachergehalt werden die Wechselbeziehungen zwischen einzelnen Makromolekülen wegen der Abstandvergrößerung geringer, und die Beweglichkeit der

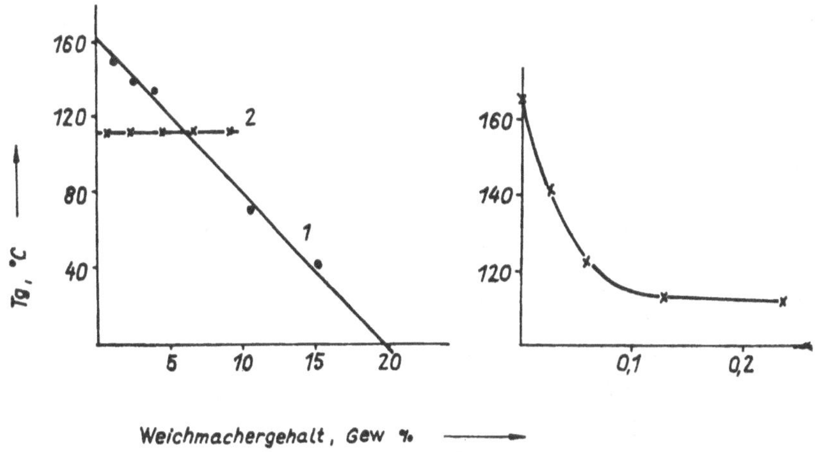

Abb. 5.3. Abhängigkeit der Glasübergangstemperaturen von Nitrocellulose vom Weichmachergehalt
1 – Dibutylphthalat, 2 – Rizinusöl

Polymeresegmente erhöht sich soweit, daß schließlich der Zusammenhalt der Makromoleküle nicht mehr gewährleistet ist. Das Gemisch aus Bindemittel und Weichmacher geht dann über den plastischen in den pastösen Zustand über.

Innenpaket-Weichmacher werden entsprechend ihrer Wirkungsweise in Abschirm- und Scharnierplastifikatoren unterteilt [65]. Die erste Gruppe wirkt über die Abschirmung von Dipolen des Polymeren durch den unpolaren Teil des Weichmachermoleküls. Die Phthalsäureester werden als Scharnierweichmacher bezeichnet. Neben der polaren Estergruppe tritt auch der polarisierbare Benzenring mit den polaren Bindemittelgruppen in Wechselwirkung. Die Makromoleküle werden von beweglichen Weichmacherbrücken zusammengehalten, denen eine Ähnlichkeit mit Scharnieren unterstellt wird.

Die Zwischenpaket-Plastifizierung ist durch eingeschränkte Verträglichkeit zwischen Weichmacher und Bindemittel gekennzeichnet. Die Weichmachermoleküle können deshalb nicht zwischen die Makromoleküle treten, um das System aufzulockern. Die Plastifikatoren lagern sich lediglich zwischen die tertiären Bindemittelstrukturen und verringern die Kräfte an den Berührungspunkten der Strukturen. Schon geringe Weichmacherkonzentrationen genügen zur Verkleinerung der Kräfte, in deren Folge die Glasübergangstemperatur erniedrigt wird. Bei Vergrößerung der Weichmachermenge tritt keine weitere Senkung der Einfriertemperatur ein, weil die im Inneren tertiärer Strukturen befindlichen Makromoleküle vom Weichmacher unbeeinflußt bleiben. Charakteristische Zwischenpaket-Weichmacher sind für organische Hochpolymeren die Ölsäure und für Nitrocellulose das Ricinusöl (s. auch Abb. 5.3).

Bisher wurde ausschließlich das System Bindemittel—Weichmacher betrachtet. Die aktive Schicht des Magnetbandes enthält aber neben Additiven eine erhebliche Menge an anorganischem Pigment, wodurch die Verhältnisse der Plastifizierung komplizierter werden.

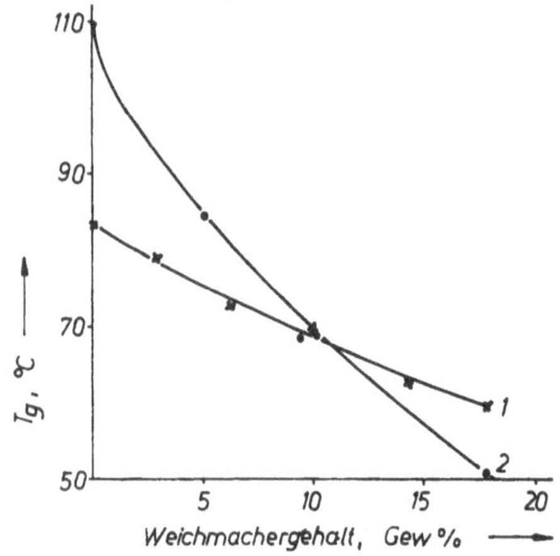

Abb. 5.4. Abhängigkeit der T_g vom Weichmachergehalt

1 — Polystyrol, 2 — mit Glasstaub gefülltes Polystyrol

Wie aus Abbildung 5.4 ersichtlich wird, liegt die Glasübergangstemperatur eines unpigmentierten weichmacherfreien Polymeren erheblich tiefer als bei einem pigmentierten weichmacherfreien Polymeren. Die Ursache des aufgezeigten Effektes kann nur in einer Wechselbeziehung Pigment—Bindemittel begründet sein. Während der Dispergierung wird das Pigment vom Bindemittel benetzt (s. auch unter 5.1.4.). Vorzugsweise werden die niedermolekularen Bindemittelanteile vom Pigment adsorbiert. Der Orientierungsgrad der adsorbierten Bindemittelmoleküle wird erhöht, und folglich steigt die Glasübergangstemperatur an. Die verbleibenden freien Bindemittelanteile haben ein höheres mittleres Molekulargewicht als das Ausgangsbindemittel und damit auch eine höhere Glasübergangstemperatur.

Wird in das pigmentierte System ein Weichmacher eingearbeitet, so scheint er anfangs bevorzugt die Wechselwirkung Pigment—Bindemittel zu beeinflussen. Das relativ kleine polare Weichmachermolekül kann leichter vom Pigment adsorbiert werden als das starre und voluminöse Bindemittelmolekül. Damit fällt der Anteil des adsorbierten Bindemittels, und die Beweglichkeit der Pigmentpartikel im Bindemittel vergrößert sich. Insgesamt verringert sich der Orientierungsgrad der niedermolekularen Polymerebestandteile im Grenzgebiet um das Pigmentteilchen, und zwangsläufig sinkt die Glasübergangstemperatur bei relativ geringen Weichmachermengen stärker ab als im unpigmentierten Polymeren.

Das größte Problem, das die Plastifizierung von Polymeren aufwirft, ist die Weichmacherwanderung. Kommt ein plastifiziertes Polymere mit einem anderen Polymeren in Berührung, für das der Weichmacher gleichfalls ein Löse- oder Quellmittel darstellt, tritt der Weichmacher an der Berührungsstelle durch Diffusion in das Polymere niederer Weichmacherkonzentration ein und diffundiert in dessen Inneres. Dadurch verändern sich die Eigenschaften beider Polymerer. Während der zuvor weichmacherreiche Kunststoff an Plastifikator verarmt, was Versprödung des Polymeren bedeutet, wird der zuvor weichmacherfreie Kunststoff plastifiziert.

Die Weichmacherwanderung wird maßgeblich von drei Faktoren beeinflußt [66]:

- Wechselwirkung zwischen Weichmacher und Polymere A,
- Wechselwirkung zwischen Weichmacher und Polymere B,
- Beweglichkeit des Weichmachers.

Grundsätzlich gilt, daß mit steigender Beweglichkeit des Weichmachermoleküls seine Plastifizierungswirkung wächst, aber ebenfalls die Wanderungstendenz zunimmt.

Die Polymerweichmacher neigen wegen des höheren Molekulargewichtes weniger zur Diffusion als beispielsweise die niedermolekularen Phthalsäureester, doch ist ihre Wirksamkeit infolge des größeren Moleküls eingeschränkt. Wird das plastifizierende Molekül noch weiter vergrößert, ist praktisch keine Wanderungstendenz des „Weichmachers" mehr zu beobachten. Die „Weichmacher"-Menge kann in diesen Fällen sogar größer sein als die des eigentlichen Bindemittels, um die Glasübergangstemperatur genügend zu senken. Beispiele für solche Systeme sind die derzeit als Magnetbandbindemittel bevorzugt eingesetzten physikalisch trocknenden Bindemittel mit Polyurethanzusätzen.

5.1.4. Oberflächenaktive Substanzen

Oberflächenaktive Stoffe, die auch unter den Namen Tenside, Netzmittel oder Dispergiermittel bekannt sind, verkürzen die Dispergierdauer von Suspensionen durch Erleichterung der Agglomeratzerteilung und Einschränkung der Reagglomeration von Einzelpartikeln. Eine vollständige Zerteilung in Primärpartikel ist nicht möglich, da sich stets ein systemcharakteristischer Agglomerationsgrad einstellt.

Die Wechselwirkungen des magnetischen Pigments mit dem filmbildenden Polymeren haben nicht nur Einfluß auf die physikalisch-mechanischen Kennwerte, sondern auch Auswirkungen auf die physikalisch-chemischen Eigenschaften des Systems, wie beispielsweise seine Beständigkeit gegen Wasser, Chemikalien oder Wärme sowie auf die dielektrischen Eigenschaften.

Bevor auf die Dispergierhilfsmittel näher eingegangen werden kann, müssen die zwischen den Partikeln auftretenden Wechselbeziehungen näher erläutert werden [67].

Wie zwischen den Bindemittel- oder Lösungsmittelmolekülen, wirken ebenfalls zwischen Feststoffteilchen Kräfte, die den Zusammenhalt beeinflussen. Die Feldkräfte, die auch im Vakuum auftreten und deren Reichweite grundsätzlich unbeschränkt ist, setzen sich aus vier Einzelkomponenten zusammen. Davon wirken die VAN-DER-WAALS-Kräfte und die elektrostatischen Anziehungskräfte praktisch nur bis zu einem Abstand von wenigen Mikrometern. In größerer Entfernung vom Pigmentteilchen sind sie vernachlässigbar klein. Zwischen Teilchen, deren Durchmesser 1 μm übersteigt, treten Gravitationskräfte auf, die eine gegenseitige Anziehung der Partikel bewirken. Hingegen können die in ferromagnetischen Pulvern auftretenden magnetischen Feldkräfte zu praktisch untrennbaren Agglomeraten führen.

Die nadelförmigen magnetischen Pigmentteilchen haben eine mittlere Länge von 0,4 µm und eine durchschnittliche Breite von 0,05 µm. Vereinfacht betrachtet, stellen diese Nadeln Permanentmagnete dar. Nach außen wirkt eine Anhäufung solcher Pigmente auf Grund der statistischen Verteilung magnetisch neutral. Im Nahbereich treten aber erhebliche magnetische Wechselkräfte auf, die einen signifikanten Einfluß auf die Eigenschaften und Verarbeitbarkeit von Suspensionen mit ferromagnetischen Pigmenten ausüben.

Kober und Wimbersky [178] untersuchten den Einfluß der magnetischen Wechselkräfte auf das Rheologie- und Sedimentationsverhalten sowie auf die kritische Pigmentvolumenkonzentration durch Verarbeitung magnetischer und unmagnetischer Fe_2O_3-Pigmente gleicher Größe und Gestalt.

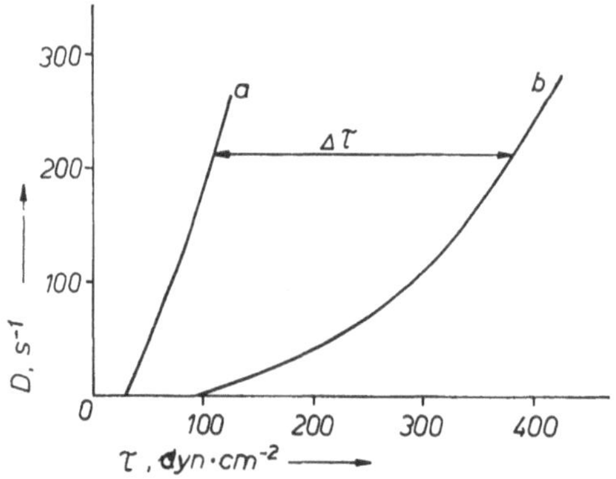

Abb. 5.5. Rheogramme von Suspensionen (aus [178])
a — α-Fe_2O_3, b — γ-Fe_2O_3

Während durch hochwirksame Dispergierhilfsmittel die elektrostatischen und die sonstigen zwischen den Partikeln wirkenden nichtmagnetischen Kräfte weitgehend eliminiert werden können, sind die magnetischen Wechselwirkungen auf diese Weise nicht beeinflußbar. Wie Abbildung 5.5 erkennen läßt, unterscheiden sich die Rheogramme beider unter gleichen Bedingungen hergestellten Suspensionen erheblich. Die magnetische Suspension (γ-Fe_2O_3) erscheint viskoser. Die Schubspannungsdifferenz $\Delta\tau$ beider Suspensionen wächst mit steigendem Schergefälle und strebt asymptotisch dem Maximalwert $(\Delta\tau)_{max}$ zu (Abb. 5.6).

Da die Schubspannungsdifferenz $\Delta\tau$ die Dimension Kraft/Fläche bzw. Energie/

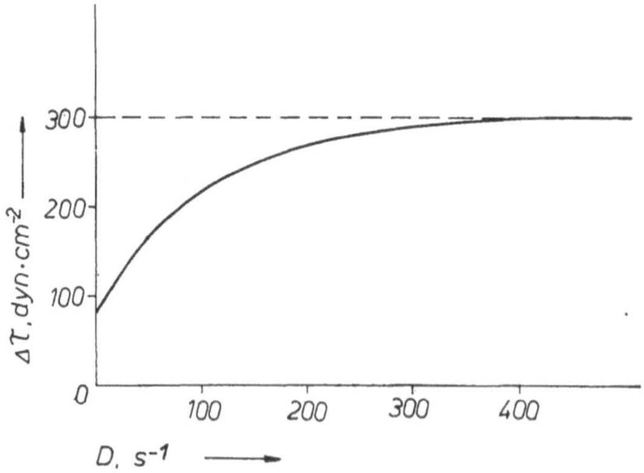

Abb. 5.6. Abhängigkeit $\Delta\tau$ vom Schergefälle D (aus [178])
gestrichelte Linie — $(\Delta\tau)_{max}$

Volumen besitzt, stellt die maximale Schubspannungsdifferenz die Bewegungsenergie dar, die zur Kompensation der magnetischen Wechselkräfte zwischen den Partikeln erforderlich ist. Der Abfall von $\Delta\tau$ bei geringerem Schergefälle bedeutet also, daß der beschriebene Gleichgewichtszustand nicht mehr aufrechterhalten werden kann, und es tritt eine teilweise Agglomeration ein. Der geringe Abstand der Pigmentteilchen in der Suspension fördert die Agglomeration, weil schon durch eine geringfügige Lageänderung eines Teilchens das magnetische Gleichgewicht gestört wird, wodurch die Zusammenballung der Partikel eingeleitet wird. Bei geringen Schergefällen werden in der Suspension keine Einzelteilchen, sondern Agglomerate bewegt, womit der geringe Energieaufwand erklärbar ist.

Nun wird sich bei Verringerung der Schubspannung nicht spontan der jeweilige Agglomerationsgrad einstellen, denn der Aufbau der Agglomerate erfordert eine gewisse Zeit. Dadurch entstehen Hystereseeffekte, die bei steigendem Schergefälle deren Aufbau bis zum Erreichen des stationären Zustands beschreiben (Abb. 5.7). Suspensionen mit dem unmagnetischen α-Fe_2O_3 zeigen diese Erscheinungen nicht, weshalb die Hystereseeffekte den magnetischen Kräften der Partikel zuzuordnen sind.

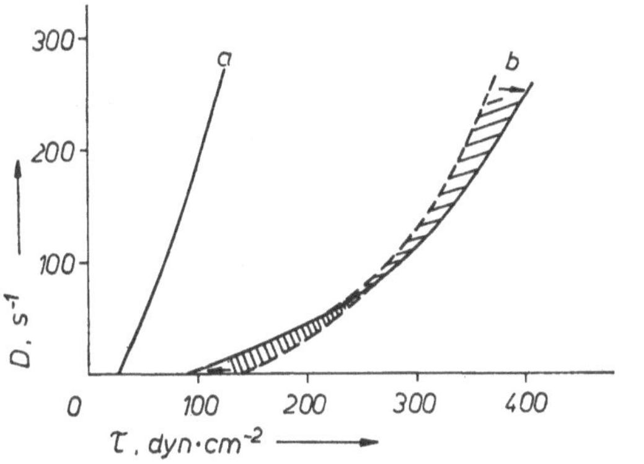

Abb. 5.7. Rheogramme von Suspensionen mit Hystereseeffekten (aus [178])
a – α-Fe_2O_3, b – γ-Fe_2O_3

In den hochpigmentierten Magnetpulversuspensionen ist infolge der geringen Teilchen abstände eine ungestörte Sedimentation nicht möglich. Es bildet sich vielmehr in den magnetischen Suspensionen im Ruhezustand ein Agglomeratgerüst aus, das sich über das gesamte Volumen erstreckt. Statt einer echten Sedimentation erfolgt lediglich eine Art Agglomeratverdichtung. Durch Zentrifugation gut dispergierter Suspensionen mit einem Pigmentgehalt von 5 g/l konnte das wirkliche Sedimentationsverhalten untersucht werden.

Bekanntlich hängt die Sedimentationsgeschwindigkeit von der Viskosität des Dispersionsmediums ab. Da nach dem STOKESschen Gesetz zwischen Sedimentationsdauer und Viskosität eine Proportionalität besteht, kann durch Bildung des Quotienten aus diesen beiden Größen eine von der Viskosität unabhängige Größe entwickelt werden, die somit eine Art normierter Sedimentationsdauer darstellt. Differenziert man die Meßergebnisse nach der Zeit, entsteht eine Art Glockenkurve, deren Lage das Sedimentationsverhalten beschreibt. Die magnetischen Partikel zeigen eine deutlich erhöhte Sedimentationsneigung (Abb. 5.8).

Wie aus Abbildung 5.9 zu entnehmen ist, verringern die magnetischen Kräfte der Teilchen auch die kritische Pigmentvolumenkonzentration der entstehenden Magnet-

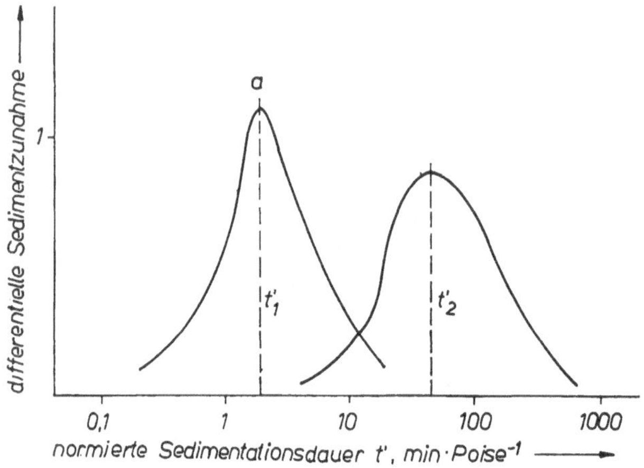

Abb. 5.8. Differentielles Sedimentationsverhalten (aus [178])
a – γ-Fe_2O_3, b – α-Fe_2O_3

schicht. Unter dieser Größe versteht man den Volumenanteil des Pigmentes in der Schicht, bei dem gerade noch alle Räume zwischen den Pigmentnadeln mit Bindemittel ausgefüllt werden.

Während des Trocknungsvorganges entsteht bei beiden Pigmenttypen ein sperriges Gerüst, das nach dem Abdunsten der Lösungsmittel auf ein Minimalvolumen verdichtet ist. Da die magnetischen Kräfte dieses Gerüst stabilisieren, ist der Verdichtungsvorgang erschwert, und die maximal mögliche Packungsdichte wird nicht erreicht.

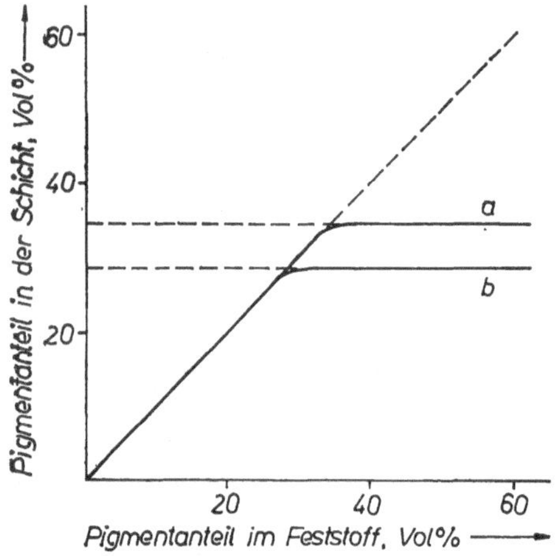

Abb. 5.9. Abhängigkeit der Packungsdichte der Pigmente in der Schicht vom Pigmentanteil im Feststoff (aus [178])
a – KPVK von α-Fe_2O_3, b – KPVK von γ-Fe_2O_3

Die Kontaktkräfte, die als zweite den Agglomerationsgrad bestimmende Grundeinflußgröße betrachtet werden können, haben nur Bedeutung, wenn die Partikelabstände bis in den Bereich der Atomdimensionen verringert werden. Die hier eingruppierten Bornschen Abstoßungskräfte beruhen auf der Undurchdringbarkeit der Elektronenhüllen von Atomen, wie sie das Pauli-Prinzip fordert. Diese Abstoßungskräfte legen den Mindestabstand zweier Partikel fest. Den Kontaktkräften müssen auch die chemischen Bindungskräfte zugeordnet werden, die aber für die hier zu behandelnden Probleme nicht von primärem Interesse sind.

Weitere Wechselwirkungskräfte treten durch Stofftransport auf. Die elastische oder plastische Verformung der Teilchen vergrößert die Kontaktfläche der Partikel, und sie bewirkt dadurch eine Verstärkung der Wechselwirkungskräfte. Zwischen Feststoffteilchen können auch die Haftkraft vergrößernde Flüssigkeits- oder Feststoffbrücken auftreten. Es sei hierbei an den erhöhten Zusammenhalt der mit Wasser befeuchteten Sandteilchen erinnert.

Für die Größe dieser Kräfte spielt die Geometrie der Teilchen unmittelbar an der Kontaktfläche eine entscheidende Rolle. So haben kugelförmige Partikel mit glatten Oberflächen eine höhere Haftkraft als gleichgroße kugelförmige Teilchen mit rauher Oberfläche [68]. Sorbatschichten auf den Partikeln modifizieren die Feldstärke und vergrößern den Mindestabstand der Teilchen. Dieser Effekt wird bewußt bei Verwendung von Dispergierhilfsmitteln ausgenutzt.

Als vierte Haupteinflußgröße, die den Agglomerationsgrad eines gegebenen Systems bestimmt, ist die kinetische Energie zu nennen, die ungeordnet in Form von Wärmeenergie sowie geordnet als Strömungs- oder Schwingungsenergie auf die Partikel einwirken kann.

Von all den genannten Einflußgrößen bestimmen die nachfolgend aufgeführten den Agglomerationsgrad eines dispersen Systems entscheidend:

- VAN-DER-WAALS-Kräfte,
- elektrostatische Kräfte,
- magnetische Kräfte,
- Mindestabstand (festgelegt durch Kontaktkräfte und Sorbatschichten),
- kinetische Energie.

In Spalte 3 der Tabelle 5.11 sind die vier den Agglomerationsgrad bestimmenden Einflußgrößen eingezeichnet.

Dispergierhilfsmittel können durch Ausbildung oder Verstärkung eines elektrostatischen Abstoßungspotentials, durch Verminderung der resultierenden VAN DER WAALSschen Anziehung oder durch Vergrößerung des Partikelmindestabstandes wirken. Eine Erhöhung der kinetischen Energie vermindert den Agglomerationsgrad ebenfalls.

In Spalte 2 sind die physikalisch-chemischen Eigenschaften und Zustände zusammengefaßt, die die vier Grundeinflußgrößen bestimmen. Spalte 1 enthält die Dispergiermittel und Dispergierverfahren, die diese Eigenschaften und Zustände beeinflussen. Spalte 4 soll nochmals in Erinnerung rufen, daß die Dispergiermittel und Dispergierverfahren lediglich Korrekturen der Eigenschaften und Zustände bewirken können, die zunächst durch das vorgegebene System bestimmt sind.

Das elektrostatische Potential bzw. die Ladungsdichte an der Grenzfläche zwischen Pigment und Dispersionsmittel, auf die später näher eingegangen wird, können durch Lösung geeigneter saurer oder basischer Substanzen oder durch Zugabe von Puffersystemen beeinflußt werden. Ebenso kann ein elektrostatisches Potential durch Adsorption ionischer grenzflächenaktiver Stoffe aufgebaut oder modifiziert werden. In diesen beiden Fällen wird die DEBYE-Länge, die ein Maß für die Dicke der Doppelschicht ist verändert. Für eine optimale Dispergierbarkeit muß dieser Wert möglichst groß sein.

Neben der elektrostatischen Abstoßung wird mit Verringerung der DEBYE-Länge auch der Mikrowellenbeitrag zur VAN-DER-WAALS-Anziehung verändert. Eine weitere Beeinflussung der VAN-DER-WAALS-Anziehung ist durch gelöste Moleküle und die damit eintretende Veränderung der dielektrischen Eigenschaften der Flüssigkeit möglich.

Grenzflächenaktive Substanzen, speziell die nichtionischen, bilden Sorbatschichten,

Tabelle 5.11. Schema zur Systematik der Dispergiermittelfunktion (aus [67])

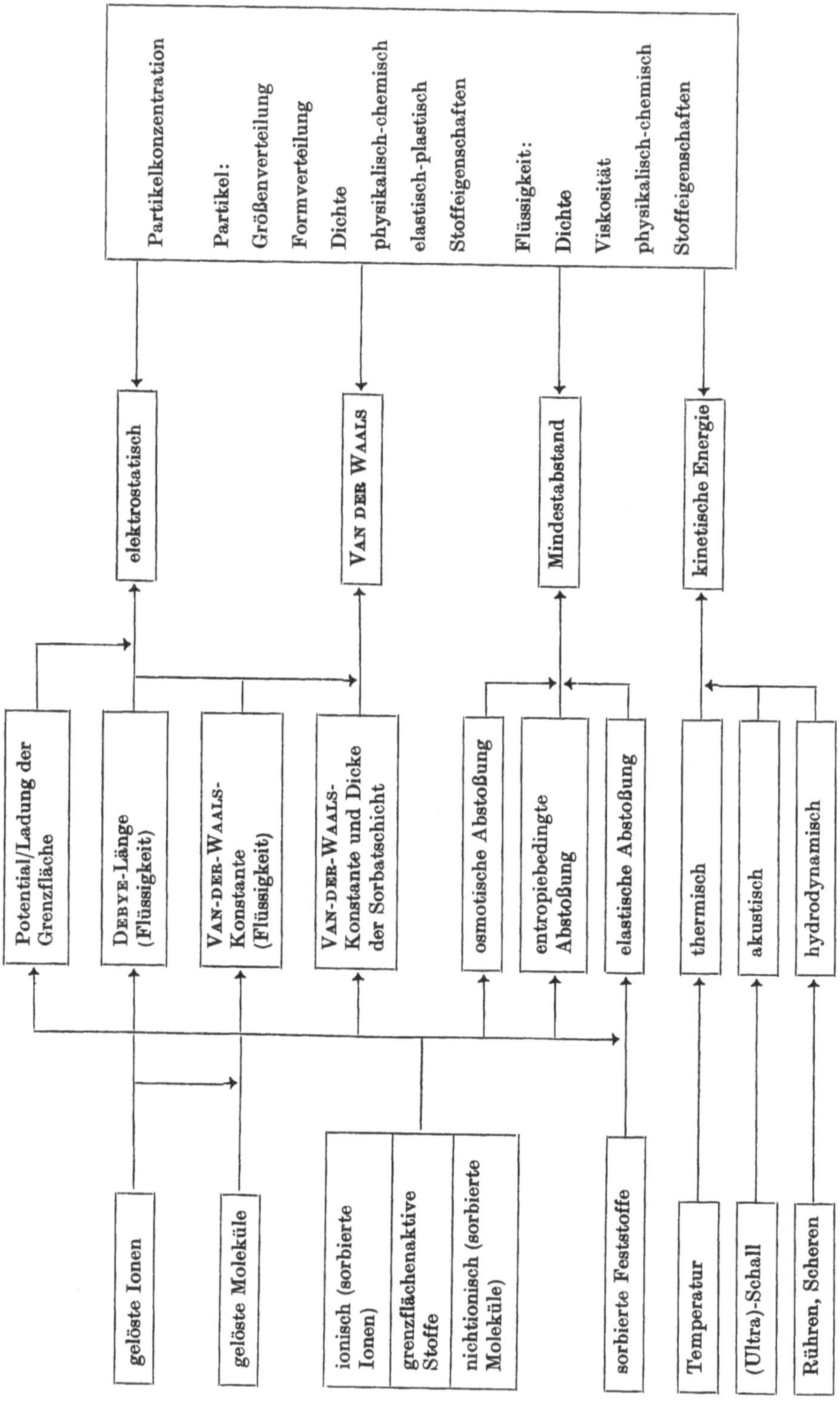

die entsprechend ihrer dielektrischen Eigenschaften und ihrer Dicke die resultierende VAN-DER-WAALS-Wechselwirkung zwischen den Teilchen beeinflussen. Werden Ionen durch nichtionische Stoffe aus den Grenzschichten verdrängt, kann sich das elektrostatische Potential ändern.

Die osmotischen Abstoßungskräfte, die beim Überlappen grenzflächennaher Schichten entstehen, vergrößern den Mindestabstand der Partikel. Die adsorbierten Makromoleküle in der Grenzschicht müssen bei Annäherung zweier Partikel ihren Ordnungszustand erhöhen, wodurch sich die entropiebedingte Abstoßung vergrößert. Die elastische Verformung adsorbierter Moleküle oder Feststoffteilchen beeinflußt den Mindestabstand ebenfalls.

Mit der schematischen Übersicht soll verdeutlicht werden, daß eine Vielfalt von Einwirkungsmöglichkeiten der Dispergiermittel existieren, die stets neben erwünschten auch unerwünschte Effekte verursachen. Deshalb ist die Auswahl und die Einsatzmenge eines Dispergierhilfsmittels von entscheidender Bedeutung für die Erreichung eines möglichst geringen Agglomerationsgrades.

Wird festes Material mit einer Flüssigkeit in Kontakt gebracht, bildet sich an der Feststoffoberfläche eine elektrische Ladung, deren auslösende Ursache sowohl das Dispersionsmittel als auch die disperse Phase sein kann. Innere Fehlstellen oder Gitterstörungen, funktionelle polare Oberflächengruppen, z. B. Hydroxyl- oder Carboxylgruppen, oder vom Feststoff in die Flüssigkeit diffundierende Ionen können ebenso ein Potential aufbauen wie die Adsorption von in der Flüssigkeit befindlichen Ionen auf der Feststoffoberfläche. Die auf dem Festkörper entstandene Ladung wird von entgegengesetzt geladenen Ionen kompensiert, die sich an der Grenzfläche anlagern. Die von HELMHOLTZ zuerst beschriebene Theorie der Doppelschicht wurde von GOUY und CHAPMAN [69, 70] sowie später von STERN [71] und GRAHAME [72] modifiziert.

Das Feststoffteilchen wird nicht nur von der Doppelschicht umgeben, sondern von einer ausgedehnten spezifischen Flüssigkeitshülle. Die innere Schicht, die etwa der HELMHOLTZschen Doppelschicht entspricht, wird als STERNsche Doppelschicht oder starre Schicht bezeichnet und unterteilt sich in die innere HELMHOLTZ-Schicht, die aus spezifisch adsorbierten Ionen ohne Hydrathülle gebildet wird, und die äußere HELMHOLTZ-Schicht, die aus den Gegenionen besteht. Dieser STERNschen Doppelschicht schließt sich die diffuse elektrische Grenzschicht an.

Bei Bewegung der das Teilchen umgebenden Flüssigkeit erfolgt die Verschiebung nicht unmittelbar längs der Oberfläche der festen Phase; denn der Oberfläche haftet die monomolekulare Schicht aus Dispersionsmittel und adsorbierten Ionen an, sondern an der Grenzfläche zwischen STERNscher Doppelschicht und diffuser elektrischer Grenzschicht. Die Potentialdifferenz zwischen dieser Grenzfläche und dem Inneren der Flüssigkeit wird als elektrokinetisches Potential oder Zeta-Potential bezeichnet (Abb. 5.10). Das Zeta-Potential ist also ein Potential, das durch eine erzwungene tangentiale Verschiebung des beweglichen Teils einer Doppelschicht meßbar wird.

Die Kenntnis des elektrokinetischen Potentials gestattet, Rückschlüsse auf das Dispergierverhalten von Feststoffen sowie die Stabilität der Dispersionen zu ziehen. Allgemein werden Zeta-Potentiale von −35 bis −40 mV als für die Herstellung stabiler disperser Phasen ausreichend angesehen. Mit Abnahme des elektrokinetischen Potentials werden die abstoßenden Kräfte kleiner, und die konstanten VAN-DER-WAALS-Anziehungskräfte kommen stärker zur Geltung, wodurch eine Zusammenballung von Feststoffpartikeln einsetzt (Tab. 5.12) [73].

Tabelle 5.12. Dispersionsstabilität in Abhängigkeit des Zeta-Potentials

Stabilitäts-Charakteristik	Zeta-Potentialbereich, in mV
Maximale Agglomeratbildung	+3 bis −3
Schwellwert der Agglomeratbildung	−10 bis −20
Schwache Stabilitätszone	−20 bis −30
mäßige bis sehr gute Stabilität	−30 bis −100

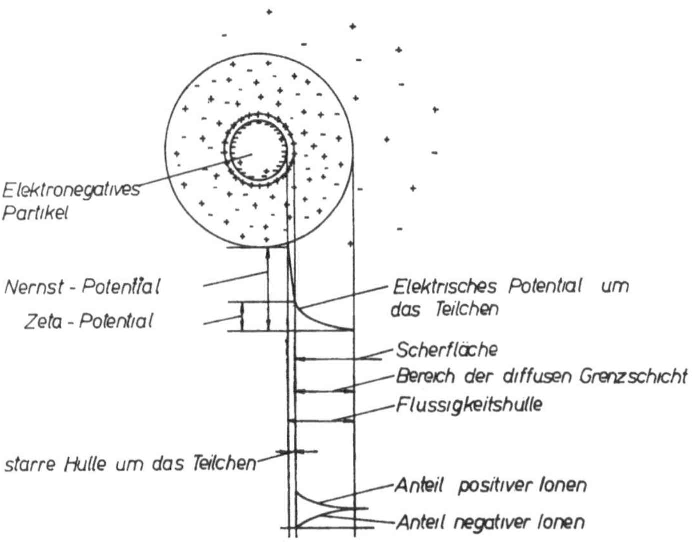

Abb. 5.10. Darstellung des Zeta-Potentials

Die elektrostatische Abstoßung zweier Feststoffteilchen resultiert aus ihrer gleichsinnigen Aufladung. Eine Berechnung der Abstoßungskräfte mittels des Coulombschen Gesetzes ist nicht möglich, da die mit der diffusen Doppelschicht umgebenen Teilchen nach außen als neutral angesehen werden müssen, denn in der Doppelschicht erfolgt lediglich eine Ladungsverschiebung. Eine Wechselbeziehung zweier Teilchen tritt erst dann ein, wenn sich die diffusen Doppelschichten durchdringen.

Die quantitativen Berechnungen der elektrostatischen Abstoßungsenergien wurden von Derjaguin, Landau [74], Vervey und Overbeek [75] durchgeführt. Die DLVO-Theorie ist während der folgenden Jahre durch Berücksichtigung einiger weiterer Einflußgrößen verfeinert worden:

- Die Ionen können nicht als Punktladungen angesehen werden. Die Berücksichtigung des Ionenvolumens vergrößert das berechnete elektrostatische Potential [76].
- Die Einführung der dielektrischen Sättigung, die eine Erhöhung des Potentials bewirkt, wurde vorgenommen. Das elektrische Feld der Doppelschicht kann die Dielektrizitätskonstante so weit verändern, daß der Wert nicht mehr vernachlässigbar ist [77]. Die Ionenkonzentration in Nähe der Feststoffoberfläche ist im Vergleich zur Umgebung deutlich höher [78].
- Die Polarisierung der Ionen vermindert das berechnete Potential [76].

- Eine Potentialverringerung bedeutet die Berücksichtigung der ionischen Atmosphäre in der Doppelschicht [79].
- Frens und Overbeek [80] gingen bei ihrer Modifizierung der DLVO-Theorie davon aus, daß bei Annäherung zweier Feststoffteilchen durch die Brownsche Molekularbewegung das elektrostatische Potential verändert wird, während die Ladungsdichte an der Grenzfläche konstant bleibt. Gleichzeitig wurde berücksichtigt, daß beim Zusammenstoß zweier Teilchen die Gegenionen nicht völlig verdrängt werden können. Dadurch wird ein Mindestabstand der Partikel von 0,4 bis 1 nm festgelegt. Diese beiden Korrekturen verringern die Tiefe des Potentialminimums so stark, daß die spontane Dispergierung von Agglomeraten allein durch die Erhöhung des Potentials oder der Debye-Länge erklärbar wird.
- Der Versuch, die makroskopische Theorie der van-der-Waals-Kräfte in der DLVO-Theorie zu berücksichtigen, wird in [81, 82] unternommen. Jedoch sind die Arbeiten dazu noch nicht abgeschlossen.

Die DLVO-Theorie gilt strenggenommen nur für Dispergierungen von kugelförmigen Teilchen bei geringer Feststoffkonzentration. Trotzdem erklärt sie die Stabilisierung wäßriger Systeme gut, versagt aber oft bei wenig oder nichtpolaren Systemen.

Die Stabilität einer Suspension mit geringem oder ohne polaren Charakter, wie sie meist für die Herstellung von Magnetschichten in Betracht kommen, läßt sich mit der Theorie der strukturmechanischen Barriere [83–85] erklären. Man unterscheidet dabei zwischen Barrieren, die durch Adsorption aufgebaut werden, und den Solvatationsbarrieren.

Abb. 5.11. Schematische Darstellung der verschiedenen Adsorptionsformen der Moleküle a) Borstenform, b) Schlaufenform, c) angeschmiegte Form, d) Knäuelform

Adsorptionsschichten vermindern wegen der Abstandsvergrößerung zwischen den Partikeln die Wirksamkeit der van-der-Waalsschen Anziehungskräfte. Die adsorbierten Moleküle können verschieden auf den Partikeln fixiert sein [86] (Abb. 5.11).

- *Borstenform*
  Die einzelnen Moleküle lagern sich mit einem Molekülende an das Feststoffteilchen an und stehen senkrecht zur Pigmentoberfläche.
- *Schlaufenform*
  Das adsorbierte Molekül ist an mehreren Stellen mit der Oberfläche des Feststoffs verbunden. Die unpolaren CH_2-Gruppen stehen in Schlaufenform vom Feststoff ab.
- *angeschmiegte Form*
  Das adsorbierte Molekül liegt flach auf der Oberfläche des Partikels.
- *Knäuelform*
  Die adsorbierte Schicht besteht aus Polymerenknäueln, wie sie auch in der Lösung vorliegen.

Für die Stabilität der Suspension ist die Stärke der Adsorptionsschicht von ausschlaggebender Bedeutung. Die Dicke der Schicht ist abhängig vom Dispergierhilfsmittel und dem eingesetzten Polymeren, das ebenfalls vom Pigment adsorbiert werden kann. Crowl und Malati [87] geben für verschiedene Partikeldurchmesser unterschiedliche Adsorptionsschichtdicken an. Nach ihren Untersuchungen benötigen Partikel von 0,2 μm Durchmesser eine Mindestschichtdicke von 5 nm zur wirkungsvollen Stabilisierung. Takeda und Endo [88] fanden dagegen Adsorptionsschichtdicken für Pigmente, die in Cyclohexanon gelöstem Polyvinylchlorid dispergiert wurden, von 90 bis 130 nm.

Es sei darauf hingewiesen, daß auch das Lösungsmittel die Wechselwirkungen zwischen Pigment und Bindemittel beeinflußt. Gute Lösungsmittel können die Adsorptionstendenz des Bindemittels auf dem Pigment verringern, was eine Effektivitätseinbuße während des Dispergiervorganges zur Folge hat. Demzufolge können schlechtere Lösungsmittel, die eine geringere Entknäuelung des Bindemittels bewirken, die Adsorptionsneigung des Bindemittels fördern, und sie beeinflussen so die Dispergierung positiv.

Die Effektivität der Stabilisierung erhöht sich mit Anstieg der Adsorptionskraft.

- Aromatische Kohlenwasserstoffe sind effektiver als die aliphatischen, da der benzenische Ring im Gegensatz zu den aliphatischen Gruppen polarisierbar ist [89].
- Asymmetrische polare Moleküle sind wirksamer als symmetrisch polare. Die geringste Effektivität geht von unpolaren Molekülen aus [90].
- Dissoziierbare freie Carboxylgruppen stabilisieren disperse Systeme besser als Estergruppen [91].

Eine weitere Möglichkeit der Stabilisierung disperser Systeme besteht in der Ausbildung sterischer Solvatationsbarrieren. Ihre Wirksamkeit beruht auf der Unterschiedlichkeit der Strukturen des Dispersionsmittels unmittelbar am Pigment, wo durch Vorhandensein bedeutender elektrischer Felder eine Orientierung der Flüssigkeitsmoleküle erfolgt, und im Inneren des Dispersionsmittels. Diese Barrieren verringern die Anziehungskräfte zwischen den Partikeln, doch ist ihre flockungshemmende Wirkung bisher nur an Teilchen mit Durchmessern unter 100 nm beobachtet worden, deren sterische Solvatationshüllen etwa 2 nm stark waren [92].

Auf die stabilisierten Partikel wirken gleichzeitig Schwerkraft und Brownsche Molekularbewegung ein. Die Brownsche Molekularbewegung stellt eine Verlagerung der Partikel im Inneren der Dispersion in Abwesenheit eines Konzentrationsgefälles dar. Ist die Sedimentation der Partikel von der Schwerkraft einmal ausgelöst worden, wird es für ein sinkendes Pigmentteilchen eine größere Anzahl von auf der Brownschen Molekularbewegung beruhenden Stößen, die von unten kommen, geben als solche, die von oben auf das Teilchen wirken. Die Brownsche Molekularbewegung stellt sich also der Sedimentation der Partikel entgegen. Diese Wirkung tritt aber nur bei feindispersen Systemen auf.

Die Sedimentation kann bei konstanter Temperatur durch Erhöhung der Viskosität, Verringerung der Teilchengröße und durch Verminderung der Dichtedifferenz zwischen Pigmentteilchen und disperser Phase verringert werden. Entsprechend des Stokesschen Gesetzes hat die Verringerung der Teilchengröße einen viel größeren Einfluß als die Dichtedifferenz auf das Sedimentationsverhalten.

Bei ungenügender Abschirmung der Pigmentteilchen voneinander erfolgt eine Zusammenballung der Partikel, die als Flockung bezeichnet wird. Man unterscheidet drei Arten der Flockung [93].

— *Primäre Flockung*
Die auslösenden Kräfte sind die VAN DER WAALSschen Anziehungskräfte. Durch unmittelbaren Kontakt der Teilchen bilden sich lockere oder dichtere Strukturen aus.

— *Sekundäre Flockung*
Sie ist das Ergebnis der Wechselwirkung zwischen Pigmentteilchen und polaren Gruppen des adsorbierten Bindemittels.

— *Tertiäre Flockung*
Für diese Art der Flockung wird auch die Bezeichnung „Agglutination" verwendet. Es ist darunter das Klebenbleiben dichter übermolekularer Polymereteilchen an Pigmentpartikeln oder von Pigmenten an übermolekularen Polymereteilchen zu verstehen. Die niedermolekularen Stoffe und die Lösungsmittel werden aus der stabilisierenden Adsorptionsschicht herausgesaugt.

Die Flockengröße liegt in den meisten Fällen bei 6 bis 12 μm.

Zur Ausbildung stabilisierender Schichten ist die Benetzbarkeit der Feststoffteilchen durch Flüssigkeiten von großer Bedeutung. Prinzipiell wird zwischen hydrophilen und hydrophoben Pigmenten unterschieden. Ein einfacher Test kann die Benetzbarkeit von Pigmenten verdeutlichen [94]. In ein Reagenzglas werden zwei nicht miteinander mischbare Flüssigkeiten gefüllt (z. B. Benzen und Wasser). Gibt man dazu eine kleine Menge magnetisches Pigment, so stellt man nach kräftigem Schütteln fest, daß sich das Pigment in der wäßrigen Phase anreichert. Das magnetische Pigment ist demzufolge hydrophil. Wird der Versuch mit Rußpigmenten durchgeführt, dann sammeln sich die Pigmentteilchen in der benzenischen Phase an. Man bezeichnet Ruß deshalb als hydrophobes Pigment.

Um hydrophile Pigmente in einer hydrophoben Bindemittellösung optimal zu dispergieren, müssen die Partikel mit Hilfe von Dispergiermitteln hydrophobiert werden. Netzmittel bestehen im allgemeinen aus einem hydrophilen und einem hydrophoben Molekülteil. Während des Benetzungsvorganges durchbricht der hydrophile Molekülteil die Wasser- und Lufthaut des Pigments und lagert sich an der Pigmentoberfläche an. Das Netzmittel ersetzt also die Grenzfläche Pigment/Wasser durch die Grenzfläche Pigment/Netzmittel. Der hydrophobe Molekülrest der oberflächenaktiven Substanz ragt in die Bindemittel und Lösungsmittel enthaltene organische Phase hinein. Das Dispergierhilfsmittel stellt demzufolge das Verbindungsglied zwischen Bindemittel und Pigment dar, das die zwischen beiden Bestandteilen bestehenden Grenzflächenspannungen erniedrigt [95].

Die Verringerung der Oberflächenspannung im Falle der Adsorption läßt sich mit der bekannten GIBBSschen Gleichung ermitteln:

$$\Delta c = -\frac{c}{RT}\frac{\mathrm{d}\delta}{\mathrm{d}c},$$

wobei Δc die Konzentrationsänderung des oberflächenaktiven Stoffes in der Schichtoberfläche, c die Konzentration des oberflächenaktiven Stoffes, $\mathrm{d}\delta/\mathrm{d}c$ die Änderung der Oberflächenspannung in Abhängigkeit von der Konzentration des gleichmäßig verteilten oberflächenaktiven Stoffes, R die Gaskonstante, T die absolute Temperatur sind.

Ein negativer Wert von $\mathrm{d}\delta/\mathrm{d}c$ bewirkt einen positiven Wert von Δc, was eine Vergrößerung der Konzentration des Netzmittels in der Flüssigkeitsoberfläche im Vergleich zum Restvolumen des Systems charakterisiert. Ein positiver dδ/dc-Wert bedeutet Verteilung des Netzmittels in der Lösung, die Oberflächenspannung steigt an.

Für den Fall Pigment – Flüssigkeit hat die GIBBSsche Gleichung folgende Form:

$$\frac{d\delta}{d\mu_A} = \left(\Delta c_A - \Delta c_B \frac{n_A}{n_B}\right),$$

wobei δ die Zwischenphasen- oder Grenzflächenspannung, μ_A das chemische Potential des Netzmittels A im Lösungsmittel B, n_A und n_B die Molanteile von A und B, Δc_A und Δc_B die Konzentrationsänderung an der Grenzfläche sind.

Neben der Benetzbarkeit des Pigmentes beeinflussen Tenside auch das Fließverhalten der Suspension und damit das Verlaufen der Suspension während des Beschichtungsvorganges.

Die Benetzungs- oder Spreitungseigenschaften einer Flüssigkeit für eine andere Phase werden durch die Größe des Randwinkels charakterisiert (Abb. 5.12). Ist dieser Winkel kleiner als 90°, wird der Körper von der Flüssigkeit benetzt, wobei die Benetzbarkeit mit fallendem Randwinkel verbessert wird. Bei einem Randwinkel von Null breitet sich die Flüssigkeit soweit auf der Feststoffoberfläche aus, daß im günstigsten Fall eine monomolekulare Schicht entsteht. Es wird dann von Spreitung der Flüssigkeit auf dem Festkörper gesprochen. Randwinkel über 90° zeigen an, daß der betreffende Stoff von der Flüssigkeit nicht benetzt wird [96].

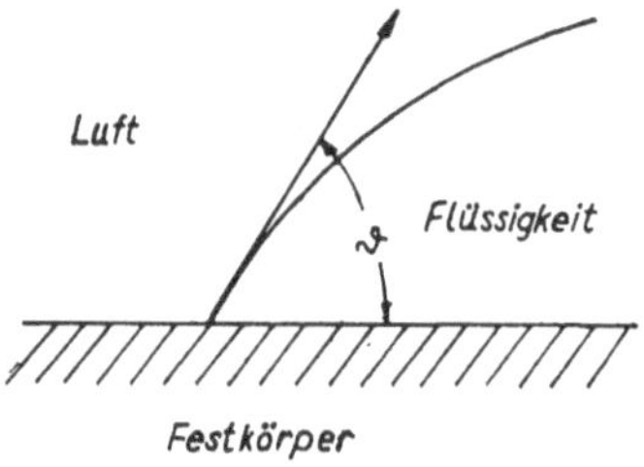

Abb. 5.12. Schematische Darstellung des Randwinkels ϑ

Bei Überschreitung einer gewissen Konzentration an Netzmittel im Dispersionsmittel, der kritischen Mizellbildungskonzentration, lagern sich die Netzmittelmoleküle zu Aggregaten – den Mizellen – zusammen [97]. Handelt es sich beim Dispersionsmittel um eine hydrophobe Flüssigkeit, ragen die hydrophoben Netzmittelmolekülteile in die Flüssigkeit. Im Inneren der Mizelle lagern sich die hydrophilen Gruppen zusammen (Abb. 5.13).

Die Aggregate stellen thermodynamisch stabile Gebilde mit minimalem Energieinhalt dar. Sie stehen mit den Einzelmolekülen in einem ungehemmten Gleichgewicht [98]. Für niedrigkonzentrierte Netzmittellösungen ($c < 1\%$) werden heute Kugelmizellen angenommen, während in höherkonzentrierten Lösungen ($c > 5\%$) stäbchen- oder plättchenförmige Großmizellen für wahrscheinlicher gehalten werden [99] (Abb. 5.13).

Oberflächenaktive Substanzen teilt man in folgende Gruppen ein:

- anionenaktive Netzmittel,
- kationenaktive Netzmittel,
- Elektroneutralsalze,
- ampholytische Netzmittel,
- nichtionogene Netzmittel.

Die ionischen grenzflächenaktiven Substanzen [67] wirken durch Aufbau eines möglichst hohen elektrostatischen Potentials an der Grenzfläche zum Pigment bei möglichst geringer Ionenkonzentration in der Flüssigkeit. Die Haftung des grenzflächenaktiven Ions am Pigment muß möglichst groß sein, um eine hohe elektrostatische Potentialschwelle überwinden zu können.

Anionenaktive Netzmittel sind beispielsweise Seifen, Alkyl- oder Arylsulfonate, Phosphate und Carbonsäuren (Ölsäure, Oxalsäure, Zitronensäure) sowie deren Salze. Unter die kationenaktiven Netzmittel fallen quarternäre Ammoniumverbindungen und langkettige Amine. Als Elektroneutralsalze werden solche Dispergierhilfsmittel bezeichnet, in denen Anion und Kation etwa gleiche Kettenlängen aufweisen (z. B. Oleylaminoleat) [100]. Ampholytische oberflächenaktive Stoffe sind solche, die im basischen Medium anionenaktiv und im sauren Medium kationenaktiv wirken. Bei pH-Änderung des Mediums durchlaufen sie den isoelektrischen Punkt, in welchem sie neutral reagieren und schlecht löslich sind. Zu dieser Gruppe gehören hauptsächlich Derivate langkettiger Aminosäuren und Aminophenole.

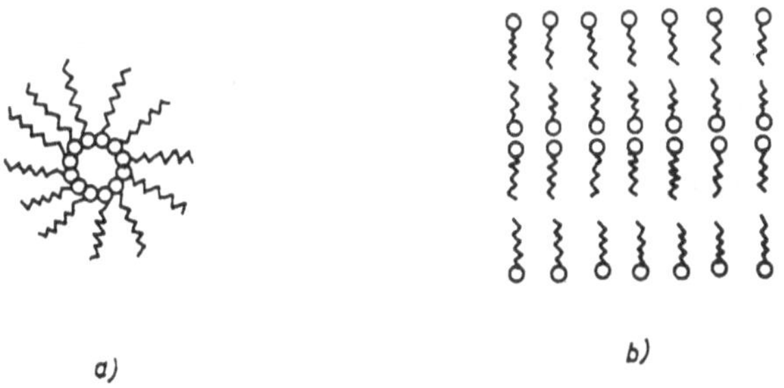

Abb. 5.13. Schnitt durch Netzmittelmizellen (Schematische Darstellung) a) Kugelmizelle, b) Struktureinheit einer Großmizelle

Allgemein haben anionenaktive Stoffe, bei denen die Pigmentoberfläche durch Adsorption des Anions negativ aufgeladen wird, eine weitaus größere Bedeutung erlangt als die kationenaktiven Substanzen. Neben den preislichen Vorzügen haben anionenaktive Substanzen den Vorteil, daß sie das zumeist negative Potential dispergierter Partikel verstärken, während kationenaktive Netzmittel das Zeta-Potential erst durch den Nullpunkt führen müssen, der, wie aus Tabelle 5.12 zu entnehmen ist, den Bereich der maximalen Agglomeration kennzeichnet.

Für Dispersionen in organischen Lösungsmitteln sind vornehmlich die anionenaktiven und die kationenaktiven Substanzen sowie die Elektroneutralsalze von Interesse. Ampholytische Dispergierhilfsmittel kommen vorzugsweise in wäßrigen Systemen zum Einsatz.

Nichtionische grenzflächenaktive Stoffe [67] sind organische Verbindungen mit zwei meist ausgedehnten deutlich unterschiedlichen Gruppen. Es handelt sich hauptsächlich um Kondensationsprodukte des Ethylen- oder Propylenoxids. Typische Vertreter der nichtionogenen Netzmittel sind ethoxilierte Fettalkohole und ethoxilierte Alkylphenole.

Für die Funktion dieser Netzmittel ist neben der Adsorption auf der Pigmentoberfläche eine gute Abschirmung der Van-der-Waals-Anziehungskräfte notwendig.

Die Einsatzmenge eines Netzmittels ist sehr schwer zu ermitteln. Einerseits darf keine Überdosierung erfolgen, weil nach Ausbildung der zur Stabilisierung notwendigen monomolekularen Schicht eine zweite mit entgegengesetzt angeordneten Molekülen aufgebaut werden kann, die die mit der ersten Adsorptionsschicht erzielte Stabilisierung wieder aufhebt. Erst eine dritte Schicht würde wegen der neuerlichen Umkehrung der adsorbierten Moleküle das Pigment wieder hydrophobieren. Doch ist in diesem Fall die Effektivität der Stabilisierung bedeutend geringer; denn solche Schichten sind weniger gleichmäßig und kompakt am Pigment verankert (Abb. 5.14).

Andererseits vergrößert sich während der Dispergierphase der Verteilungsgrad des Pigments, der mit der Schaffung zusätzlicher freier Oberfläche verbunden ist. Zur Verhinderung der Reagglomeration muß die neu geschaffene Oberfläche hydrophobiert werden, wodurch der Netzmittelbedarf im System erhöht wird.

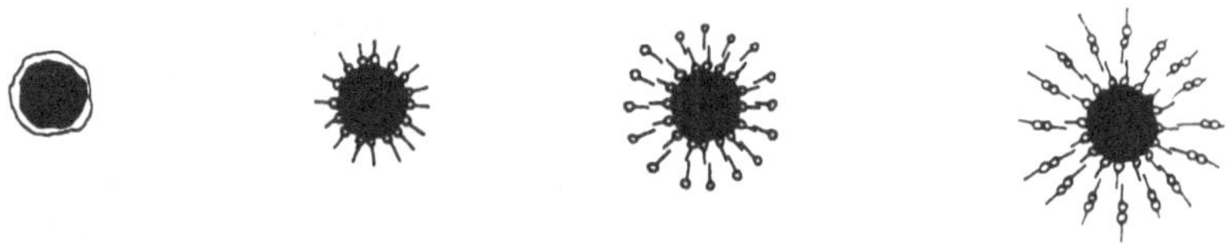

a) b) c) d

Abb. 5.14. Schematische Darstellung der Netzmitteladsorptionsschichten
a) hydrophiles Pigment mit Wasserhaut, b) hydrophobiertes Pigment mit molekularer Adsorptionsschicht, c) hydrophilisiertes Pigment mit doppelter Adsorptionsschicht, d) hydrophobiertes Pigment mit dreifacher Adsorptionsschicht

Als grober Richtwert für die Dispergierhilfsmittelmenge gelten 0,5 bis 2 Gew.-% des eingesetzten Pigments, unabhängig vom Netzmittelcharakter. Um für ein gegebenes System die optimale Dispergierhilfsmittelmenge zu ermitteln, ist eine große Zahl von Versuchen notwendig. Es hat deshalb nicht an Bemühungen gefehlt, die Wirksamkeit eines Netzmittels rechnerisch zu bestimmen. Der bekannteste Kennwert für die Emulgierfähigkeit nichtionogener Netzmittel ist der HLB-Wert (hydrophile-lipophile-balance) [101, 102]. Dabei wird der grenzflächenaktiven Substanz je nach den Gewichtsanteilen hydrophiler und hydrophober (lipophiler) Gruppen ein Zahlenwert zwischen 0 und 20 zugeordnet.

$$\mathrm{HLB} = 20\,\frac{M_H}{M},$$

wobei M_H das Molekulargewicht der hydrophilen Gruppe und M das Molekulargewichte des Netzmittels darstellt.

Für homologe Reihen grenzflächenaktiver Substanzen mit gleicher chemischer Struktur zeigt der HLB-Wert einen linearen Zusammenhang mit dem Logarithmus der Dielektrizitätskonstanten [103]. Die Parameter hängen jedoch stark von der chemischen Struktur ab. Der HLB-Wert ist eng mit der Polarität der oberflächenaktiven Substanz verbunden, die durch den chromatographisch bestimmbaren Polaritätsindex gekennzeichnet ist [104–106].

Die von Griffin entwickelte Methode zur Bestimmung der Emulgierfähigkeit oberflächenaktiver Substanzen läßt sich mit Erfolg auch auf disperse Systeme ausweiten. Die HLB-Werte ionischer Netzmittel sind in den meisten Fällen nicht brauchbar, da die ermittelten Werte oft in keinem sichtbaren Zusammenhang mit der effektiven Wirksamkeit des betreffenden Dispergierhilfsmittels stehen. So beschränkt sich die HLB-Methode hauptsächlich auf nichtionische Dispergiermittel. Netzmittel mit HLB-Werten von etwa 2 können beispielsweise als Entschäumer verwendet werden, während

HLB-Werte um 4 die Emulgatoren für das System Wasser/Öl kennzeichnen. Stoffe mit HLB-Werten um 16 finden vornehmlich als Dispergatoren Verwendung.

Enthält ein System mehrere grenzflächenaktive Substanzen, läßt sich der HLB-Wert additiv aus den Anteilen der einzelnen Dispergierhilfsmittelkomponenten ermitteln.

GRIFFIN schlug zur Berechnung der HLB-Werte folgende Formeln vor [102]:
für Ester langkettiger Alkohole und Fettsäuren

$$\mathrm{HLB} = 20\left(1 - \frac{S}{A}\right),$$

worin S die Verseifungszahl und A die Säurezahl darstellen,
für schwerverseifbare Ester ethoxilierter Fettalhokole

$$\mathrm{HLB} = \frac{E + P}{S},$$

wobei E den Anteil Ethylenoxid und P den Anteil des Fettalkohols in Gew.-% bedeuten.

HLB-Werte lassen sich auch aus den chemischen Formeln der oberflächenaktiven Stoffe berechnen. DAVIES [107] schlug dafür folgende Formel vor:

$$\mathrm{HLB} = G - nG_1 + 7,$$

wobei G die Kennzahl der hydrophilen Gruppe, G_1 die Kennzahl der hydrophoben Gruppe und n die Anzahl hydrophober Gruppen bedeuten. In Tabelle 5.13 sind HLB-Werte verschiedener Netzmittel dargestellt. Kennzahlen der hydrophoben und hydrophilen Gruppen sind in Tabelle 5.14 zusammengefaßt.

Die Praxis zeigt, daß der HLB-Wert lediglich eine Orientierungshilfe bei der Vorauswahl eines Netzmittels sein kann. Die Auswahl der chemischen Struktur und der Gewichtsanteile an hydrophilen und hydrophoben Gruppen der grenzflächenaktiven Substanzen kann auf diese Weise nicht erfolgen.

Tabelle 5.13 HLB-Werte ausgewählter Netzmittel

Netzmittel	Zahl der Ethylenoxid-gruppen	HLB-Wert	
		nach GRIFFIN [101, 102]	nach DAVIES [107]
Hexadecylpolyethoxiglykolester	2	5,4	–
	4	8,4	–
	6	10,5	–
	10	12,9	–
	24	16,3	–
	45	17,8	–
Octylphenolpolyethoxiglykolester	3	7,5	–
	5	10,0	–
	7	12,0	–
	10	19,0	–
	12	19,2	–
Kaliumoleat	–	20,0	20,0
Natriumoleat	–	18,0	18,0
Monostearat des Sorbits	–	5,9	5,7
Monostearat des Glycerins	–	3,8	3,7

Tabelle 5.14. Gruppenkennzahlen ausgewählter funktioneller Gruppen

Kennzahlen hydrophiler Gruppen

Gruppe	HLB-Kennzahl
$-SO_4^{-}Na^+$	38,7
$-COO^-K^+$	21,1
$-COO^-Na^+$	19,1
Triethylamin	9,4
Ester des Sorbitrings	6,8
freier Ester	2,4
Carboxylgruppe ($-COOH$)	2,1
$-OH^-$	1,9
Oxigruppe ($-O-$)	1,3
Hydroxyl des Sorbitringes	0,5
Kennzahlen hydrophober Gruppen	
$-CH=$; $-CH_2-$; $-CH_3$	$-0,475$
$-CH_2-CH_2-O-$	0,33
$-CH_2-CH_2-CH_2-O-$	$-0,15$

Die theoretischen Kenntnisse der physikalisch-chemischen Wechselwirkungen in Dispersionen lassen den Schluß zu, daß eine allgemein anwendbare Charakterisierung nichtionischer grenzflächenaktiver Substanzen die Angabe von vier Kennwerten erfordert:

- dielektrische Eigenschaften der hydrophilen Gruppe,
- dielektrische Eigenschaften der hydrophoben Gruppe,
- Größe der hydrophilen Gruppe,
- Größe der hydrophoben Gruppe.

Sind außerdem die dielektrischen Eigenschaften des Dispersionsmittels und des Pigments bekannt, kann das geeignete Dispergierhilfsmittel ausgewählt werden. Eine besonders gute Wirksamkeit weisen demzufolge Netzmittel mit ausgedehnter aktiver Gruppe auf, deren dielektrische Eigenschaften möglichst gut mit denen der Flüssigkeit übereinstimmen. Die zweite aktive Molekülgruppe des Netzmittels muß ähnliche dielektrische Eigenschaften wie das Pigment besitzen, wenn die Haftung nicht auf Grund spezifischer Wechselwirkungen erfolgt [67].

5.1.5. Elektrische Leitfähigkeitskomponenten

Berühren sich zwei Körper, dann tritt aus thermodynamischen Gründen prinzipiell eine Umverteilung von elektrischen Ladungsträgern auf, denn die Gleichgewichtsbedingung fordert, daß in beiden Körpern an der Grenzfläche die besetzbaren Elektronenniveaus bis zur gleichen energetischen Höhe aufgefüllt werden. Das Gleichgewicht kann sich aber nur dann einstellen, wenn Ladungen von einem Körper zum anderen wandern. Bei Trennung der Körper bleibt auf ihren Oberflächen die Überschußladung — das elektrostatische Potential — zurück [108].

Die elektrische Leitfähigkeit der Körper bestimmt die Zeitspanne, die bis zum Abbau des Potentials verstreicht. Da mit Beginn des Aufladungsvorganges auch die elektrostatische Entladung des Körpers einsetzt, ist verständlich, daß gute elektrische Leiter praktisch kein meßbares elektrostatisches Potential an ihrer Oberfläche aufweisen. Wegen ihrer geringen elektrischen Leitfähigkeit und der großen Halbwertszeit der Entladung neigen organische Hochpolymere zur Ausbildung hoher elektrostatischer Potentiale. Die maximale Aufladbarkeit eines Polymeren ist dann erreicht, wenn Aufladung und Entladung den gleichen Wert besitzen.

Ist die Entladung jedoch stark behindert, wird die maximale Aufladbarkeit von der Durchbruchfeldstärke der umgebenden Luft bestimmt, die wiederum von der Luftfeuchtigkeit abhängig ist. Die elektrostatischen Ladungen befinden sich meist an der Oberfläche der Körper und reichen nicht tiefer als 5 μm [109]. Eine Ausnahme stellen die frisch verarbeiteten Plastformstoffe dar, bei denen auch im Inneren elektrostatische Aufladungen vorhanden sind. Erkennbar ist dies daran, daß nach der Entladung der Oberfläche das elektrostatische Potential erneut ansteigt, weil aus dem Inneren des Körpers Ladungen an die Oberfläche transportiert werden.

Polymeren verfügen im Gegensatz zu den metallischen Leitern nicht über freibewegliche Elektronenwolken, da die Valenzelektronen zum Knüpfen der chemischen Bindungen innerhalb des Makromoleküls benötigt werden. Deshalb überschreitet die Leitfähigkeit der Kunststoffe meist den Wert von 10^{-16} S nicht. Eine Sonderstellung nehmen jedoch die organischen Halbleiter ein, die sogenannten Ionomeren, deren Struktur und Bindungsverhältnisse eine gewisse elektrische Leitfähigkeit bewirken.

In Polymeren liegen im allgemeinen lokalisierte Energieniveaus vor, die durch Potentialberge getrennt sind [110]. Die Voraussetzungen für die Ausbildung einer reinen Bandstruktur, wie sie bei organischen kristallinen Stoffen auftritt, sind in organischen Polymeren nicht erfüllt: periodische Anordnung der Moleküle oder Molekülgruppen und merkliche Überlappung der Elektronenfunktionen benachbarter Moleküle.

Die Energieniveaus mit den am lockersten gebundenen Elektronen sind bevorzugt am Elektronentransport beteiligt. In Polymeren mit aromatischen Gruppen sind das die π-Elektronen des konjugierten Systems oder, trivial ausgedrückt, die konjugierten Doppelbindungen. Bei den doppelbindungsfreien Polyolefinen (Polyethylen, Polypropylen) übernehmen die σ-Elektronen der Kohlenstoffkette den Ladungstransport.

Abbildung 5.15 zeigt die obersten Valenzniveaus und die untersten freien Elektronenniveaus eines Polymeren. Befindet sich in den freien Elektronenniveaus ein Elektron, so kann es durch einen „Hüpfvorgang" zum benachbarten Niveau gelangen. Fehlt in einem Valenzniveau ein Elektron, kann ein benachbartes Elektron in das „Loch" springen. Dadurch wandert das einen positiven Ladungsträger repräsentierende „Loch" von Molekülgruppe zu Molekülgruppe. Die Höhe der Energieniveaus bzw. Potential-

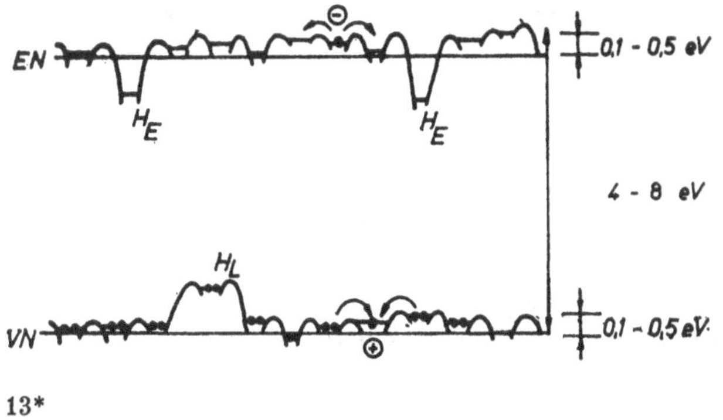

Abb. 5.15. Energieschema für Polymeren (nach [110])
EN — Elektronenniveau,
VN — Valenzniveau,
H_L, H_E — Haftstellen für Löcher bzw. Elektronen

berge wird geringfügig vom Abstand und der gegenseitigen Orientierung der Moleküle bzw. Molekülgruppen beeinflußt. Energiezuführung erleichtert das Überwinden der Energieniveaus und verbessert dadurch die Leitfähigkeit des Polymeren.

Ein Energieschema, das ausschließlich aus Elektronenniveaus und Valenzniveaus besteht, ist stark idealisiert und gilt streng nur für völlig reine Stoffe ohne Strukturstörungen. Die realen technisch verwendbaren Materialien weisen strukturelle oder chemische Fehlstellen auf, z. B. Fremdmoleküle, oxydierte Molekülgruppen und Endgruppen. Diesen Fehlstellen sind lokale Energieniveaus zuzuordnen, die außerhalb der Elektronen- bzw. Valenzniveaus liegen. Solche Bereiche können als Haftstellen für Ladungsträger wirken, indem sie diese einfangen und über einen längeren Zeitraum festhalten. Die Haftstellen behindern also den Elektronenfluß und sind so für die geringe elektrische Leitfähigkeit der Polymeren verantwortlich.

Weist ein Magnetband, insbesondere die magnetisch aktive Schicht, zu geringe Leitfähigkeit auf, werden beim Einsatz auf Laufwerken zwischen den Führungselementen und dem Magnetband hohe elektrostatische Potentiale entstehen, da die Ladungen vom Band nicht genügend schnell abgeführt werden können. Übersteigt das Potential den Maximalwert, kann das wiederum zu Spontanentladungen an Geräteteilen oder über die Luft führen. Solche Entladungen machen sich durch hörbares Knacken während des Aufnahme- bzw. Wiedergabevorganges bemerkbar. Ein Ladungsausgleich kann auch durch das Anziehen von Staub auf die Bandoberfläche erfolgen. Abgelagerte Staubpartikel verringern den Band—Kopf-Kontakt und beeinträchtigen infolge der Abstandsdämpfung die Aufnahme und Wiedergabe speziell der hohen Frequenzen. Besonders bei Bändern, die in der Datenverarbeitung eingesetzt werden, führen Spontanentladungen und Signalausfälle durch Verunreinigungen zu Fehlinformationen.

Das Magnetband hat, da die Unterlage vollständig und die Arbeitsschicht teilweise aus Polymeren besteht, eine geringe Leitfähigkeit. Die Eigenleitfähigkeit der magnetischen Pigmente reicht in den meisten Fällen nicht zum Abführen der Ladungen in der notwendig kurzen Zeit aus. Auf Grund der gleichmäßigen Verteilung der Pigmente in der Schicht sind sie vollkommen von Bindemittel umgeben, wodurch die Leitfähigkeit noch weiter verringert wird.

Weichmacher senken zwar den OHMschen Widerstand der Magnetbänder, doch wird auf ihren Einsatz wegen der auftretenden Probleme nach Möglichkeit verzichtet. Auch einige Dispergierhilfsmittel beeinflussen die elektrische Leitfähigkeit der Schicht positiv, doch genügen die erreichbaren Werte nicht den Zielwerten. Als Grenzwerte sind für Audiobänder $10^{11}\ \Omega/cm^2$ und für Computerbänder $10^8\ \Omega/cm^2$ anzusehen.

Als effektivste Methode zur Verbesserung der Leitfähigkeit gilt deshalb noch immer die Zugabe eines elektrisch leitenden, aber magnetisch inaktiven Füllstoffs, auch wenn die Verbesserung der Leitfähigkeit durch Zusätze organischer innerer Antistatika aus der Patentliteratur bekannt ist [111]. In den meisten Fällen werden Ruß oder Graphit als Antistatika eingesetzt [112—114].

Die elektrostatische Aufladbarkeit eines Magnetbandes wird aber auch durch eine leitfähige Zwischenschicht vermindert [115—116]. Die Bandrückseite — und damit in gewissem Umfang auch das gesamte Band — kann durch Metallisierung [117], Graphitierung der Folie [118] oder durch Antragen einer antistatischen rauhen Rückschicht [119, 120] vor elektrostatischer Aufladung geschützt werden.

Graphit erfordert als Antistatikkomponente infolge seiner niedrigen Struktur eine weit größere Einsatzmenge als die hochstrukturierten Rußtypen. Deshalb wird für Magnetbänder hauptsächlich Ruß als Leitfähigkeitspigment eingesetzt.

Ruß ist nicht, wie früher irrtümlich angenommen wurde, ein amorpher, sondern ein mikrokristalliner Kohlenstoff. Die Rußpartikel sind von fast kugelförmiger Gestalt. Die Röntgenbeugung zeigte, daß Ruß aus Schichten des Graphitgitters besteht, die regellos gegeneinander verschoben und verdreht sind. Dieses Ordnungssystem wird als turbostratische Ordnung bezeichnet. Abbildung 5.16 zeigt den schematischen Aufbau eines Rußteilchens. Die mittlere Höhe L_c der Schichtpakete liegt bei 1,3 bis 1,6 nm und der mittlere Durchmesser L_a bei 1,5 bis 2,5 nm (Abb. 5.17). Der Schichtabstand scheint gegenüber normalem Graphit von 0,3354 nm auf 0,35 bis 0,36 nm aufgeweitet zu sein. Die Schichten sind mehr oder minder parallel angeordnet, zeigen aber seitlich keine gemeinsame Begrenzung. Außerdem sind die Schichten oft durch Knicke und Falten unterbrochen. Die Kohlenstoffstruktur ist den smektischen Phasen flüssiger Kristalle analog und sollte treffender als parakristallin bezeichnet werden [121].

Abb. 5.16. Schematischer Aufbau eines Rußpartikels

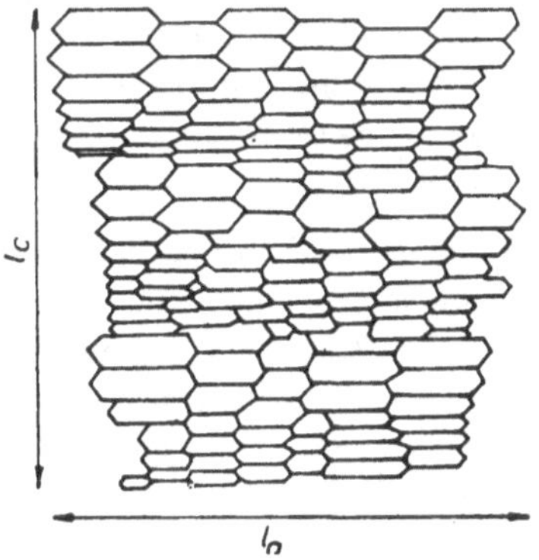

Abb. 5.17. Schematischer Aufbau eines Rußteilchens

In der Technik ist eine Vielzahl von Herstellungsverfahren für Ruß bekannt. Jede Methode der Rußgewinnung verleiht dem resultierenden Produkt charakteristische Eigenschaften, so daß die Herstellungsverfahren zur Unterscheidung der Ruße dienen können. Grundsätzlich kann eine Einteilung in *Verbrennungs-* und *Spaltruße* erfolgen.

Zur ersten Gruppe gehören die Channelruße, die durch Verbrennung von Erdgas unter Luftmangel erzeugt werden. Dabei schlagen die leuchtenden fächerartigen Flammen gegen wassergekühlte flache Rinnen (Channels), an denen sich der Ruß niederschlägt und mittels Schabern abgehoben wird.

Das Gasruß-Verfahren besitzt eine gewisse Ähnlichkeit mit dem Channel-Verfahren und ergibt vergleichbare Produkte. Es werden dabei Steinkohlenteerprodukte erhitzt, denen ein Trägergas (Kokereigas) zugemischt wird, und mit Hilfe von Schlitzbrennern werden diese in leuchtenden fächerartigen Flammen unvollständig verbrannt. Die Flammen schlagen gegen eine sich langsam drehende, wassergekühlte Walze, von welcher der niedergeschlagene Ruß mit einem Schaber abgekratzt wird.

Beim Furnace-Verfahren erfolgt die Verbrennung von Erdölrückständen in einem geschlossenen Ofen unter definiertem Sauerstoffmangel. Zur Erzeugung der notwendigen Ofenwärme wird ein sogenanntes Brenngas (Stadtgas oder Erdgas) benötigt.

Durch Variation der Sauerstoffzugabe, der Ofen- und Flammenform, der Flammentemperatur sowie der Verweilzeit des Rußes in der Verbrennungszone lassen sich Furnaceruße mit den mannigfaltigsten Eigenschaften herstellen.

Der Flammruß wird durch Verbrennung flüssiger oder fester Steinkohlenteerrückstände gewonnen. In flachen gußeisernen Brennschüsseln werden die Produkte verbrannt, wobei die rußhaltigen Verbrennungsgase von einer Abzugshaube mit Krümmer aufgefangen werden.

Spaltruße entstehen durch thermische Zersetzung von Erdgasen in vorgeheizten Kammern. Wird statt des Erdgases Acetylen eingesetzt, so erhält man durch eine exotherme Spaltung die sogenannten Acetylenruße.

Die Leitfähigkeit rußgefüllter Polymeren ist von folgenden Kriterien abhängig [122–126]:

- Größe der Rußpartikel,
- Struktur des Rußes,
- chemische Beschaffenheit der Oberfläche,
- Verteilungsgrad im Bindemittel,
- Rußkonzentration im Polymeren,
- Orientierung der Rußteilchen im Bindemittel,
- Art des Polymeren.

Die Größe der Rußpartikel ist von entscheidender Bedeutung für die Leitfähigkeit rußgefüllter Polymeren, denn je feinteiliger der Ruß ist, desto geringer sind die Einzelabstände der Rußpartikel im Bindemittel, da die Zahl der Teilchen pro Volumeneinheit ansteigt. Dadurch nimmt die Wahrscheinlichkeit der Ausbildung von Strompfaden zu. Untersuchungen zeigten, daß der Elektronenübergang zwischen zwei Rußpartikeln durch das Polymere hindurch möglich wird, wenn ihr Abstand 10 nm unterschreitet. Channel- und Gasruße weisen die geringsten Partikelgrößen auf, während Flammruße relativ grobteilig sind. Das Furnace-Verfahren kann je nach Reaktionsführung grobe bis feinteilige Ruße liefern.

Die Struktur eines Rußes ist durch die mehr oder weniger starke Zusammenballung von Primärteilchen zu ketten- oder traubenförmigen Aggregaten charakterisiert. Neben den rein physikalischen Bindungen, die von den VAN DER WAALSschen Kräften hervorgerufen werden, können auch chemische Bindungen eine Strukturausprägung im Ruß bewirken. Strukturen, die ausschließlich auf VAN DER WAALSsche Kräfte zurückzuführen sind, werden meist während des Dispergierprozesses zerstört. Sie können sich aber in der Suspension oder angetragenen Naßschicht wieder aufbauen. Die auf chemischer Bindung beruhenden Strukturen werden nur durch Einwirkung hoher Scherkräfte abgebaut und sind nicht reparabel. Durch das Vorhandensein solcher Rußstrukturen wird die durchgehend leitende Überbrückung eines vorgegebenen Polymerevolumens wahrscheinlicher, als dies bei statistischer Berührung einzelner Rußpartikel möglich wäre. Besonders deutlich weist sich der Einfluß der Rußstruktur bei geringen Rußkonzentrationen im Bindemittel aus.

Acetylen- und Gasruße zeigen besonders ausgeprägte Rußstrukturen. Bei Furnacerußen kann die Strukturierung auch durch Variation der Reaktionsbedingungen der Herstellung beeinflußt werden.

Je nach Art der Verbrennungsluftzufuhr bei der Rußherstellung wird der entstehende Ruß einem mehr oder weniger starken oxydativen Angriff ausgesetzt. Damit unterscheiden sich auch die Konzentrationen sauerstoffhaltiger Gruppen auf der Pigmentoberfläche. Mit steigendem Gehalt an chemisch gebundenem Sauerstoff wird die Anzahl der freien Elektronen verringert und ihre Beweglichkeit eingeschränkt. Die isolierende Wirkung solcher Oberflächengruppen erhöht den Übergangswiderstand, was sich negativ auf die elektrische Leitfähigkeit auswirkt. Gleichzeitig verringert sich der hydrophobe Charakter des Pigmentes mit steigendem Gehalt an chemisch gebundenem Sauerstoff, was eine Verbesserung der Dispergierbarkeit des Rußes zur Folge hat.

Die Sauerstoffverbindungen dürfen nicht mit adsorbierter Luft oder Feuchtigkeit gleichgesetzt werden, die lediglich physikalisch an die Rußoberfläche gebunden sind und während des Dispergierprozesses abgespalten werden müssen.

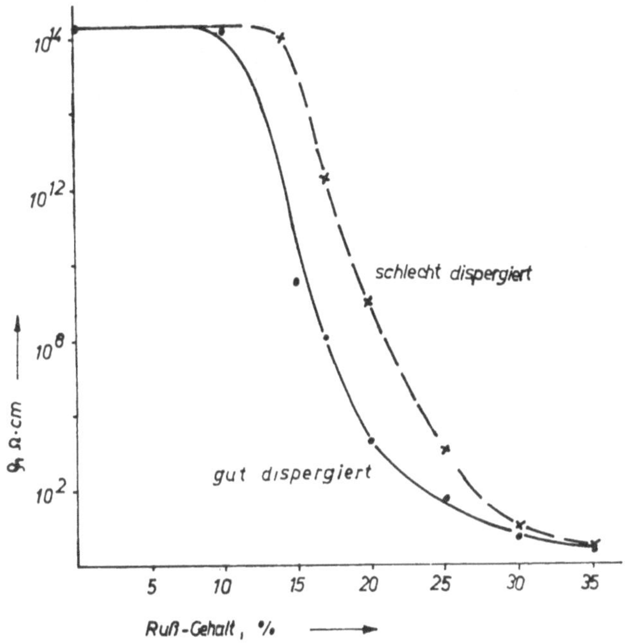

Abb. 5.18. Abhängigkeit des spezifischen Widerstandes vom Dispergiergrad

Wird Ruß nur ungenügend dispergiert, so liegen die Teilchen in Form von Klümpchen oder Knäuel vor, die durch Bindemittel voneinander isoliert sind. Dadurch wird der Ladungstransport im Polymeren stark beeinträchtigt. Werden die Scherkräfte während der Dispergierung so stark erhöht, daß nicht nur die Agglomerate, sondern auch die Rußketten abgebaut werden, so sinkt die Leitfähigkeit des rußgefüllten Polymeren wieder ab. Eine optimale Rußdispergierung ist zwischen diesen beiden Extremen zu finden (Abb. 5.18).

Die Leitfähigkeit eines rußgefüllten Polymeren verbessert sich mit zunehmendem Rußgehalt, wobei sich gleichzeitig die mechanischen Kennwerte verschlechtern. Die Mindestrußmenge in Polymeren liegt zwischen 10 und 15 Gewichtsprozent. Unterhalb dieser Konzentration wird die Leitfähigkeit des Systems nur unwesentlich verbessert.

Wird Ruß nach dem gleichen Verfahren in verschiedene Polymeren eingearbeitet, zeigen die Mischungen oftmals unterschiedliche spezifische Widerstände, auch wenn die Rußgehalte vergleichbar sind. Die Differenzen sind im wesentlichen auf folgende Faktoren zurückzuführen:

— *Rheologisches Verhalten während der Verarbeitung*
  Verringert sich die Viskosität der Hochpolymeren, entweder durch Temperaturerhöhung oder Verringerung der Kettenlänge, wird die Scherbelastung der Rußpartikel während der Verarbeitung geringer und seine Verteilung im System verschlechtert sich, denn die Rußaggregate werden nicht bis zu den Ketten abgebaut.
— *Benetzbarkeit der Ruße durch Polymere*
  Auf Grund seines chemischen Aufbaus ist Ruß als karbophiles oder hydrophobes Pigment zu betrachten, dessen Benetzbarkeit mit steigendem hydrophilen Charakter des Bindemittels verringert wird. Polyethylen und Polypropylen sind als ideale Bindemittel für Ruß zu betrachten, da die Makromoleküle keine hydrophilen Gruppen aufweisen. Als anderes Extrem könnte Polyvinylalkohol angesehen werden, das wegen seiner vielen hydrophilen Gruppen den Ruß nur schlecht benetzt. Enthält die Rußoberfläche viel chemisch gebundenen Sauerstoff, wird die Benetzung in Polyvinylalkohol besser und folglich in Polyolefinen schlechter.
— *Kristallinitätsgrad des Polymeren*
  Aus Abbildung 5.19 ist zu erkennen, daß im Vergleich zu Polystyrol das höherkristalline Polypropylen bei gleicher Rußkonzentration einen geringeren spezifischen Widerstand aufweist. Da die Abkühlgeschwindigkeit eines Polymeren einen gravierenden Einfluß auf den Kristallisationsgrad ausübt, muß sich auch die Leit-

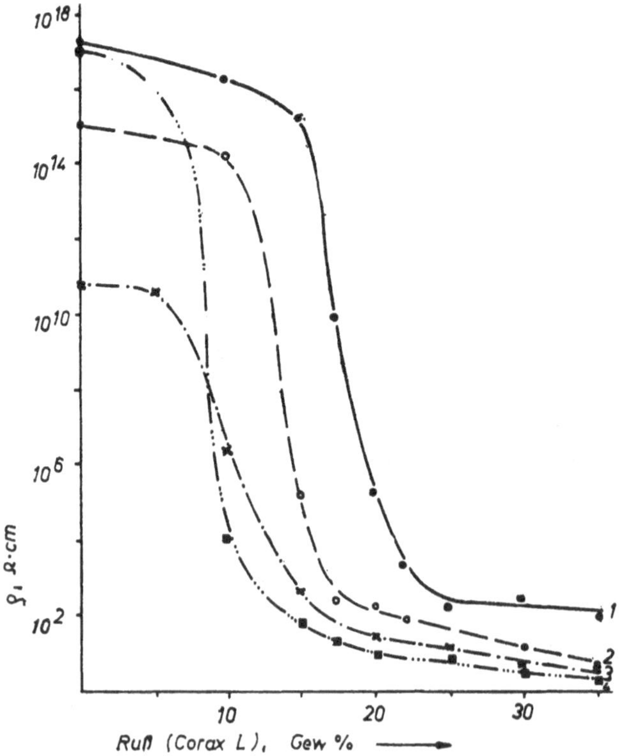

Abb. 5.19. Elektrische Leitfähigkeit rußgefüllter Kunststoffe (nach [123])
1 – Polystyrol, 2 – ABS, 3 – Weich-PVC, 4 – Polypropylen

fähigkeit eines rußgefüllten Polymeren ändern. Allgemein kann gesagt werden, eine hohe Abkühlgeschwindigkeit zieht sofort einen hohen spezifischen Widerstand nach sich. Natürlich beeinflussen auch die Rußpartikel den Kristallisationsprozeß. Während einige Rußtypen kleine homogen verteilte Sphärolithe entstehen lassen, fördern andere Typen an der Phasengrenzschicht größerer Aggregate die Kristallisation. Die Unterschiede in der elektrischen Leitfähigkeit können je nach Polymere und Ruß bis zu 10 Zehnerpotenzen betragen.

– *Mehrphasiger Polymereaufbau*
  In Blockpolymerisaten kann das Benetzungsverhalten zweier unterschiedlicher Polymerblöcke zu einer Rußanreicherung in einer der Phasen führen, wodurch die Leitfähigkeit des rußgefüllten Polymeren beeinflußt wird. Ein derartiges Leitfähigkeitsnetz könnte den im Vergleich zu Polystyrol verringerten spezifischen Widerstand der ABS-Kunststoffe erklären (Abb. 5.18).
– *Spezifischer Widerstand des Ausgangspolymeren*
  Es wurde bereits mehrfach darauf hingewiesen, daß weichgemachte Polymeren einen geringeren spezifischen Widerstand als im reinen Zustand haben. Werden solche Polymeren mit Ruß gefüllt, ist die Leitfähigkeitskurve zu niedrigeren Rußgehalten verschoben, weil das Ausgangsniveau des spezifischen Widerstandes um einige Zehnerpotenzen niedriger liegt.

Eine Orientierung der Rußpartikel während des Verarbeitungsprozesses verringert die Leitfähigkeit des Polymere–Ruß-Systems, da die Zahl der Berührungspunkte zwischen den Rußketten herabgesetzt und der Ladungstransport zunehmend behindert wird.

Die hier aufgezeigten Abhängigkeiten dürfen nur im Zusammenhang betrachtet werden, denn die Einflüsse überlagern sich gegenseitig.

Wegen der negativen Beeinflussung der mechanischen Kennwerte der magnetisierbaren Schicht wird die Rußkonzentration auf die unbedingt notwendige Menge beschränkt. Es werden deshalb auch fast ausschließlich Rußtypen verwendet, die eine hohe Strukturierung aufweisen; die somit in der Lage sind, die elektrische Leitfähigkeit des Polymeren schon bei relativ geringen Zusätzen deutlich zu verbessern. Wenn Mindestrußmengen von 10 bis 15 Gewichtsprozent für eine ausreichende Senkung des OHMschen Widerstandes der Schicht genannt werden, ist zu berücksichtigen, daß diese Menge grundsätzlich für das jeweilige System Bindemittel/Ruß gilt. Volumenanteile, die vom magnetischen Pigment eingenommen werden, muß man dabei ausklammern. Rußgehalte von 2 bis 6 Gewichtsprozent in der Magnetschicht bedeuten für das System Bindemittel/Antistatika einen Rußgehalt von 10 bis 25 Gewichtsprozent.

5.1.6. Gleitmittel

Gleitmittel sollen die Reibung zwischen Band und Führungselementen verringern und so für einen gleichmäßigen Bandtransport sorgen.

Geht man von der Reibungskraft aus, die der Verschiebung zweier sich berührender Körper als Widerstand entgegenwirkt, so ist die Reibungskraft immer der vorhandenen oder angestrebten Bewegung entgegengerichtet. Bremsende Reibung wirkt stets von der Stützfläche hin zum gleitenden Körper. Nach dem COULOMBschen Reibungsgesetz ist die Reibungskraft F_R das Produkt aus der senkrecht zur Unterlage wirkenden

Normalkraft F_N und dem dimensionslosen Reibungskoeffizienten μ. Für jede Stoffpaarung gibt es bei gleicher Oberflächenrauhigkeit einen charakteristischen Reibungskoeffizienten. Der Haftreibungskoeffizient μ_H ist immer größer als der Gleitreibungskoeffizient μ_G, weil erst die Adhäsions- oder Klebebrücken aufgehoben werden müssen, ehe der Körper in eine gleitende Bewegung übergehen kann.

Die Gleiteigenschaften von Metall—Polymere-Paarungen werden von mehreren Faktoren bestimmt [127, 128]. Die günstigsten Gleiteigenschaften werden dann erreicht, wenn die bandberührenden Metallteile des Gerätes (Umlenkelemente, Magnetköpfe) eine möglichst große Oberflächenhärte aufweisen. Bei zu geringer Härte können Rauhigkeitsspitzen des Metalls abbrechen und in die kunststoffhaltige magnetische Arbeitsschicht eingedrückt werden. Diese Partikel wirken dann beim nächsten Banddurchlauf als Schleifmittel und erhöhen den Werkstoffverschleiß an den Führungselementen und Magnetköpfen.

Polymere—Polymere-Paarungen, wie sie bei der Verwendung kunststoffummantelter Magnetköpfe auftreten, weisen oft ein günstigeres Gleitverhalten auf, doch wirkt sich gleichzeitig die schlechtere Wärmeleitfähigkeit der Polymeren negativ auf die Belastbarkeit aus. Da bei der Reibung zwischen zwei Körpern in jedem Fall Wärme freigesetzt wird, steigt die Kopftemperatur im Dauerbetrieb bei schlechter Wärmeleitfähigkeit des Kopfmaterials stärker an als bei Materialien mit guter Wärmeleitfähigkeit. Weil aber der Reibungskoeffizient mit Temperaturerhöhung ansteigt, weisen die kunststoffummantelten Magnetköpfe im Dauerbetrieb keine günstigeren Gleiteigenschaften auf.

Nichteisenmetalle haben zwar oft eine günstigere Wärmeleitfähigkeit als Eisen, doch hebt diese den Nachteil, der aus der geringeren Oberflächenhärte resultiert, nicht auf.

Die Gleiteigenschaften ungefüllter Polymerer sind abhängig von der Oberflächenrauhigkeit des metallischen Reibungspartners. An sehr glatten Metalloberflächen wirken sich Adhäsions- oder Klebebrücken zwischen Kunststoff und Metall besonders deutlich aus. Mit steigender Rauhigkeit durchläuft der Reibungskoeffizient ein mehr oder minder ausgeprägtes Minimum, das auf die Abnahme der Brückenkräfte zurückzuführen ist. Eine weitere Rauhigkeitssteigerung der Metalloberfläche bewirkt eine Zerspanung der Polymerenoberfläche, die eine zusätzliche Kraftzufuhr erfordert, um die Bewegung aufrechtzuhalten. Folglich steigt der Reibungskoeffizient an (Abb. 5.20).

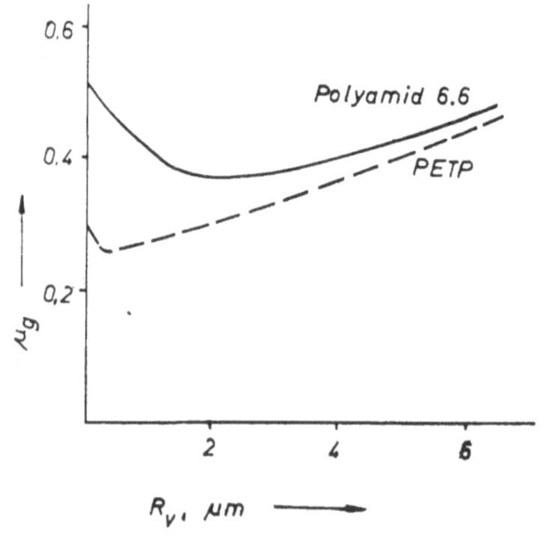

Abb. 5.20. Einfluß der Metallrauhigkeit auf das Gleitverhalten (nach [127])

Gleitpartner: Stahl/Kunststoff, Flächendruck: 9,8 · 10^4 Pa, Temperatur: 40 °C

Eine weitere wichtige Einflußgröße stellt der Flächendruck dar (Abb. 5.21). Bei geringem Flächendruck berühren sich nur Teile der Oberflächen beider Gleitkörper. An den Rauhigkeitsspitzen der Reibpartner treten demzufolge größere Flächendrücke auf als dies der Meßwert aussagt, der nur einen Mittelwert aller vorhandenen differentiellen Flächendrücke darstellt. Die Folge ist ein anfänglicher Abfall des Reibungskoeffizienten mit steigendem Flächendruck, da die Zahl der Berührungspunkte beider Partner wächst und damit die Druckkraft auf eine größere Fläche verteilt wird. Gleitet beispielsweise Polyamid über eine sehr glatte Metalloberfläche, tritt mit steigendem Flächendruck Polymerabrieb auf, der ungleichmäßig auf dem Metall abgelagert wird. Dadurch liegen Bereiche mit Metall—Polymere- und Polymere—Polymere-Reibungspartnern

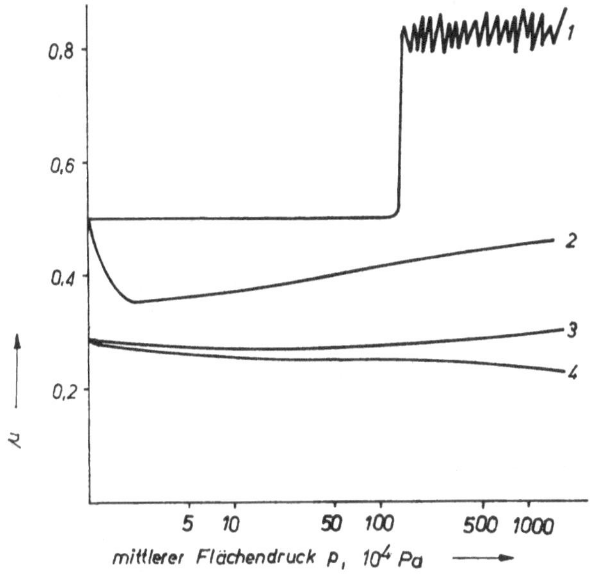

Abb. 5.21. Prinzipieller Kurvenlauf des Reibungskoeffizienten μ als Funktion des mittleren Flächendruckes (nach [127])
1 – Polyamid 6.6, $R_v < 0{,}3\,\mu m$; 2 – Polyamid 6.6., $R_v = 1{,}5$ bis $3\,\mu m$, 3 – PETP, $R_v = 1{,}5$ bis $3{,}0\,\mu m$, 4 – PETP, $R_v < 0{,}3\,\mu m$

nebeneinander vor. Das führt zu örtlich unterschiedlichen Gleitreibungskoeffizienten, die einen ungleichmäßigen Bewegungsablauf bewirken und in der Technik als „stick-slip"-Effekt bezeichnet werden. Je nach Geschwindigkeit, Geometrie, Elastizität und Flächendruck des Bandes kann sich der „stick-slip"-Effekt durch Knarren oder Quietschen akustisch bemerkbar machen. Natürlich wird dadurch die Aufnahme- und Wiedergabequalität hörbar beeinflußt, denn der ruckartige Bandlauf verursacht Frequenzverzerrungen.

Werden die Gleitflächen durch Schmier- oder Gleitmittel getrennt oder nur benetzt, wird ihr Gleitverhalten ausschließlich vom entstehenden Schmierfilm bestimmt. Der Materialverschleiß wird durch die Verwendung von Gleitmitteln verringert.

Die mechanischen Eigenschaften der Polymeren werden durch die Pigmentierung verschlechtert, und die Abriebneigung wächst. Die abgeriebenen Partikel wirken dabei als „Schmierstoff", weil sie ähnlich der Wälzkörper in Wälzlagern den Reibungskoeffizienten verringern. Wenn sich die Teilchen nicht auf der Bandlauffläche ablagern, führt der Abrieb zu keiner negativen Beeinflussung des Gleitverhaltens. Die Pigmentierung der Magnetschicht erhöht die Druckfestigkeit, wodurch bei der Bewegung des

Bandes eine geringere Verformung der Schicht senkrecht zum Kopfspiegel auftritt. Diese Erhöhung der Formstabilität vermindert den Reibungskoeffizienten.

Weichmacherhaltige Magnetbänder benötigen in den wenigsten Fällen Gleitmittel. Wegen der Weichmacherdiffusion sowie des auftretenden Abriebes ist immer eine ausreichende Menge Substanz auf der Bandoberfläche, die die Funktion eines Gleitmittels übernimmt.

Eine Vielzahl von Gleitmitteln wurden für den Einsatz in Magnetbändern vorgeschlagen, von denen nur ein Teil hier Erwähnung finden kann. Als flüssige oder pastöse Gleitmittel wurden in der Patentliteratur Ölsäure [129], Silikonöle [16, 36, 130], höhere Kohlenwasserstoffe [131, 132], auch solche, in denen ein Teil der Wasserstoffatome durch Fluor [21] oder Chlor und Fluor [133] substituiert wurde, genannt. Weiterhin können Propylendiamine [134], Acetale [135] sowie Gemische aus Mineralölen und Fettsäureamiden [136] oder Gemische aus Silikonöl und fluorhaltigen Silikonen [21] zum Einsatz kommen. Die Einarbeitung von zwei- oder dreiwertigen Metallsalzen einer vom Phosphor abgeleiteten Oxisäure mit wenigstens einer mindestens 8 Kohlenstoffatome enthaltenden organischen Gruppe soll das Gleitverhalten von Magnetbändern deutlich verbessern [137]. Auch feste organische Gleitmittel, wie höhere Monoalkohole, Stearinsäure [20], Fettsäureamide [138], Metallsalze langkettiger Fettsäuren [138] oder höhere Fettsäureester [139] sowie PTFE-Pulver [32] wurden vorgeschlagen. Anorganische Feststoffe mit Schmiereigenschaften, z. B. Molybdändisulfid [140], Wolframdisulfid [141], Graphit [142] oder Talkum [15], sollen den Reibungskoeffizienten zwischen Magnetband und Bandführungselementen ebenfalls senken. Gleitmittel können auch die elektrostatische Aufladbarkeit der Magnetschicht verringern, wodurch die anwendungstechnischen Eigenschaften des Bandes positiv beeinflußt werden.

5.2. Dispergierung des magnetischen Pigmentes

Das Ziel der Dispergierung von Pigmenten in einer Bindemittellösung besteht in der gleichmäßigen Verteilung von feindispersen Partikeln in einer flüssigen Phase, die die Voraussetzung zur Herstellung einer aggregativ beständigen Suspension darstellt.

Es sei hier besonders hervorgehoben, daß die Dispergierung von ferromagnetischen Teilchen für magnetische Aufzeichnungsträger keine Echtmahlung, sondern lediglich eine Trennung der Agglomerate und Aggregate in Primärpartikel darstellt. Eine durch Echtmahlung auftretende Zerstörung der Formanisotropie nadelförmiger magnetischer Teilchen äußert sich in der Verschlechterung der elektroakustischen Eigenschaften der Magnetbänder. Deshalb ist die für viele Dispergierapparate übliche Bezeichnung „Mühle“ in diesem speziellen Fall irreführend.

Der Dispergierprozeß schließt die Desagglomeration der Pulverteilchen, ihre Benetzung durch das Dispergierhilfsmittel oder das Bindemittel, die Verteilung der Pigmentpartikel im Dispersionsmittel sowie die Stabilisierung der Suspension ein. Vom Desaggregationsgrad der Partikel hängen im bedeutenden Maße die elektroakustischen Eigenschaften der Magnetbänder ab.

Die Magnetpulvermenge in der Suspension beeinflußt neben dem Dispergierprozeß auch ganz entscheidend die elektroakustischen sowie physikalisch-mechanischen Eigenschaften der Magnetschicht. Die kritische Pigmentvolumenkonzentration gibt an, bei welchem Pigmentanteil pro Volumeneinheit das eingesetzte Bindemittel gerade noch die

Umhüllung der Pigmentteilchen und die Ausfüllung der zwischen ihnen vorhandenen Hohlräume gewährleistet.

Überschreitet man diesen kritischen Wert, wird die Schicht porös, und die physikalisch-mechanischen Eigenschaften der Schicht, insbesondere die Abriebfestigkeit, verringern sich. Bei starker mechanischer Belastung erfolgt in diesem Fall ein Zerreißen der Magnetschicht, denn die auftretenden Kräfte können durch das Fehlen des Bindemittels zwischen den Partikeln nicht mehr kompensiert werden. Der Wert der kritischen Pigmentvolumenkonzentration ist außer von den bereits oben genannten magnetischen Wechselwirkungen auch von der Form und Größe der Teilchen und von der Natur des filmbildenden Polymeren abhängig. Die elektroakustischen Eigenschaften des Bandes (z. B. relative Empfindlichkeit, Klirrdämpfungsmaß) verschlechtern sich mit zunehmender Unterschreitung der kritischen Pigmentvolumenkonzentration. Bei Überschreitung des Wertes wird neben der bereits erwähnten Verringerung der physikalisch-mechanischen Eigenschaften die Gefahr der Echtvermahlung des Pigmentes verstärkt. Damit vergrößert sich der Kopiereffekt zwischen zwei benachbarten Windungen eines Magnetbandwickels.

Die Dispergierung wird in die Vordispergierung, die hauptsächlich in Kugelmühlen oder Dissolvern erfolgt, und die fast ausschließlich in Rührwerkskugelmühlen durchgeführte Fein- oder Enddispergierung unterteilt.

5.2.1. Grundlagen des Dispergierprozesses

In pulverförmigen Feststoffen sind in den meisten Fällen nur wenige Primärpartikel enthalten, sondern vorwiegend Aggregate, die eine flächige Aneinanderlagerung von Primärteilchen darstellen. Aus der Zusammenlagerung von Primärteilchen und Aggregaten an Ecken und Kanten resultieren wiederum Agglomerate (Abb. 5.22).

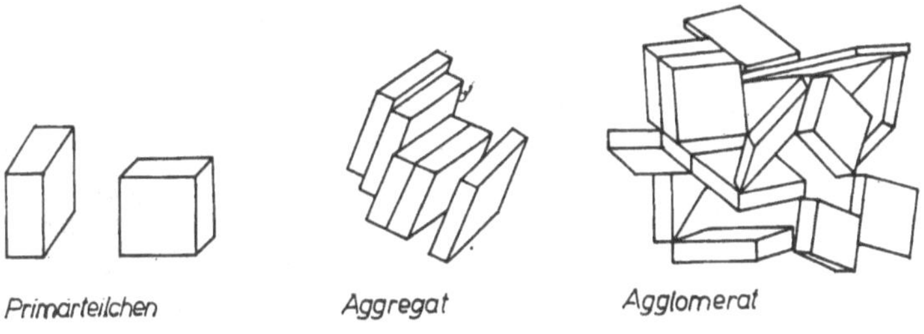

Abb. 5.22. Bausteine der Pigmente

Während die freie Oberfläche der Aggregate bedeutend geringer ist als die Gesamtoberfläche aller im Aggregat befindlichen Primärteilchen, unterscheiden sich die Oberflächengrößen der Agglomerate nur geringfügig von denen der Aggregate und Primärpartikel, aus denen sie aufgebaut sind, denn sie weisen eine Vielzahl von Hohlräumen auf, in die gasförmige oder flüssige Stoffe eindringen können.

Den Zusammenhalt solcher Aggregate und Agglomerate gewährleisten Kräfte, die auch im Inneren des Festkörpers wirken, sich aber dort gegenseitig kompensieren können. An der Oberfläche der Festkörper ist jedoch die vollständige Absättigung der Kräfte nicht mehr möglich, und sie wirken teilweise nach außen. In den Feststoffflächen sind 50% der Kräfte nach außen wirksam. An den Kanten sind 75% und an den Ecken sogar 87,5% der Gesamtkräfte nach außen gerichtet. Die Zusammenlagerung der Primärpartikel zu Aggregaten und Agglomeraten stellt für das System einen stabilen Zustand dar, da durch Absättigung der Oberflächenkräfte ein Energiegewinn erzielt wird.

Die auftretenden Kräfte sind hauptsächlich die schon mehrfach erwähnten van der Waalsschen Anziehungskräfte, elektrostatische Kräfte, die je nach Vorzeichen zwischen den Partikeln anziehend oder abstoßend wirken, magnetische Anziehungskräfte und die Wasserstoffbrückenbindung, die beispielsweise über das an der Pigmentoberfläche adsorbierte Wasser zum Nachbarteilchen wirkt.

Bei Teilchengrößen im Millimeterbereich ist das Partikelgewicht entschieden größer als die auftretenden Haftkräfte. In den feinteiligen magnetischen Pigmenten überwiegen die Haftkräfte aber wesentlich gegenüber dem Teilchengewicht. Die Tatsache wird dadurch begründet, daß das Gewicht mit der dritten Potenz, die Haftkräfte aber nur etwa linear mit der Teilchengröße abnehmen. Der nichtagglomerierte Zustand ist deshalb in gasförmiger Umgebung — also auch an der Luft — instabil. In flüssiger Phase läßt sich der desagglomerierte Zustand eines Systems unter bestimmten Bedingungen aufrechterhalten. Feinteilige Stoffe sind schwerer als grobteilige dispergierbar, weil die Überwindung der Haftkräfte im ersten Fall wesentlich stärkere Gegenkräfte erfordert [143, 144].

Wie schon in der Einleitung erwähnt, setzt sich der Dispergierprozeß aus vier Teilvorgängen zusammen:

— Zerteilen,
— Benetzen,
— Verteilen,
— Stabilisieren.

Die Probleme der Benetzung und Stabilisierung wurden bereits im Abschnitt 5.1.4. behandelt. Deshalb sollen hier nur noch die Zerteilungs- und Verteilungsvorgänge näher betrachtet werden.

Der Zerteilungsprozeß wird in flüssigen Medien ausschließlich durch die in Scherströmungen auftretenden Schubspannungen und nicht durch gegenseitige Berührung der Teilchen hervorgerufen. Die Strömung übernimmt gleichzeitig die homogene Verteilung der Pigmentteilchen auf alle Volumenanteile des Dispergiermediums [144, 145].

Eine theoretische Betrachtung des Dispergierprozesses, speziell der Zerteilungs- und Verteilungsvorgänge führte MacKelvy [144] an einem idealisierten heterogenen System durch, in welchem die dispergierte Phase aus Aggregaten bestand, die aus zwei kugelförmigen Primärteilchen zusammengesetzt waren, und als Dispersionsmittel eine viskose Flüssigkeit fungierte. Ausgehend von den Bedingungen der Wechselwirkung der Teilchen mit dem viskosen Medium, bestimmte der Autor die Größe der Kräfte, die auf die Partikel wirken, und leitete die Gleichung für die Beschreibung der Bahn der sphärischen Partikel bei der Zerstörung der Aggregate ab.

Wenn der Radius jedes Teilchens R ist, wird der kleinste Abstand zwischen ihnen $2R$ betragen. In einem zweidimensionalen Koordinatensystem soll sich das Zentrum des einen Teilchens im Ursprung und der Mittelpunkt des anderen Partikels auf der Ordinate zum Abstand Y, der den Partikelabstand r kennzeichnet und bei Berührung beider Teilchen den Wert $2R$ annimmt, befinden. In einem solchen Koordinatensystem kann die Lage der Teilchen zu jedem Zeitpunkt des Dispergierprozesses bestimmt werden.

Für die festgelegten Bedingungen ist der Abstand zwischen den Teilchenzentren r gleich:

$$r = (x^2 + y^2)^{1/2}.$$

Wird angenommen, daß die Wechselwirkungskraft zwischen den Teilchen im Gebiet $2R \leqq r \leqq r^*$ konstant, aber im Gebiet $r > r^*$ vernachlässigbar klein ist, dann ist der kritische Radius r^* eine ausschlaggebende Kenngröße aller Dispergierprozesse und wird von der Natur der Kräfte, die eine Agglomeration der Teilchen hervorrufen, bestimmt.

Aus Abbildung 5.23 ist zu ersehen, daß auf die viskose Flüssigkeit, die das Teilchen umgibt, ein Deformationsschub wirkt und eine Bewegung der Flüssigkeit von links nach rechts hervorruft. Unter der Bedingung einer laminaren Bewegung der kugelförmigen Teilchen relativ zur Flüssigkeit bestimmt man die auf das Teilchen wirkende Kraft nach dem STOKESschen Gesetz

$$F = 6\pi R\eta v,$$

worin η die dynamische Viskosität der Flüssigkeit und v die relative Bewegungsgeschwindigkeit des Teilchens darstellen.

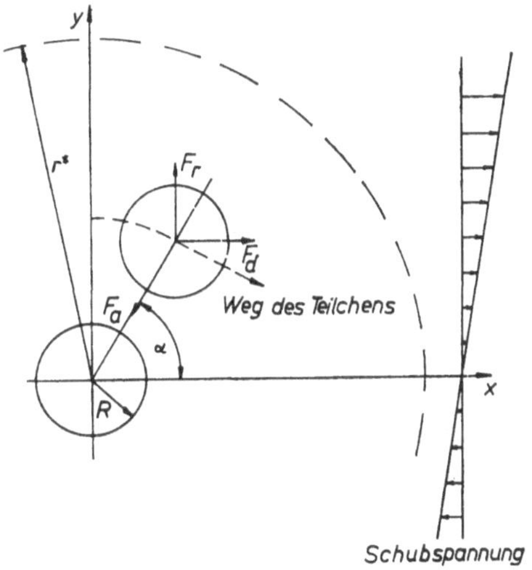

Abb. 5.23. Darstellung der während der Dispergierung wirkenden Kräfte

Die Gesamtheit aller Wechselwirkungskräfte zwischen der Teilchenoberfläche und dem viskosen Medium kann in die Richtungskräfte F_d (in Richtung der x-Achse) und F_r (in Richtung der y-Achse) zerlegt und durch folgenden Ausdruck bestimmt werden:

$$F_d = 6\pi R\eta \left(\frac{d\gamma}{dt}\, y - \frac{dx}{dt}\right); \qquad F_r = -6\pi R\eta\, \frac{dy}{dt},$$

wobei $d\gamma/dt$ die erste Ableitung der Deformation nach der Zeit, dx/dt und dy/dt die Geschwindigkeit der Teilchen in Richtung der Achsen x und y ist. Da hier von kleinen Teilchen ausgegangen wird, die in einer hochviskosen Flüssigkeit verteilt sind, können die Trägheitskräfte vernachlässigt werden. Es lassen sich dann folgende zwei Gleichungen ableiten:

$$F_d = F_a \cos\alpha, \tag{5.11}$$

$$F_r = F_a \sin\alpha, \tag{5.12}$$

wobei α der Winkel ist, der von der Verbindungslinie beider Partikelzentren sowie der Abszisse eingeschlossen wird, und F_a die Wechselwirkungskraft zwischen den Teilchen darstellt. Setzt man die Werte F_d und F_r in die Ausdrücke (5.11) und (5.12) ein und stellt die trigonometrischen Funktionen durch x, y und r dar, so erhält man ein System von Differentialgleichungen, in denen t eine unabhängige, aber x und y abhängige Variable sind:

$$6\pi R\eta \left(\frac{\mathrm{d}\gamma}{\mathrm{d}t}\, y - \frac{\mathrm{d}x}{\mathrm{d}t}\right) = F_a \frac{x}{r},$$

$$-6\pi R\eta \frac{\mathrm{d}y}{\mathrm{d}t} = F_r \frac{y}{r}.$$

Nach Ausklammern der Unbekannten $\mathrm{d}t$ erhält man eine Gleichung mit den Variablen x und y:

$$\frac{\mathrm{d}x}{\mathrm{d}y} - \frac{x}{y} = -Kr. \tag{5.13}$$

Die Konstante K wird durch folgende Gleichung bestimmt:

$$K = \frac{6\pi R\eta}{F_a} \frac{\mathrm{d}\gamma}{\mathrm{d}t} = \frac{6\pi R\tau}{F_a}, \tag{5.14}$$

wobei τ die Schubspannung ist.

Ersetzt man in der nichtlinearen Gleichung (5.13) die Größe r durch $x + y$, was aber nur eine grobe Näherung darstellt, so erhält man eine lineare Differentialgleichung 1. Ordnung mit der abhängigen Variablen x:

$$\frac{\mathrm{d}x}{\mathrm{d}y} + x\left(K - \frac{1}{y}\right) = -Ky. \tag{5.15}$$

Die Lösung der Gleichung (5.15) lautet dann in allgemeiner Form:

$$\frac{x + y}{y} = C\,\mathrm{e}^{-Ky}, \tag{5.16}$$

wobei C die Integrationskonstante ist.

MAC KELVY weist darauf hin, daß die Approximation $r = x + y$ äquivalent der Annahme ist, daß die Wechselwirkungskraft F_a folgender Funktion der Teilchenlage im Gebiet $2R \leqq r \leqq r^*$ entspricht:

$$F_a{}^* = F_a \frac{r}{x + y}.$$

Das Verhältnis $r/x + y$ hängt lediglich vom Winkel α ab und verringert sich, wenn $\alpha = 90°$ ist, von 1 auf 0,707 bei einem Winkel α von 45°. Bei weiterer Verkleinerung des Winkels steigt der Zahlenwert wieder an, um bei einem Winkel von 0° wieder den Wert 1 zu erreichen. Eine solche Vereinfachung ist auf Grund des angenäherten Charakters der Untersuchung zulässig.

Indem man die Bedingung, daß zu Beginn der Schubeinwirkung die Koordinaten der Teilchen x_0 und y_0 sind, vorgibt, errechnet man die Integrationskonstante. In diesem

Fall nimmt der Ausdruck (5.16) im Gebiet $2R \leqq r \leqq r^*$ folgende Form an:

$$\frac{x + y}{x_0 + y_0} \frac{y_0}{y} = \exp\left[Ky_0\left(1 - \frac{y}{y_0}\right)\right]. \tag{5.17}$$

Aus der Formel (5.17) kann man schlußfolgern, daß die Bahn des Teilchens, die den Ablauf des Dispergierprozesses bestimmt, vom Parameter K, vom kritischen Radius r^* der Partikel und von der Anfangsorientierung des Aggregates abhängt.

Ein aus zwei Teilchen bestehendes Aggregat soll sich so in einer viskosen Flüssigkeit, in der ein Deformationsschub von links nach rechts wirkt, befinden, daß beide Teilchen übereinander gelagert sind.

Wenn die Anziehungskraft der Teilchen sehr klein ist oder wenn in der Flüssigkeit bedeutende Scherspannungen entstehen, wird der Parameter K sehr groß. Im Extremfall, wenn K gegen Unendlich strebt, fällt die Bahn des Teilchens mit der Fließrichtung des Dispersionsmediums zusammen, weil die Anziehungskräfte dann unbedeutend sind im Vergleich zur Schubspannung in der viskosen Flüssigkeit (Abb. 5.24). Erreicht K jedoch nur einen endlichen Wert, beeinflussen die Anziehungskräfte die Bahn des Teilchens. Ist beispielsweise $K = 4$, versucht das obere Primärpartikel des Aggregates nach rechts aus dem Anziehungsbereich des anderen Teilchens zu gelangen. Die Wechselwirkungskräfte zwischen den Partikeln stellen sich aber der geradlinigen Bewegung entgegen, und das obere Teilchen beschreibt eine gekrümmte Bahn, deren Krümmungsradius mit wachsender Entfernung vom Nachbarpartikel immer größer wird, weil sich die Anziehungskräfte ständig verringern. Nach Überschreitung des kritischen Abstandes r^* sind die Wechselwirkungskräfte praktisch Null, und das Teilchen bewegt sich parallel zur laminaren Strömung. Wird K weiter verkleinert, entfernen sich die Teilchen zwar voneinander, aber die Ablenkung führt das obere Teilchen in den Bereich geringerer Schubspannungen, so daß schließlich die Anziehungskräfte überwiegen, was eine Wiederannäherung beider Teilchen zur Folge hat. Unterschreitet K den Wert von 2, dreht sich das Aggregat lediglich um 90°, ohne daß eine Trennung in die Primärpartikel erfolgt.

Betrachtet man den Fall, daß beide Partikel getrennt innerhalb des Anziehungsbereiches r^* vorliegen, wenn also $r > 2R$ ist, so ist ersichtlich, daß geringere Schubkräfte benötigt werden, um die Anziehungskräfte zwischen den Teilchen zu über-

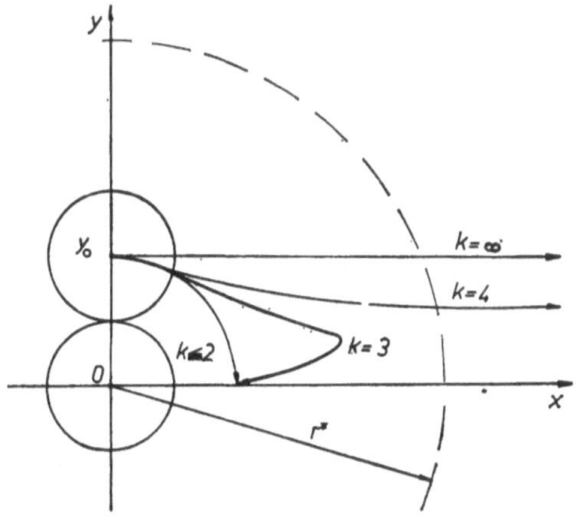

Abb. 5.24. Bewegung eines Teilchens bei der Zerstörung eines Aggregates in Abhängigkeit des Parameters K

winden (Abb. 5.25). So reicht ein Wert von $K = 2$ bereits aus, die Teilchen aus dem Bereich ihrer Wechselwirkungskräfte zu befördern. Ist K beispielsweise 1, beeinflussen die Anziehungskräfte die Bahn des oberen Teilchens so stark, daß keine weitere Entfernung stattfindet. Die Schubkräfte werden während der gekrümmten Bewegung des Teilchens immer geringer, so daß schließlich eine Reaggregation beider Partikel eintritt. Für den Fall $K = 0$ wird ein spontaner Zusammentritt der Teilchen erfolgen.

Die durchgeführte Analyse des Dispergierprozesses gestattet es, folgende für die Technologie wichtige Schlüsse zu ziehen. Die Intensivierung des Spannungsschubes führt zur Erhöhung der Dispergierleistung. Für ein gegebenes System existiert ein kritisches Schergefälle, unterhalb dessen keine Dispergierung der Teilchen erfolgt.

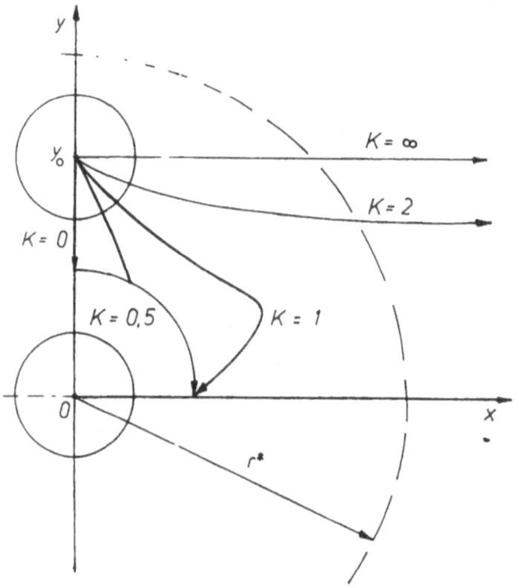

Abb. 5.25. Bewegung eines Teilchens, das sich im Anziehungsbereich eines anderen Partikels befindet, während der Dispergierung in Abhängigkeit des Parameters K

Wenn der Spannungsschub die kritische Größe nur geringfügig überschreitet, werden lediglich die Aggregate zerstört, deren große Achse am Anfang senkrecht zur Strömungsrichtung angeordnet war. Im Dispergierapparat muß deshalb eine ständige Veränderung der Orientierung der Aggregate gewährleistet werden, auch wenn die Schubspannung den kritischen Wert beträchtlich überschreitet. Wird keine Orientierungsänderung erzeugt, geht nur ein eindimensionaler Fluß des Materials vor sich, und es werden nur die Aggregate zerstört, deren Anfangsorientierung günstig war, während sich die restlichen in die Wirkungsrichtung des Spannungsschubes orientieren und deshalb nicht desaggregiert werden können. Wenn aber der Dispergierapparat die Aggregate zwingt, ihre Orientierung ständig zu ändern, wächst die Wahrscheinlichkeit, daß sich die Aggregate mit ihrer großen Achse senkrecht zur Fließrichtung einstellen und dann in die Primärteilchen zerlegt werden können.

Wenn man schließlich voraussetzt, daß die Wechselwirkungskraft zwischen den Aggregatteilchen unabhängig von der Teilchengröße ist, dann ist entsprechend der Gleichung (5.14) der Parameter K direkt dem Teilchenradius R proportional, und die Aggregate aus großen Primärteilchen sind leichter zerstörbar als Aggregate aus kleineren Primärpartikeln.

5.2.2. Technische Aggregate zur Dispergierung

5.2.2.1. Vordispergierung

5.2.2.1.1. Dissolver

Der Dissolver stellt das einfachste gebräuchliche Dispergieraggregat dar. Er besteht aus einem Ständer, an dem der Motor mit einem stufenlos regelbaren Getriebe und die meist über Keilriemen angetriebene Rührwelle angebracht sind. An der Rührwelle befindet sich als eigentliches Dispergieraggregat die Rührscheibe, die in den Dispergierbehälter hineinragt (Abb. 5.26). Der Aufbau dieses Dispergieraggregates gewährleistet nur einen diskontinuierlichen Betrieb.

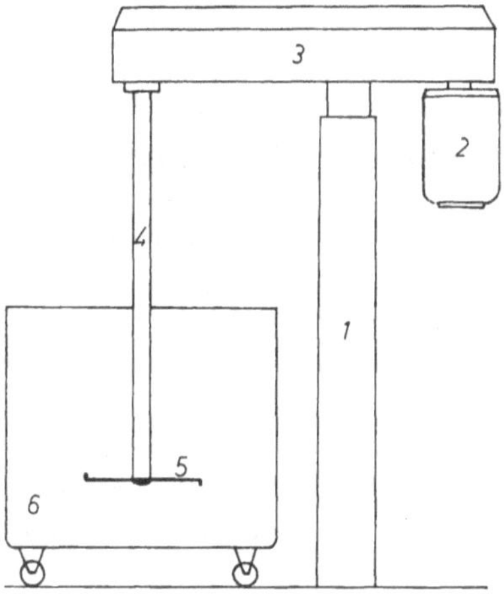

Abb. 5.26. Grundaufbau eines Dissolvers
1 – nach oben ausfahrbarer Ständer, 2 – Antriebsmotor mit Getriebe, 3 – Maschinenkopf mit Elementen zur Kraftübertragung auf Rührwelle, 4 – Rührwelle, 5 – Dissolverscheibe, 6 – Dispergiergefäß

Dem Dissolver fällt bei der Dispergierung des Magnetpulvers in der Bindemittellösung die Rolle des Mischers und des Vordispergierapparates zu.

Der wichtigste Teil des Dissolvers ist die Rührscheibe. Von ihrer Geometrie und Lage im Dispergierbehälter hängt maßgeblich die erreichbare Dispergierleistung ab. Die technischen Grundprinzipien der Dissolverscheibe sind folgende [146]:

1. Die Dissolverscheibe muß genau senkrecht stehen, um eine absolut horizontale Schubwirkung zu erreichen.
2. Die Zahnstellung und Zahnteilung der Scheibe darf keine konkurrierenden Strömungen erzeugen. Aus diesem Grunde dürfen die Winkel der Schubflächen 30° nicht übersteigen und 11° nicht unterschreiten.
3. Die Zahnhöhe darf 8,2 bis 8,5 mm nicht überschreiten, um unnötige Verluste an Dissolverenergie zu vermeiden.
4. Eine einwandfreie Stirnlaufgenauigkeit der Scheibe, die durch Spannen oder Richten zu erreichen ist, soll das Abreißen der Strömung vermeiden. Damit wird auch der Lagerverschleiß an der mit hoher Drehzahl rotierenden Rührwelle eingeschränkt.
5. Die Scheibendicke muß so gering wie möglich gehalten werden, um die durch Reibungswärme entstehenden Energieverluste herabzusetzen. Die Rührscheibe muß aber noch genügend Eigenstabilität aufweisen, um die in Punkt 4 aufgestellte Forderung zu gewährleisten.

Als weitere Forderungen zur Erreichung einer optimalen Dispergierleistung des Dissolvers gelten [146]:

1. Die Mindestumfangsgeschwindigkeit der Dissolverscheibe muß 24 m/s betragen.
2. Das Verhältnis des Scheibendurchmessers D zum Behälterdurchmesser von 2 bis 3, vorzugsweise 2,3 bis 2,7 D, ist einzuhalten.
3. Die Einfüllhöhe im Dispergiergefäß soll zwischen 1,5 und $2D$ betragen.
4. Die Rührscheibe soll sich im Abstand von $0{,}5D$ vom Behälterboden befinden.
5. Die Rührwelle mit der Dispergierscheibe muß genau senkrecht und zentrisch im Behälter stehen.
6. Der Dispergierbehälter muß frei von Hindernissen und Ecken sein.
7. Die Zusammensetzung der vorzudispergierenden pigmenthaltigen Bindemittellösung muß eine ausreichende Fließbewegung garantieren. Zu hohe oder zu niedrige Viskositäten vermindern die Dispergierleistung. Oft ist in solchen Fällen nur noch eine Mischwirkung des Dissolvers zu beobachten.

Bei Einhaltung aller hier aufgestellten Forderungen stellt sich im Mahlbehälter eine turbulenzfreie, rollende Bewegung des Mahlgutes ein, das in der Mitte eine Trombe bildet, in deren Spitze etwa ein Drittel der Rührscheibe sichtbar sein soll (Abb. 5.27).

Die eigentliche Dispergierleistung des Dissolvers ergibt sich aus der hohen Geschwindigkeit der fast vertikal kreisförmig fließenden Flüssigkeit. Auf Grund der unterschiedlichen Größe und Struktur der Agglomerate und Aggregate bildet sich zwischen ihnen und der Flüssigkeit eine Geschwindigkeitsdifferenz aus, die eine Zerstörung der Teilchen bewirkt.

Die Zone, in der die größte Dispergierleistung erbracht wird, befindet sich je nach Art der Mahlgutzusammensetzung und der Umfangsgeschwindigkeit der Scheibe in einem Abstand von 2 bis 5 cm hinter den Schubelementen der Scheibe (Abb. 5.28). Ist die Dispergierscheibe völlig plan, so daß keine turbulenzbildenden Strömungen erzeugt werden, trägt sie mit etwa 25% zur Dispergierwirkung bei. Demzufolge mindern überhöhte Drehzahlen oder zu große Schubelemente, die beide nur den Scheiben-

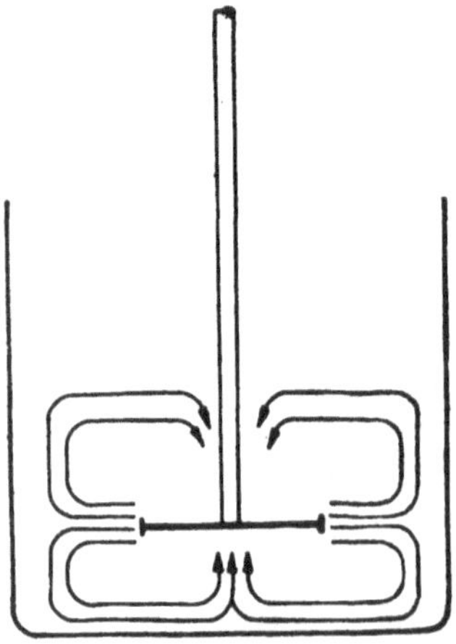

Abb. 5.27. Materialfluß im Dissolver

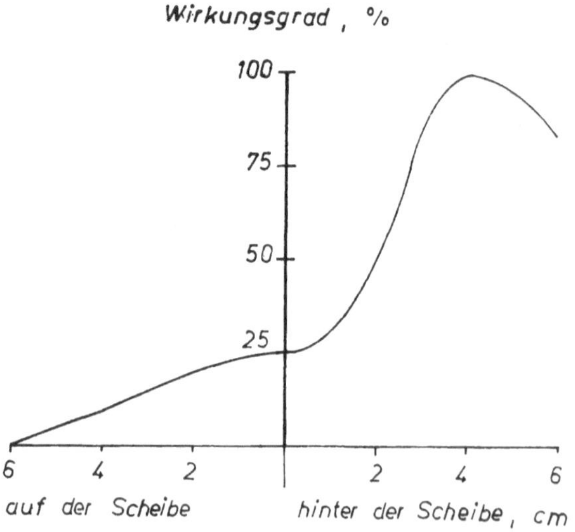

Abb. 5.28. Wirkungsgrad der Dispergierscheibe

rand mit der Dispersion in Berührung kommen lassen, die Effektivität des Dissolvers.

Die Scheibe teilt den Dispergierraum in zwei Zonen, die weitgehend das gleiche Volumen benötigen, um eine gleiche Dispergierwirkung entfalten zu können.

Wird die notwendige Geschwindigkeit der Flüssigkeit durch zu geringe Umfangsgeschwindigkeit oder auftretende Turbulenz nicht erreicht, können die vorhandenen kinetischen Kräfte die Dispergierung nicht einleiten, und der Dissolver arbeitet lediglich als Rühr- oder Mischaggregat [147]. Auch durch Verlängerung der Laufzeit des Dissolvers läßt sich dann keine Dispergierung erreichen.

Untersuchungen haben gezeigt, daß die Dispergierleistung in den ersten Minuten stark ansteigt, um nach etwa 10 Minuten wieder abzufallen. Somit ist nach etwa 15 bis 20 Minuten der mit dem Dissolver erreichbare Desaggregationsgrad des Systems erreicht.

Wie bereits einleitend bemerkt wurde, ist die Geometrie der Dissolverscheibe von entscheidender Bedeutung für die Dispergierwirkung. Sehr effektiv ist der Einsatz von Zahnscheiben. Ihr guter Dispergiereffekt beruht auf der Adhäsionswirkung des Produktes zur Scheibenfläche und auf der Stellung der abgewinkelten Zähne. Dadurch wird der zu dispergierenden Suspension eine Strömung aufgezwungen, die aus einer Verbindung von kreisförmiger radialer und durch Ablenkung an der Behälterwand auch vertikaler Bewegung gekennzeichnet ist (Abb. 2.27). Weiterhin sollen die Zähne vorhandene übergroße Pulveragglomerate aufteilen.

Bekanntlich erfolgt die Zerstörung von Agglomeraten und Aggregaten in Flüssigkeiten überwiegend durch Wirkung von Scherkräften oder Schubspannungen, die von der Viskosität der Suspension, von der Scheibengeschwindigkeit und der Geschwindigkeitsdifferenz zwischen Teilchen und Flüssigkeit abhängen. Es ist deshalb notwendig, möglichst dünnen Suspensionsschichten innerhalb der Gesamtströmung eine hohe Geschwindigkeit zu verleihen. Eine Erhöhung des Schergefälles ist ohne Vergrößerung der Umfangsgeschwindigkeit des Dispergierelements nur durch Verringerung der Zahnhöhe möglich. Doch wird in diesem Fall die auf die Suspension übertragene Gesamtenergie ebenfalls vermindert [148].

Die Doppelzahnscheibe [149] ermöglicht eine erhöhte Energieübertragung auf die Suspension infolge der verdoppelten Zahl von Zähnen im Vergleich zur Standardscheibe. Während bei der Standardzahnscheibe die Zähne abwechselnd nach oben und unten gerichtet sind, ist die Doppelzahnscheibe durch gleichzeitig nach oben und unten gerichtete Zähne gekennzeichnet.

Eine Möglichkeit zur Erzielung der jeweils maximalen Schubleistung während des Vordispergierprozesses besteht in der Verwendung von Dispergierscheiben, die eine Veränderung des Anstellwinkels der Schubelemente oder eine Änderung des Scheibendurchmessers zulassen [150].

Eine völlig vom System der bekannten Dissolverscheiben abweichende Form stellt die „Sandwich-Scheibe" dar [146]. Sie besteht aus einer tragenden Scheibe und darunter angeordneten Ringen. Die auf der Scheibe angebrachten Schubelemente und die auftretenden Zentrifugalkräfte zwingen das Dispergiergut, zwischen Scheibe und Scheibenringen hindurchzufließen. Mit zunehmender Laufdauer erhöht sich der Pigmentstau vor den Scheibenschlitzen, wodurch die Dispergierwirkung der Scheibe verstärkt wird.

Bei Systemen mit ausgeprägter Thixotropie oder ausgeprägter pseudoplastischer Struktur wird das Geschwindigkeitsgefälle in äußerst dünnen Schichten unmittelbar hinter dem Dispergierelement abgebaut. Dadurch kann keine Gesamtumwälzung der Suspension erfolgen, und eine Dispergier- und Mischwirkung ist nahezu unmöglich. Die Verwendung einer Propeller-Zahnkranz-Kombination als Dispergierorgan erzwingt die Umwälzung der Suspension und leitet damit die Dispergierwirkung der Zahnelemente ein [151].

Der Einsatz von Mehrscheiben- oder Mehrwellendissolvern [152], bei denen mehrere Zahnscheiben übereinander oder versetzt im Dispergierbehälter untergebracht sind, erzeugen meist in der Flüssigkeit eine so starke Turbulenz, daß der Dispergiereffekt zugunsten einer verbesserten Rühr- und Mischwirkung eingeschränkt wird.

5.2.2.1.2. Kugelmühle

Die Kugelmühle, oft als klassisches Mahl- und Dispergieraggregat bezeichnet, galt bis vor 10 bis 15 Jahren als wichtigste Dispergieranlage zur Herstellung von Magnetbandsuspensionen. Die wachsenden Anforderungen an die elektroakustischen Eigenschaften der Magnetbänder zwangen die Bandhersteller, den Aggregationsgrad der Pigmentteilchen immer weiter zu senken. Weil damit die Grenzen der Leistungsfähigkeit der konventionellen Kugelmühle überschritten wurden, mußten andersgestaltete Dispergieraggregate zur Feindispergierung der suspendierten Pigmentteilchen eingesetzt werden. Heute findet die Kugelmühle fast ausschließlich nur noch als Vordispergieraggregat Verwendung.

Die Vorteile der Kugelmühle liegen in den relativ hohen erreichbaren Desagglomerisationsgraden, großen Durchsatzleistungen und der Einfachheit der Verschleißteile. Nachteilig wirken sich die erhebliche Masse der Kugelmühle, ihre Sperrigkeit, der hohe Energieverbrauch sowie die auftretenden Mahlgeräusche aus.

Die horizontale Kugelmühle besteht aus einer sich langsam drehenden Metall- oder Hartporzellantrommel, die zum Zwecke der Zwangskühlung als Doppelmantel ausgeführt sein kann, wobei das Kühlmedium durch die in den Lagern befindlichen Zapfen zu- und abgeleitet wird. Der Antrieb der Trommel erfolgt mittels Elektromotor über ein Getriebe. Die Trommel ist teilweise mit Mahlkörpern aus Stahl oder Steatit gefüllt. Die Grundform der Kugelmühle läßt nur eine diskontinuierliche Fahrweise zu.

Die Drehzahl der Kugelmühle beeinflußt die Form der Bewegung der Kugeln entscheidend. In einer stark idealisierten Vorstellung kann man von einer lawinenartigen und einer wasserfallartigen Kugelbewegung sprechen (Abb. 5.29).

Die Bewegungsart der Kugeln wird hauptsächlich durch die Drehzahl der Trommel, durch den Füllungsgrad der Trommel mit Kugeln, durch die Form der Innenwand des

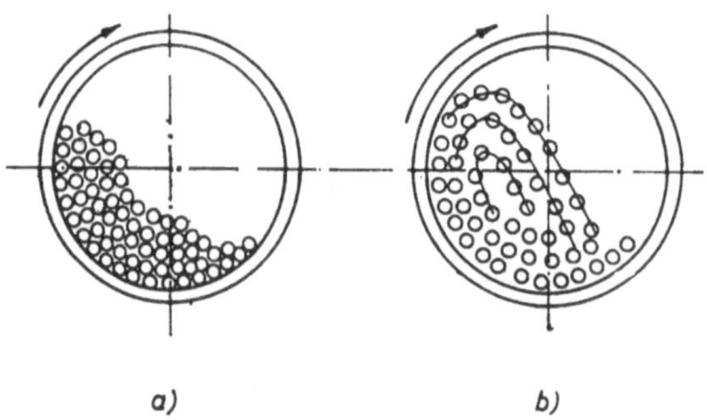

Abb. 5.29. Bewegungsformen der Kugeln in der Kugelmühle
a) lawinenartig, b) wasserfallartig

Zylinders und durch den Reibungskoeffizienten der Kugeln an der mit Mahlgut bedeckten Wandung bestimmt.

Mit Erhöhung der Drehzahl geht die lawinenartige Bewegung der Kugeln über eine Mischform in die wasserfallartige Bewegung über. Bei Erreichung der kritischen Drehzahl beginnen alle Kugeln, sich mit der Trommel zu drehen, wobei sie sich auf der Innenwand verteilen. Bei völligem Fehlen einer Gleitbewegung der Kugeln relativ zur Trommelwand (Gleitreibungskoeffizient $\mu_G = 1$) ist die Winkelgeschwindigkeit der Kreisbahn gleich der der Trommelwand. In diesem Fall verläßt die Kugel in dem Moment ihre Kreisbahn, in dem die zum Trommelmittelpunkt wirkenden Kräfte größer werden als die Zentrifugalkraft F_2:

$$F_2 = \frac{Gv^2}{gr} \approx \frac{Gv^2}{gR} \leqq G \cos \alpha, \tag{5.18}$$

wobei G die Masse der Kugel (in kg), v die Kreisgeschwindigkeit des Kugelzentrums (in m/s), g die Erdbeschleunigung (in m/s²), R der Trommelradius (in m), r der Kreisradius, auf welchem die Kugeln rotieren (in m), α der Abfallwinkel der Kugeln sind. R und r sind nicht gleich. Bei großem Trommeldurchmesser und kleinen Mahlkörpern kann die Differenz vernachlässigt werden. Setzt man in Formel (5.18) den Ausdruck für $v = Rn/30$ ein, wobei n die Umdrehungszahl der Trommel pro Minute ist, erhält man folgenden Ausdruck:

$$\cos \alpha \geqq \frac{v^2}{gr} \geqq \frac{\pi^2 R n^2}{30^2 g} \geqq \frac{n^2 R}{900}. \tag{5.19}$$

Wenn die Drehzahl der Trommel die Größe erreicht, bei der die Zentrifugalkraft gleich dem Kugelgewicht wird oder es gar überschreitet, wird sich die Kugel zusammen mit der Trommel drehen. Diese Drehzahl wird als kritisch-theoretische bezeichnet. Bei der kritischen Drehzahl der Trommel ist $\cos \alpha = 1$, da der Abfallwinkel der Kugeln $\alpha = 0$ ist. Dann erhält man entsprechend Formel (5.19) folgenden Ausdruck:

$$n_{\text{t.kr.}} = \frac{30}{\sqrt{R}} = \frac{42{,}4}{\sqrt{D}}, \tag{5.20}$$

wobei $n_{\text{t.kr.}}$ die theoretisch-kritische Drehzahl der Trommel für die äußere Kugelschicht und D der Innendurchmesser der Trommel in m sind.

Formel (5.20) charakterisiert die Abhängigkeit der theoretisch-kritischen Drehzahl von der Kugelmasse unter der Bedingung $R = r$. Sie zeigt, daß die theoretisch-kritische Drehzahl nicht von der Kugelmasse abhängt und sich mit Verringerung des Abstandes der Kugelschicht von der Drehachse erhöht. Deshalb bewegen sich die Kugeln der inneren Schichten noch wasserfallartig, wenn die äußere Kugelschicht die kritische Drehzahl bereits überschritten hat.

Für die Dispergierung von Pigmenten in Flüssigkeiten wird meist eine Drehzahl verwendet, die weit unterhalb der theoretisch- kritischen liegt. Allgemein rechnet man mit $n = (0{,}5\cdots0{,}7)\, n_{\text{t.kr.}}$. Je höher die Zahl der Kugeln in der Trommel ist, desto größer ist auch die Dispergierleistung der Kugelmühle. Bei Stahlkugeln mit ihrer großen spezifischen Dichte (7,75 g/cm³) ist ein Füllungsgrad von kaum mehr als 40% des Innendurchmessers der Trommel möglich. Der erhöhte Kraftbedarf, der starke Lagerdruck und verstärkt auftretende Abnutzung der Mahlkörper sowie der Trommelwandung rechtfertigen keinen größeren Füllungsgrad. Hartporzellankugeln mit ihrer weitaus geringeren spezifischen Dichte (2,25 g/cm³) lassen zwar einen Füllungsgrad zu, der etwa 50% des inneren Mühlendurchmessers beträgt, doch ist ihre Mahlwirkung geringer als bei Stahlkugeln. Deshalb werden meist Porzellankugeln mit größeren Durchmessern verwendet.

Für die Dispergierleistung ist auch die Dichtedifferenz zwischen Mahlkörper und zu dispergierendem Medium von großer Bedeutung. Ist der Dichteunterschied zu gering, reichen die auftretenden Scherkräfte nicht zur Zerstörung der Aggregate und Agglomerate aus.

Der Füllungsgrad der Trommel beeinflußt des weiteren die kritische Drehzahl der Mühle. Allgemein wird mit steigendem Füllungsgrad die kritische Drehzahl erhöht.

Der Einbau von Mahlbarren in die Kugelmühlenwandung erbringt eine bedeutende Erhöhung der Dispergierleistung. Die Kugelbewegung wird intensiviert, wodurch die sich ausbildende Kugelkaskade länger und wirkungsvoller wird. Zweckmäßigerweise werden die je nach Mühlengröße 5 bis 10 mm hohen Mahlbarren um je 90° versetzt angebracht, so daß die Barren eine kontinuierliche Kugelkaskade gewährleisten.

Den gesamten Kugelumlauf in der Mühle kann man in vier Bewegungsphasen unterteilen [153]:

1. Anstiegsphase,
2. Wurfbewegung,
3. Abrollen auf dem Haufwerk,
4. Umlenken und Einordnen zur ansteigenden Phase.

Während der Anstiegsphase bewegen sich die Mahlkörper in einzelnen Schichten näherungsweise auf Kreisbahnen, wobei eine Geschwindigkeitsdifferenz zwischen Mühlenwand und Kugelbahn auftritt. Dieser Schlupf wird erst mit Überschreitung der kritischen Drehzahl aufgehoben. Mit abnehmender Entfernung der Bahn zum Trommelmittelpunkt verringern sich auch die Zentrifugalkräfte, die die Mahlkörper auf diese Bahnen zwingen, und die Bewegung wird ungeordneter. Infolge der Behinderung durch Nachbarkugeln ändern einzelne Mahlkörper über ein Zeitintervall hinweg ihre Lage nicht, während andere in rückwärtiger Richtung rollen. In der Wurfphase lösen sich die Kugeln von der Mühlenwand oder von den ihnen aufgezwungenen anderen Kreisbahnen. Nur selten sind im ansteigenden Teil der Wurfbahn freifliegende Mahlkörper zu beobachten. Vielmehr erfolgt eine durch gegenseitiges Schieben der Kugeln erzeugte Zwangsbewegung. Nach dem Auftreffen der Kugeln auf die Mühlenfüllung rollen die Mahlkörper lawinenartig auf der durch die Rotation der Trommel entstandenen Kugelböschung in Richtung Mühlenwandung. Mit zunehmender Abbremsung der Mahlkörper durch Nachbarkugeln und Dispergiergut wird eine immer größere Anzahl ihre Bewegungsrichtung ändern und sich in die verschiedenen Umlaufbahnen der Anstiegsphase einordnen. Nur ein kleiner Teil der Kugeln prallt auf die Mühlenwandung. Der Umlenk- und Einordnungsprozeß erstreckt sich über einen weiten Bereich des gesamten mit Kugeln ausgefüllten Mühlenquerschnitts. Infolge des oftmaligen Platzwechsels in Richtung der Mühlendrehachse oder radial nach außen in Gebiete größerer Umfangsgeschwindigkeiten treten kurzzeitige Beschleunigungen oder Verzögerungen des Kugelumlaufs ein, und die Kugelpackung wird aufgelockert. Besonders die Zonen, in denen die abwärtsrollenden Kugeln mit denen der Einordnungsphase in Berührung kommen, sind stark in ihrer Packungsdichte gestört.

Während der Anstiegsphase treten große Scherkräfte auf, die bis zum Erreichen der kritischen Mühlendrehzahl anwachsen, um dann gegen Null zu streben. Auch im Gebiet des Abrollens der Kugeln sowie der Umlenk- und Einordnungsphase wirken große Schubspannungen auf die Agglomerate und Aggregate des Pigments, so daß an diesen Stellen die stärkste Dispergierwirkung erreicht wird.

Die Dispergiervorgänge werden mit der Theorie des aktiven Mahlraumes der Kugeln beschrieben [154]. Man geht davon aus, daß in der Pigmentsuspension sich aus einer gewissen Entfernung zwei Kugeln so weit nähern, daß die Oberflächen in Berührung kommen und sich dann wieder entfernen. Im Zeitpunkt der Berührung kann der Durchmesser der in der Nähe des Berührungspunktes befindlichen Pigmentaggregate und -agglomerate maximal nur so groß sein, wie an den betreffenden Stellen der Abstand zwischen den Kugeloberflächen. Befinden sich größere Teilchen zwischen den aktiven Oberflächen, werden sie hauptsächlich durch die Klemmung der Kugeloberflächen und durch die vom Dispersionsmittel ausgeübten Scherkräfte zerstört.

Für die Dispergierung sind nach diesen Vorstellungen zwei Kenngrößen entscheidend; die aktive Oberfläche und der aktive Mahlraum der Kugeln.

Als aktive Oberfläche A_d für die Teilchengröße d wird derjenige Teil der Oberfläche

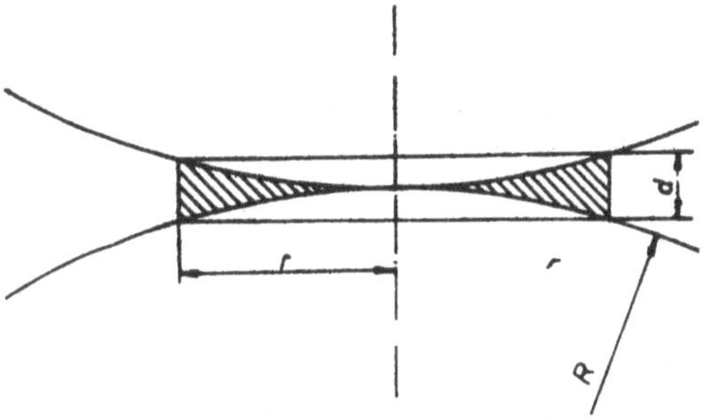

Abb. 5.30. Aktiver Mahlraum zwischen zwei Kugeln
R – Kugelradius, d – größte Pigmentteilchengröße

zweier sich berührender Kugeln bezeichnet, in dem der kürzeste Abstand zwischen den Kugeloberflächen 0 bis d beträgt (Abb. 5.30). Demzufolge ist A_d die Summe der Mantelflächen zweier Kugelsegmente von der Höhe $h_s = \frac{d}{2}$ und dem Kugelradius $R = \frac{D}{2}$.

$$A_d = 2(\pi R h_s) = \pi D d, \tag{5.21}$$

wobei D der Kugeldurchmesser und d der Teilchendurchmesser sind. Der aktive Mahlraum V_d für die Teilchengröße d ist dann dasjenige Volumen zwischen den Oberflächen zweier sich berührender Kugeln, in dem der kürzeste Abstand zwischen den Kugeloberflächen 0 bis d beträgt (Abb. 5.30). Daraus ergibt sich, daß der aktive Mahlraum das Zylindervolumen V_z vom Radius r und der Höhe $h_z = d$ ist, von dem das Volumen zweier Kugelsegmente von der Höhe $h_s = \frac{d}{2}$ und dem Kugelradius $R = \frac{D}{2}$ subtrahiert wurde.

Zylinder: $$V_z = \pi r d = \pi d^2 \left(R - \frac{d}{4}\right),$$

Kugelsegment: $$V_s = \pi h_s^2 \left(R - \frac{h_s}{3}\right) = \pi d^2 \left(R - \frac{24}{d}\right),$$

aktiver Mahlraum: $$V_d = V_z - 2V_s = \pi d^2 \left(\frac{D}{4} - \frac{d}{6}\right). \tag{5.22}$$

Da der Durchmesser der Pigmentteilchen sehr viel kleiner ist als der Kugeldurchmesser, kann der Ausdruck des zweiten Gliedes in der Klammer vernachlässigt werden. Damit vereinfacht sich Gleichung (5.22) zu:

$$V_d = \frac{\pi D d^2}{4}. \tag{5.23}$$

Eine Verringerung des Kugeldurchmessers bedeutet eine Vergrößerung der Kugelzahl und daraus folgend auch ein Ansteigen der Zahl der Berührungspunkte zwischen den Kugeln pro Volumeneinheit. In einem bestimmten Volumen gleichgroßer Kugeln vergrößern sich die aktive Oberfläche und der aktive Mahlraum umgekehrt proportional zur zweiten Potenz des Kugeldurchmessers D. Mit der Teilchengröße d wachsen die aktive Oberfläche proportional zur ersten Potenz und der aktive Mahlraum proportional zur zweiten Potenz.

Bei voller Gültigkeit der Theorie des aktiven Mahlraumes müßte die Mahlleistung ungefähr umgekehrt proportional dem Quadrat des Mahlkugeldurchmessers sein. Eine Verringerung des Kugeldurchmessers auf die Hälfte würde also die Kugelmühlenleistung vervierfachen. Weiterhin ist aus der Theorie abzuleiten, daß eine größere geforderte Reibfeinheit eine Verringerung des aktiven Mahlraumes zur Folge hat. Um die geforderte Mahlfeinheit zu erreichen, sind grundsätzlich zwei Möglichkeiten vorhanden:

— Verlängerung der Mahldauer,
— Verkleinerung des Mahlkörperdurchmessers.

Eine Verlängerung der Mahldauer läßt auch die Wahrscheinlichkeit der Echtmahlung ansteigen, die bei der Dispergierung von Magnetbandsuspensionen unbedingt zu vermeiden ist. Die Effektivität der Dispergierung in der Kugelmühle verringert sich, denn pro Zeiteinheit werden immer weniger Aggregate zerstört. Mit der Verkleinerung des Mahlkörperdurchmessers verringert sich auch die auf die Aggregate wirkende Kraft, die bei Unterschreitung eines bestimmten Kugeldurchmessers nicht mehr zur Zerstörung der Aggregate ausreicht.

Die Größe der Kugelkraft ist innerhalb der Kugelkaskade nicht gleichmäßig. Sie ist abhängig von der Lage der Kugeln, deren Geschwindigkeit, dem Kugeldurchmesser sowie der spezifischen Dichte des Mahlkörpermaterials. An der Berührungsstelle zweier Kugeln wirken, wenn sie sich an der Oberfläche der Kugelkaskade befinden, geringere Kräfte als bei einem Kugelpaar, das im Inneren der Kugelkaskade liegt, weil dann das Gewicht der darüber befindlichen Kugelsäule mit einwirkt.

Die Theorie des aktiven Mahlraumes der Kugeln beruht auf einer Reihe von Voraussetzungen, die nachfolgend näher untersucht werden sollen:

— Im Modell des elementaren Dispergierprozesses wird nur der Mahleffekt an der Kugeloberfläche berücksichtigt, obwohl sich in der Kugelmühle vor allem durch die Wirkung der Scherkräfte, die in der Suspension bei der gegenseitigen Bewegung der Kugeln und der viskosen Flüssigkeit entstehen, die Dispergierung vollzieht. Dies steht aber nicht im Widerspruch zur Theorie des aktiven Mahlraumes der Kugeln, die nur die größten Pigmentteilchen berücksichtigt, die den Feinheitsgrad der Suspension charakterisieren. Besonders feste Agglomerate und Aggregate, zu deren Zerteilung die Kraft des Schergefälles nicht ausreicht, müssen durch die Krafteinwirkung der Kugeln zerstört werden. Die Verteilung der abgespaltenen Primärpartikel wird von dieser Theorie nicht berücksichtigt.

- Die Theorie des aktiven Mahlraumes vereinfacht den Dispergierprozeß auf die bloße Annäherung und Berührung der Mahlkörper und die Wirkung der dabei entstehenden Kräfte. In der Kugelmühle treten aber vier verschiedene Dispergiereffekte auf: Kaskadeneffekt, Falleffekt, Rollvorgang und Rutschen der Mahlkörper. Die größte Wirksamkeit hat der Kaskadeneffekt. Die dabei ablaufenden Vorgänge entsprechen den Vorstellungen des Modells. Die suspensionsummantelten Kugeln stoßen sich gegenseitig an und rotieren dabei. Der Falleffekt sowie der Rollvorgang bewirken ebenfalls eine Zerkleinerung der in der Ummantelung befindlichen groberen Pigmentanteile. Wenig effektiv ist die Dispergierung, die durch Rutschen der Mahlkörper bewirkt wird. Die Folge des Rutschens sind starker Mahlkörperabrieb sowie deformierte Kugeln. Ein optimaler Kugelfüllungsgrad der Mühle kann den unerwünschten Effekt zurückdrängen. Die Dispergierwirkung durch Rutschen der Mahlkörper entspricht am wenigsten dem benutzten Modell.
- Die Theorie des aktiven Mahlraumes setzt voraus, daß jedes Pigmentteilchen die gleiche Wahrscheinlichkeit des Eindringens in den aktiven Mahlraum hat. Befindet sich die Suspension in den Hohlräumen der Kugelfüllung, ist diese Voraussetzung annähernd erfüllt. Eine Erhöhung des Suspensionsvolumens in der Mühle über das Hohlraumvolumen hinaus vermindert die Wahrscheinlichkeit des Eindringens jedes Partikels in den aktiven Mahlraum sehr stark. Die Überwindung der durchschnittlich größeren Entfernung der Kugeln voneinander, verringert die Anzahl der elementaren Prozesse pro Zeiteinheit, und die Dispergierdauer bis zum Erreichen eines geforderten Feinheitsgrades erhöht sich zwangsläufig. Die Zusammensetzung der Suspension beeinflußt in starkem Maß die Dispergierleistung der Kugelmühle.

5.2.2.1.3. Rührwerkskugelmühle

Schon Ende der zwanziger Jahre wurde begonnen, den bis dahin horizontal um seine Achse rotierenden Hohlzylinder der Kugelmühle stationär senkrecht anzuordnen und die Kugelfüllung mit einem langsam laufenden Rührwerk zu bewegen [155]. Der Mahltrog war zu 90% mit Mahlkörpern gefüllt, die aus Kies mit einem Anteil großer Kugeln bestanden. Ein Vergleich mit der Rohrkugelmühle zeigt, daß die Mahlkörpermenge dadurch etwa verdoppelt werden konnte, wodurch auch die Effektivität dieser ersten Rührwerkskugelmühlen höher als bei den herkömmlichen Kugelmühlen war. Das Rührwerk bestand aus einer einseitig gelagerten Hohlwelle mit Querrohr, durch welches das Mahlgut eingetragen wurde. An die Rührwelle waren hochkantstehende Flacheisen angesetzt, die die Mahlkörperfüllung in Bewegung setzten.

Eine ähnlich aufgebaute Rührwerkskugelmühle wird in [156] vorgestellt. Sie ist gekennzeichnet durch eine Erhöhung der Rührwerksdrehzahl und den ausschließlichen Einsatz von Kugeln mit gleichem Durchmesser, der je nach Mühlengröße zwischen 8 und 16 mm variiert werden kann. Der Suspensionszulauf befindet sich am oberen Ende des Mahlbehälters und der Ablauf am Boden. Die Rührwelle ist mit Rundstäben bestückt.

Mit Einführung der hochtourig laufenden Rührwerke und kleiner Mahlperlen fanden die Rührwerkskugelmühlen im großen Umfang Eingang in die Dispergiertechnik.

Rührwerkskugelmühlen bestehen aus einem Gestell, in dem Antriebsmotor, Getriebe und Pumpenaggregat zur Förderung des Dispergiergutes untergebracht sind. Die meist einseitig gelagerte Rührwelle, die ebenfalls am Gestell aufgehängt ist, ragt mit den Rührelementen in den auswechselbaren Mahlgutbehälter, der mit Mahlperlen gefüllt ist (Abb. 5.31). Zur intensiven Kühlung der Suspension wird der Mahlbehälter als Doppelmantel ausgeführt. In einigen Fällen werden auch zusätzlich Hohlwellen verwendet, um über die Rührelemente weitere Wärme abzuführen [157]. Das zu dispergierende Gut wird von unten in den Mahlbehälter gedrückt und verläßt ihn nach dem Dispergierprozeß am oberen Ende.

Der Zerkleinerungsvorgang findet vorwiegend zwischen den aneinander vorbeigleitenden und rollenden Mahlkörpern statt. Der Vorgang ist dem in Abschnitt 5.2.2.1.2. dargestelltem vergleichbar. Weitere Dispergierleistung wird zwischen den Rührelementen und den Mahlkörpern sowie in geringem Umfang zwischen Mahlkörpern und Behälterwand erbracht [158].

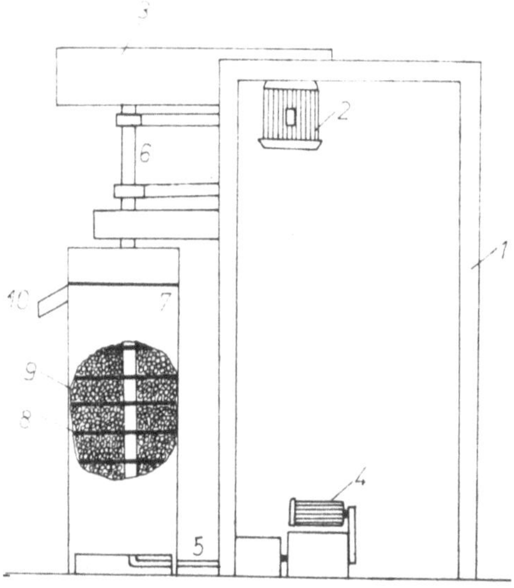

Abb. 5.31. Schematischer Aufbau einer Rührwerkskugelmühle

1 – Gestell, 2 – Antriebsmotor, 3 – Riementrieb, 4 – Pumpenaggregat, 5 – Suspensionszuführung, 6 – Rührwelle, 7 – Mahlbehälter, 8 – Mahlperlen, 9 – Rührelemente, 10 – Suspensionsauslauf

Die Rührwerkskugelmühle ist zur Feindispergierung von Teilchen im Bereich um 1 µm geeignet. Damit nähert man sich bereits der Korngröße, die mit physikalischen Zerkleinerungsmethoden überhaupt zugänglich ist. Um in diesem Teilchengrößenbereich optimal dispergieren zu können, müssen möglichst alle Einflußgrößen bekannt sein und entsprechend ihrer Wertigkeit berücksichtigt werden. In Tabelle 5.15 sind 29 technologische und konstruktive Einflußgrößen dargestellt, die für den Dispergierprozeß von Bedeutung sind [159].

Die konstruktive Form des Mahlbehälters hat relativ wenig Einfluß auf den Zerkleinerungsprozeß. Sie beeinflußt aber mit anderen Einflußgrößen die Strömungsverhältnisse des Mahlguts im Behälter, die besonders für eine kontinuierliche Fahrweise der Mühle von Bedeutung sind. Mit Ausnahme der Modularreibmühle stellt der Mahlbehälter der Rührwerkskugelmühlen ein zylindrisches Gefäß dar. Der Mahlbehälter der Modularreibmühle hat die Form eines ungleichmäßigen Dreiecks, wobei die Mahlbehälterwände in strömungsgünstige Radien übergehen. In Verbindung mit dem zentrisch angeordneten Mahlwerk entstehen differenzierte Reibzonen, die auf das

Tabelle 5.15. Einflußgrößen auf den Zerkleinerungsprozeß in schnell laufenden Rührwerkskugelmühlen [159]

Lfd. Nr.	Gruppe	Einflußbereich
1	Mahlbehälter	räumliche Lage
2		Durchmesser
3		Höhe
4		effektives Volumen
5		Produkteintritt
6		Produktaustritt
7	Rührer	Drehzahl
8		Durchmesser
9		Form der Rührelemente
10		Dicke der Rührelemente
11		Abstand zwischen den Rührelementen
12		Anzahl der Rührelemente
13		Lagerung der Welle
14	Mahlkörper	Form
15		Durchmesser
16		Durchmesserspektrum
17		Dichte
18		volumetrischer Füllungsgrad
19	Mahlgut	Form der Ausgangspartikel
20		Größe der Ausgangspartikel
21		Härte der Ausgangspartikel
22		Viskosität des Dispersionsmediums
23		Feststoffkonzentration
24		Tensidkonzentration
25		Art des Tensids
26		Temperatur
27		Dichte
28		Durchsatz
29		Anzahl der Durchsätze

Mahlgut wechselweise komprimierend und dekomprimierend wirken [160, 161]. In Abbildung 5.32 ist der Querschnitt eines solchen Mahlbehälters schematisch dargestellt.

Der Mahlbehälter ist meist vertikal angeordnet, weil damit bei der kontinuierlichen Fahrweise über den Querschnitt eine gleiche, zur Behälterachse symmetrische Strömung entsteht. Bei horizontalen Behältern wirkt die Schwerkraft senkrecht zur Behälterachse. Damit wird die Strömung über den Querschnitt hinweg ungleichmäßiger, wodurch eine stärkere axiale Vermischung und folglich ein breiteres Verweilzeitspektrum entsteht. Durch besondere konstruktive Gestaltung der Rührelemente kann die axiale Vermischung eingeschränkt werden. Vorteilhaft ist jedoch bei horizontaler Lagerung des Mahlbehälters die Möglichkeit der beiderseitigen Lagerung der Rührwelle, wodurch der Lagerverschleiß verringert wird.

Larsen schlug schon 1932 eine langsam laufende Rührwerkskugelmühle mit horizontalem Mahlbehälter vor [162]. Auch heute werden solche horizontalen Rührwerkskugelmühlen hergestellt [163–165] und mit Erfolg eingesetzt.

Der Behälterdurchmesser ist in erster Linie von der Größe der Mühle abhängig. In

Verbindung mit der Behälterhöhe und dem Rührerdurchmesser übt er einen Einfluß auf die Strömungsverhältnisse bei kontinuierlichem Betrieb aus.

Der Schlankheitsgrad λ, der durch das Verhältnis Höhe zu Durchmesser des Mahlbehälters definiert ist, wirkt sich auf die Verweilzeiten des Mahlgutes aus. Mit steigendem Schlankheitsgrad engt sich das Verweilzeitspektrum immer weiter ein, und damit wird auch das Korngrößenspektrum kleiner. Der Schlankheitsgrad des Mahlbehälters soll zwischen 2 und 6 liegen. In den meisten Fällen werden Werte von 3 bis 4 verwirklicht.

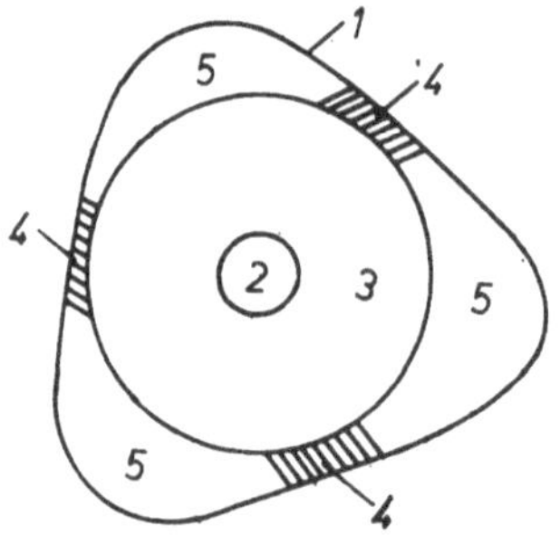

Abb. 5.32. Querschnitt durch den Mahlbehälter einer Modularreibmühle

1 – Mahlbehälter, 2 – Rührwelle, 3 – Rührscheibe, 4 – Kompressionszone, 5 – Dekompressionszone

Das effektive Volumen des Mahlbehälters dient als Bezugsgröße für den Mahlkörperfüllungsgrad und ist deshalb ausschlaggebend für die erzielbare Durchsatzleistung bei optimaler mittlerer Verweilzeit. Der Mahlkörperfüllungsgrad ist abhängig von der Ausführungsform des Produktaustrittes. Bei der Normalausführung der Rührwerkskugelmühle ist der Mahlbehälter oben offen. Am oberen Rand befindet sich ein zylindrisches Sieb oder ein Flachsieb, welches Mahlgut und Mahlperlen voneinander trennt. Infolge der durch die Rührelemente verursachten Rotation des Mahlbehälterinhalts bildet sich eine konzentrische Trombe aus. Dabei wird ein Teil der Rührelemente freigelegt, und die zwischen den Rührscheiben auftretenden Strömungsverhältnisse lassen ständig neues Mahlgut und Perlen an die Trombenoberfläche treten. Die entstehende Strömung wird allgemein als Zopfströmung bezeichnet (Abb. 5.33).

Auf Grund der unruhigen Oberfläche der Trombe werden größere Luftmengen in die

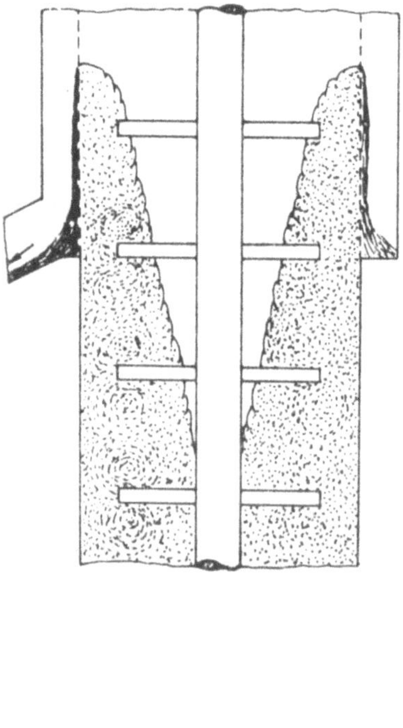

Abb. 5.33. Schema der Trombenbildung in einer offenen Rührwerkskugelmühle

Suspension eindispergiert, die sich beim Auftragen der Magnetbandsuspension auf die Unterlage nachteilig bemerkbar machen. Ein der Dispergierung nachfolgender Entgasungsprozeß mittels Vakuum ist mit einem großen Lösungsmittelverlust verbunden und deshalb nicht möglich. Die Verhinderung des Lufteintritts in die Suspension während des Dispergierprozesses ist deshalb eine entscheidende Forderung, die an eine zur Herstellung von Magnetbandsuspensionen verwendete Rührwerkskugelmühle gestellt wird.

Die wesentlichen Vorteile von geschlossenen Rührwerkskugelmühlen bestehen, neben der bereits erwähnten Verhinderung des Eindispergierens von Luft, in der Verarbeitbarkeit höherviskoser Medien und in der Verbesserung des Wirkungsgrades durch Wegfall der Trombenbildung und der dadurch möglichen Erhöhung des Mahlkörperfüllungsgrades. Die bekanntesten Ausführungsformen sind die Siebpatronentrennung, die Trennung mittels rotierender Zylindersiebe und die Reibspalttrennung [166, 167].

Der Produktzuführung kommt nur eine untergeordnete Bedeutung für den Zerkleinerungsvorgang zu.

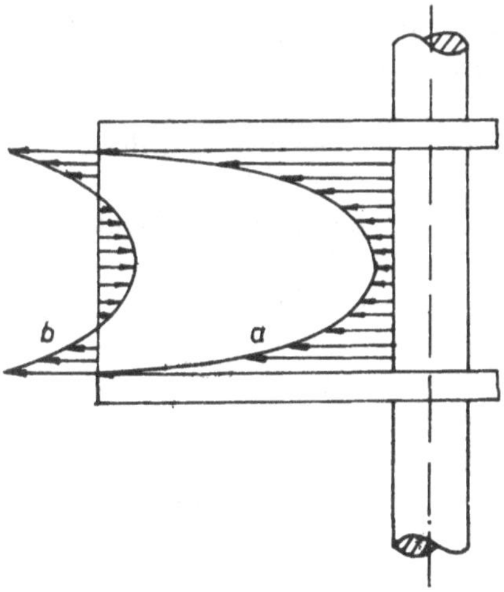

Abb. 5.34. Rotations- und Radialströmung
a — Rotationsströmung, *b* — Radialströmung

Die Rührwelle soll möglichst viele über die gesamte Länge verteilte Rührelemente aufweisen. Drehzahl und geometrische Verhältnisse der Rührelemente beeinflussen die Strömungsverhältnisse und damit entscheidend den Dispergierprozeß sowie die Verweilzeit der Suspension im Mahlbehälter.

Bei der Betrachtung der Dispergiervorgänge in der Kugelmühle zeigte sich, daß der Dispergierwirkungsgrad mit zunehmender Drehzahl ansteigt. Allerdings war der konventionellen Kugelmühle eine obere Leistungsgrenze dadurch gesetzt, daß mit dem Erreichen der kritischen Drehzahl der Wirkungsgrad der Kugelmühle auf Null absank. Für die Rührwerkskugelmühle besteht eine solche Begrenzung nicht. Eine Vergrößerung der Umgangsgeschwindigkeit der Rührelemente erhöht nicht nur die Berührungshäufigkeit der Mahlkörper, sondern steigert auch die von den Differenzgeschwindigkeiten abhängigen Scherkräfte. Neben den Einflüssen, deren Ursachen im Mahlgut Begründung finden, werden die Differenzgeschwindigkeiten beeinflußt durch die Absolutgeschwindigkeiten und die Größe der bewegten Elemente sowie durch die Abstände zwischen den bewegten und ruhenden Elementen, in denen sich die Geschwindigkeitsgefälle der Mahlperlen/Mahlgut-Mischung einstellen. Abbildung 5.34

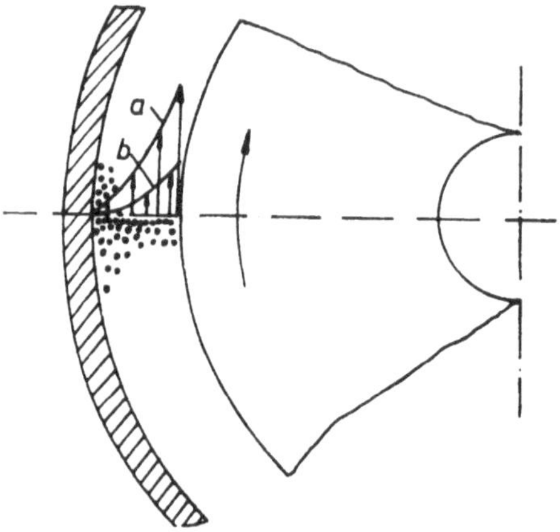

Abb. 5.35. Geschwindigkeitsgefälle zwischen Rührscheibe und Mahlbehälterwand
a – in Scheibenhöhe, *b* – zwischen zwei Scheiben

zeigt das Geschwindigkeitsgefällt der Rotations- und Radialströmungen an der Rührscheibenoberfläche. Ebenso stellt sich zwischen Rührscheibe und Behälterwand ein Geschwindigkeitsgefälle ein, das in Abbildung 5.35 schematisch dargestellt ist. Als Folge der aufgeführten Geschwindigkeitsgefälle tritt eine Schichtströmung der Mahlperlen ein (Abb. 5.36). Der hier eingezeichneten Schichtströmung ist infolge des hohen Mahlkörperfüllungsgrades und der damit verbundenen gegenseitigen Behinderung der Perlen eine wellenförmige Bewegung überlagert [168].

Wenn eine Umfangsgeschwindigkeit der Rührelemente ausreicht, die Mahlkörper in eine Schichtströmung zu versetzen, ist durch eine weitere Erhöhung der Drehzahl keine wesentliche Leistungssteigerung mehr zu erzielen. Vielmehr ruft eine zu hohe Drehzahl eine Rotation der gesamten Mahlkörpermasse hervor. Dabei wird die Relativgeschwindigkeit zwischen Perlen oder Perlenschichten nicht im gleichen Maß erhöht wie die Umfangsgeschwindigkeit. Verstärkte Verschleißerscheinungen an Rührelementen, Mahlbehälter und Mahlkörpern sind in vielen Fällen Zeichen einer überhöhten Umfangsgeschwindigkeit. Als optimale Umfangsgeschwindigkeit der Rührelemente werden 10 bis 13 m/s angesehen.

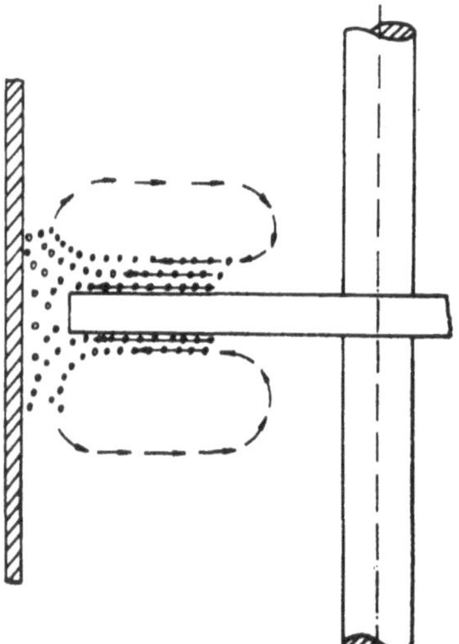

Abb. 5.36. Schematische Darstellung der Perlenschichtströmung

Der Rührerdurchmesser muß auf den Behälterdurchmesser abgestimmt sein. Eine maximale Nutzung des Mahlraumes ist nur dann möglich, wenn zwischen Rührelement und Behälterwand Mahlkörper eintreten können, die dort ein Schergefälle aufbauen. Theoretisch ließe sich auch das Schergefälle zwischen Behälterwand und Rührelement nutzen. Das setzt aber einen Abstand zwischen ruhendem und bewegtem Körper voraus, der so gering ist, daß ein dispergierwirksames Schergefälle aufgebaut werden kann. Solche Abstände können fertigungstechnisch nicht realisiert werden, denn die Rührwelle müßte in diesem Fall völlig ohne Unwucht sein. Diese extreme Verringerung des Rührelement/Behälterwand-Abstandes würde aber auch den Strömungswiderstand durch den Mahlbehälter sehr stark erhöhen, zu dessen Überwindung ein hoher Pumpendruck am Produkteingang notwendig wäre. Außerdem würde das Verweilzeitspektrum des Dispergiergutes deutlich gespreizt werden. Deshalb werden die Rührelemente so ausgelegt, daß ein Verhältnis zwischen Rührelementdurchmesser und Behälterdurchmesser von 0,8 bis 0,9 besteht.

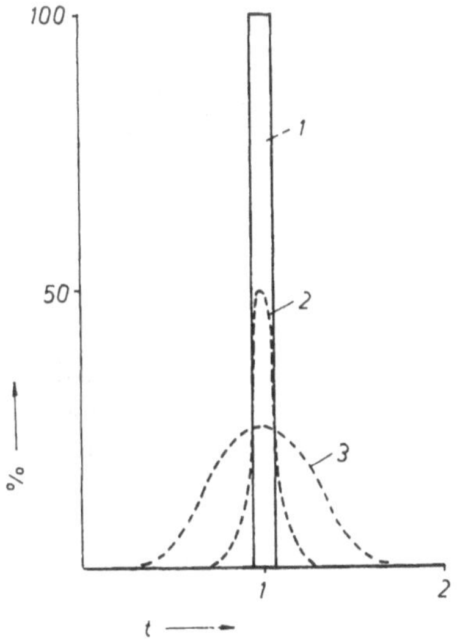

Abb. 5.37. Verweilzeitspektren
1 – Propfenströmung, 2 – geringe Axialvermischung, 3 – starke Axialvermischung

Die Geometrie der Rührelemente hat einen entscheidenden Einfluß auf die Dispergierwirkung und das Verweilzeitspektrum der Suspension im Mahlbehälter.

Die Form des Verweilzeitspektrums wird durch das Verhältnis der vom Rührelement hervorgerufenen Axial- und Radialströmungen bestimmt. Die lediglich theoretisch mögliche Pfropfenströmung könnte eine gleiche Verweilzeit aller zu dispergierenden Agglomerate und Aggregate garantieren, die für eine gleichmäßige Scherbeanspruchung und daraus folgend ein enges Korngrößenspektrum aller Partikel Voraussetzung ist. Alle realen Rührelemente bewirken mehr oder minder große Verweilzeitverschiebungen. In Abbildung 5.37 sind solche Verweilzeitspektren dargestellt. Allgemein kann festgestellt werden, daß mit wachsender Axialvermischung das Verweilzeitspektrum verbreitert wird, wodurch sich die Dispergierleistung, gemessen an den Grobanteilen der Suspension, vermindert. Durch die Axialvermischung wird die Strömung im Mahlbehälter unregelmäßiger, was zu unterschiedlichen Schergefällen und daraus resultierend unterschiedlichen Dispergierleistungen führt.

In Abbildung 5.38 sind einige der gebräuchlichsten Rührelemente dargestellt.

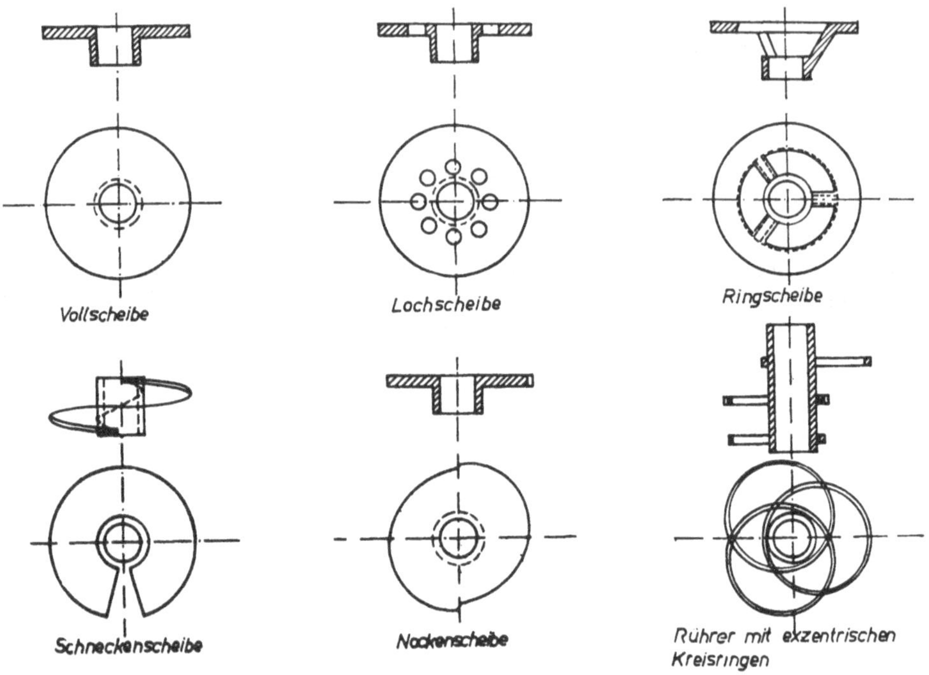

Abb. 5.38. Formen der gebräuchlichsten Rührelemente

Bei der *Vollscheibe* [168, 169] erfolgt die Energieübertragung ausschließlich durch Adhäsion des Mahlgutes an der Scheibe und durch Kohäsion innerhalb des Mahlgutes. Es tritt dabei eine Kombination aus Tangential- und Radialströmungen auf. Die Bewegungsimpulse in axialer Richtung entstehen lediglich durch Umlenkung der Radialbewegung an der Behälterwand. Demzufolge liegt ein sehr enges Verweilzeitspektrum vor. Eine Beeinflussung der Dispergierleistung der Vollscheibe unter Beibehaltung des Verweilzeitverhaltens ist durch eine unterschiedliche Form zu erreichen (Abb. 5.39). Eine Abschrägung der Kanten kann vorteilhaft sein, wenn sie genügend flach verläuft.

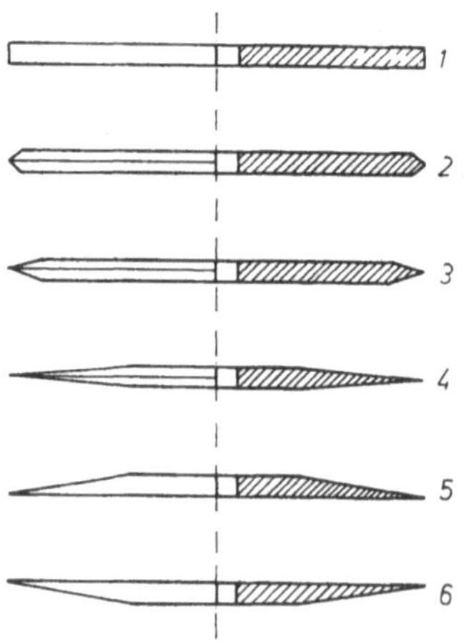

Abb. 5.39. Varianten der Vollscheibe

Bei der planparallelen Vollscheibe steht die gesamte obere bzw. untere Kreisringfläche zur Beschleunigung der Mahlkörper zur Verfügung. An der Peripherie der Scheibe angelangt, sind die Mahlkörper bestrebt, sich radial fortzubewegen, so daß am Scheibenumfang eine Unterdruckzone entsteht. Die Mahlkörper werden in Richtung dieser Zone abgelenkt, so daß sie außerhalb der Scheibe die Schichtströmung in Richtung Behälterwand stören und somit die Scherkräfte reduzieren. Eine steile Abschrägung des Scheibenrandes verringert den Beschleunigungsweg der Mahlkörper etwas, während an der Scheibenperipherie im Vergleich zur planparallelen Vollscheibe die Unterdruckzone nur unwesentlich verkleinert wird. Die Dispergierwirkung der Scheibe 2 wird folglich geringer sein als die der planparallelen Vollscheibe. Bei flacher werdender Abschrägung wird zwar der Beschleunigungsweg weiter verkürzt, doch die Strömungsauflockerung wird geringer, so daß die Dispergierwirkung im Vergleich zu Variante 2 verbessert wird. Ist die Abschrägung genügend flach, lösen sich die Mahlkörper am Übergang zur Abschrägung nicht mehr von der Scheibe und werden dadurch bis zum Scheibenrand beschleunigt. Infolge der entfallenden Störung der Schichtströmung wird der Wirkungsgrad der Variante 4 besser sein als bei der planparallelen Vollscheibe. Bei einseitig abgeschrägten Vollscheiben (Variante 5 und 6) ist eine Abschrägung der Scheibenoberseite günstiger, da die Schwerkraft die Ablösung der Perlen von der Scheibenoberfläche erschwert. Insgesamt sind diese Varianten aber weniger effektiv als die planparallele Vollscheibe.

Die *Lochscheibe* [168, 169] hat bei diskontinuierlichem Betrieb eine nur unwesentlich geringere Leistungsfähigkeit als die abgeschrägte Vollscheibe. Dagegen erbringt die Lochscheibe bei kontinuierlichem Dispergierbetrieb nur etwa 50% der Leistung der Vergleichsscheibe. Die zur Nabenseite hin befindlichen Löcher dienen vorwiegend dem Druckausgleich und der Gasabführung aus der Suspension. Die Bohrungen verursachen eine zusätzliche Axialströmung, so daß das Verweilzeitspektrum breiter wird.

Die *Ringscheibe* [168] wird durch schräg nach unten gerichtete Speichen mit der Nabe verbunden. Durch diese Konstruktion wird eine Axialströmung erzeugt, die das Material nach unten schleudert. Das Verweilzeitspektrum ist deshalb breiter als bei den Vollscheiben. Besonders für Mahlkörper mit geringem Durchmesser soll die Ringscheibe geeignet sein, da sie in Richtung Auslauf strebende Mahlkörper in das Zentrum des Mahlbehälters zurückfördert.

Die *Schneckenscheibe* [168] übt auf das Dispergiergut einen Förderimpuls vorwiegend in axialer Richtung aus. Die radiale Komponente ist nur gering. In langsam laufenden Rührwerkskugelmühlen werden hauptsächlich Schneckenscheiben verwendet. Hat die Schneckenscheibe keine durchgehende Schnecke, dann haben die Vorlaufkanten des Rührelements auch eine Schub—Schlag-Wirkung. Die nach dem Gegendruckverfahren arbeitenden Rührwerkskugelmühlen haben Schneckenscheiben mit nach unten gerichteter Förderwirkung [170]. Die Schneckenscheibe hat das breiteste Verweilzeitspektrum aller Rührelemente.

Die *Nockenscheibe* [168, 169] ist besonders für die Echtmahlung geeignet. Die Nocken stören den Aufbau einer Schichtströmung und üben einen zusätzlichen tangentialen Schub auf die Mahlkörper aus. Die in der Mahlgut—Mahlkörper-Mischung entstehenden Makrowirbel spreizen das Verweilzeitspektrum.

Rührer mit exzentrisch um die Rührwelle angeordneten Kreisringen [169] beschleunigen die Mahlkörper hauptsächlich über eine Verdrängung durch das Rührelement. Die Anzahl der gleichzeitig beschleunigten Mahlkörper ist im Vergleich zur Vollscheibe geringer, wobei die Beschleunigung nach unterschiedlichen Richtungen erfolgt. Die Verschleißbeanspruchung ist bei diesen Rührelementen besonders groß.

Einen Sonderfall stellen die Rührelemente in der Ringkammermühle dar [171]. Die Rührwelle ist hierbei als Hohlwelle mit relativ großem Durchmesser ausgeführt. Die Rührstäbe sind kurz, um die Differenzgeschwindigkeit zwischen Rührwelle und äußerem Ende des Rührstabes in engen Grenzen zu halten. Die Rührstäbe sind an der Hohlwelle ringförmig übereinander in verhältnismäßig geringen Abständen angeordnet. Zur Verbesserung der Aktivierung der Mahlkörperfüllung befinden sich an der Behälterinnenwand ebenfalls ringförmig am Umfang angeordnete Gegenstäbe, die jeweils in der Mitte zwischen zwei ringförmig mit der Rührwelle umlaufenden Rührstäben eingreifen (Abb. 5.40). Die Ringkammermühle wird zu den langsam laufenden Rührwerkskugelmühlen gezählt.

Die Volumina von Rührwelle und Rührelementen verkleinern das effektive Volumen des Mahlbehälters und senken dadurch über die Menge der einsetzbaren Mahlkörper die Zahl der elementaren Dispergierbereiche. Weiterhin wurde bei der Vollscheibe festgestellt, daß zwischen Scheibenperipherie und Mahlbehälter eine die homogene Schichtströmung störende Unterdruckzone entsteht. Durch Verringerung der Scheibenstärke kann die Unterdruckzone verkleinert sowie die Anzahl der Mahlkörper erhöht werden. Deshalb sollten die Rührscheiben nur die Dicke besitzen, die zur Gewährleistung ihrer Stabilität notwendig ist.

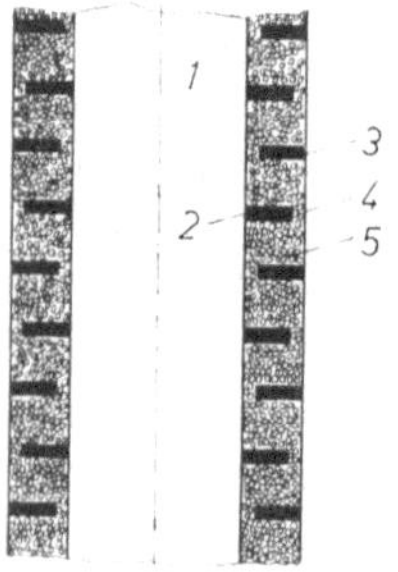

Abb. 5.40. Schnitt durch eine Ringkammermühle
1 – Hohlwelle, 2 – Rührstab, 3 – Gegenstab, 4 – Behälterwand, 5 – Kugelfüllung

Der Durchmesser der Rührwelle sollte, sieht man von der Sonderform der Ringkammermühle ab, auch nicht über das zur Erreichung der Stabilität notwendige Maß hinausgehen, weil sonst ein Teil der Perlenbeschleunigungsstrecke verlorengeht und folglich die kinetische Energie der Mahlkörper verringert wird.

Der Abstand der Rührelemente auf der Welle soll möglichst gering sein, denn die Energieübertragung auf die Perlen erfolgt ausschließlich in unmittelbarer Nähe der Rührelemente. Die Schichtströmung der Mahlkörper weist senkrecht zur Bewegungsrichtung ein starkes Geschwindigkeitsgefälle auf (Abb. 5.33–5.35), so daß ab einer gewissen Distanz die Relativgeschwindigkeiten der Kugeln nicht mehr zur Zerstörung der Agglomerate und Aggregate ausreichen. Der optimale Rührerabstand ist der, bei dem das ungehinderte Zurückströmen der Mahlkörper gerade noch gewährleistet wird. Er ist abhängig vom Rührerdurchmesser, von der Viskosität des Mahlgutes und dem Durchmesser der Mahlkörper.

Am unteren Ende der Rührwelle, die in der Rührwerkskugelmühle meist einseitig gelagert ist, befindet sich ein Schwungelement, das eine gewisse Führung für die Welle darstellt und so den Wellenlauf stabilisiert.

Form, Art, Größe und Menge der Mahlkörper üben einen entscheidenden Einfluß auf den Dispergiervorgang aus [159, 169]. Kugeln sind den natürlich vorkommenden Mahlkörpern, wie Kies und Sand, überlegen, denn auf Grund ihrer gleichmäßigen Form gewährleisten sie am ehesten eine homogene Schichtströmung, die Voraussetzung für einen maximalen Dispergiereffekt bei minimalem Mahlkörperverschleiß ist. Die Druckfestigkeit und daraus resultierend die Verschleißfestigkeit der aus einem Spezialglas hergestellten Perlen ist höher als die von Ottawa-Sand, der in der Sand-Mill Verwendung findet. Die höhere Schwimmneigung unregelmäßiger Mahlkörper gegenüber der Kugelform wirkt sich bei kontinuierlich betriebenen Rührwerkskugelmühlen nachteilig aus, weil sie schon bei niedrigerer Durchsatzmenge gegen das Trennsieb oder den Reibspalt gedrückt werden. Aus diesem Grunde wird bei der Sand-Mill die Ringscheibe bevorzugt, die den Sand in das Mühleninnere zurückpumpt.

Als Werkstoffe für Mahlperlen sind praktisch alle mit dem Mahlgut verträglichen verwendbar, doch werden meist nur Glas, Keramik oder Stahl eingesetzt.

Entscheidend für die erreichbare Dispergierfeinheit ist der Durchmesser der Mahlkörper. Eine optimale Perlengröße ist nicht allgemein definierbar, sondern nur für ein konkretes Dispergierproblem. Die Mahlkörper müssen gerade so groß sein, daß die erzeugten Scherkräfte zur Zerkleinerung der Agglomerate und Aggregate ausreichen. Die Anzahl der Mahlkörper und folglich auch die Anzahl der in der Perlenfüllung vorhandenen elementaren Dispergierzonen verhält sich umgekehrt proportional zur 3. Potenz des Perlendurchmessers. Mit fortschreitender Dispergierung wächst andererseits auch die Anzahl der zerkleinerten Agglomerate und Aggregate sowie der daraus freigesetzten Primärpartikeln in starkem Maße an. Diese progressive Zunahme der Teilchenanzahl erfordert eine maximale Mahlperlenanzahl. Deshalb ist bei großen Mahlkörpern die Dispergiergeschwindigkeit sehr gering, und extreme Feinheiten können nicht erreicht werden. Bei Primärpartikelgrößen unter 1 μm muß die Perlengröße geringer als 1 mm sein.

Die Verwendung von Perlen einheitlicher Größe ist daher günstiger als der Einsatz polydisperser Kugelchargen. Zwar erfolgt bei diesen eine gewisse Sortierung der Perlen im Mahlraum nach ihrer Größe, doch ist der Verschleiß durch Abrieb und Bruch deutlich größer als bei monodispersen Kugelchargen. Wie oben bereits festgestellt, wirkt sich ein möglichst geringer Rührelementeabstand positiv auf die Dispergierleistung aus. Da aber der optimale Rührerabstand auch vom Perlendurchmesser abhängig ist, kann mit polydispersen Kugelchargen niemals eine optimale Dispergierleistung erbracht werden.

Die Perlenmenge im Mahlbehälter übt einen entscheidenden Einfluß auf die Dispergierleistung aus. Erstens vergrößert sich die Zahl der Berührungspunkte zwischen den Perlen mit steigendem Füllungsgrad, und zweitens, das scheint die Hauptursache für die Leistungssteigerung zu sein, verringert sich der Perlenabstand. Das bewegte System Mahlkörper/Mahlgut wird immer bestrebt sein, einen Zustand des Energieminimums zu erreichen, der bei etwa gleichmäß ger Verteilung der Mahlkörper im Mahlgut gegeben sein sollte. Sind nur wenig Mahlperlen im Mahlgut enthalten, werden sie sich im Normalzustand in relativ großen Abständen aneinander vorbeibewegen. Im System treten dann nur geringe Scherkräfte auf, so daß die Dispergierleistung niedrig bleibt. Je größer der Füllungsgrad ist, desto geringer wird der Perlenabstand, und um so größere Schergefälle wirken auf die Teilchen dispergierend. Andererseits wächst bei überhöhtem Füllungsgrad auch die gegenseitige Behinderung der Mahlkörper, wodurch die Perlenschichtströmung empfindlich gestört wird, was eine Effektivitätsminderung der Rührwerkskugelmühle zur Folge hat. Gleichzeitig vergrößert sich der Mahlkörperverschleiß. Für jedes Dispergierproblem muß deshalb die optimale Mahlkörperfüllung ermittelt werden.

Die Kornform hat nur einen relativ geringen Einfluß auf den Dispergierprozeß. Erwartungsgemäß lassen sich kugelförmige und kubische Teilchen am besten dispergieren. Nadeln mit großem Längen—Breiten-Verhältnis bereiten größere Schwierigkeiten, da die Dispergierung nicht auf Stoßwirkung, sondern auf Scherkraftwirkung beruht. In solchen Fällen ist eine intensive Vordispergierung notwendig.

Die Größe der Ausgangsteilchen bestimmt den notwendigen Perlendurchmesser. Das Verhältnis zwischen Perlendurchmesser und Teilchendurchmesser ist ausschlaggebend für das Einziehen der Partikel in die Dispergierzone zwischen zwei Mahlkörpern. Kleine Mahlperlen haben für große Agglomerate und Aggregate ungünstige Einzugsverhältnisse, so daß die Dispergierung erschwert wird. Andererseits wird der Perlendurchmesser von der zu erreichenden Endfeinheit bestimmt. Um diesen Schwierigkeiten zu entgehen, sollte eine intensive Vordispergierung in einem anderen Dispergieraggregat oder einer Rührwerkskugelmühle mit größeren Mahlperlen erfolgen.

Die spezifische Dichte des Mahlkörpermaterials beeinflußt die Auftriebskräfte, die auf die Mahlkörper wirken, und damit auch die maximale Durchsatzleistung. Die Durchsatzmenge ist prinzipiell in weiten Grenzen variierbar. Mit steigendem Durchsatz wird das Verweilzeitspektrum schmaler. Das wirkt sich positiv auf das Kornverteilungsspektrum aus. Eine steigende Durchsatzmenge verringert wiederum die Verweilzeit der Teilchen im Mahlbehälter. Auf Grund dieser Zusammenhänge ist es meist nicht möglich, die Endfeinheit beim ersten Durchlauf zu erreichen.

Bei optimaler Gestaltung der Mahlraumverhältnisse, insbesondere der Mahlelemente, hat sich gezeigt, daß eine Verweilzeit von etwa zehn Minuten am günstigsten ist.

Von allen hier behandelten Einflußgrößen können neun als Haupteinflußgrößen bezeichnet werden:

- Rührerdrehzahl,
- Rührerdurchmesser,
- Form der Rührelemente,
- Abstand zwischen den Rührelementen,
- Mahlkörperfüllungsgrad,
- Mahlkörperdurchmesser,
- Feststoffkonzentration,
- Tensidkonzentration,
- Mahlgutdurchsatz.

Von den restlichen zwanzig Einflußgrößen sind einige durch das Mahlgut gegeben und daher kaum beeinflußbar, während die übrigen konstruktive Größen sind.

Die Rührwerkskugelmühle ist, wie schon angedeutet, speziell für die Feindispergierung geeignet. Bei Verwendung eines speziellen Dosierwerkes am Produkteintritt kann sie aber auch als Vordispergieraggregat genutzt werden [172—174]. Die Feststoffe werden über eine Dosierbandwaage und die Flüssigkeiten mit Ovalradzählern in das Mischaggregat eingegeben. Die Produkte werden mit einer Schnecke vorgemischt und der Rührwerkskugelmühle zugeführt. Zur Verhinderung des Eindringens von Mahlperlen in den Einspeiser ist ein Trennspalt eingebaut. Der Mahlbehälter enthält eine polydisperse Kugelcharge, so daß eine intensive Vordispergierung ermöglicht wird.

Rührelemente mit geringer axialer Vermischungskomponente erleichtern die Separierung der Kugelcharge im Mahlbehälter. So wirken auf das vorgemischte Dispergiergut anfangs nur die größeren Kugeln, die große Agglomerate und Aggregate zerstören. Erst im oberen Bereich des Mahlbehälters, wo vorwiegend kleinere Mahlperlen vorhanden sind, werden auch kleinere Materialzusammenballungen zerstört. Die Verwendung einer Reibspalttrennung für Mahlgut und Mahlkörper gewährleistet eine Vollraumnutzung des Mahlbehälters. Diese spezielle Mühlenkonstruktion ist nicht zur Feindispergierung von Magnetbandsuspensionen geeignet.

5.2.2.2. Feindispergierung

Zur Feindispergierung der Magnetbandsuspension werden ausschließlich Rührwerkskugelmühlen mit kleinen Mahlperlen verwendet. Das Ziel der Feindispergierung ist die maximale Aufspaltung von Agglomeraten und Aggregaten in Primärpartikel, ohne daß der Anteil an echt gemahlenem Pigment zu einer negativen Beeinflussung der elektroakustischen Eigenschaften der Magnetbänder führt.

Die Magnetbandsuspension wird nach dem Auftragen auf die Unterlage im noch flüssigen Zustand einem starken magnetischen Feld ausgesetzt, das die nadelförmigen Pigmentteilchen in der Schicht ausrichtet. Wenn noch viele Agglomerate und Aggregate vorliegen, wird der Ausrichtungsquotient niedriger sein, denn die Pigmentzusammenballungen lassen sich schlechter ausrichten. Wegen des geringen Ordnungszustandes der magnetischen Teilchen in der Schicht wird die Packungsdichte der Pigmentnadeln niedriger sein, wenn die Ausrichtbarkeit verringert ist. Der Grad der Feindispergierung beeinflußt folglich die elektroakustischen Eigenschaften der Bänder entscheidend.

So sind eine Verringerung der Wiedergabequalität bei hohen Frequenzen, eine Vergrößerung des Gleichfeldrauschens und ein geringer magnetischer Fluß oft das Zeichen eines ungenügenden Desagglomerationsgrades. Eine Intensivierung der Feindispergierung hat aber auch einen Anstieg der Echtmahlung zur Folge, die sich hauptsächlich in einer Erhöhung des Kopiereffektes zwischen zwei benachbarten Magnetbandwindungen äußert.

Bei der Echtmahlung muß zwischen einem Zerbrechen der Nadeln und einem Abschleifen von größeren Molekülverbänden unterschieden werden. Der erste Fall wird durch zu hohe Scherkräfte oder das Vorhandensein von sehr festen Aggregaten begünstigt. Das Abtrennen von Molekülverbänden von den Pigmentteilchen kann durch ausreichende Stabilisierung der Primärpartikel durch Adsorption geeigneter Dispergierhilfsmittel oder Bindemittelanteile vermindert werden. Ist diese Schutzschicht genügend fest am Pigment verankert, widersteht sie auch den in der Rührwerkskugelmühle auftretenden großen Scherkräften.

5.2.3. Filtration

Die Filtration ist als Verfahren der Fest—Flüssig-Trennung ein Teilabschnitt im Prozeß der Suspensionsherstellung, der einen direkten Einfluß auf bestimmte Fehlerkategorien nimmt und damit die Qualität des Finalprodukts Magnetband maßgeblich bestimmt. Diese Einflußnahme umfaßt solche Bandfehler, die unter dem Begriff drop-outs bekannt sind und deren Ursachen in einer Störung der magnetischen homogenen Schicht durch in ihr enthaltene größere Partikel, nachfolgend als Überkorn bezeichnet, liegen. Die in diesem Falle vorhandene Beeinträchtigung der Aufnahme- und Wiedergabequalität äußert sich in einem Informationsverlust, der zumeist durch Abheben des Bandes vom Magnetspalt an der Stelle eines über die Oberfläche herausragenden Überkorns verursacht wird. Große nicht magnetisierbare Teilchen verursachen ebenfalls drop-outs. Ein hoher Anteil an Überkorn in der Schicht bewirkt als integraler Effekt die Erhöhung der Oberflächenrauhigkeit und wirkt sich letztendlich negativ auf den Rauschpegel des Bandes und das Abrasivitätsverhalten aus.

Unter Überkorn sind im Rahmen dieser Darstellung lediglich solche Partikel zu verstehen, die als Suspensionsbestandteil auf das Trägermaterial gelangen, also von Filtrationsvorgängen beeinflußt werden können, und nicht solche, die nach Passieren des Antragwerkes an der Beschichtung und in den weiteren Verarbeitungsstufen auf die Bandoberfläche gelangen oder in sie eingebracht werden.

Zwischen dem speziellen Fall der Filtration von Magnetbandsuspension und klassischen Filtrationsverfahren bestehen bereits in der Zielstellung prinzipielle Unterschiede, weswegen zur Bezeichnung des anliegenden Prozesses eigentlich die Begriffe „Feststoffklassierung bzw. -siebung in flüssiger Phase“ oder „Überkornfiltration“ dem bloßen Begriff „Filtration“ vorzuziehen sind.

Der Unterschied äußert sich darin, daß man natürlich bestrebt ist, den im Prozeß der Dispergierung zur Feinverteilung des Pigments in der Bindemittellösung getriebenen Aufwand nicht zu übersteigern, sondern nur einen verschwindend geringen Teil, nämlich das Überkorn, abzutrennen, d. h., möglichst sämtliche Pigmentteilchen unterhalb einer bestimmten Korngröße müssen das Filter passieren. Diese Problematik wird hauptsächlich durch den analog dazu in der Farben- und Lackindustrie üblichen relativ hohen Pigmentgehalt, der in der Größenordnung von 20 bis 30 Gew.-% liegt, kompliziert, zumal sich die hohen Qualitätsanforderungen an das Finalprodukt auch auf die Bedingungen, die an eine derartige Filtration gestellt werden müssen, niederschlagen.

Eine Charakterisierung des Überkorns läßt sich aus der Entstehung der Suspension ableiten. Danach unterscheidet man im wesentlichen folgende Arten:

- Überkorn aus suspensionseigenem Material, hauptsächlich nicht feindispergierte, relativ harte Aggregate und Agglomerate;
- Überkorn aus suspensionsfremdem Material, z. B. Schmutzpartikel, die mit den Rohstoffen oder während der Bearbeitung eingetragen werden können, sowie technologisch bedingter Abrieb aus den Verarbeitungsmaschinen.

Das entscheidende Trennmerkmal im Prozeß Überkornfiltration ist die Korngröße. Das heißt, die Materialzusammensetzung der störenden Teilchen besitzt für den Abtrennvorgang nur insofern eine Bedeutung, als bestimmte Überkornmaterialien trotz geringer Größe eine derartige Form und Oberfläche im Verarbeitungsprozeß annehmen, die eine Abscheidung gegenüber gleichgroßen Teilchen anderer Gestalt erleichtert. Erwähnt seien an dieser Stelle z. B. schuppenförmige Partikel oder solche mit besonders rauher und zerklüfteter Oberfläche.

In der feindispergierten Suspension liegen die Pigmentteilchen stets in einer Größenverteilung mit einem ausgeprägten Maximum im Bereich der nadelförmigen Primärpartikel vor. Die monotone Abnahme der Verteilung des reinen Pigments wird im allgemeinen durch die Überkornverteilung überlagert, deren Maximum im höheren Korngrößenbereich angesiedelt ist (Abb. 5.41).

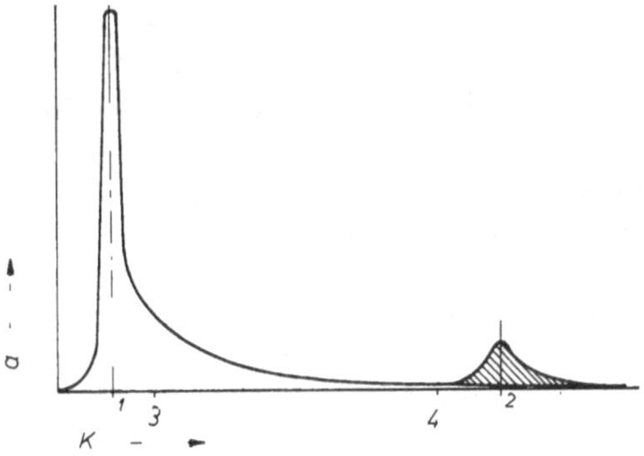

Abb. 5.41. Qualitative Darstellung der Korngrößenverteilung
a — Anteil bestimmter Korngrößen in der Suspension, *K* — Korngröße, 1 — Größe der Primärpartikel, 2 — Stelle, an der das Häufigkeitsmaximum des Überkorns liegt

Während bei einer Darstellung in Partikelanteilen das Maximum des Überkorns nicht ausgeprägt ist, tritt es bei Verwendung von Masse- oder Volumenanteilen, bedingt durch das Größenverhältnis zwischen Überkorn und Normal- bzw. Primärkorn, deutlicher hervor. Der Korngrößenbereich zwischen den bezeichneten Maxima stellt eine sogenannte Merkmalslücke dar. Stoffsysteme mit ausgeprägten Merkmalslücken — dies ist auch auf andere Merkmale als z. B. die Korngröße anwendbar — lassen sich mit geringerem Aufwand trennen als solche, bei denen ein monotoner Verlauf der Kurve links bzw. rechts vom Maximum vorliegt. Demzufolge bereitet es zum Teil große Schwierigkeiten, die Abtrennung der Partikeln in Abbildung 5.41 oberhalb der Korngröße 3 vorzunehmen, während die Trennung im Punkt 4 einfacher zu bewerkstelligen ist.

Einen wesentlichen Einfluß auf die Trennung übt das Filtermaterial aus. Man unterscheidet im Prinzip zwei Arten der Filtration, die im realen Prozeß zwar nie exakt voneinander getrennt werden können, von denen jedoch stets die eine oder die andere dominiert.

— *Oberflächenfiltration*
  Darunter versteht man die Partikelabscheidung an der Oberfläche des Filtermaterials, deren Normale entgegen der Strömungsrichtung der Suspension zeigt. Eine Abscheidung an der Oberfläche tritt zumeist bei in ihrer Struktur definierten flächigen Gebilden, wie Metall- oder Textilgeweben und Papiermaterialien, auf. Dabei werden die suspendierten Teilchen durch Formschluß am Poreneingang festgehalten. Man kann in diesem Falle auch von Siebung sprechen. Die Kapazität des Filtermaterials ist dann erschöpft, wenn sämtliche Poren verstopft sind. Wichtige Materialparameter sind Porendurchmesser und -anzahl. Eine qualitative Darstellung der Abscheidungswahrscheinlichkeit eines Oberflächenfilters zeigt Abbildung 5.42.

— *Tiefenfiltration*
  Darunter versteht man die Abscheidung von Partikeln in einer porösen Schicht, d. h., das Material besitzt eine Längenausdehnung in Strömungsrichtung, in deren Bereich Feststoffteilchen abgelagert werden. Voraussetzung dazu ist die Möglichkeit des Eindringens der Suspension in das Filtermaterial. Das Festhalten der Partikeln erfolgt durch Reibungsschluß, Formschluß und teilweise durch molekulare Kräfte. Wichtige Materialparameter sind Dicke, Dichte und Lückenvolumen der Filterschicht. Abbildung 5.43 zeigt die qualitative Darstellung der Abscheidewahrscheinlichkeit für ein Tiefenfilter.

Prinzipiell wäre die Oberflächenfiltration, bei der mit der Wahl der Porengröße des Filtermaterials die Abscheidegrenze ziemlich gut festgelegt werden kann, für eine Klassierung vorrangig geeignet, da hierbei das Durchdringen des Filters durch Überkorn mit einer Größe oberhalb der maximalen Pore nicht möglich ist. Jedoch steht dem der bereits erwähnte hohe Pigmentgehalt entgegen. Bedingt durch die dichte Lage der Pigmentpartikel zueinander tritt nach kurzer Filterlaufzeit bereits eine Verstopfung der Poren ein. Verantwortlich hierfür ist vorzugsweise der Brückenbildungseffekt, der mit steigendem Pigmentgehalt progressiv zunimmt. Wählt man die Gewebeporen zu groß, gibt man praktisch die sichere Abscheidung auf, die Filtration wird wirkungslos.

Bessere Ergebnisse bringen hier poröse Schichten, also Tiefenfilter, deren Abscheidungswahrscheinlichkeit bereits im unteren Korngrößenbereich höher liegt als bei vergleichbaren Oberflächenfiltern.

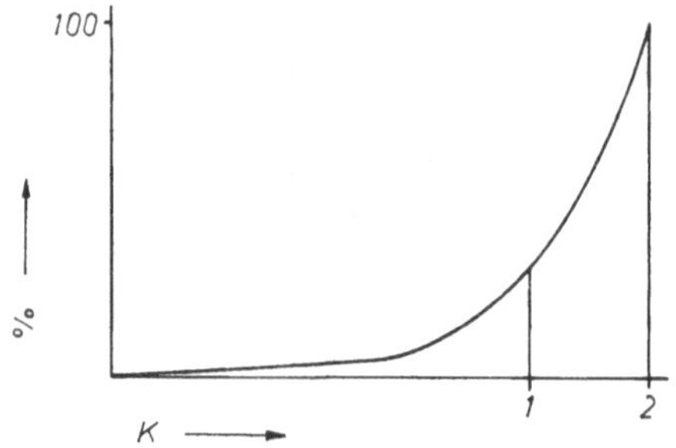

Abb. 5.42. Qualitative Darstellung der Abscheide wahrscheinlichkeit eines Oberflächenfilters

K – Korngröße der aufgegebenen Suspensionspartikel, 1 – durchschnittliche Porengröße, 2 – maximale Porengröße

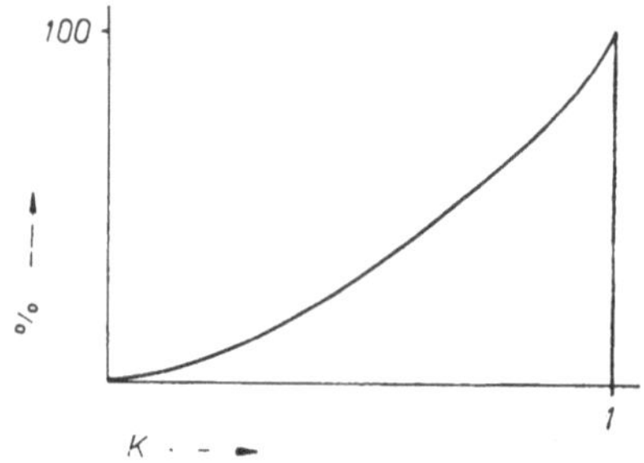

Abb. 5.43. Qualitative Darstellung der Abscheidewahrscheinlichkeit eines Tiefenfilters

1 – maximale Eintrittspore an der Filteroberfläche

Vorteile von Tiefenfiltern für den Einsatz zur Klassierung hochpigmentierter Suspension gegenüber der Oberflächenfiltration liegen besonders in der hohen Anzahl der Möglichkeiten beim Schichtaufbau für den entsprechenden konkreten Fall, in der hohen Speicherkapazität für Überkorn, im vergleichsweise geringem Druckverlust bei äquivalenten Abscheideleistungen sowie in wesentlich höheren erreichbaren Standzeiten.

Aus Abbildung 5.44 ist zu ersehen, daß mittels Hintereinanderschaltung von Filterschichten eine weitere Verbesserung erzielt werden kann, nimmt man eine erneute Überlagerung der Kurve „nach Filtration" als Grundlage. Da die maximale Korngröße in der Suspension gleichfalls verringert wurde, ist es möglich, die Dichte der Filterschicht und damit auch die Abscheideleistung entsprechend zu erhöhen, ohne dabei die Filterstandzeit unter ein ökonomisch vertretbares Minimum zu senken. In der Praxis hat sich diese Verfahrensweise bewährt und ist als sogenannte Stufen- oder Mehrfachfiltration Bestandteil der Technologie.

Eine exakte mathematische Modellierung des Filtrationsvorganges ist nahezu nicht durchführbar, zumindest bereitet die Lösung gewonnener Gleichungssysteme auf Grund ihrer Kompliziertheit bei Beachtung aller Einflüsse erhebliche Schwierigkeiten. Es lassen sich jedoch die wichtigsten Verknüpfungen zwischen Betriebs- und Systemparametern bei Gültigkeit bestimmter Restriktionen darstellen.

Unter der Voraussetzung laminarer Strömungsverhältnisse und bei absoluter In-

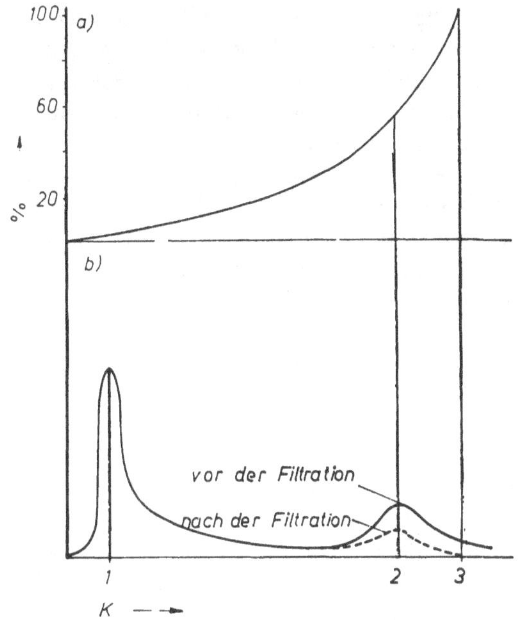

Abb. 5.44. Verringerung des Überkornanteils durch Filtration
a) Abscheidewahrscheinlichkeit des Filtermaterials, b) Überlagerung von Pigmentverteilung
1 – Primärkorngröße, 2 – Häufigkeitsmaximum des Überkorns, 3 – maximale Eintrittspore an der Filteroberfläche

kompressibilität der Filterschicht gilt annähernd das Gesetz von DAREY:

$$\beta = \frac{\Delta p F}{\dot{V} \eta z}.$$

Dabei bedeuten β Filterwiderstand, Δp Druckverlust der Filterschicht, F Filterfläche (bei Tiefenfiltration Querschnittsfläche, deren Normale in Strömungsrichtung zeigt), $\dot{V}$ Durchsatz an Suspension, η Viskosität, z Dicke der Filterschicht.

Der Filterwiderstand ändert sich im Verlauf des Filtrationsprozesses auf Grund der Beladung des Materials mit abgeschiedenen Teilchen. Dadurch erhöht sich der Differenzdruck, setzt man gleichbleibenden Durchsatz voraus. Da die Belastung des Filters in erheblichem Maße von der Korngrößenverteilung der Suspension abhängt, ist erkennbar, daß der Verlauf des Prozesses nicht nur vom eingesetzten Filtermaterial, sondern auch von der zu klassierenden Suspension abhängt. Suspension und Filtermaterial sind daher stets als System zu betrachten.

Das Gesetz von DAREY ist geeignet zur Ermittlung von Filterwiderständen und damit zum Vergleich verschiedener Materialien ähnlicher Struktur. Es ist zu beachten, daß solche Untersuchungen im Bereich geringer Änderungen des Filterwiderstandes vorgenommen werden. Andererseits können auf Basis dieser Werte zu erwartende Betriebsparameter bei der Klassierung unterschiedlicher Suspensionen im Anfiltrationsstadium abgeschätzt werden. Bemerkt sei an dieser Stelle noch, daß es sich bei hochpigmentierten Suspensionen auf der Grundlage organischer Bindemittel um nichtnewtonsche, meist thixotrope Stoffsysteme handelt, bei denen die Viskosität η eine Funktion der Scherspannungen und damit auch der Geschwindigkeit der Suspension in den Filtermaterialporen ist.

In der Praxis werden eine ganze Reihe von Filterapparaten eingesetzt, die zum Teil im Hinblick auf den speziellen Fall der Klassierung hochpigmentierter Systeme gestaltet sind. Neben Funktionsfragen sind hierbei besonders die Probleme des leichten Filterwechsels, verbunden mit einfacher Reinigungsmöglichkeit, sowie Fragen der Schutzgüte wichtig, werden doch im Prozeß oft Lösungsmittel verwendet, die erhebliche Anforderungen an den Gesundheits-, Arbeits- und Brandschutz stellen.

Die Tendenz geht dahin, bereits vorgefertigte Filtermaterialien, z. B. die bekannten Filterkerzen in verschiedener Ausführung, sowie Halbfabrikate, die einen geringen Herstellungsaufwand erfordern, einzusetzen, wobei die Filter nicht regenerierbar sind, sondern nach Gebrauch verworfen werden. Die komplizierte Struktur der Filterschichten würde bei einer vollständigen Säuberung zerstört, so daß das Filter ohnehin nicht wieder einsetzbar ist. Abgesehen davon, daß sich lose Schichten, die besser regenerierbar sind, bisher kaum bewährt haben, würden bei ihrer Erneuerung erhebliche Mengen von Abfallstoffen, z. B. Spülmittel u. a., auftreten, so daß hierdurch zusätzliche Probleme entstehen würden.

Abschließend soll noch darauf verwiesen werden, daß eine qualitätsgerechte Dispergierung die Voraussetzung für das Erreichen guter Bandeigenschaften ist und keinesfalls durch immensen Aufwand beim Klassierungsprozeß ersetzt werden kann. Mängel in der Dispergierung führen stets auch zu Schwierigkeiten bei der Überkornabtrennung, die sich in hohem Pigmentverlust und kurzen Filterstandzeiten äußern [175, 176, 177].

5.2.4. Allgemeines technologisches Schema

Wie aus den vorherigen Abschnitten zu entnehmen ist, stehen verschiedene Dispergieraggregate für die Herstellung der Magnetpulversuspension zur Verfügung. Entsprechend der eingesetzten Dispergiermaschinen unterscheiden sich auch die technologischen Schemata.

Prinzipiell kann aber die Herstellung der Suspension in fünf technologische Stufen unterteilt werden, die je nach Verfahren eine mehr oder minder große Eigenständigkeit aufweisen:

— Herstellung der Bindemittellösung,
— Vorbereitung des Antistatikmittels,
— Vordispergierung,
— Feindispergierung,
— Filtration.

In Abbildung 5.45 sind der Materialfluß und die Verknüpfung der technologischen Stufen im Prozeß „Dispergierung" dargestellt. Da als Lösungsmittel organische Flüssigkeiten verwendet werden, die in den meisten Fällen toxische Eigenschaften besitzen und oftmals mit Luft explosive Gasgemische bilden, ist eine gute Abdichtung aller Aggregate notwendig. Die Ausbildung explosiver Gemische wird vorrangig durch Verdrängung des Luftsauerstoffes durch Schutzgase (Stickstoff, Kohlendioxid u. a.) verhindert.

Die gleichbleibende Qualität der Magnetschichten wird durch eine ständige Kontrolle aller Vor- und Zwischenprodukte gewährleistet. Nur wenn alle Prüfwerte innerhalb der vorgeschriebenen engen Toleranzen liegen, kann das Produkt der nächsten Verfahrensstufe zugeführt werden.

Die Herstellung der Bindemittellösung geschieht meist chargenweise in Rührgefäßen, in welche die Lösungsmittel aus dem Tanklager über eine Dosiereinrichtung eingefüllt werden. Anschließend werden die pulverförmigen Bindemittel über eine Dosierbandwaage unter Rühren in das Lösungsmittel gegeben. Eingesetzte Polyurethane liegen meist als Granulate vor, die auf gleiche Weise eingefüllt werden. Infolge der Größe der Teilchen ist die Lösezeit der Polyurethane größer. Befindet sich alles Bindemittel im Rührkessel, wird die Rührerdrehzahl erhöht, um größere Bindemittelzusammenballungen zu zerschlagen. Danach wird die Lösung bis zum völligen Auflösen des Bindemittels bei abgestelltem Rührer im verschließbaren Behälter belassen. Vor der Ver-

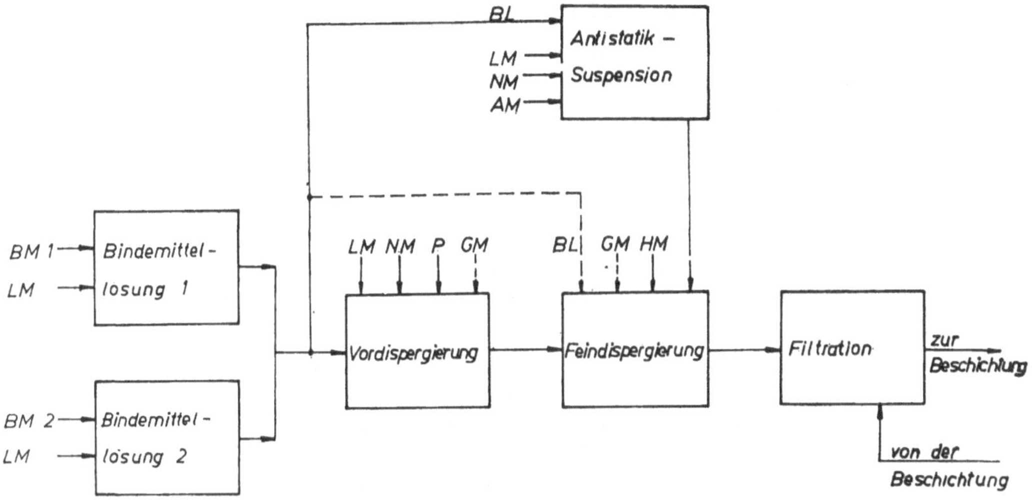

Abb. 5.45. Allgemeines Materialfließschema in der technologischen Stufe Dispergierung
LM – Lösungsmittel, NM – Dispergierhilfsmittel, GM – Gleitmittel, P – magnetisches Pigment, HM – Härtungsmittel, AM – Antistatikmittel, BL – Bindemittellösung, BM – Bindemittel
→ Komponente *muß* an dieser Stelle zugegeben werden
-→ Komponente *kann* an dieser Stelle zugegeben werden

wendung der Bindemittellösung wird nochmals kräftig durchgemischt, um etwaige Konzentrationsunterschiede in der Lösung zu beseitigen. Meist wird dem Bindemittel nur soviel Lösungsmittel zugegeben, daß eine gut pumpfähige Lösung entsteht, die im Vordispergieraggregat mit dem restlichen Lösungsmittel auf die vorgeschriebene Konzentration verdünnt wird.

Wird ein Bindemittelsystem mit Weichmacher verwendet, entfällt der zweite Bindemittelbehälter, weil das Weichmachungsmittel der fertigen Bindemittellösung zugeführt wird.

Findet als Leitfähigkeitskomponente Ruß Verwendung, so wird dieser separat vordispergiert. Dazu werden Bindemittellösung, Lösungsmittel, Dispergierhilfsmittel, Ruß u. a. in eine Kugelmühle gefüllt und bis auf eine festgelegte Feinheit dispergiert. Eine gemeinsame Dispergierung von Ruß und magnetischem Pigment ist nicht zweckmäßig, denn das Antistatikum als hydrophobes Pigment verhält sich anders als die hydrophilen magnetischen Partikeln bei der Stabilisierung. Die hohen Scherkräfte während des Dispergierprozesses könnten die Rußstruktur zerstören, wodurch das elektrische Leitvermögen des Antistatikums beeinträchtigt würde. Aus diesem Grunde wird die Rußsuspension erst während der Feindispergierung der Magnetpulversuspension zugesetzt.

Die Vordispergierung der Magnetpulversuspension kann in Kugelmühlen, Dissolvern oder Rührwerkskugelmühlen mit Dosiereinrichtung durchgeführt werden.

Bei der Kugelmühlenvordispergierung werden die Bindemittellösung und das Lösungsmittel in die Mühle dosiert und daran schließend das Dispergierhilfsmittel eingefüllt. Wirkt das Gleitmittel nicht als Netzmittel, wird also nur ein sehr geringer Anteil vom Pigment adsorbiert, kann dieses schon während der Vordispergierphase in der Suspension enthalten sein. Im anderen Fall ist die Zugabe nach erfolgter Stabilisierung der Suspension zweckmäßiger, um die Wirksamkeit dieser Komponente nicht einzuschränken. Nach Zudosierung des magnetischen Pigments verschließt man die Kugelmühle und leitet die Vordispergierung ein. Nach einer festgelegten Zeit wird die Dispergierung unterbrochen und die Suspension über Zwischenbehälter der Feindispergierphase zugeführt.

Für die Vordispergierung im Dissolver werden die gleichen Komponenten wie bei Verwendung einer Kugelmühle vorgelegt. Die Zugabe des magnetischen Pigments erfolgt unter Rühren, wobei die Drehzahl zur Vermeidung übermäßiger Staubentwicklung herabgesetzt wird. Erst nach der Pigmentzuführung ist die Rührerdrehzahl auf den optimalen Wert einzustellen. Die praktisch erreichbare Dispergierfeinheit hat sich nach 15 bis 20 Minuten eingestellt, weshalb nach dieser Zeit die Vordispergierphase abgebrochen wird. Zur Verbesserung der Dispergierleistung wird ein möglichst hoher Pigmentgehalt verwendet. Deshalb braucht die Suspension während der Vordispergierung nur einen Teil der Bindemittellösung zu enthalten.

Die vordispergierte noch instabile Suspension neigt wegen der vorhandenen Agglomerate und Aggregate und der noch mangelhaften Stabilisierung der vorhandenen Primärpartikeln stark zur Sedimentation. Der als Bindeglied zwischen Vor- und Feindispergierung fungierende Zwischenbehälter muß aus diesem Grunde mit einem langsam laufenden Rührwerk ausgestattet sein, das dem System soviel Energie zuführt, daß ein Absetzen verhindert wird.

Die Rührwerkskugelmühle mit Dosiereinrichtung kann ebenfalls als Vordispergiereinrichtung genutzt werden. Theoretisch bestehen zwei Möglichkeiten ihrer Anwendung. Bei der ersten Variante kann die auf den geforderten Feststoffgehalt eingestellte Bindemittellösung, in der das Dispergierhilfsmittel und gegebenenfalls das Gleitmittel gelöst sind, gemeinsam mit dem magnetischen Pigment eingespeist werden. Die zweite Möglichkeit besteht in der Verwendung der Förderschnecke als Mischaggregat, in der die Vermengung des Lösungsmittels, welches das Netzmittel enthält, mit einem Gemisch aus magnetischem Pigment und pulverförmigem Bindemittel erfolgt. In beiden Fällen werden erhebliche Anforderungen an die Dosiergenauigkeit gestellt, wenn eine reibungslose kontinuierliche Vordispergierung gewährleistet werden soll. Der Vorteil dieser Rührwerkskugelmühle besteht in der großen Vordispergierleistung hinsichtlich Menge und erreichbarer Kornfeinheit im Vergleich zur Kugelmühle und dem Dissolver.

In der nachfolgenden Phase der Feindispergierung wird die geforderte Kornfeinheit erreicht und die Suspension stabilisiert. Wie unter 5.2.2.1.3. vermerkt, ist die erforderliche Dispergierfeinheit nicht in einem Rührwerkskugelmühlendurchlauf zu erreichen, weil eine Verringerung des Durchsatzes eine Verbreiterung des Verweilzeitspektrums nach sich zieht, was die Gefahr der Echtmahlung erhöht. Aus diesem Grunde wird man nicht eine einzelne Rührwerkskugelmühle aufstellen, sondern mehrere Aggregate zu einer Dispergierstraße vereinigen, durch welche die Suspension bis zur Erreichung der notwendigen Dispergierfeinheit gepumpt wird.

Während der Feindispergierung werden die noch fehlenden Rezeptbestandteile gleichmäßig zudosiert, so daß eine homogene Suspension entsteht. Die Suspensionen mehrerer Ansätze werden in einem Sammelbehälter gemischt, um ein Bandmaterial mit möglichst geringen Abweichungen von den Zielparametern zu erhalten. Muß der Suspension ein Härter zugesetzt werden, erfolgt dies in der letzten Phase der Feindispergierung oder in einem der Filtration vorgelagertem Mischprozeß.

Die Beseitigung des Überkornanteils ist in einem einstufigen Filtrationsprozeß nicht realisierbar. Vielmehr unterwirft man die Suspension erst einer Grobfiltration, ehe die Feinfiltration in Anwendung kommt. Meist wird die Suspension in einem Kreislauf durch die Filtration gepumpt, so daß eine ständige Klassierung erfolgt. Hinter dem Filter wird der Suspensionsstrom geteilt, wobei ein Teil dem Antragswerk der Beschichtungsmaschine zugeführt wird, während der Rest wieder in den Filtrationskreislauf eingespeist wird. Die Suspension, die am Antragswerk nicht verbraucht wird, gelangt über ein Rohrleitungssystem zurück in den Filtrationskreislauf. So können alle in die Suspension gelangenden Fremdpartikeln und neue entstandene Agglomerate abgeschieden werden.

6. Antrag von Magnetpigmentsuspensionen auf Unterlagen

Grundsätzlich unterscheidet man heute zwischen zwei Verfahren, um magnetische Suspensionen auf Unterlagen aufzutragen, dem älteren „Naß-Naß"-Verfahren sowie dem moderneren „Trocken-Naß"-Verfahren. Bei dem älteren „Naß-Naß"-Verfahren wird das Zweischichtsystem — bestehend aus einer Celluloseacetatunterlage sowie der magnetisierbaren Schicht — an einem Aggregat und in einem Maschinendurchgang erzeugt. Der Filmbildungsprozeß der Unterlage sowie der der magnetisierbaren Schicht vollziehen sich auf einem Metallband. Das „Trocken-Naß"-Verfahren ist dadurch charakterisiert, daß die Magnetitsuspension auf eine bereits vorproduzierte Unterlage aus synthetischen Hochpolymeren (vorwiegend PETP) aufgetragen wird.

Zur Herstellung von Magnetbändern nach dem „Naß-Naß"-Verfahren werden sogenannte Gießmaschinen, wie in Abibldung 6.1 dargestellt, eingesetzt. Dazu wird

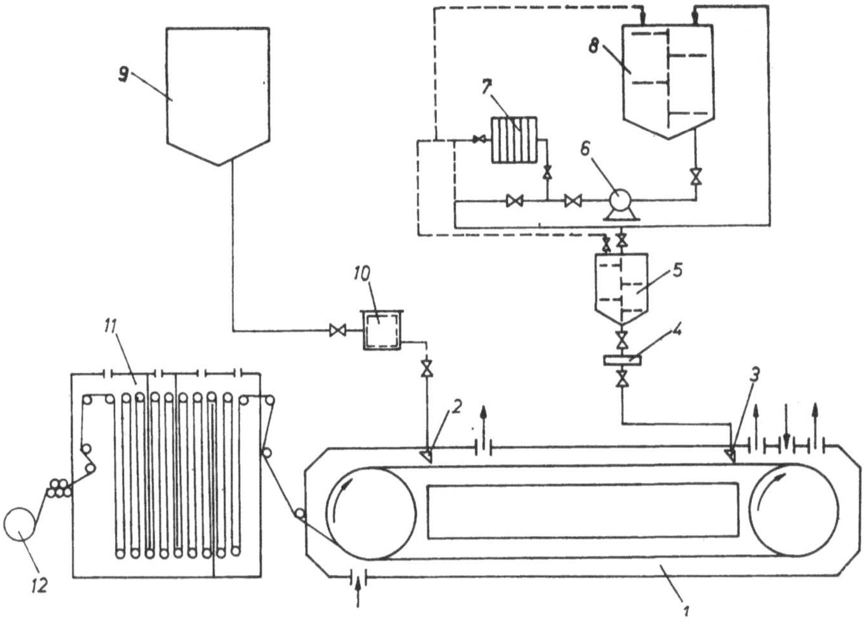

Abb. 6.1. Schema zur Herstellung von Magnetband nach dem „Naß-Naß"-Verfahren

1 — Gießmaschine, 2 — Gießer für Celluloseacetatlösung, 3 — Gießer für die Suspension, 4 — Filtertopf, 5 — Druckbehälter, 6 — Zahnradpumpe, 7 — Filterpresse, 8 — Rührbehälter, 9 — Temperierter Vorratsbehälter, 10 — Filtertopf, 11 — Nachtrockenschrank, 12 — Aufwicklung

der über einer angetriebenen Walze befindliche Gießer (siehe Abb. 6.6) benutzt, um die Celluloseacetatlösung auf das endlose Stahlband aufzutragen. In einem definierten Abstand wird von einem zweiten Gießer die Beschichtung der Magnetpigmentsuspension auf die schon prägefeste Celluloseacetatfolie realisiert.

Wie aus der schematischen Darstellung der Technologie des „Naß-Naß"-Verfahrens ersichtlich ist, fließt die Celluloseacetatlösung aus einem temperierten Vorratsbehälter 9 in den Filtertopf 10 der Gießmaschine. Der Filtertopf ist über einen Schlauch mit dem Gießer 2 verbunden. Die folienbildende Lösung wird kontinuierlich durch den Gießer auf das sich unter ihm fortbewegende endlose Band der Maschine 1 aufgetragen und tritt in den oberen Trockenkanal ein. Hier verdunsten aus der sich bildenden Unterlagenschicht die Lösungsmittel; das Polymere geht dabei in einen prägefesten Zustand über.

Die Magnetpigmentsuspension wird mittels einer Zahnradpumpe 6 aus dem Rührbehälter 8 durch eine Rahmenfilterpresse 7 gefördert; dabei zirkuliert die Suspension kontinuierlich im geschlossenen System: Rührbehälter—Filterpresse—Rührbehälter. Diese kontinuierliche Zirkulation schließt eine Sedimentation der Suspension und ein Auftreten thixotroper Eigenschaften durch ständig wirkende Scherkräfte aus. Gleichzeitig wird, wie auch bei den nachgeschalteten Filteraggregaten, eine fraktionierte Überkornabscheidung durch Anschwemmfiltration realisiert, die eine fast vollständige Entfernung von störenden Bestandteilen, z. B. Schmutzpartikel, Pigmentagglomerate usw., gewährleistet.

Aus dem Filterpressenkreislauf tritt die Suspension in den Druckbehälter 5 ein und wird danach in den Filtertopf 4 geleitet. Von diesem gelangt die Suspension in den Gießer 3. Ein Teil der Suspension wird auf die unter dem Gießer vorbeilaufende feuchte Celluloseacetatunterlage aufgetragen, der Überschuß an Suspension gelangt in den Rührbehälter zurück.

Das derart erzeugte Zweischichtsystem wird durch eine kurze Trockenzone über eine mitlaufende Walze in den unteren Trockenkanal der Maschine geführt. Nach Passieren dieses Abschnittes der Gießmaschine wird das Magnetband durch eine Abzugswalze von der Oberfläche des endlosen Edelstahlbandes in den Nachtrockenschrank 11 geleitet. Beim Verlassen der Nachtrocknungssektion hat das Magnetband die erforderliche Restfeuchte und kann an der Aufwicklung 12 zu transportfähiger Bahnware aufgewickelt werden.

Das „Naß-Naß"-Verfahren weist wesentliche Nachteile auf. Der entscheidendste Nachteil besteht im gleichzeitigen Antrag völlig unterschiedlicher Polymere an einer Begießmaschine. Der damit verbundene erforderliche Kompromiß bei der Optimierung der Maschinenlaufgeschwindigkeit muß notwendigerweise auf die Spezifik des Polymeren mit den ungünstigeren Folienbildungs- und Trocknungsbedingungen, bezogen auf die mögliche Begießgeschwindigkeit, ausgerichtet sein. Bei den vorstehend beschriebenen Ausgangsstoffen ist eine Bandgeschwindigkeit von 10 bis 15 $m \cdot min^{-1}$ durch den Einsatz von Celluloseacetat in der folienbildenden Lösung der signifikante Faktor für die Einschränkung der Leistungsfähigkeit.

Die Herstellung von Magnetbändern nach dem „Naß-Naß"-Beschichtungsverfahren wurde deshalb durch die „Trocken-Naß"-Beschichtung abgelöst. Die Gründe liegen in einer wesentlichen Erhöhung der Antragsgeschwindigkeit bei gleichzeitiger Verbesserung der Homogenität der sich bildenden Polymereschicht. Weiterhin werden optimale Voraussetzungen für die Trocknung der Arbeitsschicht geschaffen, die eine gezielte Verbesserung der Gebrauchswerteigenschaften ermöglichen. Nicht zuletzt deshalb hat das erweiterte Sortiment der einsetzbaren Hochpolymerfolien in den Stärken von 6 µm bis 75 µm für das „Trocken-Naß"-Verfahren die Entwicklung der magnetischen Aufzeichnungsmaterialien wesentlich mitbestimmt.

6.1. Filmbildungsprozeß

Für den eigentlichen Filmbildungsprozeß der magnetisierbaren Schicht sowie für den Prozeß der Bildung eines beliebigen Polymerefilms aus einer Lösung besitzt das Verfahren des Suspensionsantrages nicht die entscheidende Bedeutung.

Prozeßbestimmend ist hierbei die Verdunstung der Hauptbestandteile eingesetzter Lösungsmittel aus der sich bildenden Schicht. Mit fortschreitender Verdunstung der Lösungsmittel erhöht sich die dynamische Viskosität, was einem Übergang des Bindemittels aus dem gelösten in den prägefesten Zustand gleichkommt. Während dieses Überganges wird die Filmstruktur fixiert, die die Arbeitsschicht des Magnetbandes darstellt.

Spezifische Besonderheiten ergeben sich für den Filmbildungsprozeß bei der Herstellung der magnetisierbaren Schicht wegen des Vorhandenseins magnetischer Pigmente im Bindemittel und der Möglichkeit des Antrages auf hydrophiler Unterlage — Celluloseacetat, beim „Naß-Naß"-Verfahren — bzw. auf hydrophober Unterlage — vorwiegend Polyethylentherephtalat (PETP), beim „Trocken-Naß"-Verfahren, da die Mikrostruktur u. a. durch die Qualität der Unterlagenoberfläche bestimmt wird.

Bei der Verwendung von noch nicht vollständig geformten, hydrophilen Unterlagen entstehen auf Grund der Lösungsmitteldiffusion aus der Dispersion in die Schichtoberfläche der Unterlage günstige Voraussetzungen für den Verlauf der Relaxationsprozesse sowohl in den unteren als auch in den oberen Bereichen der sich bildenden Arbeitsschicht.

Die hydrophoben PETP-Unterlagen haben keine ähnlich günstigen Voraussetzungen für die Ausbildung einer optimalen Adhäsion der Arbeitsschicht auf der Unterlage und machen deshalb den Einsatz einer Bindemittelmatrix mit einer hinreichenden Konzentration an Nebenvalenzen im Grenzschichtbereich und damit vorwiegend verbesserten adhäsiven als auch kohäsiven Eigenschaften notwendig.

Generell erfolgt während der Lösungsmittelverdunstung aus der Arbeitsschicht bei gleichzeitiger Ausbildung eines geschlossenen Oberflächenfilms eine Lösungsmitteldiffusion aus tieferen Regionen der Schicht an die Oberfläche. Die Gesamtlösungsmittelverdunstung hingegen setzt sich aus zwei Abschnitten zusammen.

Charakteristisch für den ersten Abschnitt ist der Diffusionswiderstand innerhalb der Schicht, der bedeutend größer ist als der Verdunstungswiderstand, der von dem sich ausbildenden Oberflächenfilm bewirkt wird.

Der zweite Abschnitt wird durch eine ständige Abnahme der Trocknungsgeschwindigkeit charakterisiert. In diesem Trocknungsabschnitt vollzieht sich die Oberflächenlösungsmittelverdunstung unter gleichzeitiger von oben nach unten verlaufender Ausbildung der endgültigen Schichtstruktur schneller als die Diffusion der Lösungsmittel an die äußere Schichtoberfläche. Der Stofftransport an die Oberfläche erfährt somit einen zunehmenden Widerstand. Die verdunstende Flüssigkeitsmenge wird stetig kleiner, so daß die ursprüngliche Trocknungsgeschwindigkeit des ersten Trocknungsabschnittes nicht aufrechterhalten werden kann.

In den nachfolgenden Darlegungen werden einige rheologische Aspekte von Pigmentsuspensionen im Zusammenhang mit den physikalisch-mechanischen Eigenschaften der sich ausbildenden magnetisierbaren Schicht des Bandes untersucht.

Ausgehend von Untersuchungen der Adsorption, der Rheologie und der Sedimentation von Pigmentsuspensionen entwickelten SCHÜTTE und KÖLLING [1] neue Vorstellungen über die Struktur konzentrierter Bindemittellösungen. Danach liegen in konzentrierten Lösungen die Polymermoleküle nicht als isolierte solvatisierte Polymerknäuel, sondern in Form isodiametrischer Molekülverbände, sogenannter Globulen, vor. Diese Globulen enthalten neben einer großen Anzahl assoziierter Bindemittelmoleküle noch eine beträchtliche Menge Lösungsmittel. Sie bilden mit dem restlichen Lösungsmittel der Bindemittellösung eine athermische Mischung, die maximal bis zu der Bindemittelkonzentration existent sein kann, die der Zusammensetzung der Globulen entspricht. Man kann annehmen, daß bei Erreichen dieser Grenzquellkonzentration die Bindemittellösung schließlich nur noch aus einem einzigen zusammenhängenden fließfähigen Gel besteht.

Nach diesen Vorstellungen über die Struktur konzentrierter Bindemittellösungen können also zwei Bereiche unterschieden werden, einmal der Bereich des gequollenen Bindemittels, d. h. der Gelbereich, und zum anderen der Bereich der im überschüssigen Lösungsmittel dispergierten Polymerassoziate, d. h. der Dispersionsbereich. Die Bezeichnung als Dispersionsbereich erfolgt deshalb, weil man modellmäßig die Globulen auch als Mikrogele betrachten kann, die im Lösungsmittel dispergiert vorliegen. Aus dieser Betrachtungsweise läßt sich ableiten, daß die mechanisch-physikalischen Eigenschaften eines Polymerfilms wesentlich durch die bereits in der Bindemittellösung vorliegenden strukturellen Verhältnisse beeinflußt werden können.

Man kann davon ausgehen, daß die Polymeremoleküle im Molekülverband, sofern es die sterischen Verhältnisse zulassen, auf Grund inter- und intramolekularer Wechselwirkungen einzelner Molekülgruppen eine gegenseitige Ausrichtung erfahren, so daß eine Nahordnung der Bindemittelmoleküle bereits in der Lösung vorliegt, die auch auf den sich ausbildenden Polymerfilm übertragen werden und somit Einfluß auf dessen physikalische Parameter nehmen kann. Wesentlich für die Erreichung hoher Filmfestigkeiten wird jedoch nicht primär die in den Globulen vorliegende Nahordnung der Polymereketten, sondern vielmehr die Möglichkeit der gegenseitigen räumlichen Durchdringung der Globulen untereinander sein. Hierbei spielt die thermodynamische Güte des Lösungsmittels eine entscheidende Rolle. Schlecht solvatisierende Lösungsmittel bedingen eine nur geringe Knäuelaufweitung der Polymermoleküle in den Molekülassoziaten und damit keine optimale gegenseitige Durchdringung der Globulen, so daß die Möglichkeiten bezüglich der erreichbaren mechanisch-physikalischen Eigenschaften beim resultierenden Bindemittelfilm nicht ausgeschöpft werden. Im Gegensatz dazu wird mit gut solvatisierenden Lösungsmitteln bzw. Lösungsmittelgemischen eine starke Entknäuelung der Makromoleküle und damit eine große räumliche Ausdehnung der Globulen erreicht, so daß günstige Voraussetzungen für eine entsprechende Durch-Dringung der Globulen untereinander und damit optimale Bedingungen für die Erzielung hoher mechanisch-physikalischer Kennwerte des Films gegeben sind.

Abbildung 6.2 zeigt für zwei unterschiedliche Molekulargewichte eines Bindemittelpolymeren die Abhängigkeit der Lösungsviskosität von der Polymerkonzentration. Bei niedriger Bindemittelkonzentration erhöht sich allgemein die Viskosität nur geringfügig mit der Konzentration (Dispersionsbereich), während ab einem bestimmten Konzentrationsbereich die Viskosität plötzlich steil ansteigt (Gelbereich). Das Übergangsgebiet stellt den Bereich der Grenzquellkonzentration dar.

Unter Berücksichtigung der von SCHÜTTE und KÖLLING entwickelten Modellvorstellung über die Struktur von Bindemittellösungen läßt sich dieses Verhalten wie folgt erklären: Die Wechselwirkungen zwischen den Polymerassoziaten ist im Dispersionsbereich vergleichsweise gering, und es kommt die relativ niedrige Viskosität des Lösungsmittels zur Geltung, während im Gelbereich die Bindemittelmoleküle bzw. Globulen starken Wechselwirkungen und sterischen Behinderungen unterliegen, so daß zur Strukturdeformation entsprechend hohe Kräfte erforderlich werden, die den steilen Viskositätsanstieg begründen.

Aus ökonomischen und dispergiertechnischen Gründen wird jedoch eine möglichst hohe Konzentration des Bindemittels in der magnetischen Suspension gefordert. Der Erhöhung der Bindemittelkonzentration sind jedoch Grenzen gesetzt, da mit diesem Schritt gleichzeitig die Suspensionsviskosität entsprechend ansteigt, was deren weitere Verarbeitung erschweren würde.

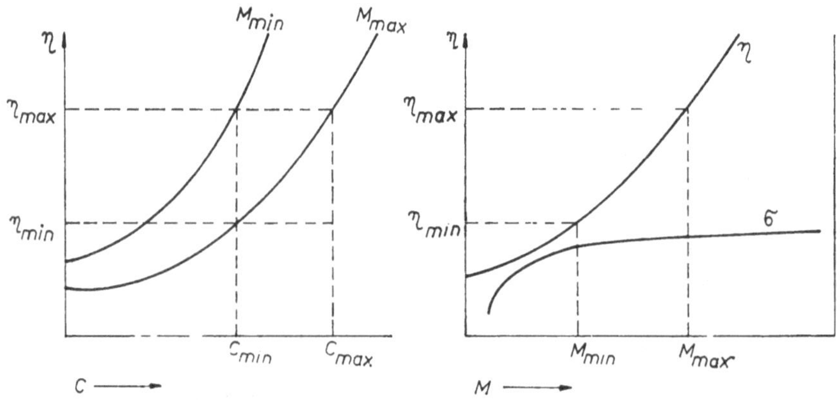

Abb. 6.2. Bereiche der optimalen Konzentration und des optimalen Molekulargewichtes des Polymeren

Da auch das Molekulargewicht M des Bindemittelpolymeren einen Einfluß auf die Lösungsviskosität ausübt, muß zur Gewährleistung eines gleichmäßigen Schichtantrages ein Polymeres mit optimalem Molekulargewicht bzw. einer optimalen Molekulargewichtsverteilung gewählt werden. Der Einfluß des Molekulargewichtes auf die Viskosität der Bindemittellösung kann durch folgende halbquantitative Beziehung ausgedrückt werden:

$$\lg \eta = KC \cdot \sqrt{M}, \tag{6.1}$$

K – Konstante, C – Konzentration des Polymeren in Lösung, M – Molekulargewicht des Polymeren.

Um Nachteile bezüglich der Fließeigenschaften der Suspension auszuschließen, darf das Molekulargewicht eine Grenze M_{max} nicht überschreiten. Andererseits beeinflußt das Molekulargewicht des Bindemittelpolymeren die mechanisch-physikalischen Eigenschaften der resultierenden magnetischen Aufzeichnungsschicht, da erst nach dem Überschreiten eines bestimmten Mindestmolekulargewichtes M_{min} diese nicht mehr signifikant vom Molekulargewicht abhängen. In Abbildung 6.2 wird schematisch der Bereich der optimalen Molekulargewichte des Polymeren dargestellt [2].

Eine der Kurven beschreibt den Zusammenhang zwischen Filmfestigkeit σ und dem

Molekulargewicht. Bei minimaler Festigkeit σ_{min} wird die untere Grenze des Molekulargewichtes durch die Größe M_{min} bestimmt. Wie oben bereits erwähnt, werden auf der gleichen Abbildung die Kurven für die Abhängigkeit der Lösungsviskosität von der Polymerkonzentration und dem Molekulargewicht M des Polymeren dargestellt. Bei einem vorgegebenen Viskositätsintervall $\eta_{min} - \eta_{max}$ liegt die optimale Konzentration C für die Herstellung eines ebenen Filmes mit hohen physikalisch-mechanischen Eigenschaften zwischen den Grenzen C_{min} und C_{max}.

Bei Einarbeitung eines magnetischen Oxidpigmentes in die Bindemittellösung komplizieren sich allgemein die rheologischen Verhältnisse, da weitere viskositätsbestimmende Einflußfaktoren hinzukommen, so z. B. die Teilchengröße des Pigmentes, dessen Form und spezifische Oberfläche, der Benetzungsgrad der Oberfläche durch die Bindemittellösung sowie die Adsorptionsschichtdicke.

Während es sich bei den eingesetzten Bindemittellösungen in der Regel um Flüssigkeiten mit echt Newtonschem Fließverhalten handelt, sind bei Pigmentsuspensionen die Beziehungen zwischen Schergefälle und Schubspannung nicht mehr linear, d. h., es liegt strukturviskoses, vorzugsweise thixotropes Verhalten vor. Dies bedingt, daß bei den heute technisch realisierten hohen Bewegungsgeschwindigkeiten der Magnetbandunterlage in den Beschichtungsmaschinen, der geringen Suspensionsschichtdicke sowie den modernen Beschichtungsverfahren außerordentlich hohe Scherkräfte zum Zeitpunkt des Schichtantrages auf die Suspension einwirken und damit deren scheinbare Viskosität vermindern. Nach dem Durchlaufen des Antragswerkes steigt die Suspensionsviskosität auf Grund des Wegfalls der einwirkenden Scherkräfte wieder an. Der Viskositätsabfall zum Zeitpunkt des Suspensionsantrages begünstigt die Ausbildung einer gleichmäßigen Schichtdicke, während die Wiederherstellung der Struktur nach Aufhebung der Scherkräfte die Ausbildungsmöglichkeiten von Schichtinhomogenitäten reduziert.

Im Abschnitt Folienherstellung ist gezeigt worden, daß verschiedene Strukturtypen technischer Filme aus Polymerlösungen entstehen können. Eine Erweiterung dieser Ansichten auf Filmbildungsprozesse aus Polymerlösungen, die einen pulverförmigen Füllstoff enthalten, wurde von Lipatov [3] vorgenommen. Untersuchungen über die Verfestigung von Lackfilmen durch Pigmentierung und die Auswirkungen füllstoffhaltiger Strukturen werden auch von Zorll [4, 5] beschrieben.

Neben der Pigmentierungshöhe haben insbesondere die zwischen dem Pigment und dem Bindemittel vorliegenden Wechselwirkungen einen Einfluß auf die mechanisch-physikalischen und thermischen Eigenschaften der magnetisierbaren Schicht. Da die Arbeitsschicht aus einer konzentrierten Suspension erhalten wird, kommt den an der Phasengrenze Pigment—Bindemittellösung vorliegenden Adsorptionsverhältnissen eine besondere Bedeutung zu.

Legt man der Adsorption das Globulenmodell der Bindemittellösung zugrunde, so erfolgt nach Schütte und Kölling [1, 6] die Bindemitteladsorption am Pigment in Form von Globulen, wobei deren Größe die Adsorptionsschichtdicke bestimmt. Wie oben erwähnt, ist die Größe der Globulen abhängig von der thermodynamischen Güte des Lösungsmittels. Eine Suspension stellt demnach im wesentlichen eine athermische Mischung von Lösungsmittel, dispergierten Globulen und dem Pigment, welches von einer Adsorptionsschicht umhüllt wird, dar. Die Haftung der Adsorptionsschicht an der Pigmentoberfläche sowie das Ausmaß der gegenseitigen räumlichen Durchdringung der die Adsorptionsschicht bildenden Globulen mit denen in der restlichen Bindemittellösung sind wesentliche Einflußfaktoren auf die mechanische Festigkeit der resultierenden Arbeitsschicht.

Die von der Pigmentoberfläche ausgehende Aktivität bezüglich des Bindemittelpolymeren kann zu zusätzlichen Effekten in der Grenzzone Pigment—Bindemittel führen. Es gibt Hinweise dafür, daß sich die Eigenschaften des Polymermaterials im pigmentnahen Bereich von denen des reinen Polymeren unterscheiden können. Diese Eigenschaftsänderungen, die sich insbesondere in einer Erhöhung der Glasübergangstemperatur der Polymeren sowie einer Geschwindigkeitsänderung der Relaxationsprozesse ausdrücken, sind in erster Linie auf eine Festlegung der Polymerketten durch Neben- oder gegebenenfalls Hauptvalenzbindungen an der Pigmentoberfläche zurückzuführen, die eine Immobilisierung der Kettenbeweglichkeit nach sich zieht. Zusätzlich kann eine Orientierung der Moleküle, d. h. die Ausbildung einer entsprechenden Nahordnung der Polymermoleküle, erfolgen. Diese vom pigmentnahen Bereich ausgehende Orientierung kann sich über eine größere Distanz hinweg in das Innere des Polymermaterials fortsetzen [4, 5, 7, 8].

In Abhängigkeit vom molekularen Aufbau des Bindemittels sowie des polymeren Unterlagenmaterials ist eine mehr oder minder starke Einschränkung der Segmentbeweglichkeit des Bindemittelpolymeren auch im Grenzflächenbereich Arbeitsschicht/Unterlage zu erwarten. Die begrenzte Segmentbeweglichkeit der Makromoleküle bzw. der Molekülverbände sowie deren Orientierung erschweren die Einstellung von Gleichgewichtszuständen an dieser Phasengrenze und verhindern damit die Ausbildung dichterer Packungen in diesem Bereich.

Wie die Ausführungen zeigen, stellt der Filmbildungsvorgang einen sehr komplexen Prozeß dar, auf den eine Vielzahl von Faktoren einwirkt. Die oben dargestellten Zusammenhänge können deshalb bei weitem nicht den Anspruch auf Vollständigkeit erheben, sondern geben lediglich einen begrenzten Einblick in diese Problematik.

Die mechanisch-physikalischen Eigenschaften der magnetischen Arbeitsschicht und damit die Einsatzcharakteristika können wesentlich vom Filmbildungsprozeß beeinflußt werden. Dennoch bleiben, trotz der immer besseren Beherrschung dieses Vorganges in der Praxis sowie seiner weitgehenden theoretischen Durchdringung, die mechanisch-physikalischen und thermischen Eigenschaften der verwendeten Bindemittelmatrix dominierend bezüglich der Erreichung optimaler mechanisch-physikalischer Kennwerte der magnetischen Aufzeichnungsschicht.

6.2. Antragstechnik

Wie vorstehend dargelegt, muß in den technischen Grundkonzeptionen von Beschichtungsanlagen einschließlich Antragstechnologien dem „Trocken-Naß"-Verfahren in modernen Magnetbandproduktionsanlagen der Vorzug gegeben werden. Diesem Sachverhalt wird in den nachfolgenden Ausführungen Rechnung getragen. Zwei Grundausführungen von Beschichtungs- und Trocknungsanlagen, die zum Einsatz kommen und konzeptionell Prototypen für die „Trocken-Naß"-Maschinen entsprechen, werden genauer untersucht.

6.2.1. Maschinelle Grundkonzeptionen der Beschichtung und Trocknung

Eine Beschichtungs- und Trocknungsanlage der Ausführung, wie in Abbildung 6.3 dargestellt, besteht in den Hauptausrüstungen aus der Folienabwicklung, der Folienwaschanlage, der Beschichtungsvorrichtung, der Orientierungsvorrichtung, dem

Trockenkanal sowie der Aufwicklung. Aus der schematischen Darstellung (Abb. 6.3) kann der folgende technologische Ablauf der Herstellung von Magnetbandbahnware entnommen werden.

Zur Gewährleistung eines kontinuierlichen Folienlaufs in der Beschichtungsmaschine befinden sich im Doppelwendewickler der Abwicklung 1 sowohl ein Arbeits- als auch ein Reservefolienblock. Während der eine Folienblock in Betriebsposition abgewickelt wird, wird der Reserveblock eingehängt, zum Ankleben vorbereitet und vorpositioniert. Um eine erforderliche Folienbahnspannung an der Abwicklung zu erzielen, wird die Abrollung des Arbeitsfolienblocks vorzugsweise elektromotorisch abgebremst. Das Ankleben des Bahnendes des Arbeitsfolienblocks an den Bahnanfang des Reserveblocks erfolgt im stationären Zustand der Bahnen auf einem Vakuumklebetisch. Die Folienzugabe zum Klebetisch ist durch eine Andruckwalze arritiert. Die Unterlage wird deshalb während des Stillstandes der Abwicklung 1 aus einem Reservemagazin 2 entnommen. Dies geschieht durch Veränderung des Achsabstandes zwischen den vertikal beweglichen oberen und unteren Walzenpartien. Der bewegliche Teil des Reservemagazins befindet sich mit dem Bahnzug im Gleichgewicht. Nach Beendigung des Klebeprozesses und Freigabe der Bahnzuführung von der Abrollung werden die unteren Rollen wieder in ihre Ausgangslage gebracht, so daß das Magazin wieder gefüllt ist.

Eine wesentliche Voraussetzung für einen gleichmäßigen Suspensionsantrag ist eine konstante Folienlaufgeschwindigkeit. Dieses wird durch eine exakte Regelung eines Mehrmotorenantriebes mit Leitantrieben gewährleistet. Der Leitantrieb für den Bereich der Abwicklung und des Reservemagazins ist die Vakuumzugtrommel 3. Hier sorgt eine spezielle Verteilervorrichtung im Innern des Zylinders dafür, daß nur in der Berührungszone der Trommeloberfläche mit der Folienbahn Unterdruck anliegt und somit ein kraftschlüssiger Transport erfolgen kann.

Die erforderliche konstante Foliengeschwindigkeit im Bereich des direkten Suspensionsantrages wird zusätzlich stabilisiert. Das kann durch Entkopplung der Antragstelle von der Abwicklung und Trocknung erreicht werden. Zwischen der Zugwalze 3 und der Bremsvakuumwalze 4 wird durch eine spezielle Regelungstechnik zum Ausgleich von Geschwindigkeitsschwankungen zwischen den Antrieben eine Folienschleife als Puffer gebildet.

Die erforderliche Stabilisierung der Folienplanlage beim direkten Suspensionsantrag vor und nach der Antragstelle erreicht man durch Vakuumtische.

Nach dem Suspensionsantrag durchläuft die Bahn das Magnetfeld eines Ausrichtungsmagneten 7 und wird danach in die Trockenzonen geführt. Die Trockenzonen sind als tunnelartiger Schacht ausgebildet. Der Trocknungskanal besteht aus der Vortrockenzone 8 und der Düsentrocknungszone 10.

In der Vortrockenzone, in der sich die Magnetpigmentsuspension noch in einem hochviskosen, fließfähigen Zustand befindet, wird sie im Gegenstromprinzip zum Bandlauf durch einen erwärmten Luftstrom getrocknet. In dieser Zone erfolgt eine intensive Lösungsmittelverdunstung und der Übergang der aufgetragenen Magnetpigmentsuspension in den prägefesten Zustand. Das Luft-Lösungsmitteldampf-Gemisch wird aus dieser Zone abgesaugt und einem Adsorber zugeführt. Aus der Trockenzone 8 tritt das Band in die Haupttrockenzone 10 ein.

Aus Schlitzdüsen über dem Band prallt die erwärmte Trocknungsluft auf die Bandoberfläche und wird durch seitlich angeordnete Kanäle abgesaugt. Die Nachtrocknung der magnetischen Schicht des Bandes erfolgt im Hängetrockner 11. Er besteht aus drei

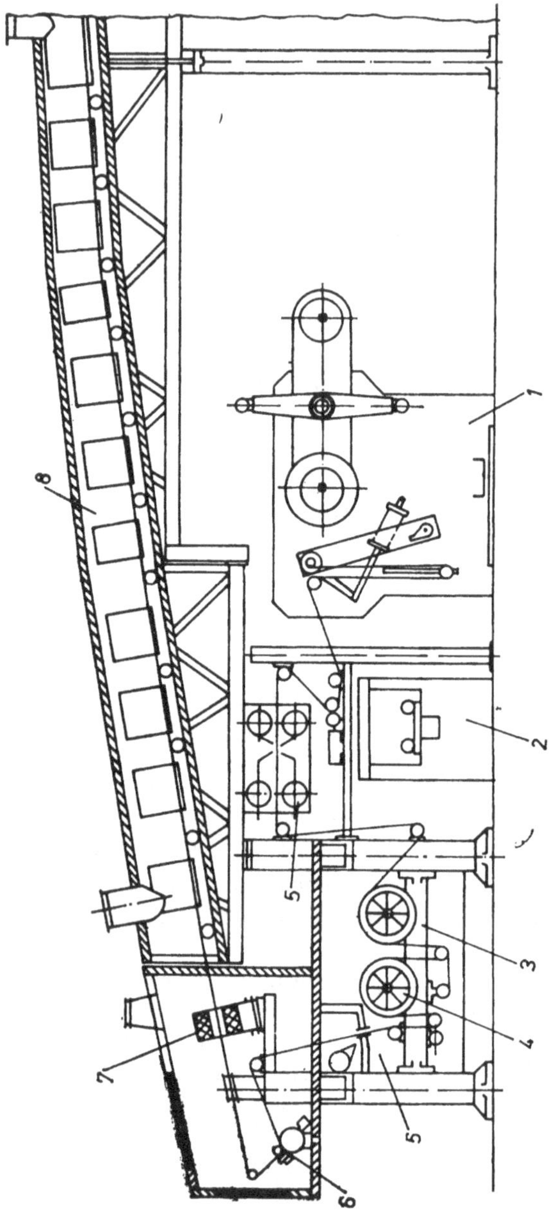

Abb. 6.3. Schema einer Beschichtungs- und Trocknungsanlage mit Düsentrocknung
1 — Abwicklung, 2 — Reservemagazin, 3 — Vakuumwalze, 4 — Bremswalze, 5 — Folienreinigung, 6 — Gießer, 7 — Ausrichtungsvorrichtung, 8 — Vortrockner

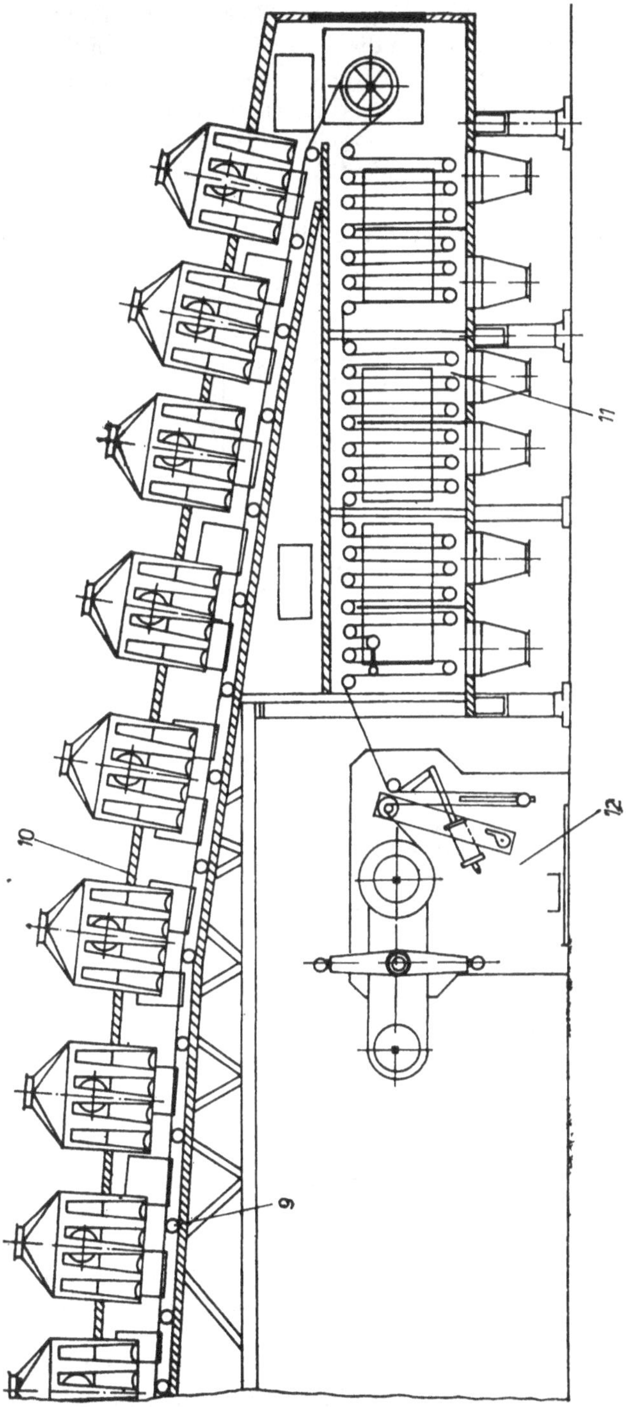

9 — Stützwalze, 10 — Düsentrocknung, 11 — Hängetrockner, 12 — Aufwicklung

Kammern, deren Trennwände Durchtrittsöffnungen für den Transport des Bandes aufweisen. Die erhitzte Luft wird im Querstrom durch die Kammern geführt. Ein Teilstrom der Trocknungsluft wird im Kreislauf gefördert, der Reststrom dem Adsorber zugeführt.

Den Bandlauf durch den Hängetrockner sichert eine Vakuumwalze, die in ihrer Konstruktion der vorher beschriebenen ähnelt. Sowohl Auf- als auch Abwicklung besitzen ein Reservemagazin (im Schema nicht aufgeführt). Während des Stillstandes der Aufwicklung wird die Folie im Reservemagazin durch die Vergrößerung des Abstandes zwischen den oberen und unteren Rollenzentren (die unteren Rollen sind vertikal versetzbar) gespeichert.

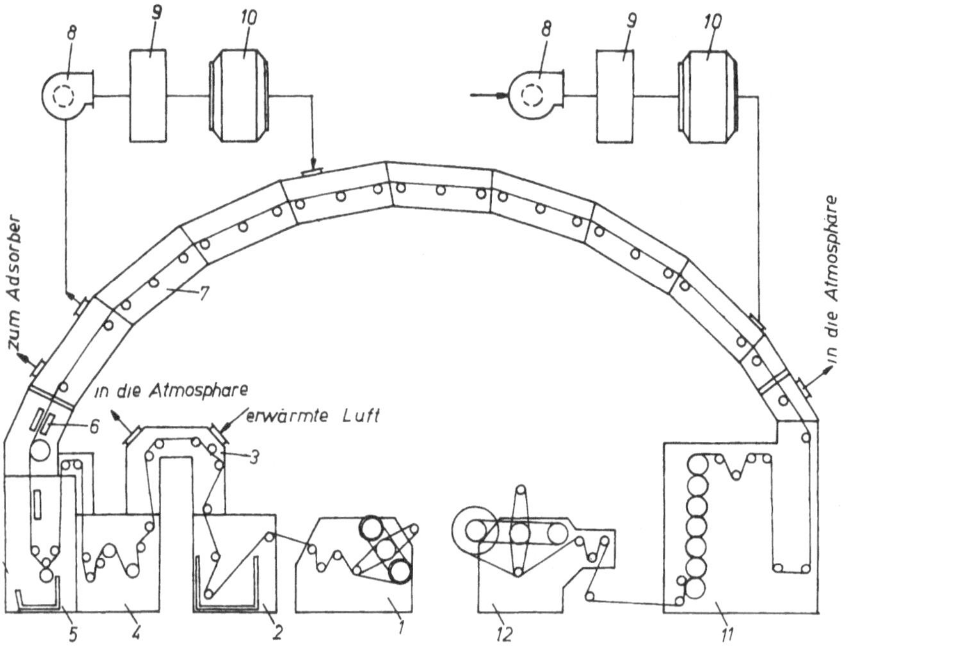

Abb. 6.4. Schema einer Beschichtungs- und Trocknungsanlage mit Bogentrockner
1 — Abwicklung, 2 — Folienreinigung, 3 — Trockner, 4 — Glättvorrichtung, 5 — Antragsvorrichtung, 6 — Ausrichtungsvorrichtung, 7 — Bogentrockner, 8 — Ventilator, 9 — Kalorifer 10 — Filter, 11 — Kalander, 12 — Aufwicklung

Eine Beschichtungs- und Trocknungsanlage, die sich von der vorher beschriebenen durch höhere Produktivität und bessere Qualitätsparameter der magnetischen Aufzeichnungsmaterialien unterscheidet, ist in Abbildung 6.4 dargestellt. Diese Anlage besteht in den Hauptausrüstungen aus der Abwicklung, der Ultraschall-Wäsche und Trocknung, der Glättvorrichtung der Unterlage (Planisieraggregat), dem Antragssystem, dem Trockenkanal, dem Kalander und der Aufwicklung. Aus der schematischen Darstellung (Abb. 6.4) läßt sich der technologische Ablauf in einem kurzen Abriß wie folgt darstellen:

Vom Doppelwendewickler der Abwicklung 1 erfolgt eine kontinuierliche Zuführung der Folie zu den nachgeschalteten Teilaggregaten der Beschichtungsmaschine. Der Doppelwendewickler entspricht im Aufbau und der Funktion dem in der vorher beschriebenen Anlage.

Wegen der hohen Arbeitsgeschwindigkeit der hier beschriebenen Anlage ist ein Folienreservemagazin nicht sinnvoll, da dieses unvertretbar große Abmessungen haben müßte. Das Ankleben des Reserveblocks erfolgt durch eine Spezialvorrichtung. Sie besteht aus einem Tachozähler mit Photoelement zum Angleich der Umfangsgeschwindigkeiten der Kerne, einer Andruckbürste sowie einem Messer zum Abschneiden der Unterlage.

Nach der Abwicklung durchläuft die Folie die Waschanlage 2 sowie die Trocknung 3. Durch Ultraschall werden von der Unterlagenoberfläche Staubteilchen und sonstige Verunreinigungen abgelöst und von erwärmtem Wasser weggespült.

Die gewaschene und getrocknete Unterlage gelangt über Führungswalzen zu einer Folienglättvorrichtung (Planisierung) 4. Diese Vorrichtung besteht aus einem System polierter Walzen. Die erste Gättwalze wird von innen über einen elektrisch beheizten Ölkreislauf erhitzt. Eine Gummiwalze preßt die Unterlage eng an die Heizwalze an. Danach läuft die Unterlage über eine Kühlwalze, an die sie durch eine weitere Gummiwalze gedrückt wird. Die Heiz- und Kühlwalzen haben einen gemeinsamen Antrieb und fungieren gleichzeitig als Zugwalzen. Von der Kühlwalze gelangt die Unterlage zu einer Tänzerwalze, die eine konstante Zugspannung der Folienbahn sichert. Die Tänzerwalze ist mit dem Drehzahlregler des Antriebsmotors der Glättwalzen gekoppelt. Die sich anschließende Bahnkantenregelung garantiert eine präzise Folienführung als eine Grundvoraussetzung für einen fehlerfreien Suspensionsantrag.

In der beschriebenen Konstruktion der Beschichtungs- und Trocknungsanlage benutzt man für den Suspensionsantrag eine Vorrichtung 5, die aus dem Gießer, der Rasterwalze, der Gummiandruckwalze, der Rakelvorrichtung, Abflußbehälter sowie Glätt- und Ausrichtungsvorrichtung 6 besteht. Die Suspension wird aus dem Vorratsbehälter über zwei Filterpatronen zum Gießer gepumpt, aus dessen Breitschlitzdüse die Suspension auf die Oberfläche der Rasterwalze gelangt. Der Suspensionsüberschuß fließt in ein Spezialgefäß (Auffangbehälter) und wird von hier in den Vorratsbehälter zurückgefördert.

Nach der Rasterwalze durchläuft die beschichtete Unterlage eine magnetische Glättvorrichtung. Sie besteht aus einem Satz durch diamagnetische Zwischenlagen getrennter flacher Permanentmagneten. Die Permanentmagneten sind unter einem Winkel von 45° zur Bandoberfläche geneigt angeordnet. Unter dem Einfluß des Magnetfeldes wird die Suspensionsschicht gleichmäßiger auf der Folienoberfläche verteilt. Zur Verbesserung der Arbeitscharakteristik des Magnetbandes durchläuft die beschichtete Unterlage nach der Glättvorrichtung ein Magnetfeld. Dieses Magnetfeld orientiert die magnetischen Pigmentteilchen in eine einheitliche Vorzugsrichtung.

Nach der Ausrichtungsvorrichtung 6 tritt die beschichtete Unterlage mit den orientierten magnetischen Teilchen in den Trockenkanal 7 ein. Der Trockenkanal ist als bogenförmiger Schacht ausgeführt. Er besteht aus einer Reihe von Sektionen, in denen Leitwalzen angeordnet sind. Zur Kompensation der Temperaturausdehnung des Bogentrockners dienen Abstützungen, die als Fest- und Loslager ausgebildet sind.

Den Trockenkanal kann man in zwei Zonen einteilen. Die hier vorgenommene Einteilung des Trockenkanals entspricht annähernd dem 1. und 2. Trocknungsabschnitt bei konvektiven Trocknungsprozessen. In der ersten Zone erfolgt die Lösungsmittelverdunstung aus der Suspensionsschicht, in der zweiten können darüber hinaus chemische Härtungsprozesse ablaufen, wenn in der Rezeptur chemisch härtbare Polymeren enthalten sind. Die erhitzte Luft wird im Gegenstrom dem Magnetband entgegengeführt. Das abzusaugende Lösungsmitteldampf—Luft-Gemisch wird teilweise zum Adsorber und der restliche Teil in den Trocknungsprozeß zurückgeführt. Am Trockenkanalausgang ist eine Tänzerwalze zur Gewährleistung einer konstanten Bahnspannung angebracht. Die Tänzerwalze selber steuert den Trocknerantrieb.

Die Bahn wird nach dem Trocknen kalandriert. Der Kalander 11 besteht aus mehreren verchromten Metallwalzen im Wechsel mit elastischen Walzen. Die oberen Stahlwalzen werden von innen mit Öl beheizt, während die letzte Stahlwalze mit Wasser gekühlt wird. Ein Hydraulikaggregat, dessen zwei Arbeitszylinder beidseitig auf die beweglichen Lager der Kalanderwalzen wirken, realisieren den Druck im Walzenspalt zur Satinage der magnetisch aktiven Schicht. Der Antrieb der Kalanderwalzen erfolgt über einen Elektromotor mit angeflanschtem Planetengetriebe.

Nach dem Kalandrieren gelangt die Magnetbandbahn zur Aufwicklung, die in ihrem Aufbau der vorher beschriebenen Abwicklung entspricht.

6.2.2. Oberflächenvorbereitung der Unterlage für den Suspensionsantrag

Die Adhäsionsverhältnisse der Arbeitsschicht eines Magnetbandes bei Beschichtung auf Celluloseacetatunterlage ist vollkommen ausreichend — eine spezielle Oberflächenbehandlung ist folglich nicht notwendig. Wird Polyethylenterephthalatunterlage zur Magnetbandherstellung eingesetzt, gewinnen die Fragen der Adhäsion an Bedeutung.

So wurden eine Reihe von physikalischen und chemischen Verfahren der Oberflächenbehandlung der PETP-Unterlagen zur Verbesserung der Adhäsion entwickelt und eingeführt [9—19]. Zur Verbesserung der Haftung der magnetisierbaren Schicht auf der Unterlage verwendet man auch Zwischenschichten, die sowohl zur Unterlage als auch zur Arbeitsschicht gute Adhäsion aufweisen [20—24].

Erst durch die Einführung neuartiger Polymeren (vorwiegend Polyurethane) in die Bindemittelmatrizen gelang es, die Probleme der Adhäsion zwischen Unterlage und magnetisierbarer Schicht unter Verzicht auf physikalische und chemische Vorbehandlungsverfahren sowie bei Weglassung von Zwischenschichten weitestgehend zu lösen.

An Magnetbänder mit hohen Speicherdichten werden besondere Anforderungen hinsichtlich Homogenität der Arbeitsschicht gestellt. Um dies zu erreichen, ist eine zusätzliche Reinigung der Folienoberfläche notwendig. Reinigungsvorrichtungen können als separate Aggregate oder als Bestandteil der Beschichtungsmaschine realisiert werden. Bezüglich des Arbeitsprinzips unterscheidet man mechanische, kombinierte (mechanische Bearbeitung der Oberfläche und nachfolgende Bearbeitung durch eine Waschflüssigkeit) Ultraschall- und Waschvorrichtungen.

Von großem Interesse sind Ultraschallreiniger, die oft integrierte Bestandteile der Beschichtungsmaschine sind (Abb. 6.5). Der Waschbehälter 6 der hier abgebildeten Ultraschallreinigungsanlage ist aus legiertem Stahl gefertigt. Das Gefäß besitzt einen Zu- und Abfluß zur Zirkulation der Waschflüssigkeit. Am Gefäßboden befinden sich die Ultraschallschwinger 5, die durch Generatoren gespeist werden. Die Waschflüssigkeit selber gelangt aus dem Behälter 1 über eine Pumpe 2 in den elektrisch beheizbaren Zwischenbehälter, Elektroerhitzer 3, und wird nachfolgend durch zwei Filterpatronen 4 in den Waschbehälter 6 gedrückt.

Die Unterlage wird bei 7 durch zwei Ansprühdüsensysteme benetzt. Ein Schwimmer reguliert die Niveaukonstanz der Waschflüssigkeit im Behälter. Die Waschflüssigkeit im

Behälter wird über Filter umgepumpt. Nach dem Waschbehälter läuft die Unterlage durch zwei Abquetschwalzen 9 und wird anschließend über Schlitzdüsen 8 mit Luft beaufschlagt, die von der Unterlagenoberfläche den Hauptteil der Flüssigkeit entfernen. Danach gelangt sie in die Trockenzone 10, die sich zwischen dem Waschbehälter und der Glättvorrichtung befindet. Als Waschflüssigkeit verwendet man destilliertes Wasser mit oberflächenaktiven Substanzen.

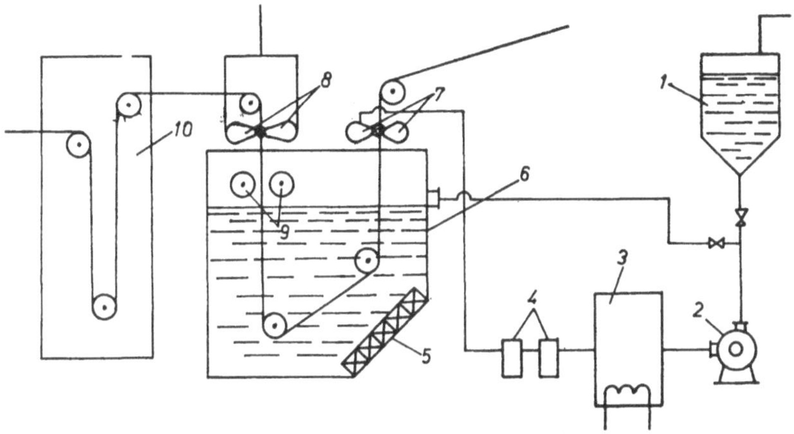

Abb. 6.5. Schema einer Ultraschallreinigung von Unterlagen

1 – Behälter für die Waschflüssigkeit, 2 – Pumpe, 3 – heizbarer Zwischenbehälter, 4 – Filterpatronen, 5 – Ultraschallschwinger, 6 – Waschbehälter, 7 – Ansprühdüse, 8 – Luftdüse, 9 – Andruckwalze, 10 – Trockner

6.2.3. Antragssysteme

6.2.3.1. Abstreichgießer

Als eine der ersten Antragsvorrichtungen kann man den Abstreichgießer bezeichnen, der zum Beschichten flexibler bahnförmiger Trägermaterialien mit Schichten aus verschiedenartigen Dispersionen von feinteiligem Magnetpigment in einer Lösung von organischen Bindemitteln und Zusatzstoffen in organischen Lösungsmitteln genutzt wird.

Hierbei wird das bahnförmige Trägermaterial durch Vorbeiführen unter der Auftragsvorrichtung und der hier aus einem Auslaufschlitz austretenden flüssigen Suspension beschichtet. Mit den jeweils zur resultierenden Auftragsfläche und Trockenschichtdicke proportionalen Abstandseinstellungen eines Abstreiflineals werden die gewünschten Zielwerte erreicht.

Der Grundaufbau entspricht dem Schema, das in Abbildung 6.6 dargestellt ist. Hierbei gelangt die Suspension durch ihren hydrostatischen Druck über großflächige Filter aus einem Vorratsbehälter zum offenen Gießer. Der Zulauf der Suspension erfolgt im Zentrum des Gießers, wobei der Suspensionsüberschuß, der nicht zum direkten Antrag benötigt wird, seitlich abgefördert wird. Die Rücklaufsuspension wird in Behältern gesammelt, von dort in einen Mischer zur Korrektur der Viskosität gepumpt und in den Suspensionskreislauf zurückgeleitet. Diese Korrektur macht sich durch zwangsläufig auftretende Lösungsmittelverluste erforderlich.

Bei der Anwendung der genannten technischen Lösung treten eine Reihe nachteiliger Effekte auf. So kommt es bei geringen Umlaufgeschwindigkeiten der Suspension zum Auftreten von Thixotropieeffekten und teilweisen Veränderungen der Struktur in den Suspensionen. Die mit derart instabilen Suspensionen erhaltenen Arbeitsschichten führen zu Ungleichmäßigkeiten auf der Oberfläche und zu Inhomogenitäten in der magnetisch aktiven Schicht. Dies wiederum wirkt sich u. a. negativ auf den Frequenzgang und andere Gebrauchswerteigenschaften eines Magnetbandes aus. Außerdem ist eine Agglomeratbildung und Sedimentation der Pigmente im Vorratsbehälter und Linsenfilter möglich.

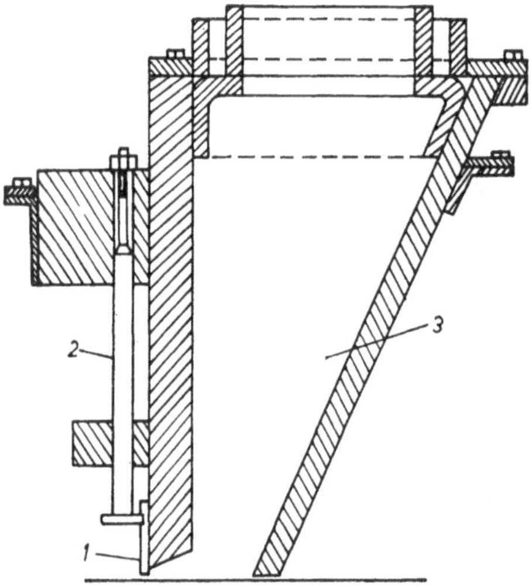

Abb. 6.6. Schema eines Abstreichgießers
1 – Gießerlineal (Abstreiflineal), 2 – Höhenverstellung für Gießerlineal, 3 – Gießerhohlraum (Suspensionsfüllung)

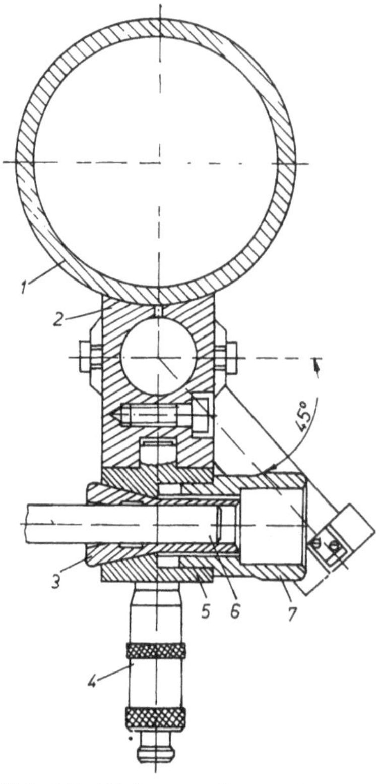

Abb. 6.7. Gießer zum Suspensionsantrag auf eine Unterlage
1 – Gießwalze, 2 – Gießer, 3 – Hülse, 4 – Mikrometerschraube, 5 – Hülsengehäuse, 6 – Gießeraufnahme, 7 – Gießerarretierung

Trotz intensiver Filtration ist ein Eindringen von Agglomeratteilchen in die Arbeitsschicht nicht völlig auszuschließen und führt damit zu Informationsverlusten beim Einsatz des Magnetbandes. Eine technische Verbesserung der oben genannten technologischen Grundvariante war deshalb geboten. Es wurden durch Erhöhung des Volumenstromes der Suspension in den Gießern eine wesentliche Verkürzung der Verweilzeit der Suspension an einer beliebigen Stelle des Systems und damit erhöhte Scherkräfte durch entsprechende Pumpenförderung erzielt.

Die Gießerkonstruktion mußte den rheologischen Gegebenheiten der zum Einsatz kommenden Medien besser angepaßt werden. Der Gießer in der geschlossenen Ausführung ist in Abbildung 6.7 schematisch dargestellt.

Der Suspensionsaustritt erfolgt auf der gesamten Länge des Zylinders an einer als Breitschlitzdüse ausgeführten Öffnung. Die Düse endet ebenfalls über die gesamte Gießerlänge in einer Krümmung, deren Radius dem der Walze entspricht, die die Unterlage unter dem Gießer vorbeiführt. Die Oberfläche der Krümmung ist entsprechend der Durchlaufrichtung der Folie unter dem Gießer als Gießerlineal ausgebildet und dient dazu, einen gestellten Wert proportional der Trockenschichtdicke direkt über den Abstand Gießer—Gießwalze einzuregeln. An den Stirnwänden des Gießers befinden sich für Reinigungszwecke abnehmbare Vorrichtungen zur Suspensionsführung. Die Übergänge vom Innenteil des Gießers zum Zu- bzw. Ablauf erfolgen allmählich in einer strömungstechnisch günstigen Form.

Der Spalt zwischen Gießer und Walze als Maß für die Naß- bzw. Trockenschichtdicke wird durch Mikrometerschrauben eingestellt; den Gießerandruck regulieren hier Ausgleichgewichte bzw. Federn. Zur Gewährleistung eines kontinuierlichen Beschichtungsvorganges ist es erforderlich, daß der Gießer durch eine Spezialvorrichtung von der Walze abgehoben wird, damit Klebestellen zwischen einzelnen Bahnen unter dem Gießer hindurchgeführt werden können.

Die Beschichtungswalze ist weiterhin mit einer Spezialrakel ausgerüstet, die eine zum Beschichtungsvorgang rückseitige Reinigung der Gießwalze erlaubt.

Die Suspensionszuführung erfolgt in Abhängigkeit von der Viskosität und den technologischen Gegebenheiten unter optimierten Druckbedingungen. Ein Teil der Suspension wird durch eine Breitschlitzdüse auf die sich vorbeibewegende Unterlage aufgetragen. Der Suspensionsüberschuß gelangt durch eine Umgehungsleitung in einen Behälter und wird von dort über Filter erneut zum Gießer gepumpt. Auf diese Weise zirkuliert die Suspension in einem geschlossenen Gießer-Behälter-Filter-Gießer-System. Dieses System verhindert weitestgehend eine Agglomeratbildung, die Sedimentation von Magnetpigmentteilchen und eine Lösungsmittelverarmung. Somit ist bei diesem Verfahren eine Viskositätskorrektur, wie vorstehend beschrieben, nicht erforderlich.

6.2.3.2. Rasterwalzenauftrag

Aus der technisch begründeten Forderung nach universellen Beschichtungsverfahren in bezug auf die Dosierung bzw. Einstellung eines entsprechenden Flächengewichtes des Antrages als proportionale Größe der anzutragenden Trockenschicht für das Magnetband und der Forderung nach exakterer Dosierung, Einstellungsmöglichkeit sowie deren konstanter Einhaltung für nur eine vorgegebene Beschichtungsaufgabe wurden aus den analogen Bedingungen der allgemein angewandten Beschichtungstechnik und der polygraphischen Industrie besondere verfahrenstechnische Prinziplösungen in die Magnetbandbeschichtung übernommen.

Für das Auftragen einer Magnetpigmentsuspension sind die Anforderungen an das gleichmäßig konstante Dosieren (Flächengewicht) von besonderer und spezifischer Bedeutung. Dabei kommt es darauf an, den Dosiervorgang mit einem Minimum an technischem Aufwand auszuführen. Beim Antrag von Suspensionen auf flexible bahnförmige Unterlagen löst das Rasterwalzenauftragsverfahren weitestgehend die für die Magnetbandtechnologie dargestellten spezifischen Probleme.

Im Mittelpunkt aller notwendigen Betrachtungen steht die Dosierfunktion einer Rasterwalze als Druckelement. Der Antrag bzw. die Beschichtung erfolgt dabei prinzipiell so, daß die Folienoberfläche über die Rasterwalze geführt wird, wobei die Suspension unter optimalen Druckbedingungen im Walzenspalt durch die Benetzungskräfte an der Unterlage als Negativ-Abbild der Oberfläche des Druckelementes haften bleibt. Der sogenannte Druckträger (Folie) wird von einem Gegendruckzylinder oder Presseur abgestützt.

Die Rasterform des Druckelementes richtet sich nach dem angestrebten Flächengewicht der Trockenschicht und der Viskosität der anzutragenden Suspension. Für die flächenhafte Beschichtung flexibler bahnförmiger Unterlagen, wie es bei der Magnetbandherstellung erforderlich ist, bewähren sich Spitzpyramidenraster und Linienraster.

Die Spitzpyramidenraster bestehen aus kleinen, regelmäßigen Näpfchen, die die Form einer abgestumpften Pyramide auf quadratischer Basis haben und durch den Rastersteg begrenzt sind. Bei den Linienrastern handelt es sich um diagonal verlaufende Haschurenlinien, die in einem 30° bis 45°-Winkel zur Walzenachse angeordnet sind. Anwendungs- und verfahrenstechnische Kriterien bestimmen die Rasterfeinheit, die durch die Anzahl der Näpfchen linear pro Zentimeter bzw. bei Haschuren durch die Anzahl der Linien pro Zentimeter gekennzeichnet wird.

Die Tiefe des Rasters steht immer in bestimmter Relation zur Feinheit des Rasters. Eine dichte Rasterfeinheit bedingt eine flache Gravur, und in Abhängigkeit von der Verdunstungsneigung der Suspension resultieren daraus in der Tendenz geringere Trockenschichten.

Ein Rasterwalzenantragsverfahren erfordert in seiner einfachsten Ausführung neben der Rasterwalze

- eine Rakelvorrichtung,
- eine Gegendruckwalze und
- eine Suspensionsauffangwanne.

Bei dem Antrag von Magnetpigmentsuspensionen ist zusätzlich eine Glätteinrichtung zur Egalisierung der auf der Unterlage abgebildeten Rasterungen erforderlich.

Bei der beschichtungstechnischen Betrachtung stehen die Dosierfunktion der Rasterwalze, die je nach zu erreichendem Flächengewicht des Antrages unterschiedlich ist, und die rheologischen Faktoren der Magnetpigment-Suspension im Mittelpunkt. Weiterhin muß eine Rakel den Überschuß des auf der Walze liegenden Mediums vor dem Kontakt mit der zu beschichtenden Bahn entfernen, so daß nur noch die in den Näpfchen bzw. Rillen befindliche Suspension in den Preßspalt zwischen Rasterwalze und gummierter Gegendruckwalze gelangt. Komplettiert wird das Antragssystem durch eine Wanne zur Aufnahme der abgerakelten Suspension.

Von der Funktion und der Anwendungsart der Rakelvorrichtung hängt in entscheidendem Maße die Qualität des Antrages ab. Besondere Einflußfaktoren sind dabei Rakelanstellwinkel, Bewegungsablauf und Rakelanpressung; aber auch die geometrische Form des Rasterwalzenzylinders ist von großem Einfluß auf eine störungsfreie Abrakelung.

Die Rakelbeanspruchung setzt sich prinzipiell aus zwei Komponenten zusammen, dem Suspensions- bzw. Flüssigkeitsstaudruck und einer mechanischen Auflagekraft. Der Staudruck, der im Keil zwischen Rakel und Druckformzylinderoberfläche wirkt, wächst mit steigender Beschichtungsgeschwindigkeit. Der Massestau unter dem Rakel darf nicht so groß werden, daß ein Abheben des Rakelbleches auftritt. Der Erscheinung des Abhebens wird bei Erhöhung der Beschichtungsgeschwindigkeit durch Veränderung des Rakelanstellwinkels entgegengewirkt.

Die mechanische Auflagekraft ist die Kraft, mit der die Rakel auf die gravierte Zylinderoberfläche gepreßt werden muß, um sowohl dem Staudruck entgegenzuwirken als auch geringfügige Ungenauigkeiten in der geometrischen Form und im Lauf der Rasterwalze auszugleichen. Während die mechanische Auflagekraft unabhängig von der Beschichtungsgeschwindigkeit ist, verändert sie sich jedoch mit dem Rakelanstellwinkel. Die Optimierung des Rakelwinkels ist erforderlich, um die mechanischen Kräfte (Staudruck) relativ gering zu halten.

Ein weiteres Qualitätskriterium bei der Anwendung technisch hochentwickelter Rasterwalzenantragsverfahren in leistungsgesteigerten Beschichtungsmaschinen wird schon durch die Vorbereitung und Herstellung des Rasterwalzenformzylinders mitbestimmt.

Es ist erforderlich, die Formzylinder in ihren Abweichungen von der Sollgeometrie zu minimieren, damit systemgerechte und störungsfreie Fertigungsabläufe gewährleistet und die steigenden Anforderungen an Beschichtungsgeschwindigkeit, Qualität und Zuverlässigkeit der Produktion in der Magnetbandherstellung erfüllt werden können. Deshalb kommt einer optimalen Zylindergrundbearbeitung und den genauen Zylindermessungen beim Neueingang von Rasterwalzenrohlingen und bei deren regelmäßiger Regenerierung große Bedeutung zu. Die Gestaltabweichungen am Zylinderrohling sind vielfältiger Art und betreffen nicht nur den Ballendurchmesser.

Das technische Niveau zur Messung und Veränderung der Makro- und Mikrogeometrie am Rasterwalzenzylinder muß beim Hersteller und Nutzer höchste Anforderungen erfüllen. Die Makrogeometrie umfaßt alle Längenwerte, wie Durchmesser, Umfang, Rundlauf, Ballenlänge und damit unmittelbar in Beziehung stehende Längen am Zylinder. Unter Mikrogeometrie sind Längenwerte der Oberflächenrauhigkeit und -welligkeit zu verstehen.

Durch die nachfolgende schematische Darstellung (Abb. 6.8) und deren Erläuterung soll zusammenfassend die konstruktive Ausführung und das verfahrenstechnische Wirken des Rasterwalzenantrages erklärt werden.

Die Rasterwalze 2 wird durch einen separat regelbaren Antrieb in Bewegung gesetzt. Aus der unter Druck arbeitenden und tiefer als die Rasterwalze angeordneten Breitschlitzdüse 1 wird die Suspension im Überschuß auf die Rasterwalze angetragen. Die Breitschlitzdüse ist mit einer pneumatischen An- und Ablegevorrichtung versehen. Die Rasterwalze selber ist als Stahlzylinder ausgeführt und durch eine Hartverchromung gegen Abnutzungs- und Korrosionserscheinungen geschützt. Während der Rotation der Rasterwalze entfernt eine Rakel 4 die Suspension von der Rasterung. Die Unterlage 5 wird von oben durch eine Gummiwalze an die Rasterwalze angedrückt.

Der Suspensionsüberschuß wird durch ein auf den Stegen der Rasterung aufliegendes Rakelmesser beseitigt. Die Rakel bzw. das Rakelmesser, aus Spezialfederstahl oder Plaste hergestellt, ist mit einem pneumatischen System verbunden und führt längs des Rasterwalze changierende Bewegungen aus. Diese Hin- und Herbewegung der Rakel erhöht die Effektivität der Beseitigung des Suspensionsüberschusses und verbessert die Abriebverhältnisse.

Der Kontakt der Unterlage mit der Rasterwalze wird durch eine Gummiandruckwalze verwirklicht, deren Gummischicht ca. 20 mm beträgt. Der Belag der Andruck-

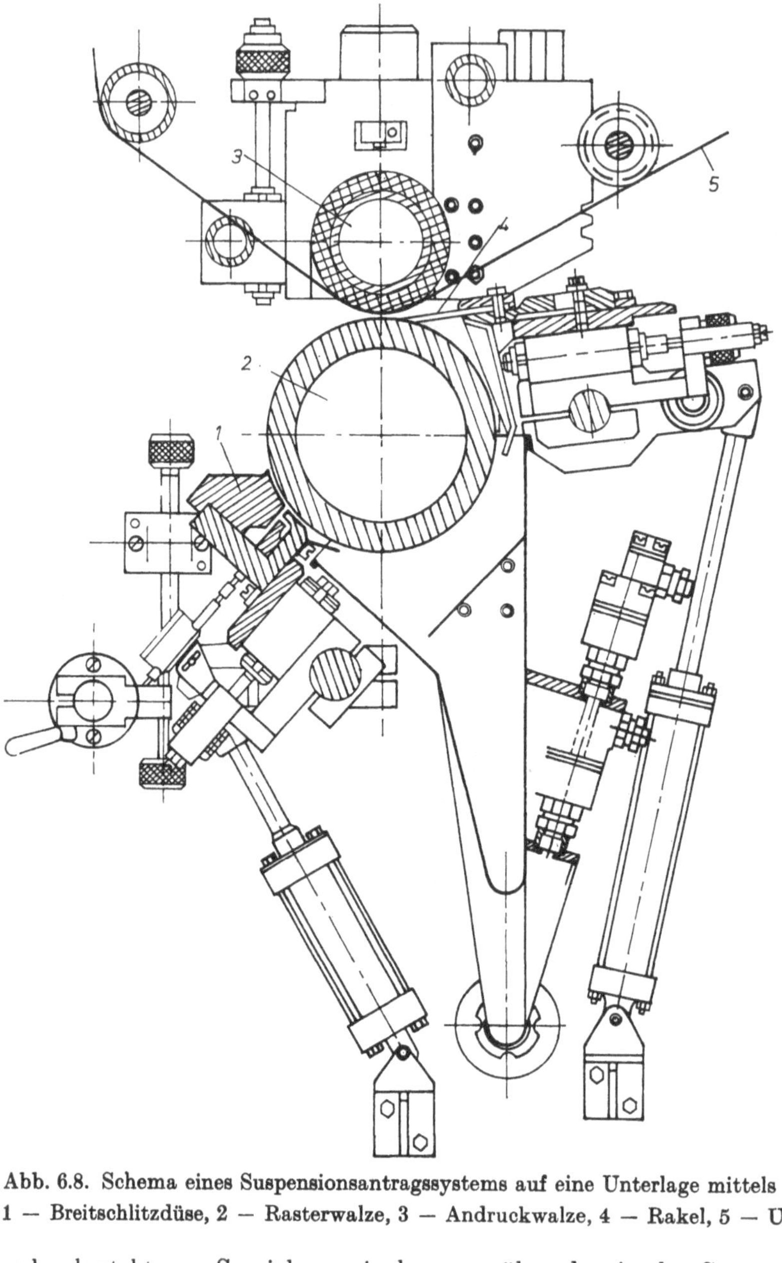

Abb. 6.8. Schema eines Suspensionsantragssystems auf eine Unterlage mittels Rasterwalze
1 – Breitschlitzdüse, 2 – Rasterwalze, 3 – Andruckwalze, 4 – Rakel, 5 – Unterlage

walze besteht aus Spezialgummi, der gegenüber den in der Suspension enthaltenen Lösungsmitteln beständig ist. Die Anpressung von Andruck- und Rasterwalze erfolgt durch zwei pneumatische Zylinder, deren Kolben mit der Welle und der Zahnstange verbunden sind, so daß es möglich ist, diesen Kontakt zu regulieren und die Parallelität der Andruck- und Rasterwalze streng einzuhalten.

Die Einstellung eines optimalen Andruckes ist unbedingt erforderlich, da bei unzureichendem Kontakt zwischen Andruck- und Rasterwalze ein Durchrutschen der

Unterlage möglich ist und dadurch der Suspensionsantrag auf einzelne Unterlagenstellen ungleichmäßig erfolgt. Ist der Andruck der Rasterwalze zu hoch, wird die Unterlage derart deformiert, daß die sich nach dem Antrag anschließende mechanische bzw. elektromagnetische Glättung unwirksam wird. Zum faltenfreien Ein- und Auslauf aus dem Beschichtungsspalt dienen spezielle Walzengruppen, die eine zusätzliche Stabilisierung der Planlage der flexiblen Unterlagen ermöglichen.

Die Dicke der auf die Unterlage aufgetragenen Suspensionsschicht einer festgelegten Rezeptur ist, wie schon ausgeführt, weitestgehend von den Rasterwalzenparametern abhängig. In der Praxis eingesetzte Linienraster haben ein dreieckiges bzw. dreieckähnliches Profil und sind in einem definierten Winkel zur Walzenachse angeordnet, wobei die Rillentiefe durch eine bekannte Abhängigkeit bestimmt wird. In der Regel entspricht sie ungefähr $^1/_3$ bis $^1/_7$ der Rasterbreite am Steg.

Wie vorstehend ausgeführt, ist auf Grund der Oberflächenwechselwirkung im realen Betrieb ein vollständiger Suspensionsübertritt aus den Rasterwalzenrillen nicht möglich. Die zu erreichende Trockenschichtdicke wird demzufolge bei konstanten Rasterwalzenparametern durch die Durchlaufgeschwindigkeit der Unterlage, das Benetzungsverhalten der Suspension zur Unterlage und durch den Andruck der Unterlage an die Rasterwalze bestimmt.

Nach dem Schichtantrag gelangt die Unterlage in die Glättvorrichtung. Die Glättvorrichtung besteht aus einem Glättmesser oder einem Satz flacher Permanentmagnete, die durch diamagnetische Einlagen getrennt sind. Unter dem Einfluß dieses Magnetfeldes werden die Magnetpulverteilchen der Suspension gleichmäßig auf die Unterlagenoberfläche verteilt. Dabei wird der Folienlauf etwas abgebremst. Danach durchläuft die Arbeitsschicht, die sich in einem viskosflüssigen Zustand befindet, eine Orientierungsvorrichtung. Die nadelförmigen Magnetpulverteilchen werden längs der Kraftfeldlinien orientiert, die Warenbahn gelangt anschließend zur Trocknung.

Die Vorteile des Rasterwalzenantragsverfahrens resultieren aus der Gleichmäßigkeit der zu bildenden Magnetschicht und einer hohen Antragsgeschwindigkeit. Als Unzulänglichkeit dieses Verfahrens wäre insbesondere das Auftreten der nicht erwünschten Amplitudenmodulationen der Magnetbänder zu nennen, die maßgeblich durch Abweichungen der Rasterwalzenoberfläche von der Idealgeometrie hervorgerufen werden. Es ist außerdem schwierig, die aufzutragende Schichtdicke in größeren Bereichen zu variieren. Der Übergang von einer Schichtdicke zur anderen erfordert meist den Wechsel der Rasterwalze mit spezifisch anderen Gravuren.

6.2.4. Ausrichtung der Pigmentteilchen nach dem Suspensionsantrag

Der Einsatz von nadelförmigem, ferrimagnetischem Eisenoxid gestattet es, durch Ausnutzung seiner magnetischen Anisotropie, die Wiedergabeeigenschaften des Bandes zu verbessern und den bandspezifischen Rauschpegel zu verringern.

Eine Verbesserung der magnetischen Eigenschaften wird durch Anlegen eines äußeren Magnetfeldes an die noch nicht verfestigte Arbeitsschicht erreicht. Dabei ordnet das einwirkende Magnetfeld die nadelförmigen Pigmentteilchen in eine Vorzugsrichtung; sie kann entsprechend dem späteren Verwendungszweck des Bandmaterials vorgegeben werden. Diese Ausrichtung kann dabei im Winkel zur Beschichtungsrichtung zwischen 0° und 90° liegen und sogar besonderen geometrischen Abmessungen, z. B. einer Kreisform, entsprechen.

Die magnetischen Eigenschaften und Arbeitscharakteristiken eines Bandes verbessern sich stets, wenn die Richtung des Aufzeichnungsfeldes mit der Ausrichtung der Teilchen zusammenfällt. Eine anzustrebende große magnetische Anisotropie wird folglich also durch den Ausrichtungskoeffizienten bestimmt. Der Ausrichtungskoeffizient ist das Verhältnis des remanenten magnetischen Flusses des Bandes von Längs- zu Querrichtung des angelegten Magnetfeldes.

Man unterscheidet zwischen dem maximalen und dem effektiven Ausrichtungskoeffizient. Der maximale Ausrichtungskoeffizient kann nur bei ständig im Trocknungsprozeß wirkendem äußeren Magnetfeld bis zur vollständig getrockneten Suspensionsschicht erzielt werden. Praktisch erreicht man diesen Wert kaum, deshalb wird der Begriff des effektiven Ausrichtungskoeffizienten fast ausschließlich verwendet. Dieser Wert stellt sich beim Durchlauf der beschichteten Folie mit optimaler Geschwindigkeit durch die Ausrichtungs- bzw. Orientierungsvorrichtung der Beschichtungsmaschine ein.

Nach dem Passieren der Vorrichtung hat die Suspension noch die Eigenschaften eines hochviskosen Systems, deren Bindemittelmakromoleküle zu entsprechenden Relaxationsvorgängen neigen. Hierin und in der magnetischen Wechselwirkung zwischen den einzelnen ferrimagnetischen Pigmentteilchen bis zu ihrer zwangsläufigen Fixierung in der Trockenschicht liegen die Ursachen für die teilweise Desorientierung der nadelförmigen Magnetpigmentteilchen und das damit verbundene Absinken des Ausrichtungskoeffizienten.

Für eine effektive Ausrichtung der Magnetpigmentteilchen genügt in der Regel eine magnetische Feldstärke des angelegten Magnetfeldes von ca. $8 \cdot 10^4$ A/m. Die angetragene Schichtdicke selber sowie die Beschichtungsgeschwindigkeit beeinflussen nur unwesentlich den Ausrichtungskoeffizienten. Entscheidenden Einfluß auf den Ausrichtungskoeffizienten hingegen haben der technologische Prozeß der Dispergierung, die in der Suspension enthaltene Menge an oberflächenaktiven Stoffen sowie die Konzentration und der Anisotropiegrad der Pigmentteilchen.

In Abbildung 6.9 wird die Abhängigkeit des Ausrichtungskoeffizienten vom Anteil eines oberflächenaktiven Stoffes in der Suspension dargestellt. Die hier verwendete Suspension enthält magnetische Pigmentteilchen von vorwiegend 0,5 bis 0,6 μm Länge sowie Bindemittel, die aus verseiftem Copolymerem des Vinylchlorids mit Vinylacetat und Polyurethan im Verhältnis 1:1 bestehen.

Wie aus der Abbildung zu entnehmen ist, wächst der maximale Ausrichtungskoeffizient bis zu einer bestimmten Grenze, danach wird seine Größe nicht mehr von dem

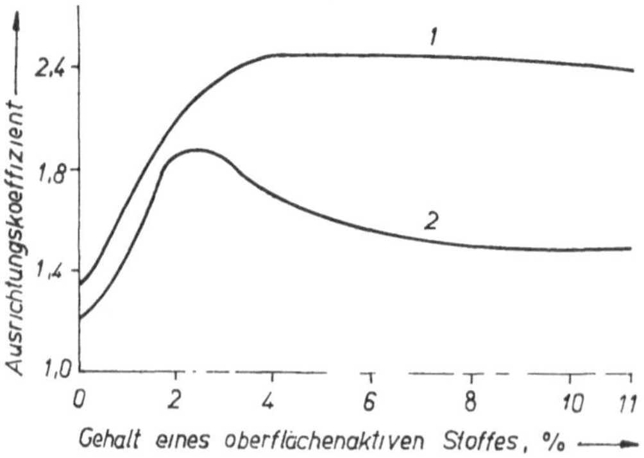

Abb. 6.9. Abhängigkeit des maximalen (1) und effektiven (2) Ausrichtungskoeffizienten vom Gehalt eines oberflächenaktiven Stoffes in der Suspension

der Suspension zugeführten oberflächenaktiven Stoff beeinflußt. Der effektive Ausrichtungskoeffizient hingegen erreicht das Maximum bei einer bestimmten Konzentration des oberflächenaktiven Stoffes und verringert sich mit einer weiteren Konzentrationserhöhung. Dieser Sachverhalt erklärt sich aus dem Absinken der Viskosität einer derartigen Suspension im Bereich hoher Konzentrationen oberflächenaktiver Stoffe. Das hat eine hohe Desorientierung durch Beweglichkeitszunahme der Magnetpigmentteilchen in der Suspension zur Folge. Eine hohe Viskosität der Suspension bei hohem Feststoffanteil hemmt hingegen den Desorientierungsprozeß.

Durch Erhöhung des Längen-Breiten-Verhältnisses bei den eingesetzten Pigmenten wird ebenfalls eine Verbesserung des Ausrichtungskoeffizienten erreicht.

In der konstruktiven Ausführung können die Ausrichtungsvorrichtungen selber sehr verschieden sein. Man setzt sowohl Permanent- als auch Elektromagnete verschiedener Typen ein. Eine Unzulänglichkeit der Permanentmagneten besteht darin, daß man die magnetische Feldstärke nicht variieren kann. Die Elektromagneten ermöglichen zwar eine gleichmäßige Einstellung der Feldstärke in weiten Bereichen, haben jedoch einen großen Energieverbrauch und erwärmen sich bei längerem Einsatz.

6.2.5. Trocknung der angetragenen Schicht

Unmittelbar nach der Beschichtung der Unterlage setzt die Verdunstung der Lösungsmittel aus der Schicht ein. Dieser Vorgang führt letztendlich zum Übergang des Bindemittels in den prägefesten Zustand und zur Filmbildung der Arbeitsschicht des Bandes, die vorwiegend richtungsorientierte Struktur aufweist.

6.2.5.1. Allgemeine Betrachtungen

Der Trocknungsprozeß der Arbeitsschicht ist in der Magnetbandtechnologie einer der kompliziertesten Prozesse, der gravierend die Qualität des Magnetbandes beeinflußt.

Zunächst sei kurz auf die physikalischen Vorgänge, die sich bei der Lösungsmitteldesorption aus der angetragenen Suspension vollziehen, eingegangen. Der hohe Lösungsmittelanteil muß dabei ausschließlich durch Verdunstung in die umgebene Trockenluft aus der Suspension entfernt werden. Dabei wird das flüssige Lösungsmittel der Suspension in den gasförmigen Zustand überführt und von der Unterlage abgeleitet.

Dieser Vorgang wird von einer Reihe von Faktoren beeinflußt. Dazu zählen u. a.:

- die Beschaffenheit des Lösungsmittels, der Bindemittel und der magnetischen Pigmente,
- die Temperaturdifferenzen zwischen der Suspensionsoberfläche und der darüber befindlichen Trockenluft,
- die Geschwindigkeit des Luftstromes über der beschichteten Unterlage,
- die Lösungsmittelkonzentration im Luftstrom sowie in der beschichteten Fläche.

Um eine wirkungsvolle Trocknung zu erzielen, muß man diesen verschiedenen Einflüssen gezielt Rechnung tragen, wobei als Zielwert angestrebt wird, daß die Arbeitsschicht des getrockneten Magnetbandes nur noch ca. 1% Restlösungsmittel enthalten darf. Ein größerer Feuchtigkeitsgehalt wirkt sich negativ auf die Gebrauchswerteigenschaften des Bandes während der Lagerung und des Einsatzes aus. So treten Hohlkrümmung des Bandes und bei ungünstigen Lagerbedingungen Kleben der Bandwindungen im Wickel bei zu hohen Restlösungsmittelkonzentrationen auf.

Bei der Trocknung von Magnetbändern lassen sich von der Trocknungskinetik zwei Abschnitte unterscheiden. Der erste Trocknungsabschnitt ist durch eine konstante Verdunstungsgeschwindigkeit gekennzeichnet. Der geschwindigkeitsbestimmende Schritt in diesem Abschnitt ist nur der Verdunstungsvorgang selber. Da der Flüssigkeitstransport in der Schicht genügend schnell vor sich geht, ist der Diffusionsstrom vom Gut unabhängig. Der erste Trocknungsabschnitt kann modellhaft mit einer Verdunstung an einer Flüssigkeitsoberfläche verglichen werden. Er ist damit lediglich abhängig von Temperatur- und den Luftbedingungen.

Der zweite Trocknungsabschnitt wird durch die Art und Struktur des zu trocknenden Gutes bestimmt. Da die Verdunstung nunmehr aus dem Innern des Gutes erfolgen muß, werden die Vorgänge entscheidend durch die Art der Flüssigkeitseinbindung im Gut beeinflußt. Mit fortschreitender Trocknung findet die Verdunstung aus immer tieferen Schichten statt, wobei der Stofftransport an die Oberfläche eine zunehmende Hemmung erfährt. Geschwindigkeitsbestimmend sind die Kapillar- und Diffusionskräfte. Der von den äußeren Bedingungen abhängige Stoffübergangswiderstand zwischen Oberfläche und Trockenmittel kann vernachlässigt werden gegenüber dem erheblich größeren Widerstand, der dem Lösungsmitteltransport entgegenwirkt. Dieser dem Lösungsmitteltransport im Gut entgegenwirkende Widerstand stellt auch die Ursache für die ständig absinkende Trocknungsgeschwindigkeit dar.

Bei experimentellen Untersuchungen und einer entsprechenden Darstellungsweise der Ergebnisse läßt sich ein weiterer charakteristischer Knickpunkt der Trocknungsverlaufskurve im zweiten Trocknungsabschnitt erkennen [25]. Diese Tatsache weist auf eine Änderung der bestimmenden physikalischen Gesetzmäßigkeiten hin, die für den Stofftransport der Lösungsmittel in der magnetischen Begußschicht verantwortlich sind. Im ersten Teil des zweiten Trocknungsabschnittes erfolgt der Stofftransport des Lösungsmittels durch Flüssigkeitsdiffusion.

Der zweite Teil des zweiten Trocknungsabschnittes ist durch den Aufbau einer komplizierten porösen Textur der magnetischen Begußschicht gekennzeichnet. Diese Tatsache begründet, daß der Stofftransport durch Dampfdiffusion im porösen Inneren der magnetischen Begußschicht abläuft und nun dieser Vorgang geschwindigkeitsbestimmend ist.

Eine überproportionale Erhöhung der Verdunstungsgeschwindigkeit der Lösungsmittel im Trockenkanal der Beschichtungsmaschine innerhalb des ersten Trocknungsabschnittes ist nicht anzustreben, da sich ungeachtet der geringen Schichtdicke auf der Oberfläche eine Kruste bildet. Diese Kruste reduziert maßgeblich die Verdunstungsgeschwindigkeiten in den nachfolgenden Trocknungsphasen. Als Folge können Ungleichmäßigkeiten der Arbeitsschicht hinsichtlich ihrer Dicke sowie der Verteilung des Magnetpulvers in den Mikroschichten auf Grund der Migration auftreten. Dadurch werden die Arbeitscharakteristiken der Magnetbänder und ihre physikalisch-mechanischen Eigenschaften verschlechtert.

Die Trocknungsgeschwindigkeit jm (in kg/(m^2 · h)) der Suspensionsschicht kann durch folgenden Ausdruck bestimmt werden:

$$jm = \frac{\mathrm{d}m}{A\,\mathrm{d}t}. \tag{6.2}$$

Dabei sind m zu verdunstende Lösungsmittelmengen, A Verdunstungsfläche, t Verdunstungsdauer. Unter Einbeziehung der Wärmeübergangsgleichung

$$dQ = \alpha A(T_l - T_s)\,dt \tag{6.3}$$

mit den Symbolen α — Wärmeübergangskoeffizient (in J/m$^2 \cdot$ h $\cdot$ K), A — Wärmeübertragungsfläche (in m^2), T_l — Temperatur des Wärmeträgers (in K), T_s — Oberflächentemperatur der Arbeitsschicht (in K)

sowie des Wärme- und Stoffaustausches, der Arbeitsgeschwindigkeit der Maschine v', der Menge des Trockenproduktes m_{0p}, die aus der Maschine in Form einer auf der Unterlage gebildeten Arbeitsschicht austritt, ergibt sich nach Umformung:

$$v' = \frac{jml}{(x - x_{Kr})\,\varrho_{0p}\delta} \tag{6.4}$$

$$m_{0p} = b\delta v'\varrho_{0p}t^{-1}. \tag{6.5}$$

Darin sind l Länge des aktiven Teils der Trockenzone, ϱ_{0p} Dichte der trockenen Schicht, δ Schichtdicke, x Feuchtegehalt der Suspensionsschicht, x_{Kr} Feuchtegehalt der Suspensionsschicht am Knickpunkt, b Schichtbreite.

Der zweite Trocknungsabschnitt ist durch einen kontinuierlichen Abfall an Trocknungsgeschwindigkeit gekennzeichnet. Er wird durch die Diffusionsgeschwindigkeit der Lösungsmittel zur Grenzfläche Trocknungsmedium—Trocknungsgut bestimmt. Die Trocknungsgeschwindigkeit hängt dabei von der Arbeitsschichtdicke des Bandes, seiner Temperatur, der Desorptionsfähigkeit der eingesetzten Lösungsmittel und der Zeit ab.

Die Bestimmung der Trocknungsgeschwindigkeit erfolgt über die Berechnung des Diffusionskoeffizienten

$$m_t = \frac{4}{\sqrt{\pi}}(x_A - x_E)\sqrt{D}\cdot\sqrt{t}, \tag{6.6}$$

wobei m_t die Lösungsmittelmenge, die in der Zeit t bezogen auf eine Einheit der Arbeitsschichtoberfläche verdunstet, x_A, x_E Anfangs- und Endfeuchtegehalt in der Arbeitsschicht, D Diffusionskoeffizient der Lösungsmittel in der Schicht sind. Die obige Gleichung ist für Bänder (endlicher Dicke) unter der Voraussetzung anwendbar, daß die Konzentration der Lösungsmittel in den mittleren Schichten konstant ist. Wird die Abhängigkeit $m = \alpha(\sqrt{t})$ graphisch dargestellt, liegen die ersten Werte auf einer Geraden, durch deren Anstiegswinkel der Diffusionskoeffizient bestimmt werden kann. Diese Vorgehensweise ist nur dann gerechtfertigt, wenn der Diffusionskoeffizient unabhängig von der Lösungsmittelkonzentration in der Arbeitsschicht ist.

Im anderen Fall wird es notwendig, Differentialmessungen bei verschiedenen Konzentrationen durchzuführen, weil bei einer kleinen Differenz von $(x_A - x_E)$ der Diffusionskoeffizient praktisch konstant bleibt. Die Ursache für das schnelle Absinken des Diffusionskoeffizienten bei abnehmendem Feuchtigkeitsgehalt in der Arbeitsschicht ist die Erhöhung der Packungsdichte der Makromoleküle und der übermolekularen Strukturen des Bindemittels. Werden Härtemittel eingesetzt, fördert die Bildung der Raumstruktur die Erhöhung der Packungsdichte und der übermolekularen Strukturen.

6.2.5.2. Einschätzung der konventionellen konvektiven Trocknung

Eine zusammenfassende Darstellung der Kinetik konvektiver Trocknungsprozesse zeigt ihre verfahrenstechnischen Grenzen. Bei konvektiver Trocknung strömt ein Warmluftstrom an der Oberfläche des Materials vorbei. Dabei sinkt in den Grenzschichten unmittelbar über der Oberfläche die Strömungsgeschwindigkeit stark ab. Von der Geschwindigkeit sowie dem Temperaturunterschied zwischen dem Luftstrom und dem zu trocknenden Gut hängt es ab, wieviel Wärme übertragen werden kann.

Die übertragene Wärme wird jedoch nur von der äußersten Haut der Arbeitsschicht aufgenommen und durch Wärmeleitung an die tieferen Schichten weitergegeben. Da die Wärmeleitfähigkeit von Polymeren sehr gering ist, kann bei Konvektionstrocknung der Filmbildungsprozeß nicht über ein erforderliches Zeitmaß hinweg beschleunigt werden und hat offenbar hier seine verfahrenstechnischen Grenzen.

Deshalb wurde mit der Einführung moderner und leistungsfähiger Beschichtungsmaschinen eine Leistungssteigerung der Trockner durch Ausnutzung von Wirkprinzipien mit höheren Energiedichten erforderlich. Gegenwärtig werden in Ergänzung zur herkömmlichen Konvektionstrocknung sogenannte Strahlentrockner eingesetzt, die den Energiegehalt elektromagnetischer Strahlen zur Wärmeentwicklung bzw. darüber hinaus zur Auslösung und Beschleunigung chemischer Reaktionen ausnutzen.

6.2.5.3. Neuere Trocknungsverfahren

Man nutzt zur Zeit technologisch Strahlen verschiedener Wellenlängenbereiche zur Filmbildung, sowohl die langwelligen wärmeerzeugenden Mikrowellen und Infrarotstrahlen als auch die kurzwelligen zur Aktivierung chemischer Reaktionen bereits fähigen Ultraviolettstrahlen, des weiteren die sehr kurzwelligen, ionisierenden Elektronenstrahlen, wie sie in Elektronenbeschleunigern erzeugt werden.

Entsprechend ihrer Struktur absorbieren Moleküle elektromagnetische Strahlen bestimmter Wellenlänge. Nach [26] hängt die Wirkung der Strahlungsenergie ab:

- von dem Emissionsspektrum des Strahlers, d. h., von der spektralen Energieverteilung seiner Strahlung,
- von der Eigenabsorption des bestrahlten Materials für bestimmte Wellenlängen,
- von dem Energiegehalt und damit von der Intensität der Strahlung.

Die Intensivtrocknungsmethoden haben sich noch nicht generell durchgesetzt. Deshalb sollen einige weiterführende Betrachtungen auf zukünftig sicherlich mehr an Bedeutung gewinnende Trocknungsmethoden die Ausführungen zur Gesamtproblematik ergänzen.

In der Gegenüberstellung und im Vergleich kann jetzt noch nicht eingeschätzt werden, welches dieser Verfahren bzw. welche Verfahrenskombination sich letztlich für die Magnetbandbeschichtung vorzugsweise durchsetzen wird. Die Verfahren sind untereinander nicht direkt vergleichbar; jedes hat anwendungstechnisch seine Vor- und Nachteile. Für die Auswahl bei einem bevorstehenden Einsatz sind verschiedene Gesichtspunkte, wie Verwendungszweck, Anforderungen, Arbeitsablauf und Kostenaufwand, gegeneinander abzuwägen.

6.2.5.3.1. Mikrowellentrocknung

Elektromagnetische Wellen von 1 mm bis 1 m Wellenlänge werden als Mikrowellen bezeichnet. Als Radiowellen haben sie ein sehr wichtiges Anwendungsgebiet bei der Nachrichtenübermittlung zu künstlichen Satelliten; in der Radartechnik und für die

Radioastronomie zur Erforschung des Weltraumes. Für biologische und medizinische Anwendung nutzt man ihre Eigenschaft, in polaren Molekülen Wärme zu erzeugen. Auch die industrielle Nutzung für Trocknungszwecke beruht auf der dielektrischen Erwärmung von Stoffen. Jedoch ist in den letztgenannten Beispielen immer Voraussetzung, daß die zu erwärmenden Stoffe polare Moleküle enthalten, die eine hohe Dielektrizitätskonstante besitzen. Je mehr Anteile polarer Moleküle im Lösungsmittel enthalten sind, um so besser lassen sich ökonomisch vertretbare und ausreichende Trocknungsbeschleunigungen erreichen.

Ein Vorteil der Trocknung mittels Mikrowellen besteht darin, daß die Schicht von innen heraus getrocknet werden kann. Dabei dringen die elektromagnetischen Wellen in das Trockengut ein und verlieren in Fortpflanzungsrichtung der Wellen ihr energetisches Potential. In Abhängigkeit vom dielektrischen Material und einer notwendigen hohen Verarbeitungsgeschwindigkeit zur Sicherung eines günstigen Wirkungsgrades bei z. B. Magnetbandbeschichtungen müssen die Mikrowellen mehrfach durch das Material geleitet werden. Dazu erweist sich ein mäanderförmiger Hohlleiter als günstig, der die aus dem Mikrowellengenerator kommende Betriebsfrequenz abstrahlt. Für viele Anwendungszwecke (u. a. auch für Magnetbandtrocknung) ist es erforderlich, daß man zusätzlich Lüftungsschlitze in den Hohlleitern vorsieht, damit das sich bildende Lösemittelkondensat nicht wieder von den Wänden auf das Trockengut tropft.

6.2.5.3.2. Infrarottrocknung

Die elektromagnetische Strahlung im Bereich von 780 bis 1000000 nm (780 nm bis 1 mm) wird als Infrarotstrahlung bezeichnet; sie schließt sich an den langwelligen Bereich des sichtbaren Lichtes an, ist aber für das menschliche Auge nicht mehr erkennbar.

Da die Veränderung physikalischer Eigenschaften und der Ablauf chemischer Reaktionen durch höhere Temperaturen beschleunigt wird, lag es nahe, die wärmeerzeugende Wirkung der IR-Strahlen auch zur Beschleunigung des Trocknungsvorganges an Magnetbandbeschichtungsmaschinen auszunutzen. Dabei beruht die Wirkungsweise der IR-Strahlen darauf, daß die Umwandlung der Strahlungsenergie in Wärmeenergie ausgenutzt wird.

In neuester Zeit werden IR-Quarzlampenstrahler, sogenannte Hellstrahler, erprobt, hauptsächlich Strahlen aus dem mittleren IR-Bereich um Wellenlängen etwa von 1000 bis 3000 nm in verstärkter Intensität aussenden. Diese Hellstrahler sind Primärstrahler, da die von der Wendel ausgesandten Strahlen durch das im kurz- und mittelwelligen IR-Bereich durchlässige Quarzrohr direkt auf das Objekt gestrahlt werden [26].

In [27] wird der Vorteil der Trocknung mittels Infrarotstrahlung dahingehend erklärt, daß die Strahlung in die zu trocknende Schicht eindringt, dort absorbiert und in Wärme umgesetzt wird. Es kann gegenüber der Konvektionstrocknung eine Verkürzung der Trockenzeit durch höhere Energiedichten erreicht werden. Dieser Effekt läßt sich noch verstärken, wenn man die IR-Trocknung bei bewegter und erwärmter Luft realisiert. Dies entspricht einer Kombination zwischen IR-Trocknung und Konvektionstrocknung. Damit ist es möglich, die Trockenstrecke wesentlich zu verkürzen bzw. die Durchsatzfähigkeit zu erhöhen. Das stellt die von den Intensivtrocknungsverfahren zur Zeit für die Weiterentwicklung der Trocknung magnetischer Begußschichten aussichtsreichste technische Lösung dar.

6.2.5.3.3. Ultravioletthärtung

Während der Energiegehalt der langwelligen IR-Strahlen in den absorbierenden Molekülen nur zu einer Umwandlung in Wärme ausreicht, üben die kürzerwelligen und daher energiereicheren UV-Strahlen bereits eine reaktionsbeschleunigende Wirkung aus.

Die UV-Strahlen schließen sich an den kurzwelligen Teil des sichtbaren Lichtes an und erstrecken sich bis zu den ionisierenden Strahlen. Die Grenzen sind nicht scharf zu definieren und beruhen zum Teil auf konventionellen Festlegungen. So ist den UV-Strahlen der Wellenlängenbereich von 100 bis 400 nm zugeteilt. Zur Erzeugung von UV-Strahlen werden fast ausschließlich Gasentladungsstrahler benutzt, wobei sich dafür insbesondere Quecksilberdampflampen bewährt haben.

Der Grundgedanke der UV-Härtung besteht in der Verwendung eines lösungsmittelfreien Bindemittels, das unter der Einwirkung von UV-Licht zur raschen Polymerisation angeregt werden kann. Diesen Vorgang nennt man Photopolymerisation, wobei durch Übertragung der Energie die UV-Strahlen mittels eines Photoinitiators aus niedrigmolekularen Bestandteilen des fließfähigen Bindemittels Makromoleküle entstehen, die einen festen Film bilden. Bei der Startreaktion werden aus dem Photoinitiator photolytisch freie Radikale gebildet.

Diese sind reaktionsfähig und leiten Kettenpolymerisationen in den niedrigmolekularen, zum Teil unpolymerisierten Bindemitteln ein. Die darin enthaltenen Präpolymeren oder Oligomeren enthalten noch ungesättigte reaktionsfähige Gruppen, die durch die freien Radikale in einem bei Zimmertemperatur mit sehr hoher Geschwindigkeit verlaufenden Reaktionsvorgang durch Vernetzung in ein hochpolymeres, wärme- und chemikalienbeständiges Endprodukt überführt werden.

Die Intensität des eingestrahlten UV-Lichtes ist direkt proportional der Radikalkonzentration des Photoinitiators, dem zeitlichen Ablauf der Startreaktionen und damit dem nachfolgenden Polymerisationsablauf im Bindemittel.

Bindemittel, die eine UV-Härtung ermöglichen, sind auf der Basis von radikalisch härtbaren Kunstharzen aufgebaut. Dazu gehören u. a. ungesättigte Polyester-Harze und Acrylat- oder Methacrylatsysteme. Dazu kommen funktionelle Präpolymeren, welche die Reaktivität der Systeme stark erhöhen.

Die komplizierten chemischen Vorgänge bei der „Aushärtung" funktionieren nur dann optimal, wenn alle Bindemittelbestandteile aufeinander abgestimmt sind und die spektrale Adsorption der im Feststoff—Bindemittel-System verwendeten Pigmente bzw. ihre Transmission im UV-Bereich berücksichtigt wurde. Aus der erforderlichen Anwendungsspezifik läßt sich ableiten, daß die UV-Härtung als ergänzende Methode zu anderen Trocknungsverfahren weiter an Bedeutung gewinnen wird.

6.2.5.3.4. Elektronenstrahlvernetzung

Zum Einsatz kommen hinreichend beschleunigte Elektronen. Durch das Anlegen einer Hochspannung an bestimmte Materialien, z. B. an modifizierte Wolframelektroden, werden diese zum Aussenden von Elektronen mit hohen Emissionsstromdichten gebracht. Diese Elektronen werden durch geeignete Hochspannungsbeschleunigungsanlagen mit mehreren hunderttausend Volt beschleunigt, wodurch Elektronenstrahlen mit sehr kurzen Wellenlängen und außerordentlich hoher Energie entstehen.

Bei der Elektronenstrahlhärtung können die gleichen Rohstoffe wie bei der UV-Härtung eingesetzt werden. Die Zugabe von Photoinitiatoren ist hier nicht notwendig, da sich infolge des wesentlich höheren Energiegehaltes der Elektronenstrahlen auch ohne dieselben aus Molekülen des Bindemittels freie Radikale bilden, welche einen sekundenschnellen Polymerisationsablauf wie bei der UV-Härtung auslösen. Der Energieverbrauch beträgt nur etwa $^1/_5$ von dem der UV-Härtung.

Ein Nachteil der Elektronenstrahlen liegt neben ihrer physiologischen Gefährlichkeit darin, daß sie als ionisierende Strahlen infolge ihrer hohen Energie auch Molekülverbindungen aufbrechen können, die eigentlich erhalten bleiben sollten, so daß unter Umständen das bestrahlte Material in unerwünschter Weise verändert, sogar zerstört werden kann. Da die Elektronenstrahlen auch in tiefere Schichten eindringen, werden sie u. a. zur Vernetzung von Lack- und Kunststoffbeschichtungen verwendet [26]. Die Elektronenstrahlvernetzung wird auch heute mit Erfolg als Verfahren zur Verbesserung mechanisch-physikalischer Eigenschaften von Magnetbändern eingesetzt.

7. Magnetbandaufarbeitung

Im weiteren Produktionsablauf der Magnetbandherstellung schließt sich an die technologische Stufe der Beschichtung die Aufarbeitung des Bahnenmaterials an. Die Aufarbeitung besteht aus rein mechanischen Verfahrensstufen:

- dem Kalandrieren,
- dem Schneiden,
- dem Umwickeln sowie
- dem Etikettieren und Verpacken;

abschließend erfolgt die Übergabe an ein Fertigwarenlager.

Alle diese Verfahrensstufen, Kalandrieren, Schneiden und Wickeln, üben einen großen Einfluß auf die Gebrauchswerteigenschaften des Bandes aus und sind für die jeweiligen Bandtypen bzw. Verwendungszwecke der Bänder unterschiedlich. Diese unterschiedlichen Arbeitsvorschriften werden von den an die Bänder gestellten Forderungen und von ökonomischen Kriterien bestimmt. Der Festlegung derartiger Arbeitsvorschriften gehen umfangreiche Optimierungsarbeiten voraus. Die größten Anforderungen werden an die Computer-, Video- und Studiobänder gestellt.

7.1. Kalandrieren

7.1.1. Arbeitsweise eines Kalanders

An einer von der Beschichtungsanlage kommenden Magnetbandbahn weist die magnetisch aktive Schicht noch gewisse Unebenheiten, Rauhigkeiten und lockere Strukturen auf. Diese drei genannten Eigenschaften wirken sich negativ auf die Gebrauchswerteigenschaften eines Bandes aus. Besonders beeinträchtigt werden durch den mangelnden „Band-Kopf-Kontakt", der durch Schichtunebenheiten verursacht wird, der Aufzeichnungs- und Wiedergabevorgang selber.

Durch Rauhigkeit und eine lockere Struktur der Schicht sind die zukünftigen Bandeigenschaften bezüglich Abrasivität und Abrieb fixiert. Eine lockere Struktur bedingt andererseits zu geringe Packungsdichten bzw. zu niedrige Füllfaktoren, wodurch eine Reihe von Qualitätseigenschaften der Bänder negativ beeinflußt wird.

Diese Nachteile können durch einen Satiniervorgang — Glätten und Verdichten durch Einwirkung von Druck und Temperatur auf das Material — beim Kalandrieren bedeutend gemindert werden. Im Kalander durchläuft eine Magnetbandbahn abwechselnd heiz- bzw. kühlbare metallische sowie elastische Walzen. Durch diese Walzenpaarung wird ein gleichmäßiger Satiniereffekt der magnetisch aktiven Schicht gewährleistet. Die

Erzeugung des erforderlichen Druckes erfolgt in den meisten Fällen durch ein Hydrauliksystem. Eine Mehrkolbenpumpe fördert die Flüssigkeit über Regeleinrichtungen mit Anzeigegeräten in Gasdruckspeicher. In diesen Speichern wird die darin befindliche Luft oder ein Inertgas komprimiert, wodurch das entsprechende Hydrauliksystem elastisch gestaltet und u. a. ein sofortiges Öffnen der Walzenspalte gewährleistet werden kann.

Vom Hydrauliksystem wirkt der Flüssigkeitsdruck auf die Arbeitskolben. Die Kolben können von beiden Seiten zur Erzielung eines entsprechenden Liniendruckes mit Druck beaufschlagt werden. Beim „Lüften" wird das Walzenpaket auseinandergefahren. Der Liniendruck ist am Kalander eine wichtige Einstellgröße mit der Dimension N/cm. Man unterstellt eine punktförmige Berührung der Walzen im Walzenspalt, auf die der Druck

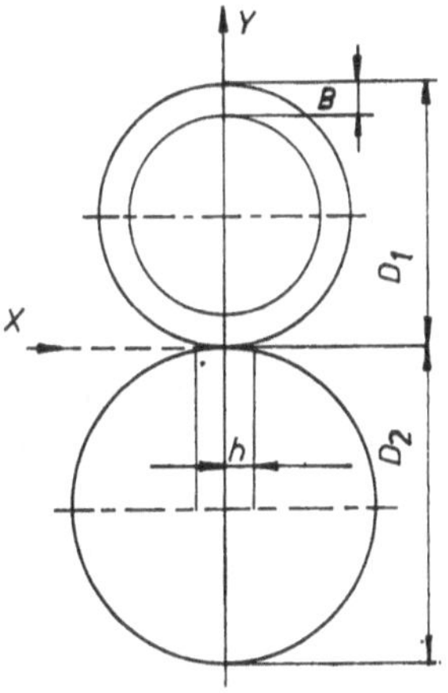

Abb. 7.1. Schema zur Berechnung des Druckes zwischen den Kalanderwalzen

D_1, D_2 – Durchmesser der elastischen und der Metallwalzen; B – Belegungsdicke; h – Breite der Druckfläche

der Arbeitskolben wirkt, und setzt diesen zur Länge des Walzenballens ins Verhältnis. Dieser eingeregelte Druck wird nachfolgend von der ersten bis zur letzten Walze im gesamten Walzenpaket übertragen. In der Praxis weicht der Druck im Walzenspalt jedoch von der eingestellten Größe des Liniendruckes durch Deformation des elastischen Bezuges der elastischen Walzen etwas ab.

Durch diese Deformation entsteht eine Fläche von $2h \cdot L$ (Abb. 7.1), sie reduziert somit den Druck auf die Magnetbandbahn. Die Breite der Fläche ($2h$) ist abhängig von der Elastizität des Walzenmaterials sowie seiner Dicke, der Größe des anliegenden Druckes und dem Walzendurchmesser.

Der Kalanderdruck P_x kann an jeder beliebigen Stelle x nach folgender Gleichung ermittelt werden:

$$P_x = \frac{2P_1}{\pi h} \sqrt{1 - \left(\frac{x}{h}\right)^2}, \qquad \text{für} \quad x < h, \tag{7.1}$$

wobei x ein beliebiger Abstand von der senkrechten Kraftflußlinie im Walzenpaket sein soll, der jedoch innerhalb der Länge h der Kontaktfläche liegt. P_1 entspricht dem Liniendruck bezogen auf 1 cm Walzenlänge. Der maximale Druck im Kontaktpunkt der Kraftflußlinie kann nach folgender Gleichung bestimmt werden:

$$P_{\max} = \frac{2P_1}{\pi h}. \tag{7.2}$$

Diese Gleichung gilt für vollkommen elastische Walzen, deren Belegungsdicke $B \gg h$ ist und das Material ein Dehnungsverhältnis m von Längsdehnung E zur Querdehnung E_q besitzt, wobei E_q gegen Null geht. (Nach POISSON gilt $m = \frac{E_q}{E}$.) Die Breite der Druckfläche an der elastischen Walze kann annähernd nach der Gleichung

$$h^2 = \frac{2P_1D}{\pi E}$$

ermittelt werden. Der Elastizitätsmodul E wird für Papier- und Gummibezüge mit einer Härte von $\approx 95°$ Shore mit $E \approx 12{,}26 \cdot 10^6$ Pa angegeben. Auch hier ist Bedingung, daß $B \gg h$ ist.

Die Breite $2h$ der Kalanderfläche kann des weiteren mit ausreichender Genauigkeit experimentell bestimmt werden. Dazu legt man zwischen die Walzen ein Spezialpapier oder je einen Bogen Durchschlag- und Schreibpapier in den Walzspalt übereinander und belastet die Walzen mit dem gewählten Druck. Die Breite des Abdruckes, den das elurchschlagpapier auf dem Schreibpapier erzeugt, entspricht der Deformation der Dastischen Walzen, also der Breite $2h$.

Wie bereits eingangs erwähnt, werden die für den jeweiligen Bandtyp erforderlichen Bedingungen durch vorherige Optimierungsarbeiten ermittelt. Die während des Kalandrierens einzustellenden Parameter (Kalanderregime) werden grundsätzlich durch die magnetisierbare Schicht bestimmt. Ausschlaggebend dafür ist die Erweichungstemperatur des Bindemittels, die entsprechenden Einfluß auf den Satinageeffekt ausübt.

Die lockere Struktur der magnetisierbaren Schicht besitzt vor dem Kalandrieren einen Volumenfüllfaktor von 25 bis 35%, der durch das Kalandrieren auf 35 bis 45% erhöht werden kann. Je höher der Feststoffanteil (Pigment) in der Schicht ist, um so höher läßt sich diese beim Kalandrieren verdichten. Diese Erhöhung des Volumenfüllfaktors ist u. a. von großer Bedeutung für die speichertechnischen Eigenschaften eines Magnetbandes.

Die nach der Beschichtung relativ rauhe Oberfläche des Bandmaterials wird während des Kalandrierens ebenfalls verbessert. Ausschlaggebend für die erreichbare Oberflächenqualität des Bandes ist die Oberflächenrauhigkeit der Kalanderwalzen selbst. Die Stahlwalzen, die vorwiegend aus hochwertigem Kokillenhartguß bestehen und deren Oberfläche eine Hartchromschicht besitzt, sind feinstbearbeitet. Der zulässige Rauhwert R_a liegt zwischen 0,04 und 0,06 µm.

Die Magnetbandbahn wird so in den Kalander eingezogen, daß die magnetisierbare Schicht gegen die Stahlwalzen geführt wird, da die Oberflächengüte der Bahn, wie bereits erwähnt, von der Oberflächenqualität der Walzen abhängig ist und diese Oberflächenqualität bei Stahlwalzen weitaus längere Standzeiten aufweist als die der elastischen Walzen. Die elektroakustische Wiedergabe besonders der hohen Frequenzen, die Pegelgleichmäßigkeit und die Gleitreibung werden durch eine hohe Oberflächenqualität des Bandes verbessert. Ebenso wird die Abrasivität verringert, woraus eine Verlängerung der Lebensdauer der eingesetzten Magnetköpfe resultiert.

Am störanfälligsten bei dieser Art Kalander sind die elastischen Walzen, deren Bezug in den meisten Fällen aus einem speziellen Woll- oder Baumwollpapier besteht. Alle Verdickungen der Magnetbandbahn, einlaufende Falten oder ein ungewolltes Einlaufen fremder Gegenstände führen zu Markierungen auf der Oberfläche dieser Walzen. Markierungen geringen Ausmaßes können durch Befeuchten und Herausquellen mit nachfolgendem Trockenfahren wieder beseitigt werden. Bei größeren Markierungen, bei denen der Quellvorgang nicht mehr ausreicht, um dieselben zu beseitigen, muß die Walze aus dem Kalander ausgebaut und auf einer Drehbank mit einem Diamantdrehmeißel überdreht und anschließend geschliffen werden. Bei Walzen mit Spezialbelägen, wie Gummi, Kunststoff, also nicht quellfähigen Belägen, ist nur das Überdrehen bzw. Schleifen zur Beseitigung der Markierungen möglich.

Die Auswirkungen dieser Markierungen sind ein unvollkommener Satinageeffekt, gefürchtete Pegelschwankungen sind die Folge im praktischen Bandbetrieb.

7.1.2. Der Kalander

Die für die Magnetbandherstellung verwendeten Kalander besitzen meist 5 bis 9 Walzen. Nur wenige Magnetbandhersteller arbeiten mit 3-Walzenkalandern. Bei diesen 3-Walzenkalandern werden dann dementsprechend harte Kalanderbedingungen, wie sehr hoher Liniendruck und hohe Temperatur, angewendet, um einen gleichwertigen Satinageeffekt zu erreichen. An Hand des in Abbildung 7.1 dargestellten Schemas sei nachfolgend ein Kalander in seiner Konstruktion, dem Aufbau, der Arbeitsweise sowie der Bahnfädelung beschrieben (Abb. 7.2).

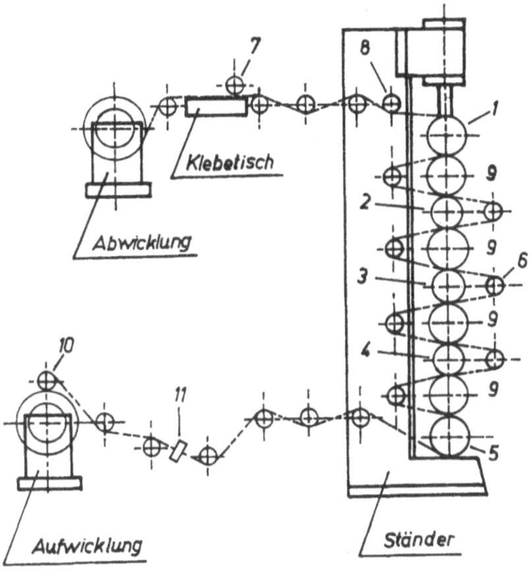

Abb. 7.2. Schema eines 9-Walzenkalanders
1, 2, 3, 4 – heizbare Stahlwalze, 5 – Kühlwalze, 6 – Leitwalze, 7 – Exzenterwalze, 8 – Breitstreckwalze, 9 – elastische Walze, 10 – Schwerwalze, 11 – Tastgabel für Bahnkantensteuerung

7.1.2.1. *Zum Aufbau*

Zwei Hohlgußständer mit breiten Füßen, die durch starke Traversen verbunden sind, gewährleisten auch bei hohen Geschwindigkeiten und maximaler Belastung eine gute Standfestigkeit und einen erschütterungsfreien Lauf. An der Ständerinnenseite sind Aufnahmen für die Leitwalzen angebracht.

An der Vorderseite der Ständer sind entsprechende Führungsflächen zur Aufnahme der Hydraulikzylinder sowie der Lagerböcke der Walzenlagerungen angearbeitet. Die Hydraulikzylinder bzw. Kolbenstangen wirken direkt auf die Walzenlagerungen der oberen Walze. Der Hub- bzw. Druckweg der Kolben ist so bemessen, daß bei Verminderungen des Walzendurchmessers, durch Abdrehen der elastischen Walzen keine örtliche Veränderung der Zylinder erforderlich ist.

Das Hydrauliksystem ist als Standhydraulik ausgeführt, d. h., es arbeitet ohne Ölumlauf und reagiert dadurch sofort auf entsprechende Kommandos (Schaltvorgänge). Die Hydraulikpumpen funktionieren automatisch und werden nur bei Druckabfall in den Druckspeichern, hervorgerufen durch Schaltvorgänge, mittels Kontaktmanometer geschaltet. An diesem Kontaktmanometer kann der benötigte Betriebsdruck stufenlos voreingestellt werden. Der gewählte Betriebs- oder Kalanderdruck wird an separaten Manometern abgelesen bzw. kontrolliert.

7.1.2.2. Das Walzenpaket

Das Walzenpaket besteht bei einem 9-Walzenkalander aus 5 metallischen und 4 elastischen Walzen. Sie sind durch Hängespindeln, die am oberen Walzenlager befestigt sind, miteinander verbunden. Mit diesen Spindeln können die Walzenabstände so eingestellt werden, daß sie im gelüfteten Zustand von Walze zu Walze immer gleich sind. Der Abstand wird mit Muttern justiert, die über angegossene Nooken am Lagergehäuse die Walzen anheben.

Die Arretierung des Walzenpaketes erfolgt durch Pneumatikzylinder, die eine sogenannte Arretierungsgabel über die Hängespindel fahren. Durch Absenken des Walzenpaketes auf diese Arretierungsgabel werden die Hydraulikzylinder entlastet. Eine elektrische Verriegelung des Hydrauliksystems verhindert, daß Druck auf die Walzen im arretierten Zustand gegeben werden kann.

Die Stahlwalzen sind in Achsrichtung durchbohrt. Durch Spezialarmaturen, die an den Stirnseiten der Walzenzapfen angebracht sind, fließt Heißwasser durch die Walzen und erwärmt diese auf Arbeitstemperatur. Wird durch Wärmezufuhr von außen, z. B. durch die Walkarbeit der elastischen Walzen, die vorgewählte Arbeitstemperatur überschritten, schaltet ein Regler auf Kühlung um, und es fließt kaltes Wasser durch die Walzen, bzw. der Wasserkreislauf wird über einen Kühler geleitet. Bei entsprechendem Unterschreiten der Arbeitstemperatur der Walzen wird automatisch auf Heizen umgeschaltet, und der Wasserkreislauf passiert den Erhitzer. Durch dieses System wird die für die Satinage optimale Temperatur in den Regelgrenzen gehalten.

Die elastischen Walzen bestehen aus einem Stahlkern, auf den das Spezialpapier blattweise aufgelegt und unter hohem Druck verleimt worden ist. Verschlußscheiben halten das Papier unter Spannung, so daß der elastische Belag homogen erscheint und eine streifenfreie Satinage garantiert.

Die obere Walze (Druckwalze) und die untere (Antriebswalze) sind im Durchmesser stärker gehalten und besitzen eine der Durchbiegung entgegenwirkende Bombage. Durch diese Maßnahme kann der Arbeitsdruck in einem großen Bereich variiert werden. Alle Kalanderwalzen laufen in Wälzlagern. Es sind Spannhülsen-Pendelrollenlager, bei denen das Lagerspiel bei jeder Montage neu eingestellt werden muß.

7.1.2.3. Die Abwicklung

Die Abwicklung ist auf dem oberen Teil der Bedienungsbühne auf einem seitlich verfahrbaren Schlitten montiert. Durch diesen verfahrbaren Schlitten kann die ablaufende Magnetbandbahn von nicht kantengeraden oder einseitig gewickelten Blöcken immer wieder auf Kalandermitte einreguliert werden. Das Einspannen der Magnetbandblöcke erfolgt achslos und pneumatisch. Die Bahnspannung wird durch eine Scheibenbremse pneumatisch feinfühlig vom Steuerpult aus eingestellt.

7.1.2.4. *Die Aufwicklung*

Das Einspannen der Blöcke bzw. der leeren Kerne erfolgt analog der Abwicklung. Als Wickelaggregat dient ein Elektrowickler, der nach einem Hyperbelsystem gesteuert wird. Der gewünschte Bahnzug wird an einem Potentiometer eingestellt und bleibt vom Wickelanfang bis Wickelende, also vom kleinen bis zum großen Durchmesser des Blockes, annähernd konstant. Für ein kantengerades Aufwickeln sorgt ein pneumatisch-hydraulisches Bahnkantensteuergerät.

7.1.2.5. *Der Antrieb*

Der Antrieb erfolgt durch einen Gleichstrommotor über ein Reduziergetriebe auf die Antriebswalze (unterste Walze). Die Kraftübertragung zwischen Motor und Reduziergetriebe sowie zwischen Getriebe und Antriebswalze geschieht durch elastische Kupplungen. Der Gleichstrommotor ermöglicht eine stufenlose Drehzahlregelung von einer Minimalgeschwindigkeit bis zur maximalen Arbeitsgeschwindigkeit. Alle Bedienelemente sind in einem zentralen Steuerpult untergebracht. Die vorhandenen Anzeige- und Kontrollinstrumente sind gleichfalls in diesem Pult übersichtlich angeordnet. Die Regel- und Steuergeräte für den Gleichstromantrieb sowie den Elektrowickler sind in einem Schaltschrank installiert.

7.1.2.6. *Das Einziehen (Einfädeln) der Bahn*

Die auf einen Kern aufgewickelte Bahn, auch Block genannt, wird mit einem Hebezeug in die Einspannposition der Abwicklung gebracht und pneumatisch gespannt. Beim erstmaligen Einziehen muß die Bahn von Hand über alle Bahnführungselemente durch die einzelnen Walzenspalten bis zur Aufwicklung gefädelt und an den dort eingespannten Kern angelegt werden. Kalander, die im Maschinenverband mit der Beschichtungsmaschine und die, die mit automatischen Wendewicklern ausgerüstet sind, können kontinuierlich betrieben werden.

Voraussetzung für eine kontinuierliche Fahrweise ist, daß der Kalander mit einem Klebestellenwächter versehen ist oder daß vor dem Passieren einer Klebestelle durch den Walzenspalt das Walzenpaket manuell entlastet wird. Diese Maßnahme ist erforderlich, um Markierungen der elastischen Walzen zu vermeiden.

Bei diskontinuierlichem Betrieb wird nach beendetem Kalandriervorgang die Bahn an Ab- und Aufwicklung getrennt, der Kalander bleibt somit eingefädelt. Nachdem der abgewickelte Kern in der Abwicklung und der bewickelte in der Aufwicklung gegen andere, wie bereits beschrieben, ausgewechselt worden ist, wird der Anfang der neuen Bahn mit dem Ende des im Kalander befindlichen Bahnrestes auf dem Klebetisch verbunden. Dieser Klebevorgang kann je nach technischer Reife des Kalanders manuell oder maschinell erfolgen. Hierauf wird der im Kalander befindliche Bahnrest mit dem Anfang der neuen Bahn aus der Maschine gezogen, die Klebestelle abgetrennt und der Bahnanfang an den Kern in der Aufwicklung angelegt. Der Kalandriervorgang kann erneut beginnen.

Als Besonderheit ist beim Einziehen der Bahn zu beachten, daß die vor dem Walzenpaket montierte Breitstreckwalze von der Bahn mit einem bestimmten Winkel umschlungen wird, damit die Bahn auch vor dem Einlauf geglättet wird.

Als Breitstreckwalzen sind mehrere Ausführungen bekannt:

- Walzen mit gekrümmter Achse und Gummimantel,
- Segmentwalzen, deren Mantel aus Segmenten besteht, die durch Kurvenscheiben achsial verschoben werden.

Die erste beheizte Walze soll möglichst groß und von der Bahn weit umschlungen werden, damit die Bahn bereits mit hoher Temperatur in den ersten Walzenspalt einläuft, um dadurch den Satinageeffekt optimal zu gestalten. Mit Hilfe der Führungswalzen wird die Bahn aus dem Walzenspalt jeweils herausgezogen. Mit dieser Maßnahme soll eine Faltenbildung verringert werden.

7.1.3. Weitere Oberflächenbehandlungen

Als weitere Verfahren zur Oberflächenverbesserung werden nachfolgend das Bürsten sowie das Polieren kurz beschrieben.

7.1.3.1. Das Bürsten

Eine derartige Maschinenkombination besitzt ebenfalls Ab- und Aufwickelstationen, von denen die Bahn, wie beim Kalander, ab- bzw. aufgewickelt wird. Ein Walzenduo übernimmt den Bahntransport bzw. sorgt für eine exakte Arbeitsgeschwindigkeit. Die untere, meist im Durchmesser größer dimensionierte Stahlwalze dient als Stützwalze, über dieser ist eine hochtourig laufende Bürstenwalze montiert. Der Mantel der Bürstenwalze ist mit Borsten aus bestimmten Materialien und in einem abgestimmten Länge-Querschnitt-Verhältnis bestückt. Der Achsabstand zwischen Stütz- und Bürstenwalze ist veränderlich und wird den optimalen Bedingungen hinsichtlich Bahnmaterial und Borstenlänge angepaßt.

Durch die hohe Drehzahl der Walze „schlagen" die Borsten mit großer Geschwindigkeit auf die magnetisierbare Schicht der zwischen Stützwalze und Bürstenwalze mit bestimmter Spannung hindurchlaufenden Bahn, wodurch diese ebenfalls verdichtet und geglättet wird.

7.1.3.2. Das Polieren

Hier wäre das Polieren der unaufgeschnittenen Bahn sowie das sehr aufwendige Polieren des einzelnen Bändchens zu erwähnen.

7.1.3.2.1. Das Polieren der Bahn

Dieses Verfahren bedarf nicht unbedingt einer zusätzlichen Maschine. Es kann im Anschluß an den Trocknungsprozeß in der Beschichtungsmaschine oder als zusätzliche Oberflächenveredlung nach dem Kalandrieren vor der Aufwicklung erfolgen. Zu diesem Zweck wird die Bahn über Leitwalzen derart umgelenkt, daß sie sich mindestens an einer Stelle mit der Schichtseite berührt. Durch die gegenläufige Bahnbewegung und durch einen Anlagedruck, der wiederum von der Umschlingung und dem Bahnzug abhängt, kommt es zu einer bestimmten, beeinflußbaren Reibung an den sich berührenden Bahnabschnitten. Der Effekt ist im Verhältnis zum Kalandrieren sehr gering. Er hängt im wesentlichen von der Länge und der Anzahl der Kontaktstellen sowie dem Anlagedruck ab.

Die Nachteile gegenüber dem Kalandrieren sind dominierend. Die große Staubentwicklung verlangt eine starke Absaugung und intensive Bahnreinigung. Durch die Erhöhung des Bandzuges, verursacht durch die Reibung, kann es zur Deformation des Bahnmaterials und zur Rißbildung der magnetisierbaren Schicht kommen.

7.1.3.2.2. Das Polieren am Bändchen

Dazu werden sehr schnell rotierende Messerköpfe verwendet. Die Bearbeitung der Schneiden des Messerkopfes verlangt höchste Präzision in bezug auf Rundlauf und Rauhtiefe.

Das Bändchen tangiert den rotierenden Messerkopf, wobei eine exakte Bandspannung eingehalten werden muß. Durch die hohe Drehzahl des Messerkopfes bildet sich zwischen Bändchen und Messerkopf ein „Luftkissen", wodurch das Bändchen einen abhängig vom Bandzug definierten Abstand vom Messerkopf einnimmt und dadurch nur die Materialspitzen der magnetisierbaren Schicht abgetragen werden. Dieses Verfahren ist effektiver gegenüber dem vorgenannten. Es wird auch in den meisten Fällen nur als Ergänzung zum Kalandrieren eingesetzt. Nachteilig wirkt sich auch bei diesem Verfahren die große Staubentwicklung aus, die wiederum eine zusätzliche intensive Absaugung und Bandreinigung verlangt. Das Polieren am Bändchen wird deshalb auch in flüssigen Medien vorgenommen. Ein weiterer Nachteil ist der zusätzliche zeitintensive Arbeitsgang sowie der hohe technische Aufwand.

7.2. Schneiden von Magnetbändern

7.2.1. Anforderungen an das Schneiden

Die im Handel bzw. im Einsatz befindlichen magnetischen Aufzeichnungs- und Wiedergabegeräte bestimmen durch ihre konstruktiven Auslegungen die Konfektionierungsbreiten und -längen der Magnetbänder. Für den überwiegenden Teil der magnetischen Aufzeichnungs- und Wiedergabegeräte wird Bandmaterial mit für den Gerätetyp entsprechender Breite und Stärke benötigt. Die wichtigsten Breiten betragen 3,81; 6,25; 12,70; 19,05; 25,40 und 50,80 mm. Entsprechend dem Bandtyp sowie dem Verwendungszweck sind die Bandbreiten um den Nennwert toleriert. Diese über die gesamte Bandlänge erforderlichen sehr engen Toleranzen von 0,05 mm bis 0,1 mm sind für eine exakte Bandführung in den Laufwerken und damit zur Spurtreue, die eine optimale Wiedergabe ermöglicht, notwendig. Derartig enge Toleranzen stellen im gleichen Maße hohe Anforderungen an die Hersteller der Schneidwerkzeuge, bei denen die Toleranzen allgemein eine Zehnerpotenz unter den Bandtoleranzen liegen müssen. Ein Beispiel soll diesen Fakt verdeutlichen. Bei einer Bandbreite von $6{,}25 \pm 0{,}05$ mm ist eine Messerbreite von $6{,}25 \pm 0{,}005$ mm erforderlich. Diese hohe Genauigkeit in der Fertigung der Schneidwerkzeuge ist gleichfalls für alle anderen Abmaße, wie Planparallelität und Rundlauf, sowie für die Oberflächenqualität, erforderlich.

Neben den hohen Anforderungen an die Maßhaltigkeit der Bandbreite verlangt der

Anwender eine hohe Qualität der Bandkante. Die Bandkanten sollen sich mikroskopisch als sauber geschnitten abbilden und dürfen keine Einkerbungen, die die Bandfestigkeit stark herabsetzen, aufweisen. Bei einer unsauberen Schnittkante wirken sich besonders die an ihr anhaftenden „Kantenreste" sowie der Schnittstaub nachteilig auf die Gebrauchswerteigenschaften aus. Kantenreste und Schnittstaub können u. a. zu Signalaussetzern (drop-outs) führen, wodurch der Einsatz der Bänder in bestimmten Anwendungsgebieten unmöglich wird.

Die sogenannte Längskrümmung, die auch als Säbelförmkigeit bezeichnet wird und auf den Bandlauf sowie die Wickelqualität Einfluß ausübt, darf bestimmte, für den jeweiligen Bandtyp festgelegte Werte nicht überschreiten. Die Längskrümmung ist die in mm gemessene Abweichung in der Mitte eines 1 m langen Bandes von der Geraden. Dieser Bandfehler beeinflußt die Spurtreue negativ, was sich bis zu Pegelschwankungen steigern kann.

Wie aus den einführenden Bemerkungen zu entnehmen ist, können die Gebrauchswerteigenschaften eines Bandes in der Verarbeitungsstufe Schneiden wesentlich beeinflußt werden. Deshalb werden nachfolgend die wichtigsten technologischen Zusammenhänge näher betrachtet.

7.2.2. Schneidemaschinen und Schneidevorgang

Der Schneidevorgang von Magnetbändern kann nur auf Präzisionsmaschinen vollzogen werden, die als Schneid- und Aufwickelmaschinen bezeichnet werden (Abb. 7.3). Das Schneiden selber geschieht im Schneidpunkt eines Messerpaares, bestehend aus einem

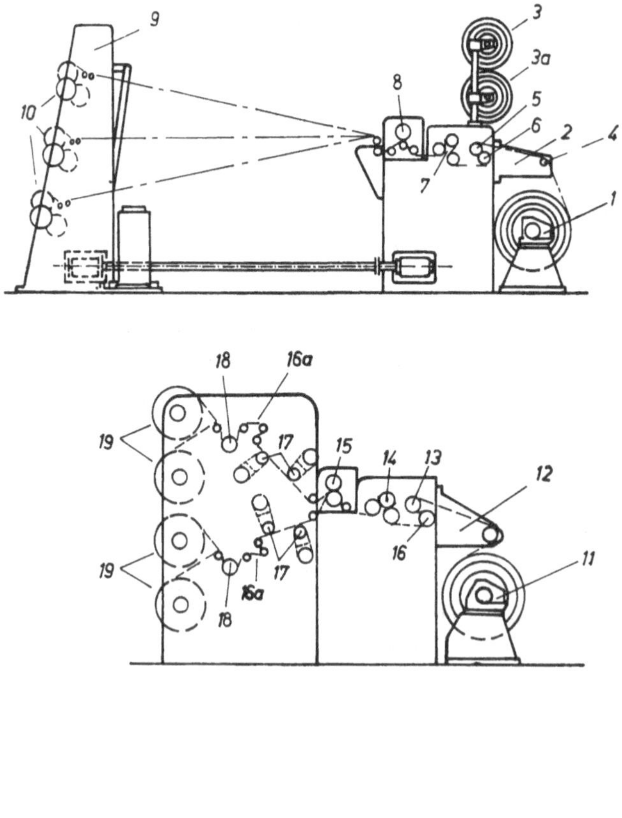

Abb. 7.3. Verschiedene Ausführungen von Schneid- und Wickelmaschinen

Ober- und einem Untermesser. Beide, Ober- und Untermesser, sind Kreismesser, also runde Messerscheiben, die auf rotierende Wellen (Messerwellen) aufgesteckt sind.

Die Schnittbreite bis 12,7 mm wird in der Praxis durch die Messerbreite bestimmt. Für größere Schnittbreiten wird aus ökonomischen Gründen dem 6,25-mm- oder 12,7-mm-Messer ein Distanzring von entsprechender Breite und entsprechendem Durchmesser zugeordnet. Die Distanzringe bestehen aus billigerem Werkstoff und können nach dem Verschleiß der Messer wieder verwendet werden.

Schneidmaschinen werden in drei Hauptteile — Abwicklung, Grundmaschine und Aufwicklung — unterteilt, die weiterhin nach den konstruktiven Besonderheiten differenziert werden.

7.2.2.1. *Die Abwicklung*

Jede Schneidmaschine, die nicht im Verband einer Verarbeitungskette, in unserem Fall also unmittelbar im Anschluß an den Kalander, betrieben wird, bedarf einer Abwicklung, um die von den vorgelagerten Verarbeitungsstufen kommende Magnetbandbahn aufzunehmen. Die Abwicklungen können in zwei Ausführungshauptgruppen unterteilt werden:

- Schwenk- oder Mehrfachwickler, die ein kontinuierliches Betreiben der Schneidmaschinen ermöglichen;
- Einfachwickler in Ausführungen mit achsloser Einspannung oder mit Abwickelwelle zur Aufnahme der Magnetbandbahn.

Um die Magnetbandbahn der Messerpartie exakt positioniert zuzuführen, ist die Abwicklung mit einer Bahnkantensteuerung gekoppelt. Die Abtastung der Bahnkante erfolgt meist photoelektrisch oder pneumatisch. Das Stellorgan, welches die seitliche Korrekturbewegung vornimmt, arbeitet hydraulisch oder pneumatisch und erhält seine Kommandoimpulse von der Abtasteinheit über einen Verstärker.

Die Bahnspannung ist beliebig dem jeweiligen Bandtyp entsprechend wählbar und wird durch eine mechanische Bremsvorrichtung, Bremsmotor oder -generator bzw. Wirbelstrombremse erzeugt. Die Regelung der Bahnspannung oder des Bahnzuges erfolgt meist durch Tänzerwalzen, die wiederum sowohl in „weglosen" als auch in großhubigen Ausführungen eingesetzt werden.

7.2.2.2. *Die Grundmaschine*

Die Grundmaschine besteht, in Materiallaufrichtung betrachtet, aus folgenden Teilen:

- Klebetisch. Auf ihm wird das Ende der vorangegangenen mit dem Anfang der neuen zu schneidenden Bahn durch eine Klebestelle verbunden. Durch diesen Klebevorgang kann ein erneutes „Einfädeln" der Bahn in die Schneidmaschine eingespart werden. Weiterhin können mit Hilfe des Klebetisches und eventuell vorhandener Zusatzabrollungen Vorspann- und Kennbänder an- bzw. zwischengeklebt werden.
- Transportpartie. Ihre Funktion besteht darin, die Bahn von der Abwicklung abzuziehen und der Messerpartie zuzuführen. Die Transportpartie besteht meist aus

einem sogenannten Omegaantrieb. Dies sind drei von der Bahn mit ≈ 90° bzw. 180° umschlungene Walzen, die durch einen stufenlos von einer Minimal- bis zur Maximalgeschwindigkeit regelbaren Gleichstrom-Nebenschluß-Motor angetrieben werden. Dieser Antrieb stellt gleichzeitig den Haupt- oder Leitantrieb der Schneidmaschine dar, von dem alle anderen Antriebe, die direkt oder über Getriebe gekoppelt oder separaten Elektroantrieben auf elektrischem Wege über Tachomaschinen verbunden sind, angesteuert werden.

— Messer- oder Schneidpartie. Die Ausführung der Messerpartie ist vom verwendeten Schneidsystem abhängig. Für das Schneiden von Magnetbändern werden von den einzelnen Magnetbandproduzenten unterschiedliche Schneidsysteme eingesetzt. Man unterteilt in Schneidsysteme, die einen symmetrischen, und in solche, die einen unsymmetrischen Schnitt bzw. Bandquerschnitt erzeugen.

7.2.2.2.1. Die Schneidesysteme

Der symmetrische Schnitt kann nur mit Schneidsystemen erzeugt werden, die mit einem Zwischen- oder Abfallstreifen arbeiten. Das kann sowohl ein reines Rollscherschnitt- (Abb. 7.4) als auch eine Kombination von Rollscher- und Scherenschnittsystem (Abb. 7.5) sein.

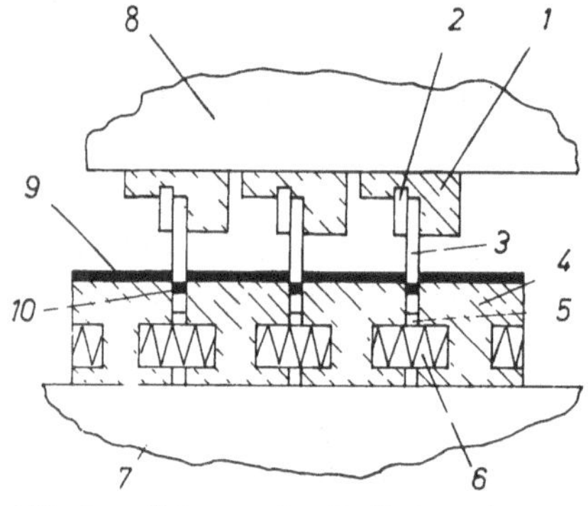

Abb. 7.4. Schema des Rollscherschnittsystems
1 — Obermesserhalter, 2 — Sprengring, 3 — Obermesser, 4 — Untermesser, 5 — Distanzring, 6 — Druckfeder, 7 — Untermesserwelle, 8 — Obermesserwelle, 9 — Nutzstreifen oder Bändchen, 10 — Abfallstreifen

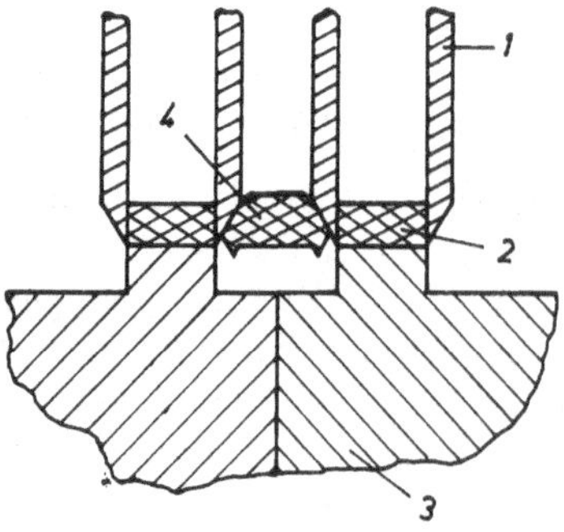

Abb. 7.5. Schema zum Schneiden der Bahn mit symmetrischen Messern
1 — Obermesser (Scherenschnitt- oder Tellermesser), 2 — Nutzstreifen (Bändchen), 3 — Untermesser (Rollschermesser), 4 — Abfall- oder Zwischenstreifen

Als Vorteile dieser Systeme können aufgeführt werden:

— gute Bahnführung,
— durch Umschlingung der Untermesser gleichmäßige Schnittbedingungen und damit gleichmäßige Schnittkanten auf beiden Seiten des Bändchens,
— symmetrischer Bandquerschnitt.

Die Nachteile bestehen in den Abfall- bzw. Zwischenstreifen.

Einen unsymmetrischen Schnitt erzeugen alle Schneidsysteme ohne Zwischenstreifen.

— Am verbreitetsten ist das *Scherenschnittsystem* (Abb. 7.6). Es ist wirtschaftlich, und man erreicht mit ihm für fast alle Bandtypen eine ausreichende Kanten- und

Schnittqualität. Nachteile sind die ungleichen Schnittbedingungen und damit ungleiche Schnittkanten. In jedem Fall wird die eine Kante leicht unterschnitten, so daß die magnetisierbare Schicht übersteht und zum Ausbrechen neigt.

– Das *Rollschersystem* ohne Zwischenstreifen ist in Abbildung 7.7 dargestellt. Dieses Schneidsystem findet nur Anwendung bei kleinen Schnittbreiten $< 6{,}25$ mm, d. h., bei Bändern für den Amateurbandsektor. Größere Bandbreiten können mit diesem System wegen der zu großen Abstände der jeweiligen Messer auf einer Welle und dem damit verbundenen ungünstigen Bahneinlauf in die Schneidpartie sowie der eintretenden Wellenbildung quer zur Bahn nicht realisiert werden.
– Das *Kreismessersystem* wird nur noch von wenigen Magnetbandherstellern eingesetzt. Die Nachteile überwiegen gegenüber den wenigen Vorteilen, wie z. B. einfache Handhabung, kostensparendes Nachschleifen. Nachteile stellen dar:
  - hoher Justageaufwand beim Montieren der Messersätze,
  - schlechte Bahn- und Bandführung in der Schneidpartie,
  - leichtes Unterschneiden einer Bändchenkante.
– Bei dem kombinierten *Rollscher-Kreismessersystem* werden in spezielle, asymmetrische Rollschermesser (als Untermesser) auf der Obermesserwelle genau justierte Kreismesser eingetaucht und durch seitliches Ausstellen zum Schnitt gebracht.

Jedes dieser Schneidsysteme fordert eine spezielle Messerpartie. Das ist unabhängig davon, ob die Messerpartie fest in der Schneidmaschine eingebaut ist oder ob sie, wie bei modernen Schneidemaschinen, für die Messermontage aus der Maschine herausgenommen und durch eine vorbereitete Messerpartie ersetzt werden kann.

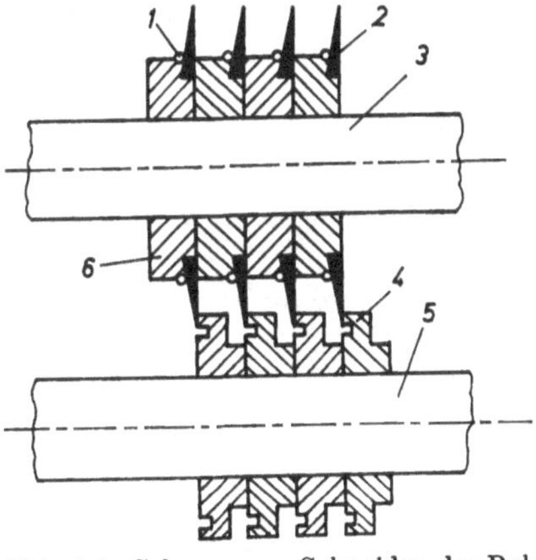

Abb. 7.6. Schema zum Schneiden der Bahn mit rotierenden Scheibenmessern
1 – Andruckfeder, 2 – Obermesser, 3 – obere Messerwelle, 4 – Unter- oder Nutmesser, 5 – untere Messerwelle, 6 – Obermesserhalter

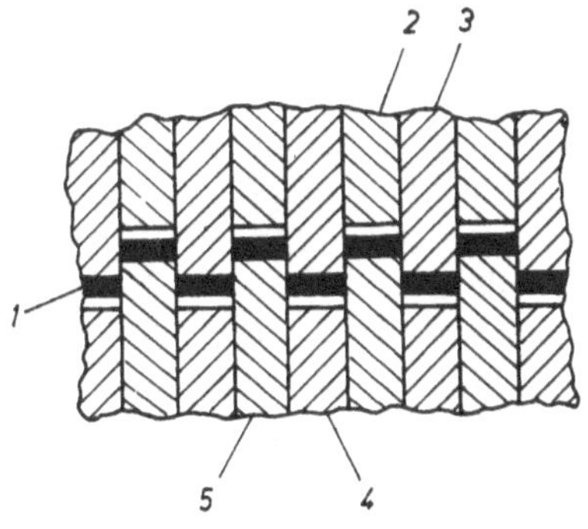

Abb. 7.7. Rollschermessersystem ohne Zwischenstreifen
1 – Bändchen, 2 – Distanzring, 3 – Obermesser, 4 – Distanzring, 5 – Untermesser

7.2.2.2.2. Die Messermontage

Die Messermontage bei den jeweiligen Schneidsystemen erfordert eine hohe Präzision. Bevor die Messer für den Einsatz freigegeben werden, unterzieht man sie einer gründlichen Kontrolle. Als erstes sind sie mit Hilfe von entsprechenden Lösungsmitteln von den anhaftenden Konservierungsmitteln und dem Schleifstaub gründlichst zu befreien. Nachfolgend werden sie mit Präzisionsmeßgeräten ausgemessen und zu Sätzen zusammengestellt. Der dann folgende Arbeitsgang, die eigentliche Kontrolle der Schneidkante, erfordert von dem jeweiligen Monteur handwerkliche Erfahrung und Gewissenhaftigkeit; denn hierfür gibt es noch kein rationell arbeitendes Prüfgerät. Diese Kontrolle wird mit der sogenannten Fingernagelprobe durchgeführt. Bei entsprechender Erfahrung können dabei Schneidenbeschädigungen, wie Kerben von weniger als 1 μm festgestellt werden.

Die zulässige Oberflächenrauhtiefe nach dem Schleifen beträgt $R_a = 0{,}05$ μm. Nur Messer ohne Beanstandungen werden für den Einsatz zum Schneiden freigegeben. Von dieser Freigabe ist die Schnittqualität und die Standzeit des Messersatzes insgesamt abhängig.

Repräsentativ für alle Schneidsysteme sei nur auf die Messermontage des Rollscher- und Scherenschnittsystems eingegangen.

a) Das Rollschersystem

Die Obermesser werden auf die Messerhalter montiert und auf die Obermesserwelle aufgesteckt. Das Aufziehen der Messer auf die Wellen geschieht in speziellen Wellenhalterungen, so daß auch hierbei Beschädigungen der Schneidkanten weitestgehend auszuschließen sind.

Die Untermesser werden (ohne Halterung) auf die Untermesserwelle aufgesteckt. Nach jedem Untermesser folgt ein Zwischenring. Dieser Ring ergibt den Messerspalt, in welchen das Obermesser eintaucht. Um eine exakte Anlage der Messerflanken und somit die für das Schnittgut erforderliche Anlagekraft zu gewährleisten, ist der Zwischenring 20 bis 25 μm schwächer als das Obermesser.

Um die Messerspalten nach dem Verspannen möglichst planparallel zu halten und die Montage bzw. Demontage der Messerpartien zu erleichtern, besitzen manche Untermessersätze gleichmäßig an den Planflächen angeordnete Bohrungen, in welche Druckfedern gesteckt werden.

Nach der Bestückung der Messerwellen mit den Messern wird als erstes die Untermesserwelle gelagert und in die Messerpartie eingesetzt. Analog wird mit der Obermesserwelle verfahren. Beim Einsetzen der Obermesserwelle muß, um Beschädigungen der Schneidkanten zu vermeiden, darauf geachtet werden, daß die Obermesser noch ca. einen 1-mm-Abstand zu den Untermessern haben. Die lose auf der Obermesserwelle verschiebbaren Messer werden von Hand möglichst zentrisch über den Messerspalt gestellt. Danach wird die Obermesserwelle vorsichtig abgesenkt, bis die Obermesser mit dem vorgeschriebenen Maß der Eintauchtiefe in den Messerspalt eintauchen.

Die Eintauchtiefe soll, um eine gute Schnittkantenqualität zu erzielen, möglichst klein gehalten werden. Sie wird durch vorangegangene Optimierungsarbeiten festgelegt. Haupteinflußfaktoren für die Eintauchtiefe sind:

- die Arbeitsbreite, d. h. die Länge der Messerwellen und ihre Biegesteifigkeit,
- die Messergeometrie und ihr Abstumpfungsgrad,
- die Schnittgutfestigkeit,
- Zustand der Lagerung der Wellen und der Passungen auch von Messer, Messerhalter und Welle.

Zusammengefaßt — Haupteinflußfaktoren sind alle die Faktoren, die ein Herausspringen der Obermesser aus dem Messerspalt der Untermesser bewirken können.

Durchschnittlich kann die Eintauchtiefe für Magnetbandmaterialien bis zu einer Gesamtstärke von 50 µm mit $^1/_{1000}$ der Arbeitsbreite veranschlagt werden. Ist die Eintauchtiefe eingestellt, wird die Lagerung der Obermesserwelle fixiert. Durch eine Ringmutter auf der Untermesserwelle und durch ständiges Drehen der durch Zahnräder verbundenen Messerwellen werden die Messerspalte der Untermesser systematisch, bis die Anlage der Unter- gegen die Obermesser bzw. die Anlagekraft erreicht ist, verringert. Die Einstellung der richtigen Anlagekraft ist ebenfalls sehr schwierig und bedarf längerer Erfahrung.

Sind alle Schraubverbindungen der Lagergehäuse und der Welle nochmals nachgezogen, kommt die Messerpartie auf die Einlaufvorrichtung, und die Messer laufen bei geringer Geschwindigkeit ein, d. h., es erfolgt ein Nachläppen der Schneidfasen. Ist der Einlaufvorgang, dessen Dauer wiederum vom Messerwerkstoff abhängig ist, beendet, wird ein Probeschnitt durchgeführt. Wenn das Prüfergebnis der Prüfbändchen zufriedenstellend ausfällt, kann die Messerpartie eingesetzt werden.

b) Das Scherenschnittsystem

Abweichend von der Messermontage der Rollschermesser werden bei diesem System die Obermesser auf Messerhalter montiert, die ein Federn der Messerscheibe ermöglichen. Die Obermesserhalter mit den federnden Messern werden nachfolgend, ebenso wie die Untermesser (Nutmesser), fest auf den Messerwellen verspannt.

Nachdem die mit Messern bestückten Messerwellen in die Messerpartie eingesetzt sind, werden die Messer der Obermesserwelle mit einer Schwenkvorrichtung entsprechend der Eintauchtiefe in die Messerspalte der Untermesser eingetaucht. Diese Schwenkvorrichtung gestattet zusätzlich ein axiales Verschieben des Messerpaketes, wodurch sie zum Schnitt gebracht werden. Die Anlagekraft, die der Abdrängkraft entgegenwirkt und größer als die Abdrängkraft sein muß, wird durch die Federn erzeugt. Um diese Anlagekraft (Ober- gegen Untermesser) über das gesamte Messerpaket annähernd gleich zu halten, sind die Federn aufeinander abzustimmen.

Die Anlagekraft hat einen wesentlichen Einfluß auf die Schneideigenschaften des Messersatzes. Ist sie zu gering, wird die Schneidsicherheit nicht hinreichend gewährleistet; ist sie zu hoch, wirkt sie sich durch die größere Reibung an den Kontaktflächen und dadurch erhöhten Verschleiß ungünstig auf die Standzeit aus.

Die Freigabe geschieht analog der Rollschermesserpartie.

Ein wichtiges Element der Grundmaschine ist die in zwei Ebenen verschiebbare Leitwalze. Mit ihr können einseitige Bahnen ausgeglichen werden, so daß eine Faltenbildung vermieden werden kann.

7.2.2.3. *Die Aufwicklung*

Sie ist der Maschinenteil, der in Abhängigkeit vom Schneidmaschinentyp die vielfältigsten konstruktiven Abweichungen und Besonderheiten aufweist.

Die Aufwicklungen der Magnetbandschneidmaschinen besitzen zwei und mehr Aufwickelstationen mit Einzelfriktion für jede Wickelstelle. Die Einzelfriktionierung ist erforderlich, um für jedes Bändchen den erforderlichen Bändchen- oder Wickelzug zu erzeugen.

Am verbreitetsten sind Reibfriktionen, die einmal fest eingestellt werden und über die gesamte Bändchenlänge mit dem gleichen Moment arbeiten, d. h., daß der Wickelzug mit zunehmendem Wickeldurchmesser abnimmt, der Wickel also nach außen hin weicher wird. Berücksichtigt man bei diesen Friktionen die Wärmeentwicklung bei großen Bandlängen, so ergibt sich auch eine geringe Bandzugerhöhung durch die Ausdehnung der Friktionskörper und der damit verbundenen Erhöhung des Reibmomentes.

Über sogenannte wickelcharakteristikgeregelte Friktionen kann durchmesserabhängig der Wickelzug vom Bändchenwickel verändert werden. Derartige Veränderungen können mit Hilfe der obengenannten Wickelcharakteristik vorgewählt werden. Sie überstreichen alle Werte zwischen Wickeln mit konstantem Moment und konstantem Zug. Die letztgenannten Friktionen arbeiten pneumatisch und werden deshalb auch als Luftfriktionswellen bezeichnet.

Eine weitere, öfter anzutreffende Friktionsart ist die Reibradfriktion. Sie wird besonders beim direkten Wickeln auf Spule mit dem „Spulenrahmen" eingesetzt. Durch ein auf einem Hebel verschiebbares Gewicht können die Bändchenzüge für jede Wickelstelle eingestellt werden. Bei diesem Spulenrahmen kommt zur vertikalen Spreizung der Bändchen noch eine horizontale hinzu. Diese Maßnahme ist erforderlich, um Platz für die einzelnen Wickelstellen, die wegen ihren Baugrößen auseinandergezogen werden müssen, zu bekommen.

Bei moderneren Schneidmaschinen befindet sich vor der Aufwicklung noch eine Reinigungspartie. Diese Reinigungspartien sind gleichfalls von unterschiedlicher Ausführung. Die bekanntesten sind folgende:

- *Vliesreinigung.* Ein Vlies läuft gegenläufig zur Bändchenlaufrichtung.
- *Vakuumreinigung.* Die Bändchen laufen über Saugköpfe. Die Saugöffnungen sind polierte Loch- oder Schlitzlochbleche.
- *Schaberreinigung.* Eine Schaberleiste aus einem sehr harten Werkstoff wird leicht gegen die Bandoberfläche gedrückt, um vom Bändchen anhaftende Kantenreste und Staubpartikel abzustreifen.

Auch Kombinationen dieser Verfahren sind bekannt.

Nach der Reinigungspartie ist eine Abzugsfriktion installiert. Sie arbeitet analog den Luftfriktionswellen und dient dazu, den Bändchenzug von der Schneidpartie her über die Reinigungspartie zu übernehmen, so daß der Bandzug nicht von der Aufwicklung aufgebracht werden muß und im Bedarfsfall kleiner als vor der Abzugsfriktion sein kann, was den Aufbau weicher Wickel ermöglicht.

7.2.3. Gesamteinschätzung des Schneidens

Zusammenfassend muß man feststellen, daß die Arbeitsgeschwindigkeiten der Magnetbandschneidmaschinen von dem zu schneidenden Material, von seiner Wickelfähigkeit und der Schnittbreite abhängig sind. In der Regel wird mit Geschwindigkeiten zwischen 80 und 200 m/min gearbeitet.

Ein weiterer begrenzender Faktor für die Leistungsfähigkeit einer Schneidmaschine ist neben der Arbeitsgeschwindigkeit die Rüstzeit. Sie ist die Zeit, die benötigt wird, um die vollen Spulen oder Wickel abzunehmen, den Wechsel der Aufwickelwellen sowie das Einlegen einer neuen Bahn vorzunehmen, kurz die Zeit, die erforderlich ist, eine Schneidmaschine zum Schneiden vorzubereiten. Um diese Zeit zu verkürzen bzw. ganz zu eliminieren, hat man automatische Wickler konstruiert. Sie erlauben einen weitestgehend kontinuierlichen Betrieb einer Schneidmaschine.

Eine weitere Beeinflussung der Schnittqualität ist mit der Voreilung der Messerpartie zu erreichen. Dabei ist zu gewährleisten, daß die Umfangsgeschwindigkeit der Messer größer ist als die Warenbahngeschwindigkeit. Ist sie zu gering, kommt es zu Stauungen des Schnittgutes vor dem Schneidspalt, deren Folge Faltenbildung und ein unsauberer Schnitt sind. Zu hohe Voreilung hat höheren Werkzeugverschleiß und mitunter Bändchenrisse, auf jeden Fall Reißen der sehr schmalen Zwischenstreifen beim Rollschersystem zu Folge.

Die Wickelqualität wird außerdem gravierend durch die Vorteilung der Wickelwellen und den Bändchenzug beeinflußt. Der Bändchenzug beeinflußt direkt die Ausbeute des geschnittenen Magnetbandmaterials. Sind die Wickel zu weich, neigen sie dazu, daß sich einzelne Lagen des Wickels verschieben bzw. daß bei freitragenden Wickeln das Band vom Wickel abfällt. Wird der Bändchenzug zu hoch gewählt, kommt es zu Deformationen der Bändchen, die bis zur Unbrauchbarkeit führen können.

7.3. Umwickeln von Magnetbandmaterial

Nicht alle Magnetbänder können aus technologischen und fertigungstechnischen Gründen sofort an der Schneidmaschine auf Konfektionsspulen gewickelt werden. Die Gründe liegen im Nichtvorhandensein des erforderlichen Aufwickelzubehörs an der Schneidmaschine oder darin, daß das Bandmaterial einer zusätzlichen Reinigung unterzogen werden muß. Eine weitere Notwendigkeit für das Umwickeln erwächst aus Forschungsarbeiten und aus der Untersuchung sogenannter Prüf- bzw. Probebänder, die entsprechend den Anforderungen auf spezielle Konfektionierungsmaterialien gewickelt werden müssen.

Das Umwickeln selber wird auf einer Umwickelmaschine, auch Wickeltisch genannt, vorgenommen, deren Arbeitsplatte vertikal, horizontal oder schräg zum Bedienenden angeordnet ist. Bei den einfachen Umwickelmaschinen erfolgt der Antrieb durch einen stufenlos regelbaren Elektromotor nur über die Aufwicklung. Die Bandspannung oder der Bandzug wird durch eine Bremse, die durch eine Tänzerrolle gesteuert wird, erzeugt. Die Bandführung erfolgt durch Führungsröllchen, deren Justierung weitestgehend für den zu erzeugenden Wickelspiegel verantwortlich ist.

Des weiteren ist ein solcher Wickeltisch in der Regel mit einem Meterzähler und einer Reinigungsvorrichtung ausgestattet. Die Reinigungsvorrichtung kann aus einer kombinierten Schaber-Vlies-Reinigung bestehen.

Hochwertige Umwickelmaschinen arbeiten analog den Bandlaufwerken, d. h., sie arbeiten mit konstanten, regelbaren Bandgeschwindigkeiten und Bandzügen. Die praktisch angewandten Wickelgeschwindigkeiten liegen bei ca. 6 m/s. Als Zusatzgeräte am Wickeltisch wären noch Schlierenkontrollgeräte — sie dienen zur Auffindung von Fehlstellen in der magnetisch aktiven Schicht — und sogenannte Einlege- sowie Wickelhilfen, die das Einlegen des Bandes in die Spule erleichtern bzw. bessere Wickelspiegel erzeugen, zu nennen.

7.4. Konfektionierung der Magnetbänder

Nach dem Wickeln – entweder direkt von der Schneidmaschine oder von der Umwickelmaschine kommend – wird das Bandmaterial staubarm verpackt. Diese Verpackung erfolgt teilweise in vorgefertigten Folienbeuteln oder durch Einschweißen in entsprechende Folien.

Die so staubgeschützt verpackten Bänder werden je nach Bandtyp in System- oder Transportverpackungen eingelegt. Diese Einzelverpackung wird dann zu festgelegten Stückzahlen in sogenannten Umkartons an das Fertigwarenlager abgegeben und von dort zum Versand bereitgestellt.

8. Mechanisch-physikalische Eigenschaften der Magnetbänder

8.1. Allgemeines über mechanisch-physikalische Eigenschaften und Größen

8.1.1. Mechanisch-physikalische Magnetbandeigenschaften und ihre Bedeutung in der Magnetbandspeichertechnik

Die mechanisch-physikalischen Eigenschaften der Magnetbänder werden ebenso wie die magnetischen Eigenschaften und Kenngrößen ständig verbessert. Damit verbunden ist die stete Erhöhung der an sie gestellten technischen Anforderungen. Diese Anforderungen an mechanisch-physikalische Eigenschaften und Kenngrößen werden durch staatliche Standards vorgeschrieben.

Nachfolgend werden kurz die Prinzipien angegeben, auf denen die Beurteilungsmethoden von mechanisch-physikalischen Eigenschaften der Magnetbänder beruhen. Will man die mechanisch-physikalischen Eigenschaften eines Magnetbandes beurteilen, so muß man davon ausgehen, daß letzteres ein System von zwei oder mehr miteinander verbundenen dünnen polymeren Schichten darstellt, deren Zusammenhalt durch Adhäsionskräfte in der jeweilig gemeinsamen Grenzschicht gewährleistet wird. Diese Adhäsionskräfte können z. B. durch eine spezielle Oberflächenbehandlung der Unterlage bzw. durch bestimmte Rezeptkomponenten aktiviert werden. An die Kohäsion der Einzelschichten müssen dabei ganz spezielle Anforderungen gestellt werden.

Dies gilt besonders für die Arbeitsschicht, die einen hochdispersen Körper darstellt, in dem das magnetisch aktive, sehr feinteilige Speicherpigmentpulver in möglichst homogener Verteilung eingelagert ist. Die Dicke der Magnetbänder liegt zwischen 8 und 70 μm, die Dicke der magnetisierbaren Arbeitsschicht bei ca. 2 bis 20 μm. Der Trend in der Magnetbandentwicklung geht zu einer Schichtdickenabnahme hin. Perforiertes Magnetband, Magnetfilm, das in der Kinematographie angewandt wird, weist bedeutend größere Gesamtdicken auf, die je nach Unterlagenmaterial 70 bis 120 μm betragen können.

Davon ausgehend, wird deutlich, daß die mechanisch-physikalischen Eigenschaften eines Magnetbandes maßgeblich durch die Unterlageneigenschaften bestimmt werden. Beim Durchlauf durch die Laufwerke der Aufzeichnungs- und Wiedergabegeräte wird ein Magnetband bedeutenden Zugkräften unterworfen. Diese Kräfte nehmen Maximalwerte beim Starten und Stoppen des Umwickelmechanismus, insbesondere bei hohen Bandgeschwindigkeiten, an. Handelt es sich um perforierten Magnetfilm, so kommen zu den angeführten Kräften noch die hinzu, die auf die Abschnitte zwischen den Perforationslöchern wirken und wegen der großen lokalen Spannungen leicht zu Deformationen dieser Bereiche führen können.

Die durch eine größere Dicke bedingte größere Steifigkeit derartiger Magnetbänder erschwert einen ausreichenden und zuverlässigen Kontakt zwischen der Arbeitsschicht des Bandes und dem Magnetkopf. Um Abstandsverluste zu vermeiden und die Bandzugkraft gering halten zu können, ist eine große Schmiegsamkeit des Bandes zum innigen Anlegen an den Kopfspiegel erforderlich.

Weiterhin werden die mechanisch-physikalischen Eigenschaften des Magnetbandes wesentlich durch die Eigenschaften der Arbeitsschichtoberfläche im Kontaktprozeß zwischen dieser Oberfläche und derjenigen der Magnetköpfe und anderer Kontaktpartner der Bandlaufstrecke bestimmt. Zu diesen Eigenschaften zählen vorwiegend die Oberflächenrauhigkeit, das spezielle Reibungsverhalten der Arbeitsschicht im bewegten und im ruhenden Kontakt, Relativbewegungen des Bandes gegenüber der nominalen Bandtransportgeschwindigkeit und ein gegenseitiger Abrieb von Band und Magnetkopf, der durch die abrasiven Pigmenteigenschaften sowie durch die Tendenz von Teilchen, sich aus der Schichtoberfläche zu lösen, hervorgerufen wird.

Der Einsatz von Magnetbändern als Informationsspeichermaterial auf den verschiedenen Gebieten seiner Anwendung wird in entscheidendem Maße durch die Wechselbeziehungen zwischen ihren mechanisch-physikalischen Eigenschaften und den speichertechnischen Kenngrößen und Kennfunktionen (Arbeitscharakteristiken) bestimmt. Bandeigenschaften wie Längs- und Querkrümmung, Randwellung, Längsdehnung bei Zugkrafteinwirkung, Oberflächenrauhigkeit, Reibung, eine unzureichende Flexibilität können Ursache für Störungen sein und zur Unterbrechung des Kontaktes zwischen Band und Aufzeichnungs- oder Wiedergabekopf führen.

Gute mechanisch-physikalische Eigenschaften ermöglichen erst, daß leistungsstarke magnetische Eigenschaften eines Pigments — im momentanen Einsatz sowie über eine große Bandnutzungsdauer — speichertechnisch wirksam werden können. Deshalb sind beste mechanisch-physikalische Eigenschaften der Magnetbänder eine wesentliche Voraussetzung für speichertechnische Eigenschaften höchster Güte. Zuverlässigkeit, Langzeitstabilität und Lebensdauer der Magnetbänder hängen daher sehr stark, oftmals entscheidend, vom Spektrum der Werte mechanisch-physikalischer Größen ab. Da also Leistungsfähigkeit und Gebrauchswertgüte der Magnetbänder in dominierender Weise von ihren mechanisch-physikalischen Eigenschaften mitbestimmt werden, muß in der weiteren Entwicklung der Technologie der Magnetbänder den mechanisch-physikalischen Eigenschaften bedeutende Aufmerksamkeit gewidmet werden.

8.1.2. Systematik der mechanisch-physikalischen Größen

Die mechanisch-physikalischen Eigenschaften der Magnetbänder werden quantitativ beschreibbar und beeinflußbar, wenn es gelingt, bereits definierte physikalische bzw. physikalisch-chemische Größen sachgerecht auf das Magnetband anzuwenden, brauchbare neue mechanisch-physikalische Größen zu definieren und Zusammenhänge mechanisch-physikalischer Größen sowie Zusammenhänge dieser Größen mit chemischen technologischen und gerätespezifischen Parametern zu erforschen und zu nutzen.

Die zur Beschreibung mechanisch-physikalischer Eigenschaften der Magnetbänder dienenden Zusammenhänge von Größen verschiedenster Art sind kompliziert und sehr verwickelt. Dies gilt insbesondere für die Wechselbeziehungen zwischen mechanisch-physikalischen Größen und Eigenschaften einerseits sowie chemischem Rezept, Herstellungstechnologie, gerätespezifischen Größen und speichertechnischen Kennwerten der Magnetbänder andererseits.

Die mechanisch-physikalischen Größen des dünnen, mehrschichtigen Körpers Magnetband haben zu beschreiben [1]:

— zum einen die mechanisch-physikalischen Eigenschaften des mehrschichtigen Band-Volumens, und hierbei speziell die bei den verschiedenen Kraftwirkungen in den

Magnetbandlaufwerken, die bei der Wirkung anderer ursächlicher physikalischer Größen und die nach der Lagerung im gespulten Zustand unter definierten Bedingungen vorhandenen Spannung-Deformation-Eigenschaften desselben bzw. von im Volumeninneren zu denkenden Flächenelementen,

— zum anderen die mechanisch-physikalischen Eigenschaften der Bandoberflächen und hierbei speziell die Spannung-Deformation-Eigenschaften und sonstigen physikalischen Verhaltensmerkmale derselben im Kontaktwechselwirkungsprozeß innerhalb der Berührungszone von bewegtem bzw. unbewegtem Magnetband und berührten Kontaktpartnern verschiedenen Materials in der Bandlaufstrecke der Magnetbandlaufwerke sowie die Wechselwirkungen der beiden verschiedenen Bandoberflächen im gewickelten Zustand des Bandes.

Die zur quantitativen Beschreibung dieser beiden Klassen mechanisch-physikalischer Magnetbandeigenschaften herangezogenen bzw. benutzten mechanisch-physikalischen Größen und Größenbezeichnungen hängen von sehr vielen anderen Größen ab, welche hier als Variable fungieren, nämlich Zeit, Langzeitdauer, Geschwindigkeit, Frequenz, Art der Kraftaufbringung, gerätetechnische Parameter der Laufwerke, Temperatur, Luftfeuchte und einige andere mehr.

Beeinflußbar sind die mechanisch-physikalischen Eigenschaften und Größen durch Veränderungen und Entwicklungen des chemischen Rezeptes sowie der Herstellungstechnologie. Deswegen besteht unter anderem eine enge Beziehung zwischen mechanisch-physikalischen und physikalisch-chemischen Eigenschaften der Magnetbänder.

Zu der ersten Klasse von mechanisch-physikalischen Eigenschaften — den speziellen Eigenschaften des Bandvolumens mit und ohne Wirkung äußerer Kräfte — gehören die geometrischen. Für eine fehlerlose Anwendung der Magnetbänder hat die genaue Übereinstimmung der Werte der geometrischen Kenngrößen mit den Anforderungen der staatlichen Standards eine große Bedeutung. Zu den geometrischen Kenngrößen zählen:

— die Dicke der Schichten und des gesamten Bandes,
— die Gleichmäßigkeit der Schichtdicken über die Bandlänge,
— die Breite des Bandes,
— die Gleichmäßigkeit der Breite über die Bandlänge,
— die Längskrümmung des Bandes, die in einer nicht verschwindenden Krümmung der ebenen Berandungskurven besteht,
— die Querkrümmung des Bandes, die in einer nicht verschwindenden Krümmung der ebenen Bandbreitenlinien besteht.

Weitere wichtige mechanisch-physikalische Eigenschaften der Volumeneigenschaftsklasse werden durch die Werte folgender mechanisch-physikalischer Kenngrößen von Magnetbändern beschrieben:

— die Reißkraft, die die Festigkeit bei statischer Zugkraftwirkung charakterisiert,
— die Fließkraft, die die Fließgrenze („Fließpunkt") bei statischer Zugkraftwirkung beschreibt,
— die Reißdehnung als die Dehnung, die unmittelbar vor dem Zerreißen des Bandes gemessen wird,

- die Gesamtdehnung bei Zugkraftwirkung, die die Längenänderung des Bandes bei vorgegebener statischer Zugkraft charakterisiert,
- die bleibende oder plastische Dehnung, die die nach vorgegebener statischer Zugkraftwirkung und Erholungszeit zurückbleibende Längenänderung des Bandes beschreibt,
- die maximale statische Kraft einer vorgegebenen Dehnungsgrenze,
- die maximale Kraftamplitude einer vorgegebenen Dehnungsgrenze bei niederfrequenter Anregung des Bandes durch eine periodische Längskraft,
- die Durchschlagsarbeit, die die Festigkeit bei Kraftstoßwirkung in Bandlängsrichtung angibt,
- die bleibende Dehnung nach einer Kraftstoßwirkung, die die irreversible Veränderung der Bandlänge nach dem Kraftstoß charakterisiert,
- der Elastizitätsmodul, der die zur Dehnung eines Bandes auf die doppelte Länge erforderliche mechanische Spannung angibt,
- der Temperatur- und der Luftfeuchtekoeffizient der Dehnung, die die Wärme- und Feuchtebeständigkeit des Bandes in der Umgebungsluft beschreiben,
- die Adhäsionskraft, die die Haftfestigkeit der Arbeitsschicht auf der Unterlage charakterisiert.

Zu einer vollständigeren Beschreibung der Volumeneigenschaften sind weitere Größen und Größenbeziehungen erforderlich, deren Darstellung über den Rahmen dieses Buches hinausgeht. Mehrere der angeführten Spannung-, Dehnung- bzw. Kraft-Dehnung-Größen der Bänder werden in ihrem Wert hauptsächlich durch die entsprechenden Unterlageeigenschaften bestimmt. Bei der Entwicklung neuer Magnetbänder sind deshalb viele der angeführten Kraft-Dehnung-Größen schon an der Unterlagefolie für die Magnetbänder zu messen, siehe hierzu 8.2.1.4.

Die Eigenschaften der zweiten Klasse — die speziellen Eigenschaften der Bandoberflächen mit und ohne Wechselwirkung eines Kontaktpartners — lassen sich durch solche Größen beschreiben, wie:

- die Oberflächenrauhigkeitsgrößen,
- die Reibungskräfte, die die Größe der Wechselwirkung des Bandes mit den Kontaktpartnern (z. B. Magnetköpfe) charakterisieren,
- die Abrasivität der Bänder, die den Abrieb der Magnetköpfe und anderer Teile des Laufwerkes angibt, mit denen das Band beim Durchlauf in Berührung kommt,
- die Reiß—Bruch-Eigenschaften der Schichtoberflächen,
- den Abrieb der Bänder, der den Verlust von Oberflächenteilen der Arbeitsschicht beschreibt,
- die Härte, die den Widerstand charakterisiert, den die Oberflächenschichten eines Kontaktpartners dem Eindringen eines Fremdkörpers entgegensetzen,
- den spezifischen elektrischen Oberflächenwiderstand, der die elektrische Leitfähigkeit der Bandoberflächen bestimmt.

Zu einer vollständigen Erfassung der Oberflächen- und Kontaktprozeßeigenschaften der Magnetbänder sind weitere Größen und Größenbeziehungen in Form von Gesetzmäßigkeiten erforderlich, auf deren Darstellung hier jedoch verzichtet werden muß.

8.2. Einige mechanisch-physikalische Eigenschaften und die Meßmethoden ihrer Bestimmung

8.2.1. Eigenschaften des Bandvolumens, insbesondere dessen Spannung-Deformation-Eigenschaften

8.2.1.1. Die Längskrümmung des Bandes

Als Ursachen für das Auftreten der Längskrümmung eines Magnetbandes kommen Abweichungen vom technologischen Herstellungsregime, Dickenschwankungen der Unterlage und Ungleichmäßigkeiten der Verteilung der zwischenmolekularen Bindungen, die bei der biaxialen Verstreckung der Bahn von Polyethylenterephthalat-Folie (PETP-Folie) entstehen können, in Frage.

Der Wert der Größe Längskrümmung wird an einer Magnetbandprobe von 1,5 m Länge bestimmt, die frei auf einer glatten waagerechten Fläche ausgelegt oder zwischen zwei spiegelglatte Gläser eingelegt wird, deren Spalt um einiges größer als die Banddicke selber sein muß. An die gekrümmte Bandkante wird auf eine Länge von 1 m ein Lineal aus durchsichtigem Material mit Skaleneinteilung angelegt und die seitliche Versetzung gemessen. Als Längskrümmung K_L wird der Quotient aus der größten Abweichung zwischen der Bandkante und dem Lineal, ausgedrückt in Millimetern, und der Bandlänge von 1 m definiert. Die Messung der Abweichung erfolgt mit einem zweiten Lineal oder einem Meßmikroskop, wobei die gewählte Meßeinrichtung eine Meßwertauflösung von 0,5 mm gewährleistet.

8.2.1.2. Die Querkrümmung des Bandes

Die Querkrümmung hat ähnliche Ursachen wie die bei der Längskrümmung genannten. Hinzu kommen insbesondere noch Auswirkungen von Temperatur und Luftfeuchte des umgebenden Mediums (siehe 8.2.1.3.). Als Formkonstanzabweichung ist die Querkrümmung oft eine Folgeerscheinung der Empfindlichkeit der Magnetbänder gegenüber Feuchtigkeit.

Die Querkrümmung kann definiert werden als der Winkel w, den die in zwei gegenüberliegenden Randpunkten in Bandbreitenrichtung angelegten Tangenten an das quergekrümmte Bandprofil einschließen, siehe Abbildung 8.1a. Das ebene, nicht quergekrümmte Band wäre demnach charakterisiert durch den Winkelwert $w = 0$. Zum Beispiel zeigt ein Band [2] auf PETP-Folie eine Querkrümmung von $w = 0{,}3°$ bei 15% relativer Feuchte, bei 50% einen Wert $w = 0{,}5°$ und 1° bei 85% relativer Feuchte.

Zur Messung der Querkrümmung wendet man auch das Lichtschnittverfahren nach Schmaltz an. Die (quergekrümmte) Bandprobe wird mit der Arbeitsschicht nach unten — d. h., die Folie ist dem Beobachter bzw. dem Mikroskopobjekt zugewandt — waagerecht auf den Tisch des Lichtschnittmikroskops aufgelegt und unter der Wirkung einer gewissen Vorspannkraft gehalten. Nun mißt man (Abb. 8.1b) relativ zu einer Geraden, die dem ebenen Mikroskoptisch parallel ist und in Bandbreitenrichtung verläuft, die beiden Abstände (A und B) der Randpunkte des Bandes und den extremalen Abstand (C) der Bandoberfläche, der meist in der Nähe der Bandmitte zu finden ist. Als Querkrümmung K_Q definiert man die Differenz aus arithmetisch gemitteltem Rand-

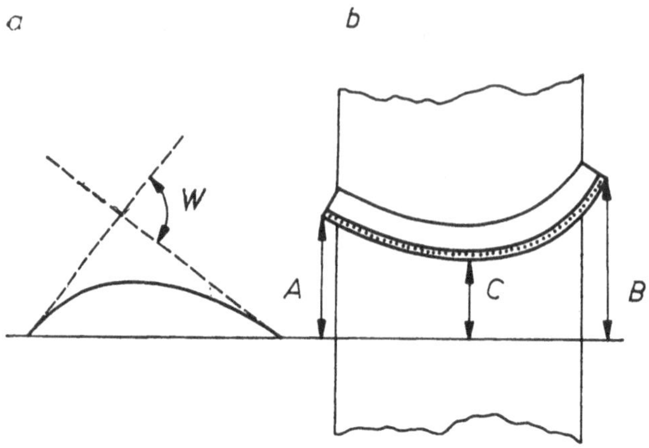

Abb. 8.1. Einschätzung der Querkrümmung durch Winkelgröße (a) und durch Längengröße (b)
(Bandbreite und -dicke sind nicht maßstäblich)

abstand und Extremalabstand:

$$K_Q = \frac{A + B}{2} - C.$$

Konvexe und konkave Querkrümmung werden durch das sich ergebende Vorzeichen von K_Q unterschieden. Die Meßeinrichtung für die Meßgrößen A, B und C muß eine Auflösung von mindestens 10 µm zulassen. Als Einheit für die Querkrümmung K_Q benutzt man 1 µm.

8.2.1.3. Die Temperatur- und Luftfeuchteabhängigkeit der Bandeigenschaften

Die Möglichkeit eines ungestörten Einsatzes der Magnetbänder hängt in entscheidendem Maße von der Temperatur und der relativen Feuchte des umgebenden Mediums ab, da diese Variablen einen bedeutenden Einfluß auf die für einen normalen Betrieb der Bänder erforderliche Form- und Ausmaßkonstanz ausüben. Dies erklärt sich daraus, daß z. B. bei Luftfeuchteveränderungen die Dehnung und Schrumpfung von Arbeitsschicht und Unterlagen wegen der unterschiedlichen Adsorption und Desorption von Feuchtigkeit sehr verschieden sind. Dies wiederum wird durch den unterschiedlichen Relaxationsgrad der Makromoleküle der schichtbildenden Stoffe mitbedingt.

Gewöhnlich führt man Messungen der geometrischen Größen des Magnetbandes und der anderen mechanisch-physikalischen Eigenschaften und Größen bei erhöhten und niedrigen Temperaturen im Intervall von −40 °C bis +60 °C durch und wertet die gemessenen Funktionen der mechanisch-physikalischen Größen in Abhängigkeit von der Temperatur aus.

Die Konstanz der geometrischen Abmessungen und Kenngrößen wird durch den (linearen) Temperatur- und den (linearen) Feuchtekoeffizienten charakterisierbar. Der (lineare) Temperaturkoeffizient K_ϑ der Dehnung ist definiert als Quotient aus Banddehnung $(\Delta l/l)$ und verursachender Temperaturänderung $\Delta\vartheta$:

$$K_\vartheta = \frac{\Delta l}{l\,\Delta\vartheta}.$$

Wird die Dehnung als reine Verhältnisgröße verwendet, so ist die Einheit des Temperaturkoeffizienten 1/K. Wird die Dehnung prozentmäßig bewertet, was in obiger Formel den Faktor 100 auf der rechten Seite fordern würde, so ist die Einheit 1%/K.

Die praktischen Messungen K_ϑ werden folgendermaßen ausgeführt. Eine Bandprobe der Länge l_0 wird bei $\vartheta_0 = 20\,°C$ unter Wirkung einer Vorspannkraft von ca. 5 N auf eine Temperatur von $\vartheta_1 = 50\,°C$ erwärmt und dieser Temperatur 15 Minuten lang ausgesetzt und dann die erreichte neue Länge l_1 gemessen. Danach bildet man drei Quotienten K_ϑ mit $\Delta l = (l_1 - l_0)$ und $\Delta\vartheta = (\vartheta_1 - \vartheta_0) = 30$ K und erhält den Wert von K_ϑ in einer der angegebenen Einheiten. Des öfteren wird nur die Wärmedehnung $100\Delta l/l_0$ in % angegeben und diese Größe als die Wärmebeständigkeit der Bandlänge bezüglich einer bestimmten Temperaturspanne $\Delta\vartheta$ bezeichnet. Bei derartigen Messungen müssen die Temperierungen des Bandes innerhalb kurzer Fristen erfolgen, da sonst Alterungseffekte auftreten und die Meßergebnisse dadurch verfälscht werden können.

Bei alleiniger Veränderung der Temperatur kommt es zu einer Verringerung der Bandlänge. An ca. 25 µm dicken Bändern auf PETP-Folie der Breite 6,25 mm ließ sich bei einer Temperaturerhöhung von 20 auf 50 °C, also um 30 K, eine Schrumpfung von 0,04 bis 0,13% feststellen.

Der (lineare) Feuchtekoeffizient K_λ der Dehnung ist definiert als Quotient von Dehnung $(\Delta l/l)$ und verursachender Änderung der relativen Luftfeuchte $\Delta\lambda$:

$$K_\lambda = \frac{\Delta l}{l\,\Delta\lambda}.$$

Wird die Dehnung wie oben als reines Verhältnis zweier Längen angegeben und zieht man die relative Feuchte in Prozent heran, so ist die Einheit des Feuchtekoeffizienten der Dehnung 1/%, bei prozentmäßiger Bewertung der Dehnung hingegen 1.

Eine Bandprobe der Länge $l_0 \geqq 50$ cm wird 30 Minuten bei einer relativen Feuchte von $\lambda_0 = 55\%$ gehalten. Die Vorspannkraft beträgt ebenfalls 5 N. Danach läßt man 60 Minuten lang eine relative Feuchte von $\lambda_1 = 90\%$ wirken und mißt die neue Länge l_1 der Bandprobe. Nun bildet man mit $\Delta l = l_1 - l_0$ und $\Delta\lambda = (\lambda_1 - \lambda_0) = 35\%$ den Quotienten K_λ.

Oft wird nur die Feuchtedehnung $100 \cdot \Delta l/l_0$ in Prozent angegeben und diese Größe als Feuchtebeständigkeit der Bandlänge bezeichnet. An ca. 25 µm dicken Bändern der Breite 6,25 mm auf Basis PETP-Folie wurde z. B. eine Feuchtebeständigkeit von 0,06 bis 0,14% gemessen, nachdem eine Feuchteänderung von $\Delta\lambda = (90 - 50)\% = 40\%$ erfolgt war.

Bei Magnetbändern mit PETP-Folie als Unterlage kann man für Temperatur- und Luftfeuchtekoeffizient die Werte $K_\vartheta = 3{,}6 \cdot 10^{-5}$/K und $K_\lambda = 0{,}6 \cdot 10^{-5}$/% messen. Zu Vergleichszwecken sind hier die entsprechenden Werte für Acetylcellulose angeführt:

$$K_\vartheta = 5{,}4 \cdot 10^{-5}/\text{K und } K_\lambda = 500 \cdot 10^{-5}/\%.$$

Diese Werte bringen die gute Formkonstanz der Magnetbänder auf PETP-Folie gegenüber Temperatur- und besonders Luftfeuchtewirkungen zum Ausdruck. Ein auf einem Spulenkörper aufgewickeltes Band der Länge $l_0 = 2400$ m auf PETP-Folie erfährt bei einer Luftfeuchteänderung von $\Delta\lambda = 60\%$ eine Längung vom Betrag

$$\Delta l = K_\lambda \cdot \Delta\lambda \cdot l_0 \quad l = 0{,}6 \cdot 10^{-5} \cdot 60 \cdot 2400 \cdot 100 = 86{,}4\ \text{cm}.$$

Bei einer Bandgeschwindigkeit von 38,1 cm · s^{-1} beträgt die Δl entsprechende Zeitdifferenz für das Band auf PETP-Unterlage ungefähr 2,3 s. Dieser Wert kann in seiner Auswirkung vernachlässigt werden.

Bisher ist nur die Wirkung von Temperatur und Luftfeuchte auf die Länge der Bänder betrachtet worden. Natürlich verändern sich auch Breite und Dicke. Diese Veränderungen werden jedoch wegen ihres geringen Betrages oft vernachlässigt.

Die Temperatur- und Luftfeuchteabhängigkeit der mechanisch-physikalischen Bandeigenschaften hat verschiedene störende und unerwünschte Auswirkungen. Eine Folgeerscheinung dieser Abhängigkeiten zeigt sich im Aufwickelverhalten des Bandes in einer Kassette, auf einer Spule oder auf einem Kern. Bei einem mit mäßigem Zug und konstantem Drehmoment gewickelten Band bringt eine Erhöhung der relativen Luftfeuchte ein merkliches Absinken der Wickelspannung. Wird bei konstanter Temperatur die relative Feuchte erniedrigt, so steigt die Spannung im Wickel. In den Geräten zur Aufzeichnung und Wiedergabe von Signalen, insbesondere bei Einsatz von Spulen mit größerer Bandlänge, erschwert eine unzureichende Wickelspannung den Betriebsablauf, und es kann zum Abfallen des Wickels vom Kern bzw. zum Abrutschen einzelner Teile des Wickels vom Bandwickel kommen. Eine zu hohe Wickelspannung zieht bleibende Banddeformationen nach sich, in deren Gefolge der sogenannte *Cinching*-Effekt auftritt. Obwohl der Feuchtekoeffizient der Dehnung von PETP-Folie klein ist, kann es doch bei extremen äußeren Bedingungen auch bei diesen PETP-Folie-Bändern zu den beschriebenen Anomalien kommen.

8.2.1.4. *Die Festigkeit und Deformierbarkeit der Magnetbänder bei der Wirkung von statischen Zugkräften*

Primär wirken in den Magnetbandlaufwerken auf das Magnetband äußere Zugkräfte ein, deren zeitliche Aufbringung sehr verschiedene Charakter haben kann. Diese Kräften rufen im Magnetbandvolumen mechanische Spannungen hervor. Die Eigenschaft eines Körpers, trotz großer innerer Spannungen nur kleine Deformationen und speziell keine Zerstörung zu zeigen, bezeichnet man allgemein mit dem Begriff Festigkeit.

Unter Festigkeit eines Magnetbandes versteht man also die Fähigkeit des Bandkörpers, dem Zerreißen bei Einwirkung von äußeren Kräften zu widerstehen. Zur quantitativen Beschreibung der statischen Reißfestigkeit von Magnetbändern bzw. Magnetunterlagen dient die Kraft bzw. die mechanische Spannung, bei der unter den gegebenen Bedingungen das Band reißt. Die Festigkeit als Zugkraftgrenze ist eine der wichtigsten mechanisch-physikalischen Eigenschaften von Magnetbändern. Sie bestimmt die Einsatzmöglichkeiten der Magnetbänder.

Im Unterschied zu solchen Materialeigenschaften des Bandvolumens, die durch Größen wie Dichte, Wärmekapazität, Elastizitätsmodul und andere charakterisiert werden, stellt die Festigkeit eine strukturempfindliche Eigenschaft dar. Das bedeutet, daß auf die Festigkeit sogar solche kleinen Strukturfehler des Materials einwirken wie Oberflächendefekte in Form von Kratzern oder Rissen, die bei Herstellung und Einsatz der Magnetbänder nicht vermeidbar sind. So kann z. B. die Erhöhung der Weichmachermenge in der Arbeitsschicht eines Bandes zur Verringerung der Festigkeit des gesamten Systems bei Krafteinwirkung führen. Auf die Festigkeit hat auch die in der Schicht dispers verteilte Magnetpulvermenge entsprechenden Einfluß. Bekannt ist, daß bei der Verwendung von mit Partikeln gefüllten Polymeren Schwierigkeiten auftreten, die die magnetischen Vorteile einer Erhöhung der Partikelpackungsdichte [3] zunichte machen.

Auf die Festigkeit bei Einwirkung einer statischen Kraft haben die chemischen Kenngrößen der Ausgangspolymeren der Unterlage und des Bindemittels der Arbeitsschicht Einfluß, z. B. der Polymerisationsgrad, der Verzweigungsgrad der Makromoleküle und der chemische Charakter der funktionellen Gruppen. Die Reißfestigkeit hängt in entscheidendem Maße von der Temperatur des umgebenden Mediums und vom zeitlichen Ablauf der Kraftwirkung ab. Deshalb kann man über Veränderungen, die in den Magnetbändern auftreten können, erst dann objektiv urteilen, wenn die Prüfungen und Messungen unter Bedingungen erfolgen, die den Betriebsbedingungen nahekommen. So wirken bei den perforierten Magnetbändern die größten Spannungen in den Bereichen zwischen den Perforationen, die einer periodischen Krafteinwirkung durch die Laufwerke unterliegen. Diese Spannungsverteilung ruft einen komplizierten Spannungszustand im Zweischichtsystem hervor. Im Ergebnis dessen ist die übliche Bestimmung der Reißfestigkeit bei statischer Kraftwirkung in diesem Fall nicht anwendbar. Deshalb ist es sinnvoller, neben der Bestimmung der Festigkeit Angaben über das Verhalten des perforierten Magnetbandes in den Geräten für die Aufzeichnung und Wiedergabe von Signalen zu erlangen.

Die Bestimmung der Reißfestigkeit und der Fließgrenze der Magnetbänder bei statischer Krafteinwirkung erfolgt mittels einer Zerreiß- oder Zugkraftmaschine bei konstanter Probenlängungsgeschwindigkeit von gewöhnlich 100 bis 500 mm $\cdot$ min^{-1}. Dabei halten sich die äußere Zugkraft und die innere Reaktionskraft des Bandprobenmaterials in jedem Moment das Gleichgewicht. Von vornherein werden in einer Zerreißmaschine nur Verlängerungen und Kräfte gemessen.

Die Reißfestigkeit σ_R ist definiert als Quotient aus der Reißkraft F_R, die auf die Bandprobe im letzten Moment vor dem Reißen im Bandquerschnitt wirkt, und dem Anfangsquerschnitt A_0 der Probe:

$$\sigma_R = \frac{F_R}{A_0}.$$

Als Einheit der Reißfestigkeit σ_R wird 1 N $\cdot$ mm^{-2} benutzt.

Die Fließkraft, bei der der Fließvorgang einsetzt, wird aus dem Zeigerausschlag an der Zerreißmaschine in dem Moment bestimmt, in dem trotz weiter fortschreitender Dehnung keine Krafterhöhung feststellbar ist, oder aus dem Kraft-Längung-Diagramm. Als Quotient dieser Fließkraft und dem Anfangsquerschnitt der Probe ist die Fließgrenze definiert und bestimmbar.

Die Reißdehnung ε_R, also die Gesamtdehnung beim Zerreißen, wird gleichzeitig mit der Festigkeit an der Zerreißmaschine als Quotient von Verlängerung Δl und Ausgangslänge l_0 bestimmt:

$$\varepsilon_R = \frac{\Delta l}{l_0} \cdot 100.$$

Die Bewertungseinheit der so definierten Reißdehnung ist 1%. Die Kraftmessung muß mit einer Auflösung von 0,5 N möglich sein, die Messung der Längungen Δl mit einer solchen von 1 mm bei einem Abstand der Einspannklemmen von $l_0 = 100$ mm. Bei derartigen Versuchen beobachtet man immer ein gewisses Streuen der Meßwerte; deshalb wird als endgültiges Ergebnis der Mittelwert aus zehn Einzelmessungen genommen. Bei der Prüfung von Magnetbändern für die Videoaufzeichnung erfolgen die

Messungen an Proben, die in zwei zueinander senkrechten Richtungen ausgeschnitten sind.

Besonders wichtig ist es, das Verhalten der Magnetbänder bei kleinen Dehnungen und kleinen äußeren Kräften zu kennen, die je nach Bandquerschnitt in den Grenzen von ca. 0,3 bis 20 N liegen. Mit gewöhnlichen Zugkraftmaschinen können die Dehnungen bei so geringen Kräften nicht gemessen werden, da ihre Dehnungsmeßempfindlichkeit meist nicht ausreicht. Für diese Feindehnungsmessungen werden Meßgeräte eingesetzt, die es gestatten, das Band durch kleine Kräfte zu dehnen und die geringen Verlängerungen bis auf ca. 3 μm genau [12] einzuschätzen.

In früheren Etappen der Magnetbandentwicklung wurden Acetylcellulose- und Polyvinylchloridunterlagen für Magnetbänder eingesetzt. Diese Unterlagenmaterialien sind vollkommen verdrängt durch die Polyethylenterephthalat-Folie (PETP-Folie), die entscheidende Vorteile gegenüber den beiden erstgenannten Materialien aufweist.

Die Deformierbarkeit eines Magnetbandes auf einer solchen polymeren PETP-Folie als Unterlage wird bei Krafteinwirkung im wesentlichen durch die Segmentbewegung der Makromoleküle des folienbildenden Polymeren der Unterlage bestimmt. Sie trägt Relaxationscharakter, und in Verbindung mit der Festigkeit hat sie eine große Bedeutung für die Charakterisierung der Bandeigenschaften. PETP-Folien werden, wie im Kapitel 3. beschrieben, im Herstellungsprozeß einer Behandlung unterworfen, die zu einer Kristallisation führt. Die Kristallisation des PETP im Herstellungsprozeß der Unterlage erhöht dabei die Reißfestigkeit merklich und verringert die Reißdehnung.

Für amorphe PETP-Unterlagen findet man einen Spannung-Dehnung-Zusammenhang, wie er durch die Kurve 1 in Abbildung 8.2 dargestellt [4] ist. Wird eine solche amorphe Folie einer biaxialen Verstreckung unterworfen und über die Glasübergangstemperatur ϑ_G mit dem Ziel erhitzt, in ihr Kristallisationsprozesse ablaufen zu lassen, so erhöht sich ihre Festigkeit um fast das Sechsfache, und die Reißdehnung sinkt auf fast den neunten Teil (Kurve 2 in Abb. 8.2).

In Abbildung 8.3 ist die Spannung-Dehnung-Kurve für eine kristallisierte polymere Folie bei normalen Temperaturverhältnissen unter dem Einfluß einer axialen Kraft [5] dargestellt.

Im ersten Dehnungsstadium (Kurvenabschnitt I) wächst die Spannung proportional der Dehnung. Bei Entfernung der Zugkraft kehrt die Form der Folien- bzw. Bandprobe wieder in die ursprüngliche Lage zurück, was auf die Umkehrbarkeit der Deformation in diesem Stadium der Dehnung zurückzuführen ist. Jedoch gilt das HOOKEsche Gesetz nur für konstante Längungsgeschwindigkeiten. Allgemein gilt es nicht, da der Elastizitätsmodul von der Längungsgeschwindigkeit merklich abhängt und damit keine Stoff-

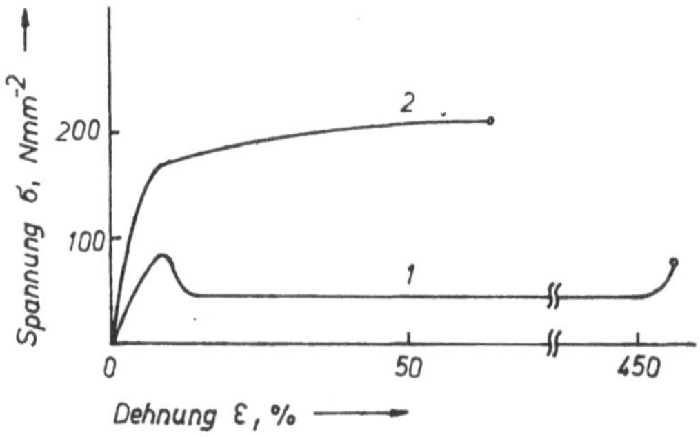

Abb. 8.2. Spannung-Dehnung-Kurven von PETP-Folien
1 – amorph, 2 – flächenorientiert und über ϑ_G erhitzt

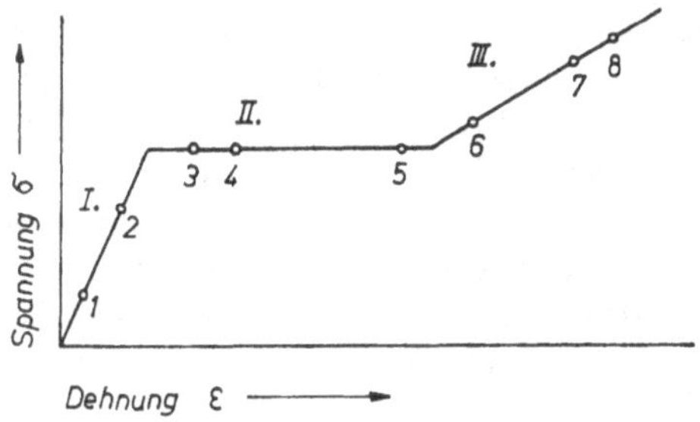

Abb. 8.3. Schema der Spannung-Dehnung-Kurve eines kristallinen Polymeren

konstante darstellt. Folglich ist dieses Deformationsgebiet nicht typisch für HOOKEsche Elastizität. Es ist nicht mit dem Auftreten von Relaxationsprozessen bei der Foliendehnung verbunden.

Bei weiter fortschreitender Verlängerung tritt eine große Deformation ein, die Folienprobe verengt sich an einer oder mehreren Stellen sehr stark und bildet sogenannte Einschnürungen. Damit wird das zweite Streckstadium (Kurvenabschnitt II) der kristallisierten Folie eingeleitet. Das Wesen dieser Einschnürung, die sowohl bei amorphen als auch bei kristallinen Polymeren auftritt, besteht im Ablauf von Relaxationsprozessen [6—7].

Der Aufbau bzw. die Aufrechterhaltung der inneren Spannungen ist nicht mehr im vorherigen Umfange möglich, man beobachtet ein Sinken der Spannungen in der Zeit, d. h., es tritt Spannungsrelaxation ein. Die äußeren mechanischen Zugkräfte erreichen die Größe der zwischenmolekularen Kräfte, und es erfolgt eine Segmentbewegung. Diese führt zu sehr großen Deformationen, zu den Einschnürungen, ohne daß die inneren Spannungen weiter steigen. Dies zeigt sich im fast waagerechten Verlauf der Spannung-Dehnung-Kurve im Abschnitt II. Die eingetretene große Deformation und die Einschnürung gehen bei Wegnahme der äußeren Kraft von selber nicht wieder zurück. Durch Erhitzung jedoch ist die Deformation reversibel. Hierdurch unterscheidet sich die überelastische Deformation des Polymermaterials prinzipiell von der plastischen Deformation der Metalle. Der Differentialquotient $(d\sigma/d\varepsilon) \approx 0$ der Spannung-Dehnung-Kurve $\sigma = \sigma(\varepsilon)$ verschwindet fast in diesem Abschnitt II. Sein mittlerer Spannungswert jedoch, seine mittlere „Höhe“, bestimmt jene Spannung bzw. Kraft, unterhalb derer man HOOKEsche Elastizität beobachten kann. Die Deformation im Abschnitt II wird erzwungen elastisch genannt, weil sie in der Folie bzw. im Band soweit voranschreitet, wie sich die Makromoleküle des Polymeren vollständig in Richtung der wirksamen Spannung orientieren.

Bei den Temperaturen, bei denen die die Einschnürungsdeformation charakterisierenden Relaxationsprozesse langsamer ablaufen, kann die Zugkraft in den einzelnen Folienabschnitten eine Relaxationsüberbelastung hervorrufen. An diesen Stellen beginnt die Dehnung der Folie, die mit einer sprunghaften Verreckung der am Deformationsprozeß teilnehmenden Strukturelemente verbunden ist, der zufolge die Einschnürung entsteht. Die durch den Verstreckungsgrad bestimmte Festigkeit der Folie an dieser gebildeten Einschnürung ist schon zu Beginn der Deformationsentwicklung genügend hoch, und im weiteren Deformationsprozeß fließt infolge des Übergangs nicht gerecktes Polymerematerial in die Einschnürung. Wenn sich die Einschnürung in der kristallisierten Folie bei einer Temperatur größer als die Glastemperatur des Polymeren bildet, kommt es zum mechanischen „Schmelzen“ der isotrop angeordneten Kristall strukturen, die in Richtung der wirksamen Spannungen orientiert sind [8]. Wenn sich die Einschnürung der kristallisierten Folie bei einer Temperatur niedriger als die Glastemperatur des Polymeren bildet, d. h., wenn die Rekristallisation unmöglich ist, führt die erzwungene Verreckung zu einem amorphen Polymeren auf Grund der mechanischen „Schmelze" der isotrop verreckten [9] Kristallgebilde. Der dritte Fall des Auftretens der Einschnürung wird bei der erzwungenen elastischen Deformation beobachtet, die nicht mit Phasenveränderungen verbunden ist. In allen drei Fällen ist das Entstehen der Einschnürung mit dem sprunghaften Auftreten der optischen Anisotropie verbunden, die auf eine sprunghafte Überreckung der molekularen Strukturelemente hinweist.

Im dritten Dehnungsstadium der kristallisierten Folie (siehe Kurvenabschnitt III) in Abbildung 8.3 geht eine normale Dehnung des gereckten Polymeren vor sich, die sich von der für anisotrope kristallisierte Polymeren zutreffenden, nicht unterscheidet [5]. In diesem Stadium, das bei steigender äußerer Kraft mit dem Reißen der Folie bzw. des Bandes endet, sind die Längenänderungen relativ groß, proportional den wirksamen Spannungen und reversibel. Die Längenänderungen entstehen im Ergebnis der Veränderungen der Valenzwinkel und Nebenvalenzen in den Makromolekülen.

Gewöhnlich sind in den PETP-Unterlagen Makromoleküle mit unregelmäßigem oder vernetztem Bau enthalten, was einer dichten Packung und einer Kristallisation hinderlich ist. Deshalb sind neben den Kristallgebieten, die durch die Gesamtheit der kristallisierten, übermolekularen Primärgebilde entstanden sind, in den Folien immer unregelmäßige, d. h. amorphe, Gebilde zu finden. Jedoch verändern die unregelmäßigen Gebilde den Komplex der Eigenschaften nur gering, der durch die kristallisierten, übermolekularen Primärgebilde vorgegeben ist. Bei dieser Kristallisation bleiben die Folien durchsichtig, sehr fest und ausreichend elastisch [10].

Einen bedeutenden Einfluß auf den Charakter der Spannung-Dehnung-Kurve der Folien aus kristallisierten Polymeren hat der Polymerisationsgrad des foliebildenden Stoffes. Je geringer die Polymerisationsstufe, um so geringer ist die Reißdehnung der Folie. Bei Folien aus Polymeren mit kleinem Polymerisationsgrad bildet sich keine Einschnürung, sondern es zeigt sich ein sprödes Reißverhalten (Probe 1 und 2 auf Kurvenabschnitt I der Abb. 8.3). Die Zerreißpunkte der Polymereproben mit verschiedenen Molekulargewichten sind auf der Kurve durch Kreise angedeutet, wobei der Erhöhung der Ordnungszahl der Punkte eine Erhöhung des Molekulargewichtes des Polymeren entspricht.

Die PETP-Folie kann bis über 100%, d. h., über ihre doppelte Länge hinaus, gedehnt werden, ohne daß sie reißt. Hier liegt einer der wesentlichen Vorteile der PETP-Folie gegenüber der nicht mehr verwendeten Acetylcellulose-Folie. Diese hohe Reißdehnung der PETP-Folie hat, wie schon im Kapitel 3. berichtet, eine deutliche Verbesserung der mechanisch-physikalischen Eigenschaften der Magnetbänder der erstgenannten Eigenschaftsklasse mit sich gebracht.

Zur Verdeutlichung ist in Abbildung 8.4 das Ergebnis einer Kraft-Dehnung-Messung dargestellt. Die PETP-Folienprobe hatte eine Länge von $l_0 = 150$ mm und einen Querschnitt von $A_0 = 1\ \mathrm{mm}^2$. Die Folienprobe zerreißt nach einer Dehnung bis 140%, und die Verlängerung beträgt dabei $\Delta l = 178$ mm. Da sich das Folienvolumen nicht ändert, verringert sich der Querschnitt bis auf $A = 0{,}457\ \mathrm{mm}^2$. Bei einer Zerreißkraft von $F_R = 191$ N erhält man eine Zerreißspannung im verringerten Querschnitt A von $\sigma_R = 418\ \mathrm{N} \cdot \mathrm{mm}^{-2}$. Wenn man eine Maximalkraft nahe am Zerreißpunkt wählt, wo die

Dehnung z. B. 130% beträgt, so ist die Folienprobe stark gereckt. Bei wiederholter Dehnung dieser Folie mit einem entsprechenden Querschnitt von 1 mm² kann man eine zweite Kurve erhalten. Es ist natürlich, daß sich in diesem Fall die Längenänderung beim Reißen bedeutend verringert und nur noch 27% beträgt, während die Zerreißspannung auf 418 N · mm⁻² anwächst.

Die Kraft-Dehnung- bzw. Spannung-Dehnung-Messungen von Magnetbändern und Folien werden in größerem Umfang angewandt. Jedoch ist die quantitative Interpretation der Meßergebnisse durch eine Reihe von Faktoren erschwert, insbesondere durch das Schichtsystem und die Bildung der Einschnürung. Deshalb müssen bei der Durchführung der Versuche bestimmte vorher vorhandene geometrische Formen und Ausmaße der Proben (z. B. Folienstreifen), Längungsgeschwindigkeit, Temperatur und Luftfeuchte beim Versuch und andere Faktoren beachtet werden, die Einfluß auf die Meßergebnisse haben.

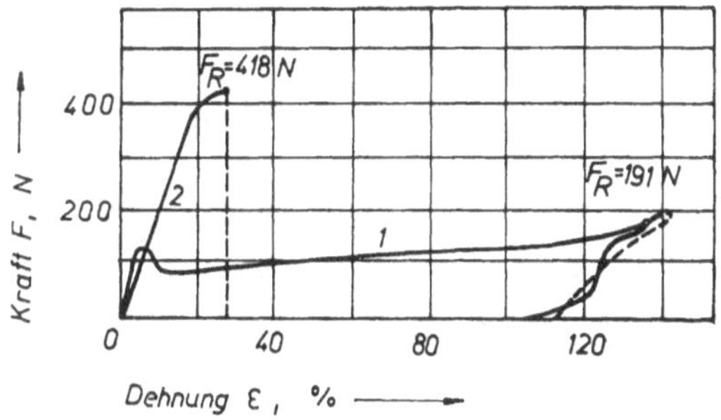

Abb. 8.4. Kraft-Dehnung-Kurven von PETP-Folien
1 — nicht gereckt, 2 — gereckt

Problematisch ist die Frage nach der zweckmäßigsten Form und den Abmessungen der Magnetbandproben, die zur Messung und Prüfung verwendet werden. Zum Beispiel ist es unmöglich, die Eigenschaften der gesamten breiten Bahn aus den Meßergebnissen von 6,25 mm breiten Bändchen zu beurteilen, ohne einen gewissen Maßstabfaktor zu berücksichtigen. Es hat sich aber herausgestellt, daß ein solcher Maßstabfaktor nicht nur einfach eine geometrische Umrechnungsgröße sein kann. Bei vollständiger Einhaltung der geometrischen Ähnlichkeit haben z. B. breitere und längere Proben ein anderes Spektrum von Oberflächendefekten, und die Wahrscheinlichkeit des Reißens wird größer [12].

Das Wesen eines Übertragungsfaktors, der diesen Tatsachen und dem geometrischen Maßstabfaktor Rechnung trägt, ist noch nicht genügend geklärt, und der Einfluß der konkreten Abmessungen der Band- und Folienproben auf ihr Verhalten bei Deformation und Reißen zeigt sich in sehr verschiedenartigen Formen.

Vor der Messung werden die Magnetband- und Folienproben konditioniert, in dem sie z. B. nicht weniger als zwei Stunden bei einer Temperatur von 20 °C und einer relativen Luftfeuchte von 60% gelagert werden. Die Proben für die Kraft-Dehnung-Messungen werden an verschiedenen Stellen der Bahnen ausgewählt. Dies gilt auch für die Messung anderer mechanisch-physikalischer Größen.

Es sei nochmals unterstrichen, daß sehr viele mechanisch-physikalische Eigenschaften der Magnetbänder vom Charakter der Unterlage abhängen. Besonders bezieht sich das auf die Festigkeit bei zeitlich verschiedener Kraftaufbringung, aber auch auf die Reißdehnung. Vielfache Versuche zeigen immer wieder den geringen Unterschied der Festigkeiten von Unterlage mit und ohne Magnetschicht.

Zu den wesentlichen Gründen, die zur Verdrängung der Acetylcellulose(AC)- durch die PETP-Bänder geführt haben, gehören die experimentellen Befunde ihres Spannung-Dehnung-Verhaltens. Als Beispiel [13] sind in Tabelle 8.1 einige Spannung-Dehnung-Größen von ca. 25 µm dicken AC- und PETP-Bändern zusammengestellt.

Beide Bandtypen unterliegen bei einer vorgenommenen Gesamtdehnung größer als 5% einer plastischen Deformation und werden nach Erreichen des Punktes der plastischen Deformation (Fließpunkt) gereckt; dabei kann die PETP-Unterlage bis zum Reißen viermal mehr gestreckt werden als die AC-Folie. Zum Erreichen der plastischen Deformation wird für PETP-Folie eine um 20 bis 25% größere Kraft benötigt.

Ein Magnetband der Dicke 20 µm auf PETP-Folie und ein Band der Dicke 40 µm auf AC-Folie bringen bei gleicher Dehnung eine Reaktionskraft von 10 N auf. Das bedeutet, daß sehr viel dünnere Bänder auf PETP-Folie die gleiche Festigkeit besitzen wie Bänder

Tabelle 8.1. Vergleichsangaben von Spannung-Dehnung-Größen von Magnetbändern mit verschiedenen Unterlagematerialien

Unter-lagen-material	Band-dicke, µm	Reiß-festigkeit, $N \cdot mm^{-2}$	Reiß-dehnung, %	Dehnung unter einer Kraft von 10 N, %		Dehnung unter einer Kraft von 5 N, %	
				ges.	plast.	ges.	plast.
PETP	24–25	160–200	120–170	1,5	0,07	0,7	0,01
AC	25–27	80–120	15–35	1,7	0,07	0,7	0,04

auf AC-Unterlage bei gleicher Arbeitsschichtdicke. Durch Verwendung der PETP-Folie läßt sich deshalb das zur Speicherung insgesamt erforderliche Bandvolumen bzw. Bandgewicht und auch das der dazu benötigten Hilfseinrichtungen bedeutend erniedrigen. Für ein vorgegebenes Volumen, das mit PETP-Magnetband in Wickelform erfüllt werden kann, wächst die Speicherkapazität bedeutend an. Dies ist wichtig für jene Gebiete der magnetischen Aufzeichnung, bei denen das Gewicht von entscheidender Bedeutung ist, z. B. in der kosmischen Forschung.

8.2.1.5. *Die Festigkeit und Deformierbarkeit der Magnetbänder bei Einwirkung von Kraftstößen*

Ein Magnetband ist in den Laufwerken bei den Start- und Stopbewegungen im Gefolge des Aufzeichnungs- und Wiedergabeprozesses bedeutenden Kraftstößen und Rucken ausgesetzt. Als quantitatives Maß für die Reißfestigkeit eines Bandes bei der Einwirkung eines Kraftstoßes dient die Durchschlagsarbeit W_D. Sie repräsentiert die Energie, die zum stoßartigen Zerreißen einer Bandprobe aufgewendet werden muß und dabei verbraucht wird. Während bei der Messung der statischen Festigkeit bei Kräftegleichheit die Längengeschwindigkeit konstant gehalten wird, ist dies bei der Kraftstoßwirkung nicht mehr der Fall.

Zur Messung der Durchschlagsarbeit wird die Bandprobe der Wirkung eines Schlagpendels mit definierter potentieller Anfangsenergie (Energievorrat) ausgesetzt, wobei im Moment des Auftreffens das Schlagpendel eine bekannte kinetische Energie besitzt. Die Durchschlagsarbeit ergibt sich dann aus der Differenz von anfänglichem Energievorrat und der nach dem Zerreißprozeß noch vorhandenen kinetischen Pendelenergie. Bezeichnet W den anfänglichen Energievorrat, α den Fallwinkel, β den Pendelausschlagswinkel ohne Bandprobe und δ den Winkel nach dem Zerschlagen der Probe, so ergibt sich die im gesamten Durchschlagsprozeß umgesetzte Energie zu

$$W_D = W \left[(\cos \delta - \cos \alpha) - (\cos \beta - \cos \alpha) \left(\frac{\alpha + \delta}{\alpha + \beta} \right) \right].$$

Sie repräsentiert das Arbeitsvermögen des Bandes bei stoßartiger Beanspruchung. Die Einheit der Durchschlagsarbeit ist $1 \text{ N} \cdot \text{m} = 1 \text{ J}$.

Zur Simulation der Kraftstöße beim Starten und Stoppen des Bandes in einem Laufwerk wirkt bei der Messung der Durchschlagsarbeit der Kraftstoß des Pendelkörpers auf eine Einspannklemme in Längsrichtung der Bandprobe [14] ein.

Die Wahl der Anfangsenergie W des Schlagpendels wird gemäß dem vorliegenden Bandquerschnitt getroffen. Zur Messung an 6,25 mm breiten Bändern werden z. B. Pendelschlagwerke mit einer Anfangsenergie von ca. 1 N · m benutzt, für Bänder größerer Breiten bis zu 20 N · m und mehr. Damit man die Versuchsergebnisse vergleichen kann, müssen der Klemmenabstand (z. B. 100 mm), die Vorspannkraft und der Fallwinkel α des Pendels (ca. 160°) konstant gehalten werden. Die Messung von W_D muß mit ausreichender Meßempfindlichkeit möglich sein (ca. 20 Skalenteile/N · m und mehr).

Als Festigkeit a_R bei Kraftstoßwirkung („Kraftstoßfestigkeit") wird der Quotienten von Durchschlagsarbeit W_D und Anfangsquerschnitt A_0 der Bandprobe definiert:

$$a_R = \frac{W_D}{A_0}.$$

Für a_R wird die Einheit $1 \text{ J} \cdot \text{mm}^{-2}$ benutzt.

Oftmals wird auch die Schlagpendelmeßmethode zur Testung von Bandproben auf Kerbstellen angewendet. Mittels dieser Methode werden Bandproben bzw. Unterlagenmaterialien charakterisiert, die örtliche Fehler aufweisen oder ihren Querschnitt stärker verändern. Derartige Untersuchungen sind für die Bestimmung der Schneidequalität der Magnetbänder notwendig, an deren Kanten mikroskopische Risse, Kerbstellen oder Spalte möglich sind. Diese Fehlerarten können auch an den Perforationen der Magnetfilme auftreten.

Führt man die genannten Versuche an Magnetbändern auf PETP-Folie aus, so stellt man fest, daß solche Bänder wenig empfindlich gegenüber Randdefekten sind und sogar bei Vorhandensein letzterer keine Abweichungen von den normalen Kenngrößen der Festigkeit und Dehnung bei statischer und Stoßkraftwirkung zeigen. Die früher verwendete AC-Folie hatte eine größere Empfindlichkeit gegenüber Randdefekten.

Randdefekte der Magnetbänder können nicht nur im Schneidprozeß, sondern z. B. auch beim Einsatz in den Laufwerken entstehen. So können bei Bandschräglauf die Bandkanten an den Metallteilen des Gerätes schleifen. Dies führt natürlich zu Deformationen und auch zu Beschädigungen der Kanten.

Neben der Bestimmung von Durchschlagsarbeit und Kraftstoßfestigkeit wird nach Schlagpendelwirkung die bleibende oder plastische Dehnung gemessen, wobei die Kraftstöße bzw. die jeweiligen kinetischen Auftreffenergien kleiner als die zum Durchschlag führenden gewählt werden. Der Energievorrat liegt bei $W = 1$ J. Der Abstand zwischen den Klemmen beträgt 100 mm und die Vorspannkraft ca. 20 N. Der Fallwinkel α wird so gewählt, daß sich z. B. für 37 µm dicke Bandproben eine Auftreffenergie von 0,15 J und 0,05 J für Bänder der Dicken kleiner oder gleich 27 µm ergibt.

Für weitergehende Untersuchungen ist es z. B. zweckmäßig, den zeitlichen Verlauf der Kraft während des Stoß- und Durchschlagprozesses zu messen.

8.2.1.6. Die Adhäsions- und Kohäsionsfestigkeit der Arbeitsschicht des Bandes

Bei den experimentellen Verfahren zur Bestimmung der Adhäsionsfestigkeit der Arbeitsschicht fallen neben den Adhäsionskräften zwischen Arbeitsschicht und Unterlage die Kohäsionskräfte im Inneren der Arbeitsschicht ins Gewicht. Die Kohäsionskräfte haben ihre Ursache in der Wechselwirkung der Makromoleküle der Arbeitsschicht, die durch die eingelagerten Magnetpulverpartikel gestört wird.

Die Adhäsionsfestigkeit der Arbeitsschicht zur Unterlage wird zweckmäßigerweise unter Bedingungen bestimmt, die denen in den Geräten zur Aufzeichnung und Wiedergabe ähnlich sind. Es wird die Zugkraft bestimmt, bei der in der Arbeitsschicht Risse, Zerstörungen und Ablöseerscheinungen von der Unterlage auftreten [12]. Eine Bandprobe der Länge 100 mm wird mit konstanter Geschwindigkeit von 100 mm · min^{-1} gedehnt. Dabei beobachtet man die Oberfläche der Arbeitsschicht mittels Mikroskop bei 36facher Vergrößerung. Die Adhäsionsfestigkeit wird als hinreichend eingeschätzt, wenn an 5 bis 10 Bandproben keine Beschädigungen der Schichtoberfläche bis zum Reißen des Magnetbandes beobachtet werden.

Bei einer anderen Methode zur Bestimmung der Adhäsionsfestigkeit wird die Bandprobe bzw. ihre Arbeitsschicht mittels eines Spezialklebestoffes auf einen geeigneten Träger aufgeklebt. Die Klebekräfte müssen wesentlich größer als die zu messenden Adhäsionskräfte Schicht—Folie sein. Mittels eines geeigneten Kraftmessers wird die Kraft gemessen, die notwendig ist, um die Folie von der im Klebstoff eingebetteten und verhafteten Arbeitsschicht abzuziehen, wobei ein nicht geklebtes Bandende um 180° gegen die Bandebene umlegt wird. Diese Meßprozedur wird oft als Schälversuch bezeichnet.

Die Kohäsionsfestigkeit wird sinnvollerweise mittels der Einritzmethode bestimmt, da die Beschädigung der Arbeitsschicht hauptsächlich durch Kratzer hervorgerufen wird, die bei der Reibung mit den Magnetköpfen, aber auch als Ergebnis der Einwirkung von Staubteilchen, die zwischen Bandoberflächen und den Köpfen wirksam werden können, auftreten. Die Messung erfolgt in einem Gerät zur Bestimmung der Kratzfestigkeit.

Dazu wird auf eine Magnetbandprobe der Fläche 30 · 6,25 mm^2 eine Reihe von Kratzern eingeritzt und die Andruckkraft beim Ritzen stetig erhöht. Anfangs wird die Kraft festgehalten, bei der sich ein kaum bemerkbarer Riß bildet, und dann die Kraft, bei der die Arbeitsschicht in ihrer gesamten Tiefe (Schichtdicke) eingerissen ist. Für die Messung werden Bandproben gleicher Arbeitsschichtdicke ausgewählt. Bei jeder Meßreihe werden Vergleichsmessungen an einem Etalon durchgeführt, um Fehler infolge des Abstumpfens der Ritzwerkzeuge auszuschließen. Als Koeffizient der Kohäsionsfestigkeit $K_\varkappa$ wird das Verhältnis der Kräfte beim ersten Sichtbarwerden eines Kratzers auf der Probe F_P und auf dem Etalon F_E definiert:

$$K_\varkappa = \frac{F_P}{F_E}.$$

Entsprechend wird ein Koeffizient der Kohäsionsfestigkeit K_δ mittels Durchsichtverfahren definiert und bestimmt. Die Beobachtung der Kratzer erfolgt mittels Mikroskop bei 36facher Vergrößerung von der Folienseite her.

Als Kriterium für die Beurteilung der Kohäsionsfestigkeit können auch Mikrohärtemessungen dienen. Die Methode besteht in der Messung der Diagonalenlänge eines Abdruckes, den man durch den Eindruck einer Diamantpyramide mit definierter Kraft in die Arbeitsschicht [15] erhält.

8.2.2. Eigenschaften der Bandoberflächen, insbesondere Kontaktprozeßeigenschaften

8.2.2.1. Die Rauhigkeit der beiden Oberflächen eines Magnetbandes

Eine geringe Oberflächenrauhigkeit der Arbeitsschicht ist einer der wesentlichen Faktoren, die einen guten und konstanten Bandkontakt mit den Magnetköpfen garantieren, wodurch Signalausfälle vermieden werden können.

Der Charakter der Unterlagenoberfläche, die die Arbeitsschicht trägt, hat einen großen Einfluß auf die Magnetbandqualität. Einerseits ist eine gute Adhäsion der Arbeitsschicht des Bandes zur Unterlage notwendig, andererseits führt eine große Folienrauhigkeit zur Auftragsungleichmäßigkeit der magnetischen Suspension und folglich zu Ungleichmäßigkeiten der magnetischen und speichertechnischen Kenngrößen und Kennfunktionen über die Bahn- bzw. Bandfläche. Die der Arbeitsschichtoberfläche diametral gegenüberliegende Folienoberfläche wiederum sollte eine dosierte Mikrorauhigkeit besitzen, um einen guten Zusammenhalt der Bandwickel zu gewährleisten.

In Abbildung 8.5 ist ein Diagramm der Oberflächenrauhigkeit einer 37 µm dicken PETP-Folie wiedergegeben, das mittels eines Tastschnittmeßgerätes erhalten wurde. Der Abstand der horizontalen Linien beträgt in der vertikalen Schichtdickenrichtung 0,6 µm, der Abstand der vertikalen Linien in horizontaler Bandbreitenrichtung 500 µm. Aus dem Diagramm ist zu ersehen, daß vertikale Spitzen in größerer Zahl auftreten. Obwohl die PETP-Folie eine größere Rauhigkeit besitzt als z. B. die früher eingesetzte AC-Folie, ist sie doch noch so glatt, daß auf der aufgebrachten Arbeitsschicht noch Frequenzen von 10 MHz sauber aufgezeichnet werden können. Das Diagramm in Abbildung 8.6 zeigt über die Folienbreite geringe Dickenschwankungen, also eine gute Dickengleichmäßigkeit. Diese hohe Gleichmäßigkeit der PETP-Folie ist ein weiterer Grund dafür, daß die PETP-Folie mit Erfolg als Magnetbandunterlage eingesetzt werden kann.

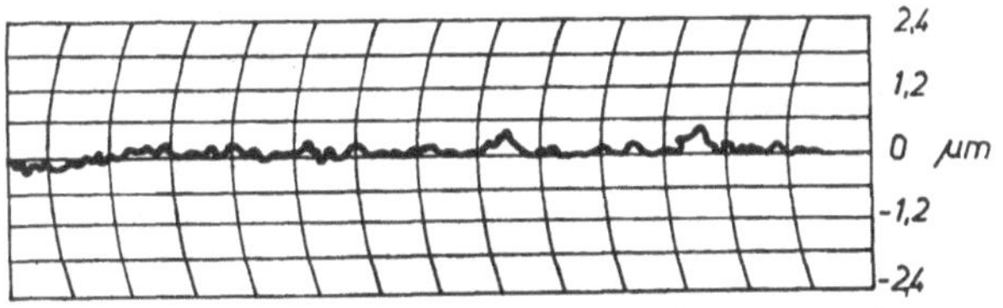

Abb. 8.5. Profil der Oberflächenrauhigkeit einer PETP-Folie

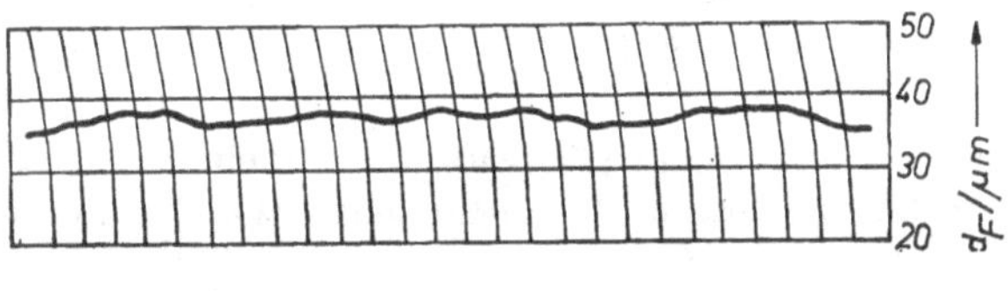

Abb. 8.6. Dickenprofil einer PETP-Folie

8.2.2.2. Reibungseigenschaften der Magnetbänder

Bei der Berührung eines Magnetbandes mit seinen Kontaktpartnern der Laufwerke werden Wechselwirkungskräfte wirksam, zu deren Überwindung äußere Tangentialkräfte erforderlich sind, d. h., im Betriebsprozeß der Magnetbänder tritt das Phänomen der Reibung auf.

Ist der Kontakt bewegt, läuft also das Band, z. B. mit konstanter Geschwindigkeit, berührend über die Kopfspiegel, so ist die sogenannte Gleitreibungskraft wirksam. Ist speziell die Relativgeschwindigkeit von Band und Magnetkopfspiegel Null, der Kontakt also (makroskopisch) nicht bewegt, so ist die sogenannte Haftreibungskraft wirksam.

Das Laufverhalten der Magnetbänder in den Gerätelaufwerken wird von diesen Reibungskräften mitbestimmt. Die Reibung hängt u. a. von der Struktur, wozu die Rauhigkeit zu rechnen ist, und den Materialeigenschaften der beiden kontaktierenden Oberflächen, von der Normalkraft, mit der das Band an seinen Kontaktpartner gedrückt wird, von der Verweilzeit des Bandes am jeweiligen Kontaktpartner [16] und auch von der Temperatur ab.

Durch die Wahl entsprechender technologischer Prozesse, z. B. dem Kalandrieren der beschichteten Bahn unter bestimmten Bedingungen sowie der Verwendung spezieller chemischer Rezepte, läßt sich die Reibung der Magnetbänder beeinflussen.

Die Reibungskräfte können bestimmt werden, indem man z. B. in einem Laufwerk die Bandzugkräfte an den Stellen vor (F_1) und hinter (F_2) einem Reibpartner mißt, die vom Magnetband berührend umschlungen werden. Wenn ein Magnetband die Mantelfläche eines kreiszylindrischen Reibpartners über einen bekannten Winkel w umschlingt und alle anderen Einflußgrößen des Reibungsprozesses konstant gehalten werden, so ist das Verhältnis der genannten Bandzugkräfte

$$\frac{F_2}{F_1} = \exp(\mu w)$$

eine Funktion des Reibungskoeffizienten μ allein, der somit bestimmbar ist.

8.2.2.3. Die Abrasivität und die Abriebbeständigkeit der Bänder

Da die Volumenerfüllung der Arbeitsschicht eines Magnetbandes mit ferrimagnetischen Pigmentpartikeln beträchtlich ist, besitzt die Arbeitsschicht abrasive Eigenschaften. Diese abrasiven Eigenschaften äußern sich in einem Abrieb der Magnetkopfoberflächen, der Rollen und anderer vom Band berührter Vorrichtungen in der Bandlaufstrecke der Geräte. Dabei vollzieht sich an der Arbeitsschicht des Bandes selbst ein Abrieb.

Um die Abriebbeständigkeit der Magnetbänder zu beurteilen, ist es zweckmäßig, an einem speziellen Meßplatz die Veränderungen der speichertechnischen Kenngrößen und Arbeitscharakteristiken nach mehrmaligem Banddurchlauf zu beobachten. Eine Einschätzung des Bandabriebes nach der Verringerung der Arbeitsschichtdicke oder nach der Feststellung von Veränderungen der Oberflächengüte ist als Kriterium der Unbrauchbarkeit eines Bandes nicht hinreichend. Es existieren Verfahren zur Bestimmung der Abriebfestigkeit, die auf der Messung der Schichtdickenänderung nach dem Polieren beruhen.

Zur Bestimmung der Abrasivität der Arbeitsschicht [12] wird der Abrieb eines Aluminiumplättchens durch das Magnetband gemessen. In einem Magnetbandlaufwerk passiert das Band ein 0,5 mm dickes Aluminiumplättchen, das in einer Klemmvorrichtung gehaltert ist. Das Band umschlingt das Plättchen unter einem Winkel von 100°. Die Bandgeschwindigkeit von 19 cm^{-1} und der Bandzug 2,5 N müssen während des Versuches konstant gehalten werden.

Als Meßgröße Abrasivität V_K des Bandes wird hierbei der Quotient aus der Einschlifftiefe Δh des Plättchen und der Länge l des über das Plättchen gelaufenen Magnetbandes definiert:

$$V_K = \frac{\Delta h}{l}.$$

Zweckmäßigerweise wird für die Abrasivität V_K die Einheit $1\,\mu m \cdot m^{-1}$ benutzt. Nach einer anderen Methode [17] beurteilt man die Abrasivität der Arbeitsschicht durch Messung des Gewichtsverlustes einer Silberplatte nach der Passage einer Bandlänge von $l = 1000$ m. Der Bandzug beträgt 0,4 N und die Bandbreite 25,4 mm.

8.2.2.4. *Der elektrische Oberflächenwiderstand des Magnetbandes*

In den Zonen des „Abreißens" eines laufenden Magnetbandes von seinen Kontaktpartnern der Bandlaufstrecke der Geräte und schon in den verschiedenen Stufen der Bandherstellung kommt es zu einer Trennung von Ladungen der beiden Vorzeichen. Da das Magnetband auf Grund seines Aufbaues aus im wesentlichen polymeren Stoffen dazu neigt, ein Dielektrikum mit relativ hohem Verlustwiderstand zu sein, können elektrische Ladungen vom Bandkörper und speziell von seinen Oberflächen nicht leicht abfließen bzw. durch Ladungen des entgegengesetzten Vorzeichens nicht leicht kompensiert werden.

Zum einen können bewegte Ladungen elektromagnetische Wirkungen auf den Magnetkopf ausüben, zum anderen sind elektrische Durchschläge durch die Luft nicht auszuschließen. Erfolgen solche Entladungen in der Nähe der Kopfspalte, so kann der Aufzeichnungs- bzw. Wiedergabeprozeß dadurch und durch über den Kopf fließende Entladungsströme gestört werden.

Ein Magnetband darf deshalb keinen zu großen elektrischen Oberflächenwiderstand aufweisen, damit die Ladungen noch vor der Passage der Köpfe abfließen können. Der spezifische Oberflächenwiderstand eines Magnetbandes sollte $10^9 \Omega$ nicht wesentlich übersteigen. Durch die Wahl von geeigneten Rezeptkomponenten kann die Leitfähigkeit bzw. der spezifische Oberflächenwiderstand beeinflußt werden.

Zur Messung des spezifischen Oberflächenwiderstandes werden zwei gerade und parallele schneidenförmige Körper der Breite b als Elektroden in einem Abstand a auf die zu messende Oberflächenschicht eines Bandes mit konstantem Andruck aufgesetzt. Die beiden Kontaktkörper werden mit den Klemmen einer Gleichspannungsquelle verbunden, so daß zwischen ihnen eine konstante Spannung U herrscht. Zwischen den Kontaktelektroden bildet sich ein elektrisches Feld aus, das zumindest in den Mittelbereichen derselben als homogen anzusehen ist. Infolge des Feldes fließt ein gewisser Oberflächenstrom, dessen Stärke i mit einem empfindlichen Strommesser erfaßt, jedoch als Widerstand R angezeigt wird:

$$R = \frac{U}{i} = R_s \frac{a}{b}.$$

Wählt man nun den Schneidenabstand $a = b$ gleich der Schneidenbreite b (z. B. 10 mm), so ist der gemessene Widerstand $R = R_s$ gleich dem gesuchten spezifischen Oberflächenwiderstand R_s.

Hierbei ist vorausgesetzt, daß der Strom praktisch nur in einer dünnen Oberflächenschicht fließt und seine Eindringtiefe über die Bandfläche konstant ist. Das elektrische Feld bei der rechteckigen Kontaktelektrodenkonfiguration wird nach den Rändern zu inhomogen. Ein homogenes elektrisches Feld läßt sich durch die Verwendung von Schutzringelektroden erreichen.

9. Zum Reinraumregime bei der Herstellung von magnetischen Aufzeichnungsmaterialien

Ein wichtiges Charakteristikum für moderne magnetische Aufzeichnungs- und Wiedergabeanlagen ist in der Zuverlässigkeit und Stabilität der eingesetzten Magnetbänder begründet. Diese Zuverlässigkeit wird entscheidend durch die Produktionsbedingungen und die unmittelbare Umgebung bestimmt, in denen dieser Herstellungsprozeß realisiert wird. Die hohe Qualität von Computerbändern erfordert z. B. besondere Maßnahmen zur Sicherung einer sehr großen Sauberkeit in den Produktionsanlagen.

Diese Maßnahmen begründen sich hinreichend dadurch, daß der überwiegende Teil des Ausschusses, d. h. der nicht verwertbaren Magnetbänder, laut statistischen Angaben durch Verschmutzungen entsteht, die auf die Magnetschicht gelangen. So können bei Magnetbändern, die in der Rechentechnik verwendet werden, durch einen Fremdkörper Störungen im Band–Kopf-Kontakt auftreten, wenn das Magnetband nur ein hundertstel Millimeter vom Lesekopf abgehoben wird. Diese Tatsache hätte einen Pegelverlust um ca. 60 Prozent zur Folge und würde zu einem drop-out führen.

Die hohen Anforderungen an die Sauberkeit der unmittelbaren Umgebung der Produktionsprozesse und die Maßnahmen zur Gewährleistung solcher Forderungen haben zu einem neuen Begriff in der Produktion geführt, dem sogenannten „Reinraumregime“.

Ein derartiges „Reinraumregime“ muß die Parameter der Produktionsbedingungen, wie Sauberkeit, Temperatur, Feuchtigkeit und Umwälzung der Luft, die erforderliche Reinheit der technischen Gase, der Trocknungsluft, des Wassers, der Roh- und Hilfsmaterialien, der Anlagen sowie der Instrumente absichern. Es ist außerdem erforderlich, auch solche Verschmutzungen zu beseitigen, die durch den natürlichen Verschleiß der Anlagen und im technologischen Prozeß selbst entstehen. Die Einhaltung einer besonderen Sauberkeit in den Betrieben, die magnetische Aufzeichnungsmaterialien herstellen, zählt zu den Faktoren, die entscheidend die Qualität der hergestellten Produkte bestimmen.

Für derartige Betriebe bedeutet das bezüglich der Sauberkeit und der Reinhaltung der Luft, daß einige bestimmte Produktionsbereiche in die gleiche Kategorie eingereiht werden wie Räume, in denen medizinische Präparate und elektronische Bauelemente hergestellt bzw. sogar chirurgische Operationen durchgeführt werden. Die Gesamtheit solcher und ähnlicher Produktionsstätten bzw. Räumlichkeiten entspricht den Bedingungen sogenannter „Reiner Räume“. Die Definition eines „Reinen Raumes“ wird nach TGL 33367/01 wie folgt festgelegt:

„Ein Reiner Raum ist ein abgeschlossener Bereich mit einem gegenüber der Umgebung verringerten Staubgehalt, wobei die Luft durch laufende Partikelzählung unter Kontrolle gehalten wird. Entsprechend den Anforderungen besitzt er eine Temperatur-, Luftfeuchtigkeits- und Differenzdruckregelung.“

Diese allgemeine Begriffsbestimmung läßt jedoch den Begriff „Reiner Raum“ noch nicht als etwas Besonderes erscheinen, denn bis auf eine laufende Partikelzählung haben in der Regel klimatisierte Produktionsräume durch die Zwangsbelüftung gegenüber der Umgebung einen verringerten Staubgehalt.

Für die festen und flüssigen Verunreinigungen der Luft sowie der Gase in den „Reinen Räumen“ sind Teilchengröße, Korngrößenverteilungskurve und Konzentration wesentliche Merkmale, die ebenfalls in der TGL 33367/02 definiert sind. Die Reinheitsklasseneinteilung für die Halbleitertechnik ist in Tabelle 9.1 wiedergegeben.

Tabelle 9.1. Reinheitsklassen für die Halbleitertechnik

Klasse	maximale Teilchenzahl je Liter	
	Durchmesser 0,5 μm	Durchmesser 5 μm
10	0,35	–
100	3,5	–
1000	35	0,2
10000	350	2,3
100000	3500	25

Es werden solche Produktionsräume als „Reine Räume“ der ersten Generation bezeichnet, in denen bestimmte Raumluftzustände durch den Einbau einer Klimaanlage mit Temperatur-, Feuchtigkeits- und Druckregelung eingehalten werden können und bei denen die Zuluft über Hochleistungsschwebstoffilter geleitet wird. Die erforderlichen Luftanlagen werden bei dieser Realisierungsmöglichkeit „Reiner Räume“ nach dem für das Einhalten des Raumluftzustandes notwendigen Luftstrom ausgelegt. Die Luftwechselzahlen können dabei in einer Größenordnung bis 50 liegen.

Mit diesen Systemen wird bei einer angenommenen durchschnittlichen Außenstaubkonzentration von 20 bis 50 Mio Partikeln/m^3 ($\geqq 0{,}5\ \mu m$) eine Herabsetzung der Staubbelastung in dem kontrollierten Bereich bis zu drei Zehnerpotenzen erreicht.

Die entscheidendste Ursache, daß trotz gefilterter Zuluft die Teilchenkonzentration mit der oben beschriebenen technischen Konzeption nicht unter einen bestimmten Wert absinkt, ist die Luftführung.

Bei der ersten Generation der „Reinen Räume“ wird überwiegend die turbulenzreiche Strahllüftung zur Einführung der Luft in den Raum verwendet. Die im Raum durch das Bedienungspersonal und den Produktionsprozeß entstehenden Verunreinigungen vagabundieren unkontrolliert in der Raumluft und werden nicht in ausreichendem Maße abgeführt. Die noch zu hohe Staubkonzentration führte zur Entwicklung einer neuen Generation „Reiner Räume“.

Für diese Entwicklung wurden ebenfalls Hochleistungsschwebstoffilter eingesetzt. Zur Belüftung bei gleichzeitiger Vermeidung des unkontrollierten Vagabundierens von Stäuben im „Reinen Raum“ wird die turbulenzarme Verdrängungsströmung angewandt.

Bei diesem System bewegt sich ein hochgradig gefilterter gleichgerichteter Luftstrom mit gleichförmiger Geschwindigkeit durch den gesamten Querschnitt des „Reinen Raumes“. Entstandene Luftverunreinigungen werden innerhalb sehr kurzer Zeit kontrolliert abgeführt. Diese anwendungstechnischen Vorteile wurden durch den zusätzlichen Aufbau einer lokalen Reinraumtechnik und belüfteter Abschirmsysteme in bestimmten Bereichen der Magnetbandherstellung verstärkt ausgenutzt, und somit wurde eine weitere Senkung der Staubpartikelkonzentration erreicht.

Neben den technischen Voraussetzungen zur Realisierung von „Reinen Räumen“ gibt es einen Komplex von prophylaktischen Maßnahmen allgemeinster Art, die arbeits-organisatorisch sowie in der bautechnischen Konzeption berücksichtigt werden müssen. Die im folgenden erwähnten Maßnahmen zeigen einige der spezifischen Anforderungen an den Magnetbandproduktionsprozeß im Reinraumregime auf.

In der bautechnischen Ausführung werden die Bereiche der Folienherstellung, die Beschichtung, die Aufarbeitung, die Prüfung, Verpackung sowie jegliche Zwischenlagerung von Halb- und Fertigerzeugnissen im sogenannten „Weiß-Teil“ (Reine Räume) untergebracht. Dieser Gebäudekomplex wird meistens als fensterloser Bau errichtet und entspricht den Anforderungen, die für eine bestimmte Luftführung erforderlich sind.

Die installierte Klima- und Lufttechnik sowie die Bauausführung haben die Aufgabe, das Eindringen von Staubpartikeln in diese Produktionsräume zu unterbinden.

Das Betreten eines solchen Weißteils ist nur über ein besonderes Schleusensystem und mit spezieller Kleidung möglich. Das Schleusensystem hat neben der Abschirmung des Weißteiles auch die Aufgabe, das Bedienungspersonal direkt vor dem Eintritt in die angegebenen Produktionsräume nochmals von anhaftenden Staubpartikeln zu befreien. Das wird durch Luftduschen realisiert. Der Transport von Roh- und Hilfsstoffen erfolgt über separate Schleusen- und Aufzugssysteme. Die Wandplatten und der Fußboden sind aus glatten, staubabweisenden und leicht zu reinigenden Elementen zusammengefügt und entsprechen in der Gesamtheit der Forderung nach Verringerung der Staubbildungsquellen innerhalb der „Reinen Räume“.

Allein diese Beispiele veranschaulichen, daß moderne Magnetbandbetriebe erhebliche Summen für die Gewährleistung der „Technologischen Hygiene“ sowohl beim Bau als auch bei ihrem Betreiben aufbringen müssen. Diese Kosten amortisieren sich durch die hohe Qualität der hergestellten Produkte sehr schnell.

Literaturverzeichnis

Literatur zu Kapitel 1

[1] V. Poulsen: Ann. Phys. Chem. **3** (1900) 754.
[2] UdSSR P. 3340, 1925.
[3] D.P. 500900, 1929.
[4] radio mentor electronic **44** (1978) 5, 196.
[5] Firmenmitteilung der Matsushita Electric Industrial Co. Ltd., Japan (1979).

Literatur zu Kapitel 2

[1] L. Néel: Ann. Phys. (Paris) **3** (1948) 137.
[2] E. Vogt: Z. angew. Phys. **14** (1962) 177; **15** (1963) 371.
[3] C. P. Bean, J. D. Livingston: J. appl. Phys. **30** (1959) 120.
[4] L. Néel: Compt. rend. **237** (1953) 1468.
[5] L. Néel: J. Phys. radium **15** (1954) 225.
[6] D. G. Tange, E. P. Wohlfahrt: Phil. Mag., Serie 8, **3** (1958) 536.
[7] W. Andrä: phys. stat. sol. **1** (1961) K. 135.
[8] H. Gengnagel: Exp. Techn. d. Phys. **11** (1963) 4, 301.
[9] F. Winckel: Technik der Magnetspeicher. Springer-Verlag, Berlin 1960.
[10] TGL 25261.
[11] TGL 17175.
[12] А. А. Вроблевский, В. Г. Корольков, Я. А. Мазо и др. (A. A. Vroblevskij, V. G. Korol'kov, Ja. A. Maso u. a.): Физические основы магнитной звукозаписи. Энергия, Moskau 1970.
[13] В. А. Бургов (V. A. Bugrov): Физика магнитной записи звука. Искусство, Moskau 1973.
[14] Ch. Mee: The physics of magnetic recording. North-Holland Publishing Company, Amsterdam 1964.
[15] З. В. Цирулина (Z. V. Cirulina): Основызвукотехники. Искусство, Moskau 1970.
[16] E. Kneller, E. Köster: IEEE Trans on Magn. **MAG-13** (1977) 5, 1388.
[17] O. Henkel: phys. stat. sol. **2** (1962) 1393.
[18] L. Neél: Cahiers Phys. **17** (1943) 47.
[19] R. R. Pearce: Proc. Int. Conf. Magn. Rec., London 1964, 18.
[20] V. G. Korol'kov: Trudy VNIITR **14** (1966) 4.
[21] N. K. Jakobson: Izv. AN SSSR **32** (1968) 7.
[22] H. J. Tafel: Fernsehtechn. Z. (1953) 1, 17.
[23] D.O.S. 2031749, 1970.
[24] TGL 200-7001.
[25] Ю. А. Василиевский (Ju. A. Vasilevskij): в кн. Современные системы записи и воспроизведения изобра жения. Искусство, Moskau 1972, S. 122.
[26] G. V. Avilov, D. M. Južnaja, È. M. Bojtler: Techn. kino i televid. (1967) 12, 25.
[27] Д. Е. Спелиотис, Д. Р. Моррисон, Д. С. Джадж (D. E. Speliotis, D. R. Morrison, D. S. Judge): in Теория и техника магнитной записи. Мир, Moskau 1968.
[28] П. А. Дэвис(P. A. Davis): Применение точной магнитной записи. Энергия, Moskau 1967.

Literatur zu Kapitel 3

[1] B. Vollmert: Kunststoffe **56** (1966) 10, 680.
[2] E. Reese: Kunststoffe **62** (1972) 6, 370.
[3] H. Hofmeier: Angew. Chemie **74** (1962) 16, 647.
[4] W. Berger, H. W. Kammer: Faserforschung und Textiltechnik **25** (1974) 4, 140.
[5] W. Berger, Ch. Michels: Faserforschung und Textiltechnik **26** (1975) 7, 340.
[6] T. Kitao, H. Kobayashi, S. Ikegami, S. Ohya: J. Polym. Sci. **A 11** (1973) 10, 2633.
[7] DDR-A.P. 107061.
[8] N. W. Andrianowa, F. M. Medwedewa, W. I. Inwanow u. a.: Plastmassy **57** (1967) 12, 33.
[9] Chem. Engng. News **46** (1968) 51, 42.
[10] B. W. Petuchow, S. M. Kondraschewa: Vysokomol. soed. **3** (1961) 617.
[11] А. А. Конкин, М. П. Зверев (A. A. Konkin, M. P. Zverev): Полиолефиновые волокна. Химия, Moskau 1966.
[12] С. П. Папков (S. P. Papkov): Физико-химические основы производства искусственных и синтетических волокон. Химия, Moskau 1972.
[13] П. В. Козлов, Г. И. Брагинский (P. V. Kozlov, G. I. Braginskij): Химия и технология полимерных пленок. Искусство, Moskau 1967.
[14] В. А. Каргин, Г. Л. Слонимский (V. A. Kargin, G. L. Slonimskij): Краткие очерки по физико-химии полимеров. Химия, Moskau 1967.
[15] R. A. Hudson: Brit. Plast. **26** (1953) 6.
[16] W. Carotchers, J. J. Arvin: Chem. Soc. **51** (1929) 2560.
[17] J. R. Whinfilld: Nature **158** (1946) 930.
[18] U.S.P. 3.161710, 1964.
[19] Chem. Eng. **74** (1967) 3, 51.
[20] R. J. Houwink: Prakt. Chem. **157** (1940) 15.
[21] E. Turska-Kusmiers, T. Skwerski: Prace Institute Wlokiennietwa **2** (1953) 49.
[22] W. Griehl, S. Neul: Faserforschung und Textiltechnik **5** (1954), 423.
[23] E. M. Eisenstein, B. W. Petuchow: Chim. volokna (1964) 4, 20.
[24] М. Акитин, Г. Озеров (M. Akitin, G. Ozerov): Новое впереработке полимеров. Мир, Moskau 1969.
[25] N. I. Galperin, V. B. Kvaša, J. M. Seregni u. a.: Chim. volokna (1967) 2, 27.
[26] Д. Д. Рябинин, Ю. Е. Лукач (D. D. Rjabinin, Ju. E. Lukač): Червячные машины для переработки пластических масс и резиновых смесей Машиностроение, Moskau 1965.
[27] E. C. Bernchardt: Mod. Plast. **32** (1955) 2, 127.
[28] W. H. Darnell, E. A. Mol: SPE J. **12** (1956) 4, 20.
[29] Э. Т. Северс (E. T. Severs): Реология полимеров, Химия, Moskau 1966.
[30] I. Klein, Z. Tadmer: **9** (1969) 1, 11–21.
[31] Д. М. Мак-Келви (D. M. MacKelvi): Переработка полимеров. Химия, Moskau 1965.
[32] F. Hensen, E. Gathmann: Kunststoffe **64** (1974) 4, 343.
[33] Г. Шенкель (G. Schenkel): Шнековые прессы для пластмасс. Госхимиздат, Leningrad 1962.
[34] Д. Бернхардт (D. Bernhardt): Переработка термопластических материалов. Госхимиздат, Moskau 1962.
[35] Н. Г. Бекин, Н. П. Шанин(N. G. Bekin, N. P. Sanin): Оборудование заводов резиново промышленности. Химия, Leningrad 1969.
[36] W. D. Mohr, R. S. Mallouk, M. L. Booy: Private Communications to Squires, Processing of Thermoplastic Materials. N. Y., Reinhold Publishing Corp., London 1959.
[37] W. L. Gore, J. M. McKelvey: Theory of Screw Extruders, Rheology Theory a. Applications, v. 3. N. Y., Academic Press, London 1958.
[38] R. V. Torner: Grundprozesse der Verarbeitung von Polymeren. VEB Deutscher Verlag für Grundstoffindustrie, Leipzig 1977.
[39] А. В. Лыков (A. V. Lykov): Теория теплопроводности, Высшая школа, Moskau 1967.
[40] G. L. Berestneva, P. W. Kozlov: Vysokomol. soed. **2** (1960) 1854.
[41] N. G. Esipova, Li-Pan-Tun, N. S. Andreeva u. a.: Vysokomol. soed., **2**, (1960) 1109.
[42] W. P. J. Baker: Polymer Sci., **57** (1962) 993.
[43] A. I. Kitajgorodskij: Priroda (1953) 3, 21.
[44] P. V. Kozlov, V. A. Kabanov, A. A. Frolova: Dokl. Akad. Nauk SSSR **125** (1959) 118.

[45] R. DE DAUBENY, C. W. BUNN, C. I. BROWN: Proc. Roy. Soc. A 226 (1954) 531.
[46] W. COBBS, R. L. BURTON: J. Polymer Sci. 10 (1953) 275.
[47] W. T. ASTBURY, C. J. BROWN: Nature 156 (1946) 871.
[48] M. J. AVRAMI: Chem. Phys. 7 (1939) 1103; 8 (1940) 212.
[49] L. B. MORGAN: Phil. Trans. Roy. Soc. A 247 (1954) 21.
[50] A. KELLER, G. R. LESTER, L. B. MORGAN: Phil. Trans. Roy. Soc., London 247 (1954) 1.
[51] P. V. KOZLOV, G. L. BERESTNEVA: Vysokomol. soed. 2 (1960) 590.
[52] G. L. BERESTNEVA, P. V. KOZLOV: Vysokomol. soed. 8 (1960) 601.
[53] S. V. VLASOV, G. V. SAGALAEV, N. V. ANDRIANOVA, L. S. LIBIN: Plastmassy (1970) 10, 30.
[54] A. I. KITAJGORODSKIJ: Dokl. Akad. Nauk SSSR 124 (1959) 861.
[55] G. L. BERESTNEVA, V. A. BERESTNEV, T. V. GATOVSKAJA u. a.: Vysokomol soed. 3 (1961) 801.
[56] V. A. KARGIN, T. V. GATOVSKAJA: Dokl. Akad. Nauk SSSR (1955) 100, 105.
[57] JU. S. LIPATOV: Uspechi chimii 36 (1957) 768.
[58] S. V. VLASOV, G. V. SAGALAEV, N. V. ANDRIANOVA: Plastmassy (1967) 9, 67.
[59] G. L. SLONIMSKIJ, T. A. DIKAREVA: Vysokomol. soed. 6 (1964) 153.
[60] JU. S. LIPATOV, V. A. KARGIN, G. L. SLONIMSKIJ: Ž. fiz. chim. 30 (1956) 1202.
[61] G. L. SLONIMSKIJ, W. A. ERŠOVA: Vysokomol. soed. 1 (1959) 240.
[62] A. HUTZENLAUB: VDI-Nachrichten 31 (1977) 8, 13.
[63] I. M. KORECKIJ, G. S. WAJNŠTEIJN, V. N. KONSTANTINOV, S. I. GDALIN: Chim. i. neft. mašinostr. (1967) 11, 31.

Literatur zu Kapitel 4

[1] F. KRONES: in F. WINCKEL, Technik der Magnetspeicher. Springer-Verlag, Berlin 1960‘ S. 421.
[2] J. J. ELIASBERG et al.: Informationssammlung des VNIITR (1967) Nr. 2.
[3] D. E. SPELIOTIS, J. R. MORRISON: Trans. N. Y. Acad. Sci 28 (1966) 8, 1005.
[3a] M. AMEMIYA et al.: IEEE Trans. Magn. MAG-16 (1980) 1, 17.
[4] Comp. Design. 6 8, 46.
[5] D.A.S. 1238072.
[6] J. A. VASILEVSKIJ et al.: Techn. kino i telev. (1972) 6, 14.
[7] Electron. Design. 15 (1967) 15, 36.
[8] CH. MEE: The physics of magnetic recording. North-Holland Publishing Company, Amsterdam 1964.
[9] H. CHANG, G. C. FETH: IEEE Trans. Commun. Elec. 83 (1964) 75, 706.
[10] L. NÉEL: Angew. Chem. 83 (1971) 21, 838.
[11] Г. Б. Бокий (G. B. BOKIJ): Кристаллохимия, Наука, Moskau 1971.
[12] R. SCHRADER, G. BÜTTNER: Z. anorg. allg. Chem. 320 (1963) 205.
[13] C. P. BEAN: Phys. Rev. 100 (1955) 1060.
[14] S. TOCHIHARA et al.: IEEE Trans. Magn. MAG-5 (1969) 3, 328.
[15] G. SEIDRAWA: Densi Gidsu Electron. Engng. 9 (1967) 10, 22.
[16] A. S. ĖJSUROVIČ et al.: VI. Allunionskonferenz für Elektronenmikroskopie, Thesen zu den Vorträgen. Novosibirsk 1967.
[17] A. E. BERKOWITZ, W. J. SCHUELE: J. appl. Phys. 39 (1968) 2, 1261.
[18] G. B. PANTER, I. I. ELIASBERG: Trudy VNIITR 1 (1971) 20, 199.
[19] CSSR-Pat. 117098.
[20] R. A. VON BEHREN: J. SMPTE 67 (1958) 11, 734.
[21] I. I. ELIASBERG: Trudy VNIITR 6 (1968) 16, 146.
[22] R. S. PENNIMAN, N. M. ZOPH: U.S.P. 1368748.
[23] N. CAMRAS: U.S.P. 2694656.
[24] D.B.P. 891625.
[25] Tonband 9 (1972) 1, 2.
[26] Tape, London 2 (1975), 1, 72.
[27] I. I. ELIASBERG et al.: Techn. kino i telev. 19 (1975) 4, 64.
[28] D. F. EAGLE, J. C. MALLINSON: J. appl. Phys. 38 (1967) 995.
[29] D.A.S. 1162340.
[30] F.P. 2129841.
[31] S. NABUOKA: U.S.P. 3081264.

[32] U.S.P. 3047505.
[33] D.O.S. 1907236.
[34] D.O.S. 2022013.
[35] D.O.S. 2301558.
[36] D.O.S. 2308791.
[37] D.O.S. 2225796.
[38] F. Wöhler: Lieb. Ann. **111** (1859) 117.
[39] Genther: Lieb. Ann. **118** (1861) 61.
[40] Scherkoff: J. russ. Ges. **41** (1909) 302.
[41] R. S. Schwatrz et al.: J. Am. chem. Soc. **74** (1952) 1676.
[42] A. Michel, J. Benard: Bull. soc. chim. **10** (1943) 5, 126.
[43] T. J. Swoboda et al.: J. appl. Phys. **32** (1961) 374.
[44] D.A.S. 1270538.
[45] D.A.S. 1116134.
[46] U.S.P. 3451771.
[47] U.S.P. 2885365.
[48] U.S.P. 2923683.
[49] U.S.P. 3243260.
[50] D.A.S. 1152932.
[51] U.S.P. 3117093.
[52] D.A.S. 2022820.
[53] F.P. 1154191.
[54] F. Pfleumer: D.R.P. 500900 (1928).
[55] B.P. 590392.
[56] B.P. 594681.
[57] G. R. Polgreen: Iron St. Inst., Special Rep. (1954) 58, 24.
[58] I. I. Eliasberg, A. S. Ejsurovič: Techn. kino i telev. **11** (1967) 3, 26.
[59] H. K. Johnston: IEEE Trans. Magn. MAG-8 (1972) 465.
[60] F. Eisenkolb, G. Ehrlich: Wiss. Zeitschr. Techn. Hochschule Dresden **6** (1956/57) 711.
[61] D.O.S. 1902270.
[62] D.A.S. 2014500.
[63] A. A. van der Giessen: IEEE Trans. Magn. MAG-9 (1972) 192.
[64] D.A.S. 1247026.
[65] B.P. 1346498.
[66] D.B.P. 2212933.
[67] W. C. Courtney: J. chem. Phys. **23** (1955) 1174.
[68] A. C. Øppegard et al.: J. appl. Phys. **32** (1961) 184.
[69] S. Harada et al.: IEEE Trans. Magn. MAG-8 (1972) 468.
[70] K. M. Gorbunova et al.: Ž. fiz. chim. **38** (1964) 1580.
[71] U.S.P. 3669943.
[72] B.P. 1047933.
[73] U.S.P. 3206338.
[74] B.P. 1348457.
[75] F. E. Luborsky: J. appl. Phys. **32** (1961) 171.
[76] R. B. Falk et al.: J. appl. Phys. **30** (1959) 132 S.
[77] R. B. Falk: IEEE Trans. Magn. MAG-3 (1967) 223.
[78] R. B. Falk: U.S.P. 3262812.
[79] W. P. Galuschko et al.: Ž. prikl. chim. **32** (1959) 1551.
[80] W. P. Galuschko et al.: Ž. prikl. chim. **34** (1961) 1271.
[81] W. P. Galuschko et al.: Ž. prikl. chim. **38** (1965) 2349.
[82] R. B. Jampolskaja et. al.: Ž. prikl. chim. **36** (1963) 2300.
[83] T. P. Dorosh et. al.: Ž. prikl. chim. **47** (1974) 2760.
[84] G. J. Aksenov et. al.: Poroš. met. **9** (1969) 1.
[85] D.B.P. 862204.
[86] D.A.S. 1154442.
[87] U.S.P. 3228881.
[88] U.S.P. 3281344.

[89] U.S.P. 3284358.
[90] J. R. THOMAS: J. appl. Phys. **37** (1966) 7, 2914.
[91] KUSAKA et. al.: Jap. J. appl. Phys. **8** (1969) 599.
[92] W. J. GOMANKOV, A. A. LOŠMANOV: Izvest. Akad. Nauk SSR, Ser. fiz. **28** (1964) 444.
[93] D. J. CRAIK: Magnetic Oxides. J. Wiley & Sons, London 1975.

Literatur zu Kapitel 5

[1] O. FUCHS: Farbe u. Lack **71** (1965) 104.
[2] O. FUCHS: Deutsche Farbenzeitschrift **23** (1969) 19.
[3] Jap. P. 1227 (1964).
[4] Jap. P. 6427 (1964).
[5] Jap. P. 6691 (1964).
[6] UdSSR-P. 224839 (1968).
[7] B.P. 1080614 (1966).
[8] CSSR-P. 117760 (1964).
[9] UdSSR-P. 165912 (1964).
[10] R. VIEWEG, A. HÖCHTLEN: Polyurethane, in: Kunststoffhandbuch, Bd. VII, Carl Hanser Verlag München 1966.
[11] G. C. TOONE: Paint Technol. **27** (1963) 1, 38.
[12] D.A.S. 1269180 (1963).
[13] D.B.P. 814225 (1948).
[14] D.A.S. 1297672 (1965).
[15] Belg. A.S. 679250 (1965).
[16] D.A.S. 1269661 (1963).
[17] E. N. TIMOFEEV, L. A. ŠELEGEDA, G. I. BRAGINSKIJ: Arbeiten des LIKI (1970), Ausgabe 16.
[18] E. N. TIMOFEEV, L. A. ŠELEGEDA, G. I. BRAGINSKIJ: Arbeiten des LIKI (1972), Ausgabe 9.
[19] D.A.S. 1147399 (1962).
[20] D.A.S. 1227943 (1963).
[21] D.O.S. 1906548 (1968).
[22] B.P. 976359 (1961)
[23] Belg. A.S. 746075 (1969).
[24] D.A.S. 1283282 (1966).
[25] D.O.S. 1906546 (1968).
[26] D.O.S. 1906547 (1968).
[27] U.S.P. 3049442 (1956).
[28] Oe. Pat. 236668 (1962).
[29] Oe. Pat. 233281 (1961).
[30] U.S.P. 3216846 (1963).
[31] K. WEIGEL: Farbe u. Lack **68** (1962) 31.
[32] D.A.S. 1269660 (1966).
[33] D.O.S. 2037605 (1969).
[34] D.A.S. 1282700 (1965).
[35] D.A.S. 1276102 (1962).
[36] D.O.S. 1569584 (1965).
[37] D.O.S. 1546959 (1963).
[38] D.B.P. 1295011 (1964).
[39] D.O.S. 1489654 (1965).
[40] H. KITTEL: Adhäsion **6** (1977) 162.
[41] F. HÖLSCHER: Dispersionen synth. Hochpolymerer, Teil I. Springer-Verlag, Berlin/Göttingen/Heidelberg 1969.
[42] H. REINHARD: Dispersionen synth. Hochpolymerer, Teil II. Springer-Verlag, Berlin/Göttingen/Heidelberg 1969.
[43] Redakt. Bericht: Farbe u. Lack **81** (1975) 591.
[44] H. KITTEL: Adhäsion **8** (1977) 226.
[45] W. FUNKE, U. ZORLL: defazet **29** (1975) 146.
[46] H. DYK, P. HOYER: Farbe u. Lack **70** (1964) 522.

[47] G. F. Schoon, G. Rieber: Katschuk, Gummi, Kunststoffe **25** (1972) 456.
[48] G. Menges, N. Berdtsen: Kunststoffe **66** (1976) 735.
[49] H. Schütte, P. Kölling: Plaste und Kautschuk **21** (1974) 374.
[50] O. Fuchs: Deutsche Farbenzeitschrift **23** (1969) 57.
[51] W. Funke, U. Zorll: Farbe u. Lack **77** (1971) 970.
[52] J. H. Hildebrand, R. L. Scott: The Solubility of Nonelectrolytes. New York 1950.
[53] H. Burell: Interchem. Rev. **14** (1955) 3, 51.
[54] A. S. Michaels, W. R. Vieth, H. H. Alealay: J. Appl. Polymer Sci. **12** (1968) 1621.
[55] K. L. Hoy: J. Paint Techn. **42** (1970) 541, 76.
[56] O. Fuchs: Deutsche Farbenzeitschrift **20** (1966) 3.
[57] Г. И. Брагинский, С. К. Кудрна (G. I. Braginskij, S. K. Kudrna): Технология основы кинофотопленок и магнитных лент. Химия, Leningrad 1971.
[58] U. König, H. Schuch: Kunststoffe **67** (1977) 27.
[59] L. Mandrik, J. Stanek: Prum. Chemie **10** (1965) 5, 3.
[60] I. D. Growley, G. S. Teaque, I. W. Lowe: Farbe u. Lack **73** (1967) 120.
[61] W. A. Riese: Löserfreie Anstrichsysteme. C. R.-Vincentz-Verlag, Hannover 1967.
[62] K. Thinius: Chemie, Physik und Technologie der Weichmacher. VEB Verlag Technik, Berlin 1960.
[63] R. Becker: Plaste und Kautschuk **23** (1976) 108.
[64] S. V. Jakubovič, N. J. Gribkova, W. A. Subčuk, P. V. Kozlov: VIII. Fatipec-Kongreßbuch 1966, S. 172.
[65] F. Stühlen, L. Meyer: Kunststoffe **62** (1972) 674.
[66] K. A. Wolf: Struktur und physikalisches Verhalten der Kunststoffe. Springer-Verlag, Berlin/Göttingen/Heidelberg 1962.
[67] B. Koglin: Chem. Ing. Techn. **46** (1974) 720.
[68] H. Rumpf: Chem. Ing. Techn. **46** (1974) 1.
[69] G. J. Gouy: Ann. Physique **7** (1917) 129.
[70] D. L. Chapman: Philos. Mag. **25** (1913) 475.
[71] D. Stern: Z. Elektrochem. **30** (1924) 508.
[72] D. C. Grahame: Berichte d. Bunsenges. **62** (1958) 264.
[73] J. Weigl: Adhäsion (1975) 105.
[74] B. V. Derjaguin, L. D. Landan: Acta Physicochem. (UdSSR) **14** (1941) 633.
[75] E. J. W. Vervey. J. Th. G. Overbeek: Theory of the Stability of Lyophobic Colloids. Amsterdam 1948.
[76] S. Levine, G. M. Bell: J. Chem. Phys. **64** (1960) 1188.
[77] F. Booth: J. Chem. Phys. **19** (1951) 3, 91, 1327, 1615; **23** (1955) 453.
[78] J. B. Hasted, D. M. Ritson, C. H. Collie: J. Chem. Phys. **16** (1948) 1.
[79] W. E. Williams: Proc. Phys. Soc. **66** (1953) 372.
[80] G. Frens, J. Th. G. Overbeek: J. Colloid. Interface Sci. **38** (1972) 372.
[81] E. Baronch, J. W. Perram, E. R. Smith: Proc. Royal. Soc., London **334** (1973) 49.
[82] D. J. Mitchel, P. Richmond: J. Colloid. Interface Sci. **46** (1974) 128.
[83] P. A. Rebinder: Kolloid. J. **20** (1958) 527.
[84] P. A. Rebinder, A. B. Taubman: Kolloid. J. **23** (1961) 358.
[85] D. Habar: Double Liaison **166** (1969) 313.
[86] R. Wörwag, K. Hamann: Berichte d. Bunsenges. **71** (1967) 291.
[87] V. T. Crowl, M. A. Malati: Discuss. Fard. Soc. **42** (1966) 301.
[88] M. Takeda, R. Endo: J. Phys. Chem. **60** (1956) 1202.
[89] v. d. Waarden: J. Colloid. Sci. **5** (1950) 317.
[90] F. Horkay, F. Szanto, K. Fraknoy-Koros, I. Udvarhelyi: Farbe u. Lack **71** (1965) 1001.
[91] K. Hamann: V. Fatipec-Kongreßbuch, 1962, S. 76.
[92] M. J. Vold: J. Colloid. Sci. **16** (1961) 1.
[93] P. I. Jermilow, V. P. Zacharyzew: Lakokras. Mater. **6** (1970) 79.
[94] H. Steinbach: Plaste und Kautschuk **7** (1960) 426.
[95] F. Haselmeyer, K. Oehmichen: defazet **28** (1974) 62.
[96] F. van Voorst Vader: Chem. Ing. Techn. **49** (1977) 488.
[97] I. W. McBain: Trans. Farad. Soc. **9** (1913) 99.
[98] J. Stauf: Kolloidchemie. Springer-Verlag, Berlin/Göttingen/Heidelberg 1960.

[99] H. Brandt, H. Schütte: Plaste und Kautschuk **22** (1975) 355.
[100] F. Haselmeyer: Farbe u. Lack **79** (1973) 243.
[101] W. C, Griffin: J. Soc. Chem. **1** (1949) 311.
[102] W. W. Griffin: J. Soc. Chem. **5** (1954) 249.
[103] W. G. Gormann, G. D. Hall: J. Pharm. Sci. **52** (1963) 442.
[104] K. R. Huebner: Analytic. Chem. **34** (1962) 488.
[105] J. Broniarz, M. Wisniewski, J. Szymanowski: Tenside, Detergents **10** (1973) 75.
[106] J. Broniarz, M. Wisniewski, J. Szymanowski: Tenside, Detergents **11** (1974) 27.
[107] I. T. Davies: 2nd Internat. Congr. of Surface Activity **1** (1957) 426.
[108] H. Bässler: Kunststoffe **62** (1972) 115.
[109] J. Porth, K. Horneffer: Kunststoffe **56** (1966) 233.
[110] H. Bauser: Kunststoffe **62** (1972) 192.
[111] Belg. AS 792964 (1973).
[112] Jap. P. 15621 (1972).
[113] Belg. P. 609243 (1965).
[114] U.S.P. 3617378 (1971).
[115] UdSSR-P. 234698 (1969).
[116] UdSSR-P. 271052 (1970).
[117] D.A.S. 1122725 (1962).
[118] D.A.S. 1298561 (1967).
[119] U.S.P. 3293066 (1966).
[120] D.O.S. 2250383 (1972).
[121] H. P. Boehm: Farbe u. Lack **79** (1973) 419.
[122] M. D. Garret: Kunststoffe **67** (1977) 38.
[123] R. Gilg: Kunststoffberater **22** (1977) 262.
[124] R. Gilg: Kunststoffberater **22** (1977) 312.
[125] R. Bode: Kautschuk und Gummi, Kunststoffe **22** (1969) 167.
[126] W. Schuhmacher: Farbe u. Lack **80** (1974) 290.
[127] G. Erhard, E. Strickle: Kunststoffe **62** (1972) 2.
[128] G. Erhard, E. Strickle: Kunststoffe **62** (1972) 232.
[129] Belg. AS 686835 (1966).
[130] D.B.P. 877213 (1953).
[131] D.A.S. 1278513 (1966).
[132] B.P. 1100610 (1964).
[133] D.A.S. 1278512 (1966).
[134] U.S.P. 3042639 (1962).
[135] D.A.S. 1278514 (1967).
[136] D.A.S. 1232206 (1965).
[137] D.O.S. 1669602 (1967).
[138] D.O.S. 2033782 (1970).
[139] D.O.S. 2037605 (1969).
[140] F.P. 1548124 (1968).
[141] D.A.S. 1297671 (1966).
[142] U.S.P. 2804401 (1968).
[143] E. Herrmann: defazet **29** (1975) 116.
[144] Д. М. Мак-Келви (D. M. MacKelvi): Переработка полимеров. Химия, Moskau 1965.
[145] L. Gall, U. Kaluza: defazet **29** (1975) 102.
[146] B. Schwegmann: Farbe u. Lack **80** (1974) 311.
[147] D. O. Senft: Chem. Ind. **27** (1975) 686.
[148] H. Dürr: Mitteilungen aus der Misch- und Reibetechnik (Draiswerke), 1972.
[149] D.B.P. 1186031.
[150] J. van Horn: Farbe u. Lack **78** (1972) 1.
[151] DBGM 7006058.
[152] J. S. Raths: Farbe u. Lack **77** (1971) 547.
[153] H. U. Both: Chem. Ing. Techn. **39** (1967) 355.
[154] K. Rehaček: Farbe u. Lack **72** (1966) 27.
[155] Schwz. Pat. 132086 (1928).

[156] U.S.P. 2764359 (1950).
[157] Rührwerkskugelmühle mit Gegenstäben und Zweifachkühlung, Prospektmaterial der Fa. Gebr. Netzsch (1972).
[158] K. Engels: Farbe u. Lack **75** (1969) 953.
[159] W. Lietz: Chem. Techn. **26** (1974) 412.
[160] Spangenberg-Modularreibmühle, Prospektmaterial der Fa. G. Spangenberg (1973).
[161] Redakt. Bericht: defazet **31** (1977) 113.
[162] D.R.P. 589796 (1932).
[163] T. Maag: Chem. Rundschau **28** (1975) 1.
[164] Rührwerkskugelmühle Netzsch LN, Prospektmaterial der Ga. Febr. Netzsch (1975).
[165] Redakt. Bericht: defazet **31** (1977) 105.
[166] D.A.S. 1482391
[167] K. Engels: Farbe u. Lack **71** (1965) 464.
[168] K. Engels: Farbe u. Lack **71** (1965) 375.
[169] W. Lietz: Chem. Techn. **24** (1972) 22.
[170] Rührwerkskugelmühle – Mikromat –, Prospektmaterial der Fa. G. Spangenberg (1975).
[171] W. John: Farbe u. Lack **79** (1973) 537.
[172] K. Engels: Farbe u. Lack **82** (1976) 699.
[173] Schoko-Perl-Mill, Prospektmaterial der Fa. Drais (1976).
[174] Redakt. Bericht: defazet **30** (1976) 404.
[175] Die industrielle Filtration, Prospektmaterial der Fa. AMF-Corp. (1976).
[176] Industriefilter, Prospektmaterial der Fa. Frym Europe (1970).
[177] K.-B. Kreutz: Dissertation, TH Leuna-Merseburg, 1975.

Literatur zu Kapitel 6

[1] H. Schütte, P. Kölling: Plaste und Kautschuk **21** (1974) 374.
[2] С. П. Папков (S. P. Papkov): Физико-химические основы производства искусственных и синтетических волокон. Химия, Moskau 1972.
[3] Ю. С. Липатов (Ju. S. Lipatov): Физико-химия наполненных полимеров. Наукова Думка, Kiev 1967.
[4] U. Zorll: Farbe und Lack **73** (1967) 200.
[5] U. Zorll: Gummi, Asbest, Kunststoffe **30** (1977) 436.
[6] H. Schütte: Plaste und Kautschuk **21** (1974) 217.
[7] P. I. Zubov, Žurkina, W. A. Kargin: Koll. Ž. **3** (1947) 109.
[8] B. Fontana, G. Thomas: J. Phys. Chem. **65** (1961) 480.
[9] UdSSR-P. 138363 (1961).
[10] V. V. Korschak: Vysokom. soed. **4** (1962) 1469.
[11] UdSSR-P. 139835 (1961).
[12] U.S.P. 2786778 (1957).
[13] U.S.P. 2785085 (1957).
[14] B.P. 802974 (1958).
[15] B.P. 708365 (1959).
[16] B.P. 796341 (1958).
[17] B.P. 802975 (1958).
[18] U.S.P. 3142582 (1966).
[19] V. V. Korschak, K. K. Mozgova, S. P. Krukovskij: Plastmassy (1963) 7, 5.
[20] U.S.P. 2698242 (1954).
[21] U.S.P. 22071 (1972).
[22] U.S.P. 3085903 (1960).
[23] U.S.P. 3158494 (1964).
[24] UdSSR-P. 271053 (1970).
[25] O. Rühl: Dissertation, TH Leuna-Merseburg, 1976.
[26] A. Schnackig: Farbe und Lack **83** (1977) 12.
[27] M. A. Dätwyler: Dissertation, 1960. DB Leipzig A 3165.

Literatur zu Kapitel 8

[1] W. KANT: unveröffentlicht.
[2] D. A. EILERS: J. AES **17** (1969) 303.
[3] G. V. SAGALAJEV: Plastmassy (1971) 5, 48.
[4] R. A. HUDSON: Brit. Past. **26** (1953) 6.
[5] В. А. Каргин, Г. Л. Слонимский (V. A. KARGIN, G. L. SLONIMSKIL): Краткие очерки по физико-химии полимеров. Химия, Moskau 1967.
[6] P. V. KOSLOV, V. A. KABANOV, A. A. FROLOVA: Vysokomol. soed. **1** (1959) 324.
[7] J. S. LASURKIN: J. Polym. Sci. **30** (1958) 595.
[8] V. A. KORGIN, T. I. SOGOLOVA: Dokl. Akad. Nauk SSSR **88** (1953) 867.
[9] P. W. KOSLOV, W. A. KABANOV, A. A. FROLOVA: Dokl. Akad. Nauk. SSSR **125** (1959) 118.
[10] П. В. Козлов, Г. И. Брагинский (P. V. KOZLOV, G. I. BRAGINSKIJ): Химия и технология полимерных пленок. Искусство, Moskau 1967.
[11] Ф. Кронес (F. KRONES) in: Техника магнитной записи. Hrsg. М. А. Розенблат (ROZENBLAT. Иностранная Литература, Moskau 1962.
[12] M. S. KALANTAROVA: Trudy VNIITR **1** (1964) 11, 146.
[13] П. В. Козлов (P. V. KOZLOV): Полимеры в кинематографии и фотографии. Искусство, Moskau 1960.
[14] I. M. FRIDMAN, G. I. BELORUSEC, M. G. MAZYRIN: Trudy NIKFI **50** (1962) 5.
[15] G. I. BRAGINSKIJ, N. I. VOLYNKIN, A. M. MORDCHILEVIČ: Trudy LIKI **9** (1963) 95.
[16] W. KANT: unveröffentlicht.
[17] Prospekt der Fa. Geavert NTD-1, Gevasonor Newsletter (1960) 2, 2, 9.

Sachverzeichnis